Ingenieurholzbau

Von Dipl.-Ing. Hans-Albrecht Lehmann
ehem. Professor an der Fachhochschule Hagen

und Dipl.-Ing. Bruno J. Stolze
Professor an der Fachhochschule Würzburg-Schweinfurt

6., neubearbeitete und erweiterte Auflage. 1975
Mit 244 Bildern, 13 Tafeln und 72 Beispielen

Springer Fachmedien Wiesbaden GmbH

Dipl.-Ing. Hans Albrecht Lehmann, Baudirektor a.D.
1909 geboren in Glatz (Schlesien). 1928–1933 Studium des Bauingenieurwesens an den Technischen Hochschulen in München und Hannover.
1933 Diplomprüfung. 1933–1939 Tätigkeit in der Bauwirtschaft. Seit 1939
Dozent an der Staatsbauschule in Beuthen. Nach dem Krieg bis 1951
Konstruktionsingenieur in der Industrie. Seit 1951 Dozent an der Staatlichen Ingenieurschule für Bauwesen in Hagen/W. 1973 Professor an der
Fachhochschule Hagen.

Dipl.-Ing. Bruno J. Stolze, Baudirektor a.D.
1912 geboren in Polaun (Böhmen). 1932–1939 Studium des Bauingenieurwesens an der Deutschen Technischen Hochschule in Prag. 1939 Diplomprüfung und 2. Staatsprüfung. 1940–1945 wissenschaftlicher Assistent am
Lehrstuhl für Eisenbahnbau des Prof. Dr. Pihera an der Deutschen Technischen Hochschule in Prag. Nach dem Krieg bis 1952 Montageingenieur
in der Bauwirtschaft. Seit 1952 Dozent am Balthasar-Neumann-Polytechnikum in Würzburg, 1971 Professor und Baudirektor an der Fachhochschule Würzburg-Schweinfurt.

CIP-Kurztitelaufnahme der Deutschen Bibliothek
Lehmann , Hans-Albrecht
Ingenieurholzbau / von Hans-Albrecht Lehmann und
Bruno J. Stolze.
   ISBN 978-3-663-07693-3   ISBN 978-3-663-07692-6 (eBook)
   DOI 10.1007/978-3-663-07692-6
NE: Stolze , Bruno J.:

© Springer Fachmedien Wiesbaden 1975
Ursprünglich erschienen bei B.G. Teubner , Stuttgart 1975
Gesamtherstellung: Ferdinand Oechelhäuser, Kempten/Allgäu
Umschlaggestaltung: W. Koch, Sindelfingen

Geleitwort

Holzkonstruktionen haben heute im Ingenieurbau ihren anerkannten Platz. Aufbauend auf dem Wissen der traditionsreichen Holzbaukunst, haben moderne Technik in Fertigung, Konstruktion und Berechnung, neue Verbindungsmittel und Entwurfsdetails zu eindrucksvollen Beweisen der Leistungsfähigkeit des Ingenieur-Holzbaues geführt.

Kennzeichnend ist das günstige Verhältnis von Materialgewicht zu Tragfähigkeit, rasche und kostengünstige Montage, hohe Feuerwiderstandsfähigkeit, Korrosionsbeständigkeit, vielfältige Formgebung und die Möglichkeit der Kombination mit anderen Baustoffen.

Das vorliegende Lehrbuch vermittelt die erforderlichen gründlichen Fachkenntnisse an Ingenieur- und Architekturstudenten nun schon in 6. Auflage, die um neue Konstruktionsformen und Berechnungsgrundlagen erweitert wurde.

Wir wünschen auch dieser Auflage weiteste Verbreitung!

Düsseldorf, Sommer 1975

Arbeitsgemeinschaft Holz e.V.
Dr. H. Friedrichs

Vorwort

Das vorliegende Buch behandelt in knapp gefaßter Form alle konstruktiven Anwendungsgebiete des neuzeitlichen Holzbaus.

Zugunsten der Übersichtlichkeit und des Praxisbezugs wurde auf eine Ableitung von grundlegenden Formeln verzichtet, zumal dies auch in das Gebiet der reinen Statik gehört. Dafür wurde eingehender auf die besonderen statischen Probleme des Baustoffs Holz und der Verbindungsmittel sowie auf die Wechselbeziehungen zwischen Statik und Konstruktion eingegangen.

Es werden die neuen Bemessungsregeln der DIN 1052 für biegebeanspruchte Bauglieder und Druckstäbe umfassend erläutert und die konstruktiven Möglichkeiten des Holzleimbaus an Ausführungsbeispielen gezeigt. Auf Sonderdachkonstruktionen und die Ausführung von Holzhäusern in Tafelbauart wird hingewiesen.

Allen, die an der Vollendung des Buches Anteil haben, insbesondere der Arbeitsgemeinschaft Holz e.V., Düsseldorf, und den zahlreichen Privatfirmen, sei für ihre wertvolle Mithilfe durch Bereitstellung von Forschungsergebnissen und Unterlagen an dieser Stelle gedankt.

Mit der Bitte um Anregungen zur weiteren Ausgestaltung des Buches sagen wir ferner unseren Dank allen Fachkollegen, die uns mit Urteilen und Anregungen bei der Entwicklung dieser 6. Auflage unterstützt haben.

Hagen und Würzburg, Sommer 1975

H.-A. Lehmann   B. J. Stolze

Inhalt

Anhang

DIN-Normen sind in diesem Buch entsprechend dem Entwicklungsstand ausgewertet worden, den sie bei Abschluß des Manuskripts erreicht hatten. Maßgebend sind die jeweils neuesten Ausgaben der Normblätter des DNA im Format A 4, die durch den Beuth-Verlag, Berlin und Köln, zu beziehen sind. Sinngemäß gilt das gleiche für alle sonstigen herangezogenen amtlichen Richtlinien, Bestimmungen, Verordnungen usw.

Neue Maßeinheiten für einige technische Größen sind durch das „Gesetz über Einheiten im Meßwesen" vom 2. 7. 1969 und seine Ausführungsverordnung vom 26. 6. 1970 eingeführt worden. In Anlehnung an die vom FN Bau-Arbeitsausschuß „Einheiten im Bauwesen" (ETB) für die Baunormen empfohlene Übergangsregelung[1] werden in der vorliegenden Auflage bereits die „neuen" Einheiten verwendet.

Zur Umrechnung: 1 kN = 100 kp = 0,1 Mp   1 N = 0,1 kp

Da Tischrechner bereits weitgehend verwendet werden, wurde die Rechengenauigkeit in den Beispielen auf diese abgestellt.

---

[1] S. DIN-Mitteilungen Bd. 50 (1971) Heft 6 (1. Juni 1971) S. 277.

1 Einleitung

Holz ist als **ältester Baustoff** heute noch modern und in vielen Dingen den anderen Baustoffen gleichwertig, in hygienischer Beziehung sogar überlegen.

Die **Haltbarkeit** und **Lebensdauer** von Holzbauten ist bei richtiger Auswahl des Holzes und fachgerechter konstruktiver Ausbildung groß. Jahrhundertealte Brücken und Dachbauten zeugen davon. **Dachstühle** für Wohnhäuser aus Holz sind allen anderen Ausführungen wirtschaftlich überlegen.

Kirchendachstühle, Hallen[1]) und Türme lassen sich leicht in Holzkonstruktion ausführen, zumal die Unterhaltungskosten – besonders im Vergleich zu Stahl – äußerst gering sind. Die modernen Verbindungsmittel erlauben, jede Kraft in den Knotenpunkten zu übertragen, zusammengesetzte Profile zu verwenden und jede gewünschte Form zu gestalten. Wegen der guten hygienischen Eigenschaften wird Holz als Baustoff bei allen landwirtschaftlichen Bauten bevorzugt. Umbauten und Erweiterungen sind im allgemeinen ohne besondere Schwierigkeiten durchführbar. Der Holzleimbau ermöglicht weitgespannte Konstruktionen. Die Entwicklung von Holzschalendächern und Flächentragwerken machte in den letzten Jahren große Fortschritte (s. Abschn. 8.2 u. 8.3).

Das **Verhalten im Feuer**[2]) kann als gut bezeichnet werden, zumal die Verformungen sehr gering sind, während diese bei Stahlkonstruktionen leicht zu Einstürzen führen können. Im Ausland wurden sogar in der letzten Zeit trotz der großen Brandgefahr noch Flugzeughallen mit Holzbindern ausgeführt. Gegen **chemische Einwirkungen**[3]), besonders gegen Säuren, ist Holz erheblich weniger empfindlich als Stahl, so daß z. B. bei Brauereien und Salinen Holzkonstruktionen in jedem Falle wegen der größeren Lebensdauer den Vorrang verdienen. Zur Herstellung von Arbeits-, Montage- und Lehrgerüsten verwendet man vorwiegend Holz. Hölzerne **Brücken** freilich werden wegen ihrer geringen Tragfähigkeit heute meist nur noch als Fußgänger- und Feldwegbrücken sowie als Behelfs- und Baubrücken ausgeführt.

Die frühere zimmermannsmäßige Holzbauweise wurde mit Beginn dieses Jahrhunderts in zunehmendem Maße durch ingenieurmäßige Konstruktionen abgelöst. Wenn auch

---

[1]) N a t t e r e r, J.: Möglichkeiten des Holzbaus in der modernen Architektur. Bauen mit Holz (1969) H. 2, S. 61 bis 64

[2]) H e m p e l, G.: Verleimtes Holz im Brandfall und bei strenger Kälte. Deutscher Zimmermeister (1960) H. 13, S. 305/306 – D r e y e r, R.: Brandverhalten von Holzträgern unter Biege- und Feuerbeanspruchung. Bauen mit Holz (1969) H. 5, S. 225 bis 227 – Es brennt, aber es hält. Bauen mit Holz (1970) H. 7, S. 323/324 – M e y e r - O t t e n s, Cl.: Brandverhalten verschiedener Wände aus Holz und Holzwerkstoffen. Bauen mit Holz (1969) H. 5, S. 227 bis 230 – K l e m e n t, E., R u d o l p h i, R. und S t a n k e, J.: Das Brandverhalten von Holzstützen unter Druckbelastung. Bauen mit Holz (1972) H. 5, S. 243 ff. und H. 6, S. 318 ff.

[3]) S e i f e r t, E.: Holzbau in chemischen Werken. Deutscher Zimmermeister (1959) H. 18, S. 426 bis 430

schon im Jahre 1561 Philibert de L'Orm genagelte Bohlenträger vorschlug und verwendete, so brachten erst die systematische Entwicklung und Erforschung der modernen Verbindungsmittel, wie Nägel, Stahldübel und Leim, sowie die Verbesserung der Berechnungsverfahren den großen Aufschwung. Erwähnt seien hier nur u.a. die Bauweisen von Tuchscherer, Kübler, Christoph und Unmack, Cabröl, Greim, Zollinger und Hetzer. Mit der wissenschaftlichen Erforschung sind die Namen Stoy, Fonrobert, Seidel, Gaber, Trysna, Egner, Sinn, Möhler u.a. eng verknüpft.

Der Baustoff Holz konnte sich somit im In- und Ausland erfolgreich gegen seine Konkurrenten Stahl und Stahlbeton behaupten.

2 Allgemeine Grundlagen

2.1 Lastannahmen

Die auf ein Tragwerk wirkenden Lasten werden in Hauptlasten und Zusatzlasten eingeteilt.

Hauptlasten sind die ständige Last, die Verkehrslast einschließlich Schnee und freie Massenkräfte von Maschinen. Als Zusatzlasten gelten die Windlast, Bremskräfte und waagerechte Seitenkräfte.

Für die Berechnung und den Festigkeitsnachweis unterscheidet man:

Lastfall H   Summe der Hauptlasten
Lastfall HZ Summe der Haupt- und Zusatzlasten

Wird ein Bauteil, abgesehen von seinem Eigengewicht, nur durch Zusatzlasten beansprucht, so gilt die größte davon als Hauptlast.

2.1.1 Eigengewicht

Das Eigengewicht setzt sich zusammen aus den Gewichten für die Dachhaut, einem Zuschlag für Sparren, Pfetten und Verbände sowie dem Gewicht des Binders einschließlich evtl. Aufbauten und untergehängter Decken. In DIN 1055 Bl. 1 sind unter 3.11 die Eigengewichte der verschiedenen Eindeckungen ohne Sparren bezogen auf 1 m² geneigte Dachfläche (Dfl.) angegeben. Der Zuschlag für Sparren, Pfetten und Verbände kann bei Flachdächern mit etwa 150 N/m² Grundrißfläche (Gfl.), bei steileren Dächern mit Ziegeleindeckung zu 250···450 N/m² Gfl. angesetzt werden.

Das Bindereigengewicht beträgt je nach Abstand und Stützweite 100···400 N/m² Gfl., bei Hallenbauten 150···600 N/m² Gfl.

Nach [7] kann bei Flachdächern mit Pappeindeckung das Eigengewicht der Binder nach der Formel $g = \left(150 + \dfrac{l - 15}{0,2}\right)$ in N/m² Gfl. mit l in m berechnet werden.

Für untergehängte Decken können je nach der Ausführung 250···400 N/m² Gfl. eingesetzt, bei Oberlichtern, Kranbahnen usw. muß das Gewicht von Fall zu Fall gesondert ermittelt werden.

Bei der Berechnung ist es zweckmäßig, das in N/m² Dachfläche angegebene Gewicht g auf die Grundrißfläche zu beziehen.

Nach Bild **3.1** ist

3.1
Eigengewicht der Dachhaut

$$\bar{g} = g/\cos\alpha \text{ in N/m}^2 \text{ Gfl.} \tag{3.1}$$

Eine Zerlegung von g in $g_\perp$ und $g_\parallel$ zur Dachfläche ist bei der Berechnung von Sparrendächern zu empfehlen. Dabei ist

$$g_\perp = g \cdot \cos \alpha \text{ in N/m}^2 \text{ Dfl.} \tag{4.1}$$

$$g_\parallel = g \cdot \sin \alpha \text{ in N/m}^2 \text{ Dfl.} \tag{4.2}$$

2.1.2 Verkehrslast

Die Verkehrslasten sind DIN 1055 Bl. 3 zu entnehmen. Dabei sind die Abschnitte 6 (Lotrechte Verkehrslasten), 7 (Waagerechte Verkehrslasten) und 8 (Schwingbeiwerte – Stoßzahlen) besonders zu beachten. Es sind folgende Werte vorgesehen:

flache, begehbare Dächer   2 kN/m²   Spitzböden   1 kN/m²

Einzelne Tragglieder:

Mittige Einzellast von 1 kN, sofern die auf diese Tragteile entfallende Wind- und Schneelast < 2 kN ist.

Dachhaut: Soweit sie begehbar ist, wie oben. Dachlatten: In den Viertelpunkten der Stützweite sind zwei Einzellasten von je 0,5 kN anzunehmen. (Vgl. Abschn. 5.1.2.)

Besondere Lasten, wie größere Beleuchtungskörper, Turngeräte u.a., müssen jeweils gesondert ermittelt werden. Die Gewichte für gewerbliche und landwirtschaftliche Lagerstoffe sind DIN 1055 Bl. 1 zu entnehmen.

An angehängten Turngeräten kommen Klettertaue und Schaukeleinrichtungen in Frage, für die je Anschlußpunkt eines Taues 2 kN anzusetzen sind. DIN 1055 Bl. 3 Abschn. 6.5 und 7.5 sowie DIN 4112 (Fliegende Bauten) sind sinngemäß anzuwenden.

Bei Bauteilen, wie Säulen, Stützen oder Fachwerkstäben, die der Gefahr des Anpralls von Straßenfahrzeugen ausgesetzt sind, ist eine waagrechte Kraft von 500 kN bei Gebäuden, 250 kN bei anderen stützenden Bauteilen und 100 kN bei Tankstellen, Garagen u.a., getrennt je in Längs- und Querrichtung, in 1,2 m Höhe über dem Gelände anzunehmen (s. DIN 1055 Bl. 3, Abschn. 7.4 und DIN 1072, für Holzbrücken s. Abschn. 10.1).

Beim Bau von Tribünen ist DIN 4112 zugrunde zu legen.

Für den Bau von Gerüsten gilt DIN 4420 (Gerüstordnung).

Für die Berechnung von Aufzügen und Kranbahnen in Werkstätten und Lagerhallen sowie von Förderanlagen im landwirtschaftlichen Bauwesen ist DIN 120 (Krane und Kranbahnen) maßgebend. Die horizontalen Lastanteile machen in der Regel eine besondere Aussteifung erforderlich.

In der Landwirtschaft ergeben sich für sog. Selbstgreifer, die zweckmäßig bei Greiferanlagen immer vorausgesetzt werden sollten, Höchstwerte für die angreifenden Lasten (Einzellast) bis zum 6fachen Wert des Greifer-Kran-Eigengewichtes, und zwar bei

Feuchtgut (Silage, Dung) 12 kN   Trockengut (Heu, Stroh) 8 kN

In diesen Werten sind das Eigengewicht, das Trag-(Füll-)Gewicht, die Spitzenlast und die Losreißkraft enthalten. Aus diesen Kräften sind die waagerechten Seitenkräfte mit 1/10 der Radlasten zu ermitteln. Rechnet man mit den angegebenen Lasten, können im allgemeinen Ausgleichszahl und Stoßzahl entfallen. Der Kranseitenzug ist unter der Voraussetzung zu ermitteln, daß die Greifwirkung bis 45° betragen kann.

Werden Krananlagen nur zum vertikalen Transport verwandt, so können sie bei den in der Landwirtschaft üblichen Anlagen in Anlehnung an DIN 120 in Gruppe II mit einer

Ausgleichszahl von 1,4 und einer Stoßzahl von 1,1 eingereiht werden (nach Angabe des Instituts für landwirtschaftliche Bauforschung in Braunschweig-Völkenrode).
Silodrücke sind DIN 1055 Bl. 6 zu entnehmen.

2.1.3 Wind

Die Windlasten sind DIN 1055 Bl. 4, deren Tabelle 2 die Bauwerke nach ihrer äußeren Form in 4 Hauptgruppen unterteilt, zu entnehmen. Der Wind wirkt immer senkrecht zur getroffenen Fläche. Bei der Berechnung unterscheidet man die Zusammenfassung von Druck- und Sogwirkung (Regelverfahren) mit den Gleichungen

$$w = 1{,}2 \sin \alpha \cdot q \text{ in N/m}^2 \text{ Dfl. (allgemein) oder} \tag{5.1}$$

$$w = 1{,}6 \sin \alpha \cdot q \text{ in N/m}^2 \text{ Dfl. (bei turmartigen Bauwerken)} \tag{5.2}$$

und die Trennung in Druck- und Sogwirkung (Sonderverfahren) mit

$$w_D = (1{,}2 \sin \alpha - 0{,}4)\, q \qquad w_S = -0{,}4\, q \tag{5.3} \tag{5.4}$$

dabei ist q der Staudruck, der von der Höhe über dem Gelände abhängig ist.

Bei	$H < 8$ m	$8 < H < 20$ m	$20 < H < 100$ m
ist	$q = 500$ N/m^2	$q = 800$ N/m^2	$q = 1100$ N/m^2

Die Anwendung des Sonderverfahrens ist bei der Berechnung von Dachbindern zulässig und gestattet eine bessere Ausnutzung des Werkstoffes. Bei Flachdächern mit $\alpha \leq 19{,}5°$ ergibt das Sonderverfahren keinen Winddruck. Für Einzelglieder, wie Dachschalung, Sparren und Pfetten, mit Ausnahme der Sparren- und Kehlbalkendächer selbst, sind die Winddruckwerte des Sonderverfahrens stets um 25 % zu erhöhen.

Beispiel 1: Sparrenpfette mit 2,20 m Belastungsbreite in der Dachfläche gemessen, Höhe über 8 m, Dachneigung 30°.

$$w_D = 1{,}25\,(1{,}2 \cdot 0{,}5 - 0{,}4)\,800 \cdot 2{,}20 = 440 \text{ N/m}$$

Beispiel 2: Pappdach auf 24 mm Schalung mit 25° Neigung

Eigengewicht doppelte Papplage	150 N/m^2 Dfl.
Schalung	150 N/m^2 Dfl.
$g_\perp = 300 \cdot 0{,}906 = 272$ N/m^2 Dfl.	$g = \overline{300 \text{ N/m}^2 \text{ Dfl.}}$

Die ständige Last darf nur mit 2/3 in Rechnung gestellt werden.
Bei geschlossenen Hallen mit $H > 8$ m ist $w_S = -0{,}4 \cdot 800 = -320$ N/m^2.
Die Sogkräfte betragen also $320 - 2/3 \cdot 272 = 139$ N/m^2.
Bei offenen Baukörpern und Kragdächern ist $w_S = -1{,}2 \cdot 800 = -960$ N/m^2.
Die Sogkräfte betragen hier also $960 - 2/3 \cdot 272 = 779$ N/m^2.

An den Schnittkanten zweier Wandflächen oder von Wand- und Dachflächen sind höhere Soglasten in Rechnung zu stellen[1]. Für flache Dächer sind zusätzlich abhebend wirkende Soglasten anzusetzen.

---

[1] S. Ergänzende Bestimmungen zu DIN 1055 Bl. 4 vom März 1969

Bei offenen Hallen und Kragdächern führt der Winddruck mit dem Windsog leicht zum Abheben der Dachhaut und Dachkonstruktionen, so daß eine besondere Verankerung nötig wird. Die Sicherheit gegen Abheben soll 1,5 betragen. Die Sicherung gegen Abheben erfolgt durch Nägel, Bolzen oder Laschen (vgl. Abschn. 5.3.4).

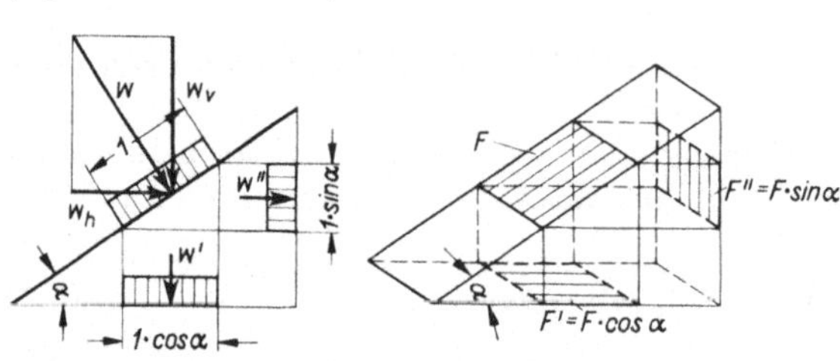

Mitunter ist es zweckmäßig, die in N/m² senkrecht zur Dachfläche angreifende Windlast in einen horizontalen und einen vertikalen Lastteil zu zerlegen.

6.1 Zerlegung der Windlast

Nach Bild **6.1** sind

$$w_h = w \cdot \sin \alpha \text{ in N/m}^2 \text{ Dfl.} \tag{6.1}$$

$$w_v = w \cdot \cos \alpha \text{ in N/m}^2 \text{ Dfl.} \tag{6.2}$$

Eine Umrechnung auf die Grundriß- und Aufrißfläche (Afl.) ergibt in N/m² Gfl. bzw. in N/m² Afl.

$$w' = \frac{w_v}{F'} = \frac{w \cdot \cos \alpha}{1 \cdot \cos \alpha} = w \qquad w'' = \frac{w_h}{F''} = \frac{w \cdot \sin \alpha}{1 \cdot \sin \alpha} = w \tag{6.3) (6.4}$$

Die Windlast bezogen auf die Grundriß- oder Aufrißfläche ist also gleich der Windlast bezogen auf die Dachfläche. Die horizontalen Auflagerkräfte aus Wind werden bei kleineren freitragenden Bauwerken ($l \leq 20,0$ m) nicht nur in einem Auflager, sondern mit $H_A = - H_B = 0,5 \Sigma H$ in beiden Auflagern aufgenommen.

Beispiel 3: Berechnung der Auflagerdrücke aus Wind für einen Dachbinder (**6.2**). Binderabstand 5,0 m bei über 8,0 m Traufhöhe mit einem Staudruck von 800 N/m².

6.2 Windlast bei einem Dachbinder

$$w_D = (1,2 \cdot 0,574 - 0,4) \, 800 = 231 \text{ N/m}^2 \text{ Dfl.} \qquad w_S = - 0,4 \cdot 800 = - 320 \text{ N/m}^2 \text{ Dfl.}$$

$$W_D = 231 \cdot 5,0 \cdot 6,0 = 6930 \text{ N} \qquad W_D'' = 231 \cdot 5,0 \cdot 4,20 = 4851 \text{ N}$$

$$W_S' = 320 \cdot 5,0 \cdot 6,0 = 9600 \text{ N} \qquad W_S'' = 320 \cdot 5,0 \cdot 4,20 = 6720 \text{ N}$$

$$A = (W_D' \cdot 0,75 \, l - W_D'' \cdot 0,5 \, f - W_S' \cdot 0,25 \, l - W_S'' \cdot 0,5 \, f) : l$$
$$= (6930 \cdot 9,0 - 4851 \cdot 2,10 - 9600 \cdot 3,0 - 6720 \cdot 2,10) : 12,0 = 773 \text{ N}$$

$$B = (W_D' \cdot 0,25 \, l + W_D'' \cdot 0,5 \, f - W_S' \cdot 0,75 \, l + W_S'' \cdot 0,5 \, f) : l$$
$$= (6930 \cdot 3,0 + 4851 \cdot 2,10 - 9600 \cdot 9,0 + 6720 \cdot 2,10) : 12,0 = - 3443 \text{ N}$$

$$-H_A = H_B = 0,5 \, (4851 + 6720) = 5785 \text{ N}$$

Für die Umrechnung bzw. Errechnung der verschiedenen Werte von Eigengewicht, Schnee und Wind der verschiedenen Verfahren stehen zahlreiche Tabellen zur Verfügung, s. [7; 9; 17; 30; 31].

2.1.4 Schnee

Die Schneelastannahmen sind DIN 1055 Bl. 5 zu entnehmen. Die Schneelast beträgt bei Dächern bis 20° Neigung 750 N/m² Gfl., bei stärker geneigten Dächern ergibt sie sich nach der Formel $\bar{s} = (95 - \alpha)\,10$. Bei Neigungen von mehr als 60° kann die Schneelast außer acht gelassen werden. Höhere Werte sind in schneereichen Gebieten anzunehmen und wenn sich in einspringenden Ecken Schneesäcke bilden können. Schnee und Wind sind nur gleichzeitig bei Dachneigungen $\leqq 45°$ zu berücksichtigen. Bei der Berechnung von Bindern muß der Belastungsfall aus „Schnee voll" und „Schnee einseitig" untersucht werden. Die Umrechnung von s in N/m² Gfl. auf eine Last senkrecht und parallel zur Dachfläche ergibt nach Bild 7.1

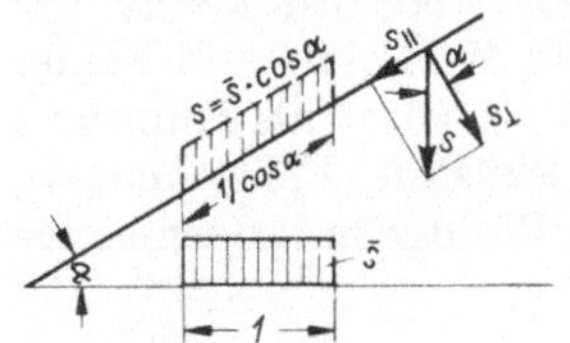

7.1 Schneelast

$$s_\perp = \bar{s} \cdot \cos^2 \alpha \text{ in N/m}^2 \text{ Dfl.} \tag{7.1}$$

$$s_\parallel = \bar{s} \cdot \cos \alpha \cdot \sin \alpha \text{ in N/m}^2 \text{ Dfl.} \tag{7.2}$$

Bei Dächern mit sehr geringem Eigengewicht[1]) und hoher Schneelast, $(s) \geqq 60\%$ der Gesamtlast (q), sind die Schneelasten zu multiplizieren mit

$$k = 1{,}24 - 0{,}6 \left(1 - \frac{s}{q}\right) \tag{7.3}$$

2.2 Baustoffe

Im Ingenieurholzbau werden neben Holz und Holzwerkstoffen hauptsächlich für die Verbindung der einzelnen Bauteile Bauglieder aus Stahl und Stahlguß, Grauguß und Temperguß, NE-Metallen und bei Sonderbauweisen Leime zur Aufnahme und Übertragung der großen Kräfte erforderlich.

2.2.1 Holz

Holzarten

Für konstruktive Bauzwecke stehen nur wenige Holzarten zur Verfügung. Von den Nadelhölzern ist die Kiefer mit ihrem harzreichen Holz für Hoch- und besonders Brücken- und Wasserbauten geeignet; Hauptvorkommen in Nord- und Osteuropa. Die Lärche liefert zwar ein sehr elastisches, festes, dauerhaftes und gegen Pilzbefall und Insektenfraß widerstandsfähiges Bauholz, ist aber fast nur noch in den Alpenländern zu finden. Die Fichte, die hauptsächlich in den deutschen Mittelgebirgen wächst, gibt gutes Bauholz mit langer Lebensdauer, sofern sie ständig trocken oder unter Wasser gehalten wird. Sie wird aber bei häufigem Wechsel von Nässe und Trockenheit schnell zerstört und ist daher für Joche und im Wasserbau schlecht geeignet. Die Tanne ist zwar elastischer, aber weicher als die Fichte und wird wie diese hauptsächlich im Hochbau verwendet. Von den Laubhölzern werden die Harthölzer Eiche und Buche für Sonder-

---

[1]) Erhöhte Schneelasten. Bauen mit Holz (1972) H. 2, S. 54

bauglieder, wie druckverteilende Unterlagen, Knaggen oder Dübel, verwendet. Eichenholz findet außerdem wegen seiner besonderen Widerstandsfähigkeit im Wasserbau bevorzugt Verwendung. Buche ist hingegen sehr anfällig und kann im Brückenbau nur beschränkt und nach vorheriger Schutzbehandlung eingebaut werden.

Rohholz

Die deutsche Forstwirtschaft sichtet und liefert das Rohholz nach der Homa (Holzmeßanweisung, Verordnung über die Ausformung, Messung und Sortenbildung des Holzes in den deutschen Forsten vom 1. Okt. 36). Sie kennt drei Güteklassen: **A, B** und **C,** wobei hauptsächlich festgelegte Merkmale und Fehler ausschlaggebend sind [17; 19]. Dieses Rohholz wird unbearbeitet als Rundholz in den verschiedensten Abmessungen beim Bau von Gerüsten, Feldscheunen, Behelfs- und Förderbrücken, Lehrgerüsten, Jochen und Pfahlgründungen sowie im Tunnel- und Bergbau verwendet.

Bauholz – Schnittholz

Der größte Teil des Bauholzes wird in irgendeiner Form als Schnittholz verarbeitet. Da die Natur die Stämme in verschiedenen Längen und Dicken anliefert, sollte jeder Holzauszug auch längeres, kürzeres, dickeres und dünneres Holz enthalten. Die Abmessungen des Schnittholzes sind genormt.

DIN 4070 Bl. 1 Nadelholz, Querschnittsmaße und statische Werte für Schnittholz, Vorratskantholz und Dachlatten
DIN 4070 Bl. 2 –, –, Dimensions- und Listenware
DIN 4071 Nadelholz und Laubholz, Bretter und Bohlen, Dicken
DIN 4072 Nadelholz, Spundung von gehobelten und rauhen Brettern, Maße

In den Normen nicht enthaltene Zwischenabmessungen sollen nur in konstruktiv oder wirtschaftlich begründeten Fällen, z. B. für Sparren, verwendet werden.

Gütebedingungen für Bauholz[1])

Gemäß DIN 4074 Bl. 1 Abschn. 2.1 unterscheiden wir nach dem **Feuchtigkeitsgehalt** in % vom Darrgewicht:

1. **trockenes Bauholz,** $\leq 20\%$ Feuchtigkeit (verleimte Holzbauteile s. S. 40)
2. **halbtrockenes Bauholz,** $\leq 30\%$ bei Querschnitten ≤ 200 cm², $\leq 35\%$ bei > 200 cm². Beim Einbau halbtrockenen Bauholzes muß weiteres Austrocknen möglich sein (s. Abschn. 2.3.2.). Verbindungen müssen überwacht, Bolzen nachgezogen werden können.
3. **frisches Bauholz** ohne Begrenzung der Feuchtigkeit.

Gemäß DIN 4074 Bl. 1 Abschn. 4 Tab. 1 unterscheidet man vier **Schnittklassen:**

    S scharfkantiges Bauschnittholz – nur ausnahmsweise verwendet
    A vollkantiges Bauschnittholz – nur selten, bei Güteklasse I, verwendet
    B fehlkantiges Bauschnittholz – übliches Bauholz
    C sägegestreiftes Bauschnittholz

---

[1]) Lindemann, G.: Holz für tragende Bauteile – Gütebeurteilung nach DIN 4074. Bauen mit Holz (1964) H. 6, S. 257 bis 262

Gemäß DIN 4074 Bl. 1 Abschn. 5 erfolgt die wichtigste Unterteilung des Bauschnittholzes in **drei Güteklassen**:

Güteklasse I   Bauschnittholz mit besonders hoher Tragfähigkeit
Güteklasse II   Bauschnittholz mit gewöhnlicher Tragfähigkeit
Güteklasse III   Bauschnittholz mit geringer Tragfähigkeit

Die Unterteilung berücksichtigt:

1. allgemeine Beschaffenheit
2. Schnittklassen
3. Maßhaltigkeit
4. Feuchtigkeitsgehalt
5. Mindestgewichte
6. Jahresringbreite
7. Äste
8. Drehwuchs
9. Faserabweichung
10. Krümmung

Nach DIN 4074 Bl. 2 wird das Baurundholz in ähnlicher Weise in die Güteklassen I, II und III eingeteilt.

Nach DIN 68365 Bauholz für Zimmerarbeiten, Gütebedingungen, werden die Gütebedingungen noch weitergehend festgelegt. Die ungehobelten Bretter und Bohlen aus Nadelholz werden in die Güteklassen 0 bis IV unterteilt, und für die übrigen Schnittwaren, wie Latten, Leisten und die gehobelte Ware, gelten 2 bzw. 3 Güteklassen.

Die Klassifizierung hat sorgfältigst von verantwortungsbewußtem Personal zu erfolgen. Die Hölzer der Güteklasse I erhalten an sichtbar bleibender Stelle einen Brennstempel mit der namentlichen Angabe des Fachmannes, der das Holz bewertet hat. Die Güteklasse kann sich auch nur auf einen Teil des Stabes beziehen. In Zeichnungen muß die Güteklasse I und III besonders gekennzeichnet werden.

Die zulässigen Spannungen der Güteklasse I dürfen bei Sparren, Pfetten und Deckenbalken aus Vollholz nicht verwendet werden.

Festigkeitseigenschaften des Bauholzes

Holz ist als organischer Baustoff nicht homogen. Die Festigkeit hängt u.a. von Wuchs, Faserverlauf, Ästigkeit, Drehwuchs, Schwindrissen sowie von Wichte, Feuchtigkeitsgrad und besonders vom Winkel zwischen Kraftrichtung und Faserrichtung ab [20].

Die zulässigen Spannungen sind in DIN 1052 Bl. 1 Abschn. 9 und Tab. 6, 7 und 8 festgelegt; s. auch [3; 17; 20; 30]. Im Lastfall HZ können die zulässigen Spannungen um 15% erhöht werden.

Spannungsermäßigungen. Nach DIN 1052 Bl. 1 Abschn. 9.4 müssen die zulässigen Spannungen ermäßigt werden auf

5/6 zul σ bei Bauteilen, die der Feuchtigkeit und Nässe ausgesetzt sind und vor dem Einbau nach DIN 68800 mit einem geprüften Mittel geschützt wurden, nicht aber bei Gerüsten und fliegenden Bauten

2/3 zul σ bei Bauteilen, die der Feuchtigkeit und Nässe ungeschützt ausgesetzt sind, nicht aber bei Gerüsten und fliegenden Bauten
bei Bauteilen und Gerüsten, die dauernd im Wasser stehen, auch wenn sie geschützt sind
bei Gerüsten aus frisch gefälltem Holz

Quellen und Schwinden

Beim Austrocknen des frischen Holzes tritt das Schwinden[1]) ein, wobei der Feuchtigkeitsgehalt abnimmt. Das im Bauwerk eingebaute Holz unterliegt der relativen Feuchtigkeit der Luft, quillt oder schwindet, d.h. arbeitet. Die Längenänderung der Zellen des Holzes durch Wasseraufnahme ist in den verschiedenen Richtungen verschieden groß, in Richtung der Jahresringe (tangential) $\approx 10\%$, in Richtung der Markstrahlen (radial) $\approx 5\%$ und in Faserrichtung nur $\approx 0{,}3\%$ [18] (**10.1**). Genauere Werte in Abhängigkeit vom Feuchtigkeitsgehalt s. DIN 1052 Bl. 1 Abschn. 3.2.3 Tab. 2. Eine Folge davon ist das Werfen des Holzes, worauf besonders bei der Herstellung von zusammengesetzten Profilen im Nagel- und Leimbau zu achten ist. Vollhölzer sind als Polsterhölzer gut, Halbhölzer schlecht (**10.2a**). Deckenbalken werden mit der Kernseite oder engen Jahresringen nach oben verlegt (**10.2c**). Bei Gurtungen für verleimte Fachwerkträger zeigt der Kern nach außen (**10.2b**). Fußbodendielen und Trittstufen werden aber trotzdem mit der Kernseite nach unten verlegt, um das Schiefern der Oberseite zu vermeiden (**10.2d**).

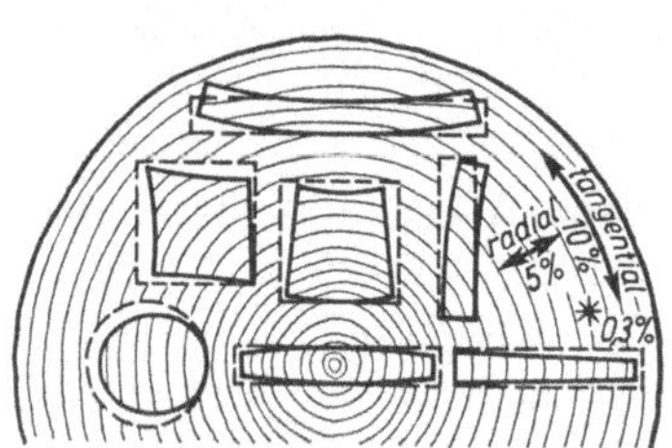

10.1 Verformungserscheinungen an Schnitthölzern in Abhängigkeit vom Verlauf der Jahresringe

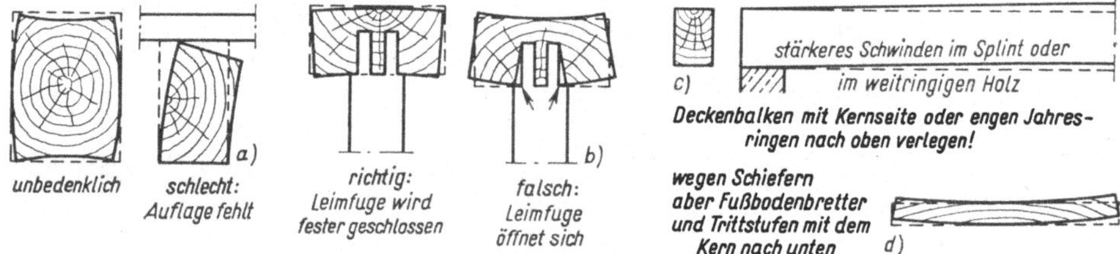

10.2 Konstruktive Hinweise bei Schwinderscheinungen (Werfen) des Schnittholzes

Der Elastizitätsmodul E ist abhängig von Holzart und Feuchtigkeit und weist hierdurch große Schwankungen auf. Er beträgt i.M. für Nadelholz bei Beanspruchung parallel zur Faser $E_{\parallel} = 1000 \text{ kN/cm}^2$ und senkrecht dazu $E_{\perp} = 30 \text{ kN/cm}^2$ [18]. Der Schubmodul ist $G = 50 \text{ kN/cm}^2$. Für Eiche und Buche ist $E_{\parallel} = 1250 \text{ kN/cm}^2$, $E_{\perp} = 60 \text{ kN/cm}^2$ und $G = 100 \text{ kN/cm}^2$. Für Brettschichtträger ist $E_{\parallel} = 1100 \text{ kN/cm}^2$; für Furnierplatten nach DIN 68705 Bl. 3 sind $E_{\parallel} = 700 \text{ kN/cm}^2$, $E_{\perp} = 300 \text{ kN/cm}^2$ und $G = 50 \text{ kN/cm}^2$. Bei Bauteilen, die der Witterung allseitig ausgesetzt sind oder bei denen mit einer dauernden Durchfeuchtung zu rechnen ist, sind E und G auf 5/6 zu ermäßigen.

2.2.2 Holzwerkstoffe[2])

Sie werden herangezogen, um einerseits bei den Stäben Werkstoff sparen und andererseits in den Knoten die großen auftretenden Kräfte übertragen zu können.

---

[1]) Schwinden. Bauen mit Holz (1973) H. 3, S. 122ff.
[2]) Plath, E.: Die Behandlung der Holzwerkstoffe beim Standsicherheitsnachweis: Kommentar zu DIN 1052. Bauen mit Holz (1970) H. 12, S. 596 bis 599

Sperrholz nach DIN 68705 Bl. 1, in 20···50 mm Dicke aus mehreren Lagen kreuzweise unter hohem Druck verleimt, wird für Knotenplatten[1]) im Fachwerkbau u. auch für Stege bei Vollwandträgern in der Leim- und Nagelbauweise verwendet[2]) (s. Abschn. 4.3.3 und 5.5).

Hartfaser- und Homogenholzplatten werden wie Sperrholz verwendet.

Holzspanplatten nach DIN 68761 Bl. 3 werden als Dachschalung[3]) oder als Stege von geleimten Vollwandträgern verwendet.

Kunstharzpreßholz (Lignostone) ist ein mit säurefestem Kunstharz durchtränktes und gepreßtes Schichtholz. Es wird zu Knotenplatten und vor allem zu Bolzen mit Beilegscheiben und Muttern sowie zu Nägeln verarbeitet, die sich besonders für wasser- und säurebeständige Bauten (Kühl- und Kokslöschtürme) sowie für Sendetürme, bei denen keine Metallteile verwendet werden dürfen, eignen.

Furnierplatten nach DIN 68705 Bl. 3 sind nach DIN 1052 Bl. 1 Abschn. 9.2 mit den Spannungen der Tab. 8 zugelassen. Im Lastfall HZ können die zulässigen Spannungen um 15 % erhöht werden.

2.2.3 Metalle

Alle Metalle müssen durch Öl- oder Teeranstriche bzw. durch besondere Metallüberzüge gegen Feuchtigkeit geschützt werden.

Stahl

Nach DIN 1052 Bl. 1 Abschn. 9.3 dürfen Stahlteile im Holzbau für Laschen und Knotenbleche, sofern dafür nicht Werkstoffgüten nach DIN 17100 eindeutig nachgewiesen sind, nur mit 11 kN/cm² auf Zug oder Biegung beansprucht werden. Für Zugstangen, Anker, Schraubenbolzen u.a. sind im Gewindekernquerschnitt nur 10 kN/cm² zugelassen, soweit sie nicht aus Werkstoffen bekannter Güte bestehen.

Sonderstähle werden zur Herstellung von Stiften, Nägeln und Holzschrauben sowie Dübeln verschiedenster Art verwendet. Für diese Verbindungsmittel ist nicht die zulässige Stahlspannung maßgebend, sondern die zulässige Tragfähigkeit, die durch Versuche ermittelt und normenmäßig oder durch Prüfbescheinigung und behördliche Genehmigung festgelegt wird (s. Abschn. 3.2.2···3.5).

Gußwerkstoffe

Grauguß wird hauptsächlich als GG-14 für Lagerteile, Lagerschuhe und Gelenke, Temperguß für Dübel verwendet.

NE-Metalle

Verschiedene Dübel werden auch aus Aluminium-Legierungen, Bondur, Bronze oder Silumin (AL-Si-Legierung) hergestellt. Zink, Blei oder Kadmium werden in

---

[1]) Dröge, G., und Jäger, J.: Genagelte Knotenplatten aus Buchensperrholz. VDI-Zeitschrift (1965) H. 17
[2]) Möhler, K.: Zur Berechnung und Ausbildung tragender Sperrholz-Konstruktionen. VDI-Zeitschrift (1965) H. 17; ferner VDSS-Merkblätter des Verbandes der Deutschen Sperrholz- und Spanplattenindustrie e.V., 6 Frankfurt a.M.
[3]) S. Fußnote 1 auf Seite 80

Form von dünnen Überzügen als Rostschutz hauptsächlich für Dübel und Nägel verwendet. NE-Metalle bieten besonderen Schutz gegen Säuren, Salze und Rauchgase.

2.2.4 Leime

Für die Verwendbarkeit der Leime im Holzbau ist in erster Linie die Beständigkeit in feuchter Luft[1]) (auf Jahrzehnte) maßgebend, s. DIN 1052 Bl. 1 Abschn. 11.5.8. Die Einteilung erfolgt nach den Ausgangsstoffen.

Tierische Eiweißleime und Stärkeleime

Glutinleime aus Knochen, Blutalbuminleime aus Schlachtabfällen und Stärkeleime pflanzlichen Ursprungs kommen für Bauzwecke nicht in Frage, weil sie nicht wetterbeständig sind. Kaseinleime aus Milchsäurekasein dürfen für tragende Bauteile nur verwendet werden, wenn die Leimfugen ständig gegen Eindringen freien Wassers geschützt sind.

Kunstharzleime

Thermoplastische Kunstharzleime verschiedener Fabrikate werden gern zur Herstellung nichttragender Teile verwendet, da sie einfach zu verarbeiten sind.

Phenolharzleime, bekannt als Lagenleime verschiedener Fabrikate, sind für Bauteile nur bei Schäft- und Keilzinkenverbindung verwendbar. Hauptanwendungsgebiet: Herstellung von Faser- und Spanplatten sowie Formstücken aus Holzfasern und Spänen.

Harnstoffharzleime werden als Kauritleim W (Lagen- und Montageleim), Kauritleim WHK (Montageleim) und Igecoll F (für Span- und Faserplatten sowie Formstücke) verwendet. Sie kommen flüssig (beschränkt lagerfähig) oder in Pulverform in den Handel und werden mit einem aus Salzen angesetzten Härter im Untermisch- oder Vorstrichverfahren verarbeitet.

Kauritleim W muß in dünnen Schichten von 0,1 mm aufgetragen werden. Die Leimflächen des Holzes müssen gehobelt sein (Paßstöße). In Leimnestern bilden sich Kristalle, die die Verbindung unbrauchbar machen. Kauritleim WHK besteht aus Kauritleim W mit Kunstharzpulverzusatz, wodurch die Alterungsbeständigkeit erhöht und die Kristallbildung vermieden wird.

Melaminharzleime kommen als Pressal (Lagenleim) und als Pressal Ka 29 (hochwertiger Montageleim) zur Anwendung.

Polyuretanharzleime werden als Polystal I und II mit einem sog. Beschleuniger verarbeitet.

Resorzinharzleime auf der Basis Resorzin-Formaldehyd sind heute die mit größtem Erfolg im In- und Ausland verwendeten Leime. Sie kommen als Kauresin A, Aerodux 185, Aerodux 187 und Bakelite-Kaltleim 283 mit Härter 183 bzw. 184 u. a. in den Handel.

Andere Kleber können erst nach Prüfung gemäß DIN 68141 zugelassen werden. Bei der Verwendung aller Leime sind die Anweisungen der Herstellerfirmen strengstens zu beachten. Besonderes Augenmerk gilt der Feuchtigkeit des Holzes, die der Ausgleichsfeuchte im späteren Bauwerk zwischen 9 bis höchstens 15 % entsprechen soll (DIN 1052 Bl. 1 Abschn. 3.2.1 und 11.5.3).

---

[1]) Vorsicht bei verleimten Trägern. Bauen mit Holz (1972) H. 2, S. 52

Neben der Kaltleimung ($\leq 30\,°\text{C}$) und der temperierten Leimung ($30\cdots 50\,°\text{C}$) wird besonders in der Serienfertigung die Warmleimung ($50\cdots 80\,°\text{C}$) oder Heißleimung ($80\cdots 130\,°\text{C}$) angewendet. Dadurch können die Preßdruck- und Heizzeiten von 20 bis auf 2 Stunden herabgesetzt werden [17]. Die Vorschriften über Lagerung und Lagerungsdauer müssen ebenfalls genauestens beachtet werden.

Die Scherfestigkeit der Leimfuge selbst liegt bei allen im Holzbau verwendeten Leimen höher als die der benachbarten Holzfaser. Nach DIN 1052 Bl. 1 Tab. 6 ist die zul. Scherspannung der Leimfuge gleich der zul. Scherspannung des verleimten Holzes. Quer zur Holzfaser wirkende Zugspannungen sind nach Möglichkeit zu vermeiden. Diese Querzugspannungen dürfen in gekrümmten Brettschichtträgern 25 N/cm^2 nicht überschreiten. Holzleime werden nach DIN 53251 geprüft.

Für die Herstellung von Leimkonstruktionen sind besondere Leimgenehmigungen erforderlich, die alle 3 Jahre erneuert werden müssen.

A   Für die Ausführung aller geleimten Holzbauteile anerkannt
B   Für die Ausführung einfacher geleimter Holzbauteile anerkannt
C   Anerkennung zur Herstellung von Konstruktionen mit Sonderzulassung
D   Anerkennung zum Leimen von Wand- und Deckenplatten für Holzhäuser in Tafelbauart

2.3 Holzschutzmaßnahmen

2.3.1 Gefahrenquellen

Mehr als andere Baustoffe muß Holz als organischer Baustoff vor Zerstörung geschützt werden (s. Abschn. 2.2.1). Voraussetzung dafür ist die Kenntnis der Schadensursachen.

Pflanzliche Holzschädlinge sind im wesentlichen Pilzarten. Sie leben von der Substanz des Holzes, das sie ab 20% Feuchtigkeitsgehalt befallen, im Verlaufe ihres Wachstums auflösen und unter verschiedenen Fäulniserscheinungen zerstören. Bauholz mit $< 20\%$ Feuchtigkeitsgehalt kann als ungefährdet, mit $20\cdots 30\%$ als anfällig und mit $> 30\%$ als stark gefährdet bezeichnet werden [19; 20].

Der verbreitetste und gefährlichste pflanzliche Holzschädling ist der echte Hausschwamm. Er entwickelt sich am günstigsten bei $20\cdots 55\%$ Feuchtigkeitsgehalt und Temperaturen von $18\cdots 22\,°\text{C}$ nach einer vorangegangenen Naßfäule. Seine besondere Gefährlichkeit liegt darin, daß seine harten und langen Mycelstränge selbst durch dickes Mauerwerk und Magerbeton hindurchwachsen und dort auch trockenes Holz durch eigenen Wassernachschub befallen können. Außerdem kann er eine längere Trockenperiode überdauern.

Der Porenhausschwamm (Naßfäule) verlangt einen höheren Feuchtigkeitsgehalt von $> 30\%$ und kann deshalb leichter bekämpft werden. Sein Mycel bleibt weiß und weich und erlangt höchstens Bindfadendicke. Er stirbt bei Trockenheit ab und kann auch nicht wie der echte Hausschwamm selbst Feuchtigkeit erzeugen.

Der Kellerschwamm, Warzenschwamm oder die klassische Naßfäule tritt besonders in Neubauten und im frischen Holz auf. Es kann auch absolut trockenes Holz befallen werden. Er entwickelt bei 55% Feuchtigkeitsgehalt und 26 °C das stärkste Wachstum und gilt als Wegbereiter des echten Hausschwammes.

Bläuepilze befallen in der Regel nur das Splintholz besonders der Kiefer. Sie haben keine Festigkeitsminderung des Holzes zur Folge. Ihre Schädlichkeit beruht darin, daß sie Farbanstriche auf chemischem Wege zersetzen (Fensterrahmen und Türstöcke).

Andere pflanzliche Holzschädlinge beschränken sich auf den lebenden Stamm (Stamm-fäule) oder treten nur im Holz im Freien, also an Zäunen, Brücken, Feldscheunen, Telegrafenmasten usw., bzw. auf Lagerplätzen auf. Im weiteren Verlauf sind sie allerdings auch Wegbereiter der Hausfäule (echter Hausschwamm usw.).

Tierische Schädlinge. Das Holz dient den Larven von Käfern als Nahrung, die bevorzugt von den weichen Holzschichten (Splint) leben und so in kürzerster Zeit den tragfähigen Querschnitt gefährlich verkleinern können. Die Käfer leben nur kurze Zeit. Sie legen die Eier, aus denen die Larven, die eigentlichen Schädlinge, entstehen, und sind somit die Verbreiter des Befalls.

Der Hausbockkäfer ist der verbreitetste Vertreter aus der Gruppe der Bockkäfer. Seine Larve hat eine Lebens- und damit Fraßzeit im Holz von 2···12 Jahren. Er ist der größte Schädling für Dachstühle, da er nur abgestorbenes Nadelholz befällt. Andere Bockkäferarten sind weniger gefährlich, da sie hauptsächlich unter der Rinde, also im ungeschälten Holz, bzw. nur im Bastholz leben und somit nur Frisch- und Rohholz befallen.

Der gewöhnliche Klopfkäfer und andere Abarten der Nagekäfer (Totenuhr) sind gefährlichste Zerstörer besonders werktrockener Hölzer, und zwar sowohl der Nadel- wie auch der Laubhölzer. Große Schäden richten sie vor allem an Möbeln und Holzskulpturen an.

Die Holzwespen befallen nur lebendes Holz, kommen also als Bauholzschädlinge nicht in Betracht. Als überseeische Schädlinge wären noch die Termiten zu nennen, die vor Jahren nach Europa eingeschleppt wurden und so auch für uns zu einer Gefahr werden können. Die für Pfähle gefährlichen Bohrmuscheln und Bohrasseln kommen nur im Seewasser vor.

Brennbarkeit des Holzes. Holz kann sich bei hohen Temperaturen $> 330\,°C$ von selbst entzünden oder durch äußere Zündung, also durch Flammen, bereits ab $225\,°C$ in Brand gesteckt werden. Eine thermische Zersetzung an der Oberfläche beginnt jedoch schon bei niedrigeren Temperaturen (s. Fußnote 2, S. 1).

Nach dem ersten Anbrennen des Holzes bildet sich auf der Oberfläche eine Schicht Holzkohle, die als schlechter Wärmeleiter ein rascheres Weitergreifen des Brandes zunächst hemmt und erst nach längerer Einwirkung oder erhöhter Temperatur die Zersetzung (Vergasung) der inneren Holzschichten zuläßt. Damit ist für dickere Hölzer ein kurzfristiger Feuerschutz gegeben, der in den meisten Fällen ausreicht, bis eine wirksame Brandbekämpfung einsetzen kann. Das angekohlte Holz, das keinerlei Verformungen erleidet, behält noch lange seine nahezu volle Tragfähigkeit (s. Fußnote 2, S. 1). Darin besteht eine gewisse Überlegenheit besonders gegenüber den Stahlkonstruktionen.

Die Widerstandsfähigkeit gegen Entzündung ist bei Eiche und Buche hoch, bei Lärche mittel, bei Fichte, dem gebräuchlichsten Bauholz, bereits nur gering und bei Tanne sehr gering. Kiefer ist besonders brennbar. Wichtig ist das Verhältnis der Oberfläche eines Bauteiles zu seinem Volumen, da die Entflammbarkeit mit der Flächengröße steigt. Daraus folgt, daß Vollwand-Brettkonstruktionen leichter anbrennen und verbrennen als Kantholzbauwerke. Dasselbe gilt für Sperrholzplatten, sobald die Verleimung der Hitze nicht widersteht und die Platten aufblättern. Preßlagen- und Preßvollhölzer bieten erhöhten Widerstand. Holzwolleplatten nach DIN 1101 sind verputzt sogar feuerhemmend. Die anderen holzartigen Leichtbauplatten und Faserplatten sind je nach den Bindemitteln verschieden hoch feuergefährlich.

2.3.2 Konstruktiver Holzschutz

Sowohl im Hoch- wie im Brückenbau sollten bereits beim Entwurf die Gefahren für den Werkstoff Holz beachtet werden. Richtungweisend sind die Normen DIN 52175 Holzschutz, Grundlagen, Begriffe und DIN 68800 Bl. 1 und 2 Holzschutz im Hochbau. Das Hauptaugenmerk wird auf den größten Feind des Holzes, das Wasser, zu richten sein. Feuchtigkeit, verbunden mit Wärme, begünstigt immer den Befall sowohl durch pflanzliche wie auch durch tierische Schädlinge. Lediglich als Feuerschutz wäre ein höherer Feuchtigkeitsgehalt wünschenswert, könnte aber die Brennbarkeit nicht ausschalten.

Bei geschlossenen Bauten kann ein Eindringen fremder Feuchtigkeit weitgehend vermieden werden, so daß der Feuchtigkeitsgehalt $< 20\%$ gehalten werden kann. Zunächst soll versucht werden, nur lufttrockenes Holz einzubauen. Da das heute kaum mehr möglich ist und außerdem auch von der Witterung während der Bauzeit abhängt, muß konstruktiv dafür gesorgt werden, daß alle Hölzer auch nach dem Einbau noch weiterhin austrocknen können, d.h., sie müssen möglichst allseitig von Luft umspült und dürfen nirgends luftdicht abgeschlossen werden oder mit anderen feuchten bzw. hygroskopischen Baustoffen in Berührung kommen (DIN 1052 Bl. 1 Abschn. 12.2.2). Das bedeutet

also, daß zwischen Holz und Mauerwerk oder Beton Sperrschichten (Isolierpappe) einzulegen sind (DIN 4117). Dies gilt ganz besonders für Deckenbalken und Stützen in Erdnähe, um sie vor aufsteigender Feuchtigkeit zu schützen. Bei Balkenköpfen in Außenmauern sind Wärmedämmplatten zur Vermeidung von Kondenswasser einzulegen (**15.1**). Weitere konstruktive Einzelheiten s. [22].

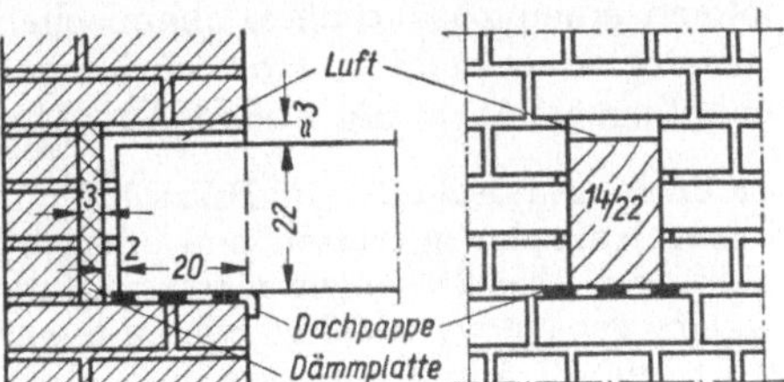

15.1 Konstruktiver Holzschutz des Balkenkopfes

Alle Füll- und Dämmstoffe sind in Wänden und Decken trocken einzubringen. Sind Deckenbalken oder Füllstoffe dennoch feucht, etwa durch spätere Einflüsse, dürfen dichte Beläge, die nachträgliches Austrocknen behindern, nicht aufgebracht werden. Bei Holzbalkendecken ist für eine ständig mögliche Durchlüftung zu sorgen. Dachbinder und Dachstühle müssen durch eine einwandfrei und dauerhaft wasserdichte Dachhaut geschützt werden. Der Dachraum soll dabei aber nicht luftdicht abgeschlossen sein, damit eventuell aus unteren Räumen aufsteigende Wasserdämpfe ungehindert abziehen können. In Gebirgsgegenden muß auch auf mögliche Schneeverwehungen durch trockenen Schnee geachtet werden. Das Regenwasser ist von der Dachhaut einwandfrei und rasch abzuleiten. Hängerinnen sind allen anderen vorzuziehen, da sie bei Schäden keine Wasserstauungen verursachen können. Dachdurchbrüche, z.B. für Kamine oder Abzüge, sind auf ein Minimum zu beschränken und sorgfältigst abzudichten.

Bei offenen Bauten, wie Feldscheunen, und bei Brücken sind die Auflagerpunkte und die Knotenpunkte sorgfältig durchzukonstruieren, so daß kein Wasser von unten aufsteigen und das abfließende keine Wassersäcke, z.B. in Zapfenlöchern, bilden kann (s. Abschn. 10.4). Bei Brücken können Schutzdächer angeordnet werden (**182.3**).

Die Feuersicherheit kann ebenfalls durch konstruktive Maßnahmen erhöht werden. Bei erhöhter Feuersgefahr sind Kantholzbinder den Vollwand-Brettbindern vorzuziehen. Dachkonstruktionen legt man auf hohe massive Mauern oder Pfeiler, so daß sie der Flammeneinwirkung möglichst entzogen sind. Gegebenenfalls werden Decken aus feuerfesten oder feuerdämmenden Baustoffen, wie Asbest u. a., angehängt. Bei Funkenflug, also Feuersgefahr von außen, sind nicht brennbare Deckungen, wie Ziegel, Schiefer, Eternit oder Blech, zu verwenden. Decken und Fachwerkwände können durch Verkleidung oder Verputz auf waagerecht verlegtes Rohrgeflecht oder Lattung, also durch feuerhemmende Baustoffe nach DIN 4102 Bl. 2, weitgehend geschützt werden. An besonders gefährdeten Stellen, z. B. an Kaminen, sind Holzteile erst in entsprechend sicherer Entfernung (10 cm) anzuordnen (s. Informationsdienst Holz A 49 – Brandverhalten von Holzkonstruktionen – und Fußnote 2, S. 1).

2.3.3 Chemischer Holzschutz

Im allgemeinen reichen konstruktive Vorkehrungen nicht aus, um einen auf die Dauer wirksamen Schutz aller Holzteile in den verschiedenen Bauten zu erzielen. Unsere heute beim Einbau nur mangelhaft trockenen Bauhölzer machen vielfach einen zusätzlichen chemischen Schutz erforderlich. Es sollte alles für Bauzwecke verwendete Holz vorbeugend geschützt werden, so daß eine spätere Schädlingsbekämpfung nur in Ausnahmefällen notwendig werden würde[1].

Der Prüfungsausschuß[2] für Holzschutzmittel gibt jährlich ein **Holzschutzmittelverzeichnis** der geprüften und amtlich zugelassenen Holzschutzmittel heraus. Die Zahl ist auf über 250 angewachsen und ihre Verwendbarkeit ist so wenig verschieden, daß eine genaue wertmäßige oder wirtschaftliche Klassifizierung unmöglich ist. Nach DIN 68800 Bl. 3 und 4 müssen die Holzschutzmittel nach ihrer Wirksamkeit eine einheitliche Bezeichnung tragen. Es bedeuten:

P   wirksam gegen Pilze
Iv wirksam gegen Insekten bei vorbeugendem Schutz
Ib wirksam gegen Insekten zur Bekämpfung
S   geeignet auch zum Streichen, Sprühen, Kurztauchen und Tauchen
W   geeignet auch für Holz, das der Witterung ausgesetzt ist
F   geeignete Mittel zur Schwerentflammbarmachung des Holzes

Kann ein Schutzmittel mehrere Zwecke erfüllen, erhält es alle entsprechenden Bezeichnungen. Danach können bereits von jedem Baufachmann die verschiedenen Fabrikate grob auf ihre Verwendbarkeit beurteilt werden. In besonderen Fällen, z. B. bei der Bekämpfung befallener Hölzer, ist es immer zweckmäßig, das Gutachten eines Spezialisten einzuholen (Schuldfrage). Die Schutzmittel werden am besten nach dem Abbund und vor dem Einbau aufgebracht, da so alle bearbeiteten Stellen behandelt werden können. Das Aufbringen erfolgt der Tiefenwirksamkeit nach geordnet durch Anstrich, Sprühen oder Kurztränken (alle nur oberflächlich) bzw. durch Tauchen, Tränken, Durchtränken oder Injizieren (mit Tiefenschutz über 1 cm oder Vollschutz) [1; 17; 20].

Für Bauhölzer sind das Tauch- und Sprühverfahren wirtschaftlich. Tränk- und Drucktränkverfahren werden für Schwellen und Telegrafenmaste angewendet,

---

[1] Seifert, E.: Einfluß von Konstruktion und Anstrich auf die Haltbarkeit von Holz bei Außenverwendung. Bauen mit Holz (1965) H. 8
[2] Prüfausschuß für Holzschutzmittel, 2101 Meckelfeld, Höpenstr. 75

und das Injektionsverfahren kommt hauptsächlich bei der Bekämpfung im fertigen Bauwerk in Frage. Die zum Schutz erforderliche Menge des betreffenden Schutzmittels wird in der Regel in 2 bis 3 Arbeitsgängen aufgebracht.

Nach der chemischen Zusammensetzung unterscheiden wir 2 Hauptgruppen. Holzschutzsalze sind und bleiben wasserlöslich und können in der Hauptsache nur für Bauteile verwendet werden, die vor dem Zutritt von Wasser einschließlich Regen und Schnee geschützt sind. Ihr besonderer Vorteil beruht darin, daß sie auch auf nasses Holz aufgebracht werden können und nach äußerer Trocknung auf Grund der Osmose noch mehr oder weniger tief in das Holz weiter eindringen und damit ihre Tiefenwirkung vergrößern. Ölartige Schutzmittel, die wasserabweisend sind, können bevorzugt auch im Freien verwendet werden. Für Leimkonstruktionen hat sich eine Ölimprägnierung mit Lasuranstrich bestens bewährt.

Unbedingt behandelt werden müssen Balkenköpfe im Mauerwerk, Deckenbalken unter Küchen und Bädern sowie über Kellerräumen und Konstruktionen im Freien. Bei der Bekämpfung befallener Bauten sind in erster Linie die betroffenen Bauteile bei pflanzlichen Schädlingen auszuwechseln und bei tierischen weitgehend zu säubern (abzubeilen) und dann mit dem jeweils günstigsten Verfahren zu behandeln. In jedem Falle sind die befallenen Holzreste sofort zu verbrennen.

Holzschutzmittel zur Verminderung der Entflammbarkeit werden genauso angewendet. Viele Erzeugnisse haben gleichzeitig mehrere Wirkungen. Sollen bereits behandelte Bauteile nochmals nachbehandelt werden, so ist darauf zu achten, daß sich die verschiedenen Holzschutzmittel nicht gegenseitig zersetzen oder unwirksam machen.

Verleimte Bauteile sind nach der Verleimung mit einem Holzschutzmittel zu behandeln, das sich mit dem verwendeten Leim verträgt. Gleichzeitig soll die Oberflächenbehandlung das Eindringen von Wasser und Rissebildung bei nachfolgender Austrocknung verhindern.

Der Holzschutz ist außerdem bereits in der Ausschreibung festzuhalten (s. Informationsdienst Holz [1962] Heft 2).

Die Länder Schleswig-Holstein, Nordrhein-Westfalen, Rheinland-Pfalz und Berlin haben eigene Verordnungen über den Holzschutz erlassen, die gegebenenfalls zu beachten sind. Allgemein gelten die bereits genannten Normen DIN 68800, weiterhin DIN 52175, 52164/5/8, 52176 Bl. 1 u. 2 und 52618. Im übrigen sind die Angaben und Anwendungsvorschriften der Lieferfirmen zu beachten, damit eine volle Wirksamkeit erzielt wird [1; 7; 17; 20 u. 23].

Da die Hauptwirksamkeit der Holzschutzmittel gegen pflanzliche und tierische Schädlinge auf Giftstoffen beruht, müssen die Packungen mit der Aufschrift „Gift" und dem Totenkopf gekennzeichnet sein und unterliegen den entsprechenden Bestimmungen.

3 Verbindungen und Verbindungsmittel

Bei allen Holzverbindungen sind die Tragfähigkeiten auf 5/6 bzw. 2/3 zu ermäßigen, wenn die zulässigen Spannungen entsprechend abzumindern sind. Im Lastfall HZ können die Werte um 15 % erhöht werden.

3.1 Versatz

Von den vielen Verbindungsarten aus dem Zimmererhandwerk konnte sich der Versatz als einzige auch im Ingenieurholzbau behaupten. Durch seine Keilform wirkt er wie ein unvollkommenes Gelenk, das allerdings nur Druckkräfte übertragen kann[1]). Die zu übertragende Kraft des Schrägstabes wird in 2 Komponenten, die senkrecht zu den Keilflächen stehen, zerlegt (**22.2**). Die zulässige Größe jeder dieser Komponenten ist abhängig von der Größe der Versatzfläche (Keilfläche $b \cdot t_s$), die ihrerseits von der Versatztiefe t_v, dem Winkel zwischen Versatzfläche und Stabquerschnitt $\alpha/2$ oder α, und der Stabbreite bestimmt wird, sowie der entsprechenden zulässigen Holzbeanspruchung auf Grund des Winkels zwischen Kraft- und Faserrichtung nach DIN 1052 Bl. 1 Abschn. 9.1.11 und Tab. 7. Die Spannung in der Versatzfläche beträgt

$$\textbf{vorh } \sigma = \frac{N}{b \cdot t_{s1}} \leqq \textbf{zul } \sigma_{D\measuredangle} \tag{18.1}$$

$$\text{zul } \sigma_{D\measuredangle} = \text{zul } \sigma_{D\|} - (\text{zul } \sigma_{D\|} - \text{zul } \sigma_{D\perp}) \sin \alpha \tag{18.2}$$

Eine Reibung in der langen Versatzfläche, die nur bei gutem Sitz auftritt, darf nach DIN 1052 Bl. 1 Abschn. 7.5.2 nicht in Rechnung gestellt werden. Die beste Wirkung hat der Versatz, wenn die Versatzfläche im Druck- und Zugstab die gleiche zulässige Beanspruchung zul $\sigma_{D\alpha/2}$ hat, also wenn sie in der Winkelhalbierenden des stumpfen Außenwinkels liegt. Nur beim geraden Rück- bzw. Fersenversatz wird aus konstruktiven Gründen die Versatzfläche rechtwinklig zur Druckstabachse ausgeführt, so daß die zulässige Beanspruchung (zul $\sigma_{D\alpha}$) für α maßgebend wird (**23.1**). Dabei sollte man sich dessen immer bewußt sein, daß die Spannungsverteilung in den Versatzflächen nicht gleichförmig sein kann, da einerseits der Paßsitz von Anfang an nicht vollkommen sein wird und sich weiterhin durch das Arbeiten des Holzes auch im Laufe der Zeit ändert. Durch geringfügige örtliche Einpressung wird jedoch ein Ausgleich geschaffen, so daß die zulässigen Spannungen im ganzen bei sonst richtiger Bemessung nicht überschritten werden.

---

[1]) Krabbe, E.: Über den Spannungszustand in einer Versatzung. Holz als Roh- und Werkstoff (1962) Bd. 20, S. 189 bis 195

Die für die Tragfähigkeit maßgebende Versatztiefe kann nicht nach Erfordernis beliebig tief gewählt werden, da sonst der Querschnitt des Zugstabes zu sehr geschwächt würde. Nach DIN 1052 Bl. 1 Abschn. 7.5.2 soll betragen

$$t_v < h/4 \qquad h/4 \cdots h/6 \qquad < h/6$$
$$\text{bei} \qquad \alpha < 50° \qquad 50° \cdots 60° \qquad < 60°$$

Bei zweiseitigem Versatzeinschnitt (z. B. bei Hängesäulen) muß $t_v \leq \dfrac{h}{6}$ sein.

Reicht t_v hiernach nicht aus, kann eine der später erwähnten Möglichkeiten angewendet werden.

Die durch die Versatzfläche in den Zugstab eingeleiteten Kräfte müssen noch als Scherkräfte in der Vorholzfläche $l_v \cdot b$ aufgenommen werden. Wegen der Gefahr der Bildung von Trockenrissen soll die Vorholzlänge l_v nicht kürzer als 20 cm gewählt werden, rechnerisch aber nicht mehr als 40 cm ergeben, da sonst eine gleichmäßige Verteilung der Schubspannungen nicht mehr gewährleistet ist und dadurch örtliche Spannungserhöhungen an der Keilspitze zum Aufspalten des Vorholzes führen könnten. Die erforderliche Vorholzlänge ergibt sich aus

$$l_v = \frac{S \cdot \cos \alpha}{b \cdot \tau_A} \tag{19.1}$$

Zur Sicherung gegen seitliche Verschiebung ist der Druckstab durch einen Heftbolzen nach alter Überlieferung senkrecht zur langen Versatzfläche oder besser durch seitlich angenagelte Laschen zu sichern. Zapfen sind nicht zu verwenden, da sie den Zugstab zu sehr schwächen.

J e d e r   V e r s a t z   s o l l   b e s t e   P a ß a r b e i t   u n d   d i e   H ö l z e r   i m   B e r e i c h   e i n e s   V e r s a t z e s   m ü s s e n   s c h a r f k a n t i g   s e i n .

Der einfache Stirnversatz (22.2) kommt zwar am häufigsten zur Anwendung, ist aber nicht unbedingt der beste. Da immer mit einem Klaffen an der langen Versatzfläche gerechnet werden muß, wird die Komponente $R \cong 0$ und somit

$$\sigma = \frac{S \cdot \cos^2 \alpha/2}{b \cdot t_{v1}} \leq \text{zul } \sigma_D \alpha/2 \tag{19.2}$$

Für die Vorbemessung des Stirnversatzes genügt:

$$\mathbf{erf}\ t_v = \frac{S}{700\,b}\ \text{in cm mit } S \text{ in N und } b \text{ in cm} \tag{19.3}$$

Infolge der Verschiebung der Stabkraftresultierenden auf die Seite des Versatzes wird die Strebe auf ausmittigen Druck beansprucht. Da aber die Strebe gerade wegen der niedrigen zul. Beanspruchung im Versatz nur gering beansprucht wird, können diese zusätzlichen Biegebeanspruchungen in der Regel vernachlässigt werden. Als Nachteil wäre noch die große erforderliche Vorholzlänge im Zugstab zu nennen. Sein Hauptvorteil ist die einfache Herstellung bei großer Tragfähigkeit.

Der Brustversatz (22.3), besonders entwickelt und behandelt von T r o c h e [27], schaltet einige der genannten Nachteile weitgehend aus. Die Keilspitze wird bis in die Druckstabachse zurückverlegt, wobei aber nicht das volle dort vorhandene t_v ausgenutzt werden kann. Beide Versatzflächen halbieren ihre Anschlußwinkel und bilden miteinander einen rechten Winkel. Die Stabkraft bleibt nahezu mittig, und ihre erforderliche Vorholzlänge wird kleiner als beim Stirnversatz. Für den Brustversatz mit der Versatzfläche in $\alpha/2$ kann die Versatztiefe ebenfalls nach der Gl. (19.3) ermittelt werden.

Der ungerade Rückversatz (22.4**)** ist eigentlich ein über die Strebenachse zurückgesetzter Brustversatz, dessen Versatzfläche gleichfalls im Winkel $\alpha/2$ verläuft, aber nicht bis außen durchgeführt wird. Der Anschluß ist mittig, aber die Herstellung umständlich und teuer.

Der gerade Rückversatz oder **Fersenversatz (23.**1**)** wird angewendet, wenn der Vorkopf noch kürzer werden soll, also die Vorholzlänge soweit wie möglich nach rückwärts gelegt werden muß. Die Versatzfläche liegt senkrecht zur Stabachse des Druckstabes, so daß die ganze Stabkraft übertragen wird, ohne Schub zu erzeugen. Je nach der Versatztiefe wird die Resultierende mehr oder weniger nach innen, also umgekehrt wie beim Stirnversatz, verschoben. Die daraus entstehende zusätzliche Belastung der Strebe wegen der Ausmittigkeit kann ebenfalls unberücksichtigt bleiben. Ein wesentlicher Nachteil ist die kleinere zul. Beanspruchung in der Versatzfläche des Zugstabes (zul $\sigma_{D\alpha}$ < zul $\sigma_{D\alpha/2}$). Eine Gefahr für den Bestand bildet der Faserverlauf im Druckstab, da er leicht zum Aufspalten der Ferse führen kann. Aus demselben Grunde darf auch die waagerechte Schnittfläche der Strebe nicht satt auf dem Zugstab aufsitzen. Die Spannung in der Versatzfläche beträgt

$$\sigma_D = \frac{S \cdot \cos \alpha}{b \cdot t_{v2}} \leqq \text{zul } \sigma_{D\alpha} \tag{20.1}$$

Für die Vorbemessung der Rückversatztiefe empfiehlt sich die Gleichung

$$t_{v2} = \frac{S}{0{,}8 \cdot 700\,b} = \frac{S}{560\,b} \text{ in cm mit } S \text{ in N und } b \text{ in cm} \tag{20.2}$$

Der Stirn- oder Rückversatz wird am einfachsten bemessen nach

$$S = c \cdot t_v \cdot b \qquad \text{N} = \frac{\text{N}}{\text{cm}^2} \cdot \text{cm} \cdot \text{cm} \tag{20.3}$$

c ist die Tragfähigkeit eines Versatzes mit der Versatztiefe $t_v = 1$ cm und der Breite $b = 1$ cm. Sie hängt von α ab (Taf. **20.1**).

Tafel **20.1** Werte c in N/cm² für Stirnversatz S_1 und Rückversatz S_2 bei $\alpha = 5° \cdots 60°$

α	5°	10°	15°	20°	25°	30°	35°	40°	45°	50°	55°	60°
S_1	823	798	778	761	743	729	721	713	706	701	699	699
S_2	796	749	705	669	636	606	583	565	551	548	556	574

Der lotrechte Versatz (24.2**)** bietet die Möglichkeit, einen Stab unter 90° noch ohne Verstärkung anzuschließen, wenn bei normalem Stumpfstoß die zul. Pressung zul $\sigma_{D\perp}$ bereits überschritten wäre. Es wird die Stoßfläche vergrößert, und außerdem können die Versatzflächen höher, nämlich mit zul $\sigma_{D\measuredangle}$, belastet werden. In weiterer Folge kann gegebenenfalls der Knickstab besser ausgenutzt werden.

Reicht ein Versatz auch bei voller Ausnutzung der größtmöglichen Versatztiefe, der vollen Stabbreite und des günstigsten Schnittwinkels $\alpha/2$ nicht aus, die

Druckkraft zu übertragen, dann muß die Restkraft zusätzlich auf andere Art aufgenommen werden.

Der doppelte Versatz (23.2) besteht aus zwei vorgenannten Versatzarten, wobei alle Kombinationen möglich sind. Er ist als Paßstoß und nur mit trockenem Holz ($\leq 20\%$) zu verwenden, da nur dann beide Versatzflächen dauernd gleichzeitig aufliegen und tragen. Es können bei beschränkter Versatztiefe wesentlich höhere Stabkräfte angeschlossen werden. Für die Errechnung der Vorholzlänge sind beim Stirnversatz nur die maßgebende Komponente S_1, für den Rückversatz die ganze Stabkraft $S_1 + S_2$ einzusetzen. Um ein Zusammenfallen der Scherflächen zu vermeiden, ist t_{v2} um ungefähr 1 cm größer als t_{v1} zu wählen. Setzt man $t_{v1} = 0,8\ t_{v2}$, dann werden die Anteile S_1 und S_2 ungefähr gleich, und die Stabkraft wird nahezu mittig angeschlossen. Der größte Nachteil bleibt die schwierige Herstellung der 2 oder 3 Paßflächen. Wirtschaftlichkeit ist nur für kleinere Winkel gegeben.

Der doppelte Stirnversatz (**23**.4) besteht aus Stirn- und ungeradem Rückversatz. Der Stirn-Fersenversatz ist als doppelter Versatz (**23**.2) bekannt und gebräuchlich. Der Brust-Fersenversatz (**23**.3) hat den Vorteil, daß beide Kerbwinkel 90° betragen, und der doppelte Fersenversatz (**23**.5) den, daß er nur 2 Paßflächen hat.

Häufig darf der Zugstab nicht durch einen Versatz geschwächt werden; dann empfiehlt es sich, die Versatzfläche gegen eine aufgesetzte Knagge zu stoßen (**25**.1 und 2). Bei steilen Winkeln oder großen Versatztiefen wird auch die lange Versatzfläche zu untersuchen sein. Andere Möglichkeiten bieten seitlich angebrachte Laschen, die die Restkraft entweder gleichfalls durch Versatz oder direkt übertragen (**25**.3 und **26**.1). Hierbei ist DIN 1052 Bl. 1 Abschn. 11.7 streng zu beachten. Weitere Möglichkeiten, genaue Berechnungsverfahren mit Ableitungen und Beispielen s. [3; 10; 20; 27].

Der gerade Stirnversatz an einen Stahlschuh (24.1) ersetzt gewissermaßen einen echten Versatz, wobei die gesamte Vorholzlänge wegfällt, die Druckkraft der Strebe auf eine Ankerplatte übertragen und die Zugkraft des Zugholzes (Untergurts) über Dübel, Flachstähle und Ankerschrauben in diese Platte eingeleitet wird. Die Stirnplatte selbst kann auch durch einen Winkel oder einen geschweißten Schuh aus Blechen ersetzt werden, der sich besonders gut durch Steinschrauben verankern läßt (Bild **24**.1 in Beisp. 4 und Bild **138**.1).

Die Verlagerung der Druckkraft bleibt normalerweise unberücksichtigt. Wird aber ein Stab an beiden Enden mit einem Versatz angeschlossen, dann ist bei Verlagerung nach derselben Seite an beiden Stabenden die dadurch auftretende Ausmittigkeit zu berücksichtigen. Dies ist bei Kopfbügen, Streben in Dachstühlen und Sprengwerken immer der Fall (**22**.1 und Beispiele in Abschn. 5.3.3).

Alle Versatzarten können in gleicher Weise für Rundhölzer verwendet werden, bei denen jedoch darauf zu achten ist, daß die Schnittflächen im Druck- und Zugstab, besonders bei verschiedenen Durchmessern, nie gleich groß sind, also nur mit der kleineren Fläche gerechnet werden darf. Für den praktischen Bedarf können die Tafeln nach [20] bestens empfohlen werden. Die Tragfähigkeit des Versatzes wird in der Praxis vorteilhaft den zahlreichen Tabellen und Diagrammen [z. B. 9; 20] entnommen.

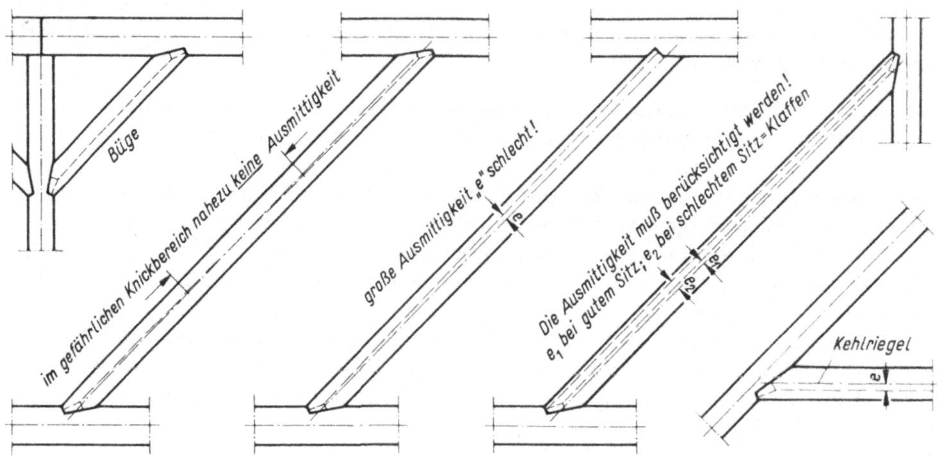

22.1 Verlagerungsmöglichkeiten der Stabkraft infolge doppelseitiger Versatzanschlüsse

Beispiele (für Nadelholz Güteklasse II)

1. Tragfähigkeit des einfachen Stirnversatzes (22.2), Brustversatz **(22.3)** oder ungeraden Rückversatzes **(22.4)**

Gegeben: Strebe 12/20 cm   Zugstab 12/24 cm $\alpha = 40°$

$\max t_v = h/4 = 6\ \text{cm}$

nach Taf. **20**.1: $\max S = 713 \cdot 6 \cdot 12 = 51\,336\ \text{N}$

$H = 5136 \cdot 0{,}766 = 39\,323\ \text{N}$

$$\min l_v = \frac{51\,336 \cdot 0{,}766}{12 \cdot 90} = 36{,}4\ \text{cm}$$

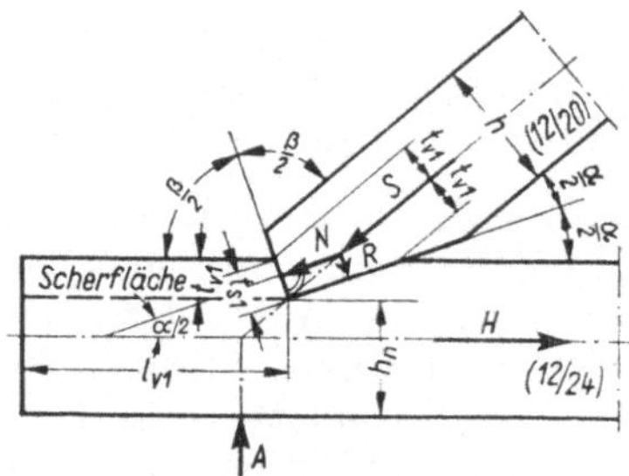

22.3 Brustversatz

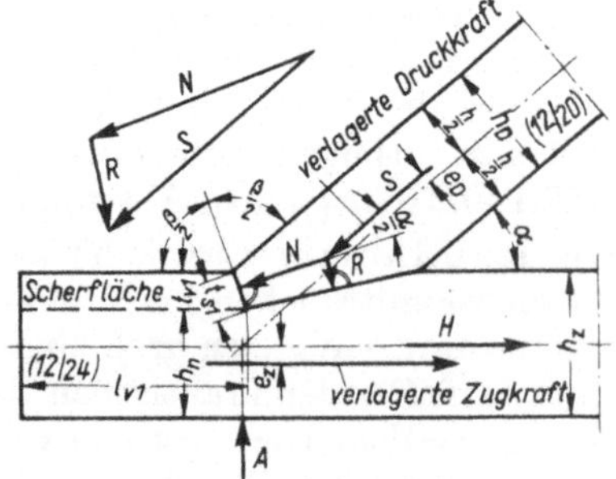

22.2 Einfacher Stirnversatz

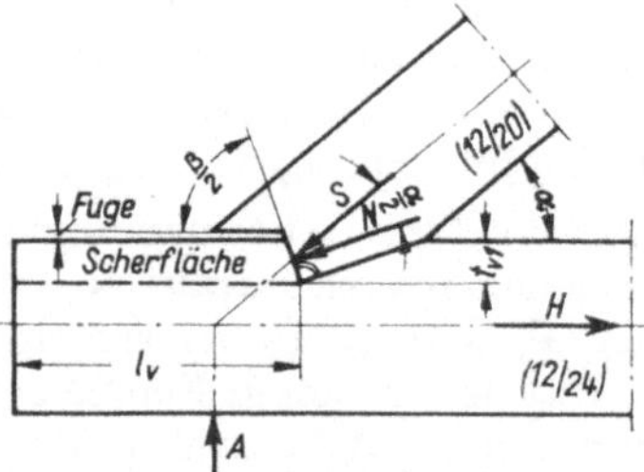

22.4 Ungerader Rückversatz

2. Tragfähigkeit des Fersenversatzes (23.1)

Gegeben: Strebe 12/20 cm   Zugstab 12/24 cm $\alpha = 40°$

$\max t_v = 6$ cm

$\max S = 565 \cdot 6 \cdot 12 = 40\,680$ N

$\min l_v = \dfrac{40\,680 \cdot 0,766}{12 \cdot 90} = 28,9$ cm

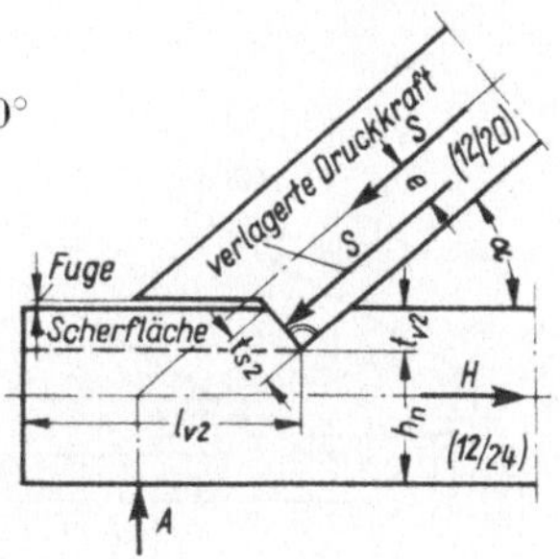

23.1 Gerader Rückversatz oder Fersenversatz

3. Tragfähigkeit des Stirn-Fersensatzes (23.2) oder Brust-Fersenversatzes (23.3)

Gegeben: Strebe 12/20 cm   Zugstab 12/24 cm $\alpha = 30°$

$\max t_{v2} = 6$ cm $t_{v1} = 0,8\,t_{v2} \approx 5$ cm

$S_1 = 729 \cdot 5 \cdot 12 = 43\,740$ N $S_2 = 606 \cdot 6 \cdot 12 = 43\,632$ N

$S = S_1 + S_2 = 87\,372$ N

$l_v = l_{v1} + l_{v2} = (43\,740 + 43\,632)\,\dfrac{0,866}{12 \cdot 90} = 70,1$ cm

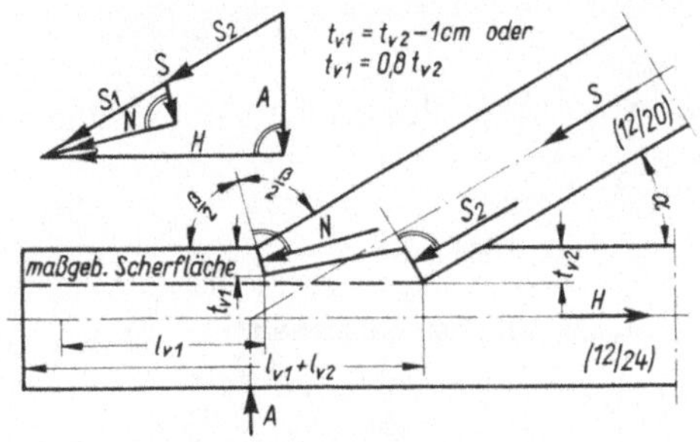

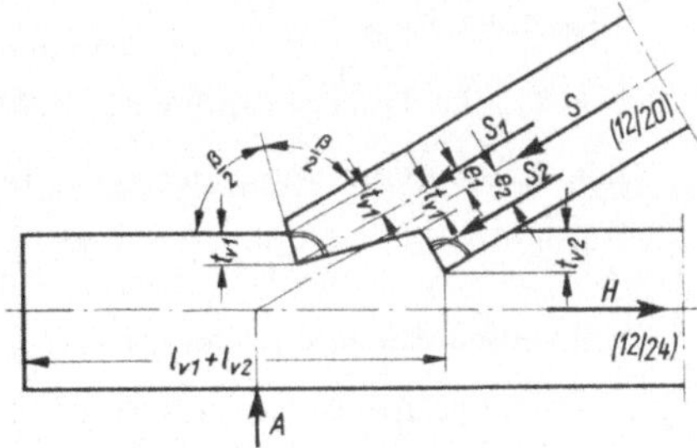

23.2 Doppelter Versatz oder Stirn-Fersenversatz

23.3 Brust-Fersenversatz

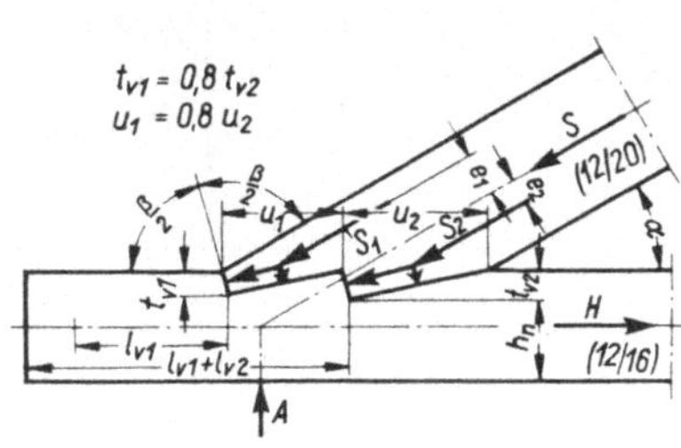

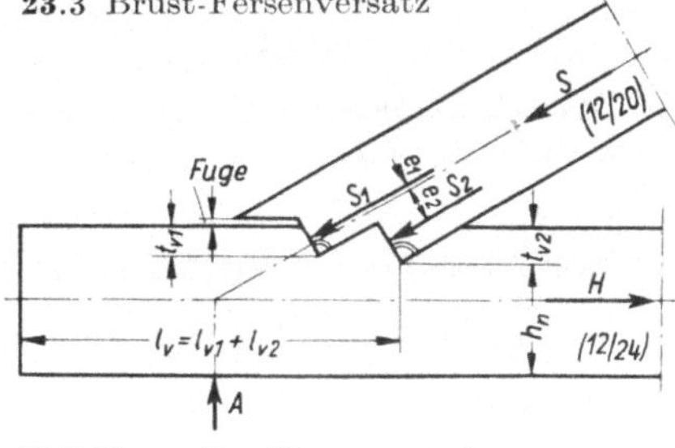

23.4 Doppelter Stirnversatz

23.5 Doppelter Fersenversatz

4. Gerader Stirnversatz an Ankerplatte (24.1)

Gegeben: $O_1 = 94$ kN $U_1 = 81,4$ kN $A = 47$ kN

$\alpha = 30°$ und Stabquerschnitte nach Bild **24.**1

Auflagerpressung $\sigma = \dfrac{47\,000}{12 \cdot 14} = 280 < 290$ N/cm^2

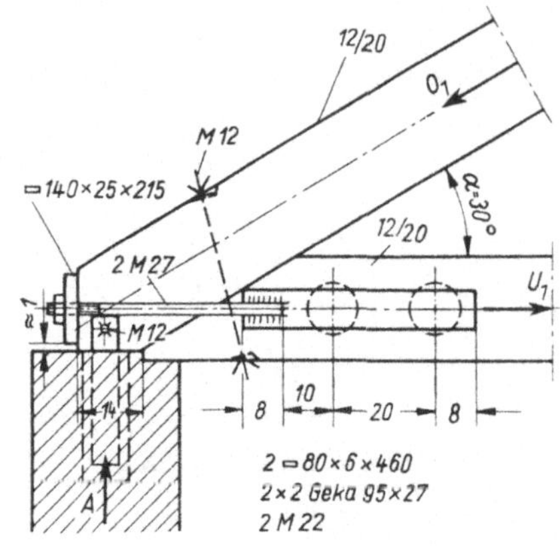

24.1 Gerader Stirnversatz an Ankerplatte

Pressung zwischen O_1 und Ankerplatte (Stirnversatz zu rechnen als gerader Rückversatz)

$$\sigma = \frac{94\,000 \cdot \cos 30°}{12 \cdot 14} = 485 < 520 \text{ N/cm}^2$$

Näherungsweiser Nachweis der Ankerplattendicke aus der Pressung an die Ankerplatte, der zulässigen Stahlspannung und der halben Plattenbreite als Kraglänge

$$\text{erf } t = c \sqrt{\frac{3 \cdot \text{vorh } \sigma}{\text{zul } \sigma}} = 7 \sqrt{\frac{3 \cdot 485}{12\,000}}$$
$$= 2,44 \text{ cm} < 25 \text{ mm}$$

mit c = halbe Ankerplattenbreite

Anschluß von U_1 durch

2 Anker M 27 mit $2 \cdot 46,95 = 93,9 > 81,4$ kN

2 Laschen 80×6 mit $\sigma = \dfrac{81,4}{2 \cdot 0,6\,(8,0 - 2,3)} = 11,9 < 14,0$ kN/cm^2 (St 37)

2×2 Geka-Holzverbinder 95×27 mit $4 \cdot 21 = 84 > 81,4$ kN

Lochleibungsspannung der Geka-Bolzen M 22

$$\sigma_L = \frac{81,4}{4 \cdot 2,2 \cdot 0,6} = 15,42 < 24,0 \text{ kN/cm}^2$$

Schweißnahtanschluß der Ankerschrauben an die Flachstahllaschen

Je 2 Kehlnähte mit $a = 3$ mm und $l = 60$ mm

$$\sigma = \frac{81,4}{2 \cdot 2 \cdot 0,3 \cdot 6} = 11,31 < 13,5 \text{ kN/cm}^2$$

Zusätzliche Sicherung von O_1 an U_1 durch einen Heftbolzen M 12

5. Tragfähigkeit des lotrechten Versatzes (24.2)

Gegeben: Pfosten 20/20 cm   Gurtstab 20/24 cm

max $t_v = h/6 = 4$ cm

zul $\sigma_{D\perp} = 200$ N/cm^2 zul $\sigma_{D45°} = 390$ kN/cm^2

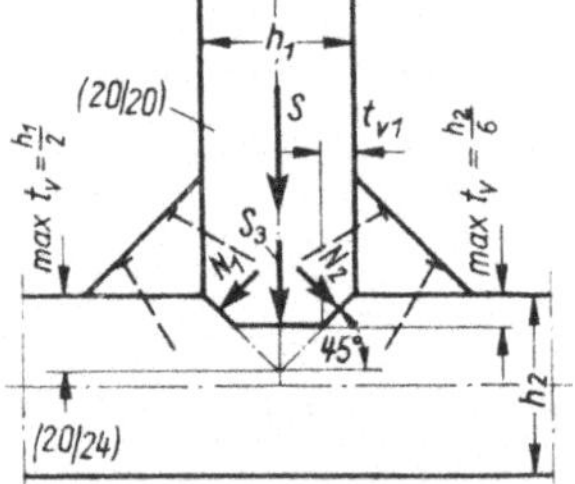

24.2 Lotrechter Versatz

$$S_1 = S_2 = \frac{N_1}{\sqrt{2}} = \text{zul } \sigma_{D45°} \cdot b \cdot t_v = 390 \cdot 20 \cdot 4 = 31\,200 \text{ N}$$

$$S_3 = \text{zul } \sigma_{D\perp} \cdot b\,(h_1 - 2 \cdot t_v) = 200 \cdot 20\,(20 - 2 \cdot 4) = 48\,000 \text{ N}$$

$$S = 2\,S_1 + S_3 = 2 \cdot 31\,200 + 48\,000 = 110\,400 \text{ N (bei guter Paßarbeit)}$$

$(S = 200 \cdot 20 \cdot 20 = 80\,000$ N ohne Versatz)

Knaggen $16/16 \times 20$ cm, Nägel 55×140

6. Stirnversatz-Anschluß über Knaggen (25.1 und 2)
(ohne Schwächung des Zugstabes)

Gegeben: Strebe 16/18 cm

$S = 90$ kN $\alpha = 40°$

Zugstab 16/16 cm

$H = 69$ kN

$$\text{erf } t_v = \frac{90\,000}{700 \cdot 16} = 8 \text{ cm}$$

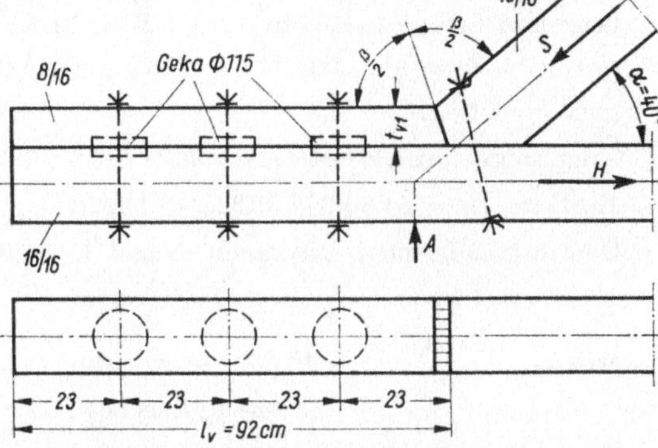

25.1 Stirnversatz mit Knagge bei großer Vorholzlänge

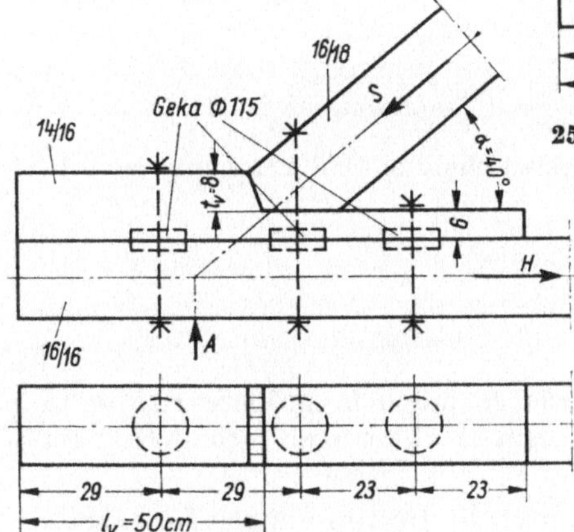

Knagge gewählt 8/16 cm

$$\sigma_D = \frac{90\,000 \cdot 0{,}94^2}{16 \cdot 8} = 621 < 630 \text{ N/cm}^2$$

Anschluß der Knagge durch 3 Geka-Holzverbinder 115 × 27

mit $3 \cdot 24 = 72 > 69$ kN

25.2 Stirnversatz mit Knagge bei verkürzter
Vorholzlänge

7. Verbreiterung der Stirnversatz-Fläche durch seitlich angenagelte Laschen (25.3)

Gegeben: Strebe 16/18 cm $S = 68{,}0$ kN $\alpha = 40°$
          Zugstab 16/16 cm $H = 52{,}1$ kN

$\max t_v = 4$ cm   max zul $S = 713 \cdot 4 \cdot 1 = 2852$ N/cm Versatzbreite
bei 16 cm Breite aufnehmbar $2852 \cdot 16 = 45\,632$ N

Restkraft $68\,000 - 45\,632 = 22\,368$ N

erforderliche Laschendicke $\dfrac{1{,}5 \cdot 22\,368}{2 \cdot 2852} = 5{,}88 \approx 6$ cm

Gewählt: $2 \times 6/18$ cm

$$l_v = \frac{45\,632 \cdot 0{,}766}{16 \cdot 90} = 24{,}3 \text{ cm} \approx 25 \text{ cm}$$

Anschluß der Strebenlasche durch Nägel 46×130

$N_1 = 725$ N

$$\text{erf } n = \frac{1{,}5 \cdot 22\,368}{2 \cdot 725} = 23 \text{ Nägel/Lasche}$$

Anschluß der Zugstablasche durch Nägel 46×130

$$\text{erf } n = \frac{1{,}5 \cdot 22\,300 \cdot 0{,}766}{2 \cdot 725} = 18 \text{ Nägel/Lasche}$$

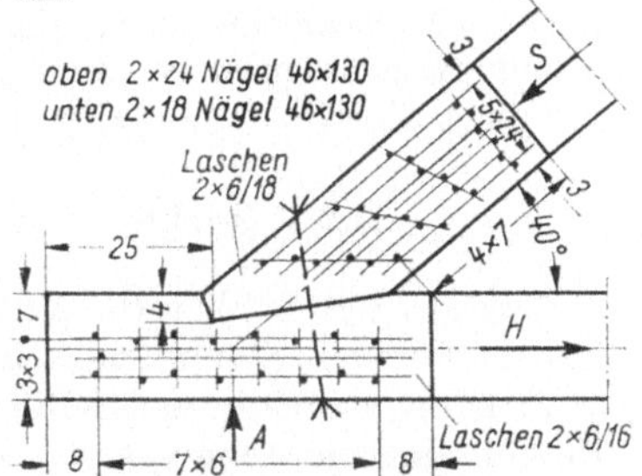

25.3 Stirnversatz mit Versatzver-
breiterung durch aufgenagel-
te Laschen

8. Verstärkung des Stirnversatzes durch aufgenagelte Laschen (26.1)

Gegeben: Strebe 14/18 cm $S = 51{,}5$ kN $\alpha = 40°$

Zugstab 14/16 cm $H = 39{,}4$ kN

max $t_v = 4$ cm

Tragfähigkeit des Versatzes $S = 713 \cdot 4 \cdot 14 = 39\,928$ N

Restkraft $R = 51\,500 - 39\,928 = 11\,572$ N

Gewählt: 2 Laschen 2,4/18 cm, Nägel 31 $\times$ 70

$N_1 = 375$ kp

$$\text{erf}\,n = \frac{1{,}5 \cdot 11\,572}{375} = 46{,}3 \approx 48 \text{ Nägel}$$

$$(2 \cdot 24 \text{ je Lasche})$$

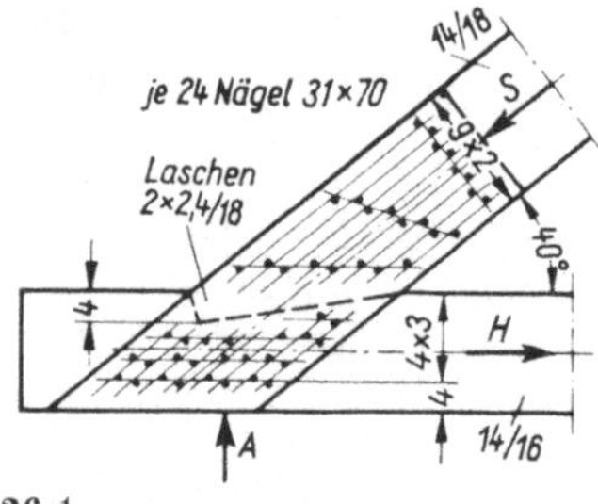

26.1
Stirnversatz-Verstärkung durch
aufgenagelte Laschen

9. Verstärkung durch Kantholzlaschen mit Dübelanschluß s. Bild **132.**1 und Berechnung auf Seite 136.

3.2 Dübel

Erst durch die Einführung der Dübel wurde es möglich, größere Kräfte in Stößen und Anschlüssen von Holzkonstruktionen zu übertragen, womit Holz im Ingenieurbau wieder konkurrenzfähig wurde.

Laut DIN 1052 Bl. 1 Abschn. 11.1.1 fallen unter die Bestimmungen für Dübelverbindungen alle überwiegend auf Druck (Lochleibung) und Abscheren beanspruchten Verbindungsmittel, wie rechteckige Dübel und Keile, Scheiben-, Teller-, Ring- und Krallendübel, Krallenplatten, Stabdübel usw. Sie werden nach verschiedenen Gesichtspunkten, wie der Einbauweise, dem Material und der Form, unterteilt [3; 19; 20; 27].

Die zulässigen Tragfähigkeiten, Abmessungen, Abstände und andere Daten werden amtlich festgelegt (s. DIN 1052 Bl. 2 Tab. 1), so daß ihre Berechnung entfällt. Da jede Dübelart ihre besonderen Eigenarten bezüglich ihrer konstruktiven Verwendbarkeit hat und ihre Anschaffungs- und Verarbeitungskosten sowie ihre Tragfähigkeiten sehr verschieden sind, läßt sich ein Wirtschaftlichkeitsvergleich kaum anstellen. In der Regel richtet sich eine Firma auf die Verwendung einer Dübelart ein, die sie dann beibehält. Neue Dübelarten, die nicht in DIN 1052 Bl. 2 enthalten sind, können in zuständigen Prüfämtern geprüft und besonders zugelassen werden.

3.2.1 Rechteck- und Rundstabdübel

An erster Stelle stehen die Zimmermannsdübel, die heute noch in alter Art, nur nach neuen Erkenntnissen, verwendet werden. Sie werden als volle Rechteckdübel[1]) auf die ganze Balkenbreite bei Faserverlauf gleichlaufend mit der Balkenfaser im Ober- und Unterholz gleich tief eingelassen. Die günstigste Einlaßtiefe liegt bei $l_t = 0{,}10 \cdots 0{,}13$ der Balkenhöhe. Für die Bemessung sind

---

[1]) Krabbe, E.: Über den Spannungsverlauf in Rechteckdübeln. Die Bautechnik (1961) H. 10

die zul. Beanspruchung des Balkens parallel zur Faser (zul $\sigma_{D\|}$) und die zul. Scherbeanspruchung (zul τ_A) der Dübel maßgebend. Bei 2 oder mehreren Dübeln ist für den Dübelabstand noch das stehenbleibende Vorholz im Balken auf Abscheren zu untersuchen (**27.1**). Bei der üblichen Verwendung von Nadelholz der Güteklasse II und Dübeln aus Eiche der Güteklasse I sollte die Dübellänge mit $l_D \geqq 8{,}5\,l_t$ gewählt werden, dann genügt der Spannungsnachweis in der Versatzfläche und die Tragfähigkeit eines Dübels beträgt

$$\text{zul } P = l_t \cdot b \cdot \text{zul } \sigma_{D\|} \tag{27.1}$$

Für zul σ_D gilt bei einem Verhältnis Dübellänge zu Einschnittiefe $l_D/l_t \geqq 5$ die volle zulässige Spannung von 850 N/cm², bei $l_D/l_t < 5$ jedoch nur 400 N/cm².

27.1
Längsdübel aus Hartholz;
maßgebende Beanspruchungen in der
Nadelholz-Druckfläche (1, 2, 3, 4) zul $\sigma_{D\|} = 850$ N/cm²
Hartholz-Scherfläche (3, 4, 5, 6) zul $\tau = 100$ N/cm²
Nadelholz-Scherfläche (7, 8, 9, 10) zul $\tau = 90$ N/cm²

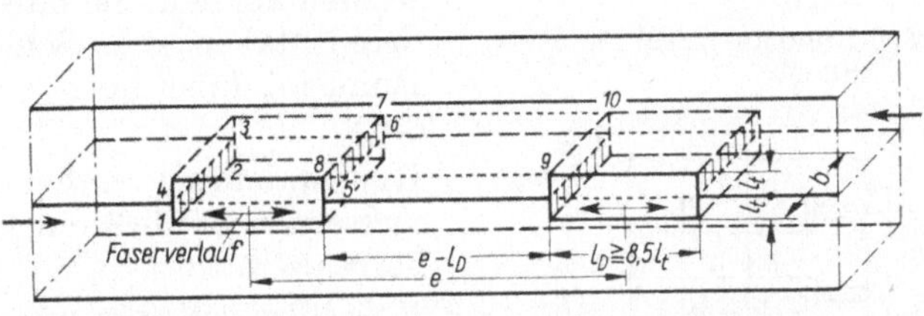

Beispiel: Tragfähigkeit T eines 10 cm breiten Hartholzdübels mit der Versatztiefe $l_t = 1$ cm, Dübel aus Eiche Gütekl. I. und Konstruktion aus Nadelholz Gütekl. II.

$$T = 1 \cdot 10 \cdot 850 = 8500 \text{ N}$$

dazu erforderliche Dübellänge $l_D = \dfrac{8500}{10 \cdot 1200} = 8{,}5$ cm $= 8{,}5\,l_t$

dazu erforderlicher Dübelzwischenraum bzw. Vorholzlänge $e - l_D = \dfrac{8500}{10 \cdot 90} = 9{,}5$ cm

Eine wegen des schwieriger herzustellenden Paßsitzes heute weniger gebräuchliche Abart des Rechteckdübels ist der Zahn- oder Rechteckdübel in Schräglage. Sein Vorteil liegt im geringeren Dübelholzbedarf. Da jede Dübelverbindung auf der Pressung, also Druckübertragung beruht, müssen die Zähne bei einem verdübelten Balken zentrisch symmetrisch angeordnet werden. Bei beweglicher Belastung empfiehlt es sich daher auch, hier wenigstens in der Mitte, wo die Scherspannungen ihre Richtung ändern können, Flachdübel, also keine Zahndübel, anzuordnen (**27.2**). Die Berechnung erfolgt nach der Art des Versatzes.

27.2
Verdübelter Balken mit Zahndübeln im Bereich der Auflager und Flachdübeln im mittleren Bereich

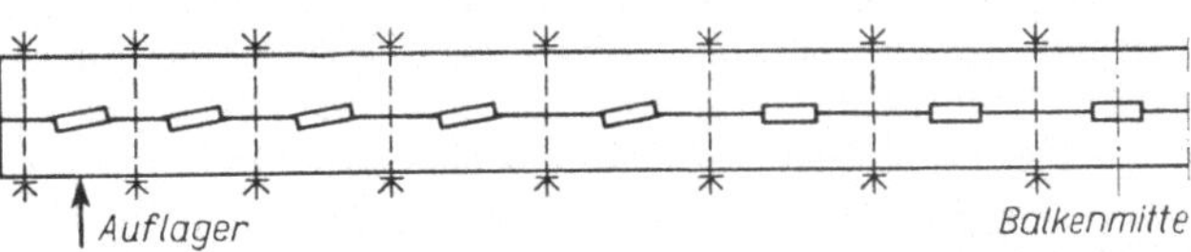

Durch die Verwendung von **Flachstahl** statt Hartholz kann die Anschlußlänge wesentlich verkürzt werden, da die Dübellänge l_D kurz gehalten werden kann [9].

Wenn die Flachstahldübel etwa durch Anschweißen an Stahllaschen gegen Kippen einwandfrei gesichert sind, kann ohne Rücksicht auf l_D/l_t mit dem Leibungsdruck zul $\sigma_D = 850$ N/cm² gerechnet werden.

An Stelle der Rechteckdübel können auch **Rundstabdübel** ($\varnothing$ 2$\cdots$8 cm) aus Hartholz als **Scherdübel** verwendet werden (**28.1**). Ihr Vorteil liegt darin, daß der Paßsitz mit einfachen Bohrern gleichen Durchmessers erreicht wird. Die Hölzer werden zuerst mit Heftbolzen verschraubt, und dann werden die Dübellöcher gebohrt, so daß die nunmehr eingetriebenen Bolzen außerordentlich gut sitzen. Dafür muß allerdings der große Nachteil des kleinen Lochleibungsdruckes von zul $\sigma_L = 400$ N/cm² in Kauf genommen werden. Für diese Dübel wird neben **E i c h e n** - auch **B u c h e n** - oder **B o n g o s s i holz** verwendet.

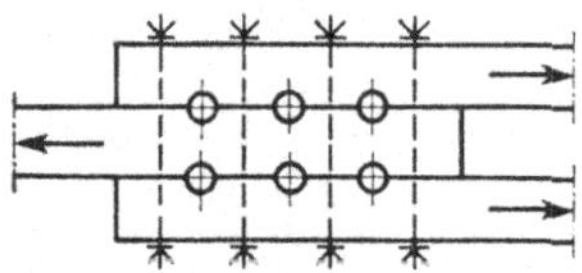

28.1 Rundstabdübel als Scherdübel

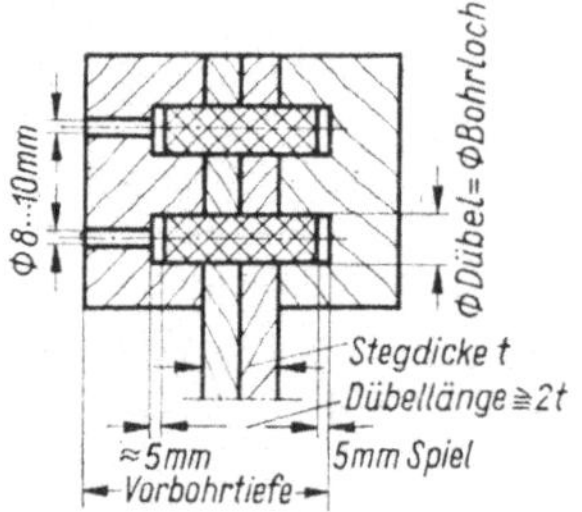

28.2 Stabdübel als Biegedübel

Ein wesentlicher Nachteil der Rechteck- und Rundstab-Scherdübel liegt darin, daß sie nur zur Übertragung von Druck- oder Zugkräften in Faserrichtung, d.h. in der Stabrichtung verwendet werden können. Sie fallen also für Anschlüsse von Schrägstäben aus. Schließlich werden Hartholz-Rundstabdübel noch als **Biegedübel** verwendet (**28.2**).

Rundstabdübel werden im allgemeinen mit Durchmessern von 2$\cdots$8 cm in Abstufungen von 1 cm hergestellt.

Holzdübel sollen in vorgetrocknetem Zustand eingebaut werden, damit sie nach erfolgter Nachtrocknung des Bauwerkes noch dicht sitzen.

Alle Dübelverbindungen müssen durch nachspannbare Schraubenbolzen zusammengehalten werden.

3.2.2 Dübel nach DIN 1052 Bl. 2 Tab. 1

Dübel wurden zunächst vornehmlich von größeren Firmen entwickelt, mit deren Namen sie meist auch benannt sind. Aus Konkurrenzgründen wurden dabei verschiedene Wege eingeschlagen, woraus sich zwangsläufig die vielen verschieden wirkenden Arten ergaben (s. DIN 1052 Bl. 2 Bild 1).

Für alle gilt, daß nicht ihre eigene Festigkeit, sondern ausschließlich die Festigkeitseigenschaften der verwendeten Hölzer, im allgemeinen also von Nadelholz der Güteklasse II, maßgebend sind. Für diese Bedingungen werden die Verbindungsmittel erprobt und ihre zulässigen Tragfähigkeiten, Abmessungen, Formen, die dafür zul. Bolzen mit Unterlegscheiben, Mindestabmessungen der Hölzer, Mindestdübel- und Randabstände sowie Dübelfehlflächen festgelegt. Die Tragfähigkeiten werden abgestuft nach der Anzahl der hintereinandersitzenden Dübel bzw. nach dem Winkel, den die Faserrichtung mit der Kraftrichtung einschließt, angegeben (s. Beisp. S. 29). Die Anschlußbemessung erstreckt sich somit heute nur noch auf die Ermittlung der Anzahl der erforderlichen Dübel, allerdings unter Berücksichtigung aller auftretenden konstruktiven Schwierigkeiten, die jeweils bei den verschiedenen Dübelarten unterschiedlich sind [DIN 1052 Bl. 2 Tab. 1; 9; 17; 30].

Dübelabstände bei mehrreihiger Anordnung sind nach DIN 1052 Bl. 2 Bild 2 bzw. Tab. 2 auszuführen [30].

Die nach DIN 1052 Bl. 2 zugelassenen Dübel sind:

Einlaßdübel mit Bohr-, Fräs- und Nutarbeit

Scheibendübel

Hartholz-Runddübel in 2 Größen und Stahlhalbdübel in 1 Größe; System Kübler
Teller- und Stufendübel aus Temperguß in 8 Größen; System Christoff und Unmack

Ringdübel

Ringkeildübel und Rippendübel aus Grauguß in 7 Größen; System Appel
Ringdübel aus Stahl in 6 Größen; System Beier
Geschlitzte Ringdübel aus Stahl in 7 Größen; System Tuchscherer

Einlaß-Einpreßdübel mit teilweiser Bohr-, Fräs- und Nutarbeit

Krallenringdübel aus Stahl in 5 Größen; System Freers & Nilson
Krallendübel aus Temperguß in 2 Größen; System Siemens-Bauunion
Geka-Holzverbinder, zweiseitig und einseitig, aus Temperguß in 5 Größen

Einpreßdübel ohne Nut- und Fräsarbeit

Zahnringdübel aus Sonderstahl in 5 Größen; System Alligator
Krallenplatte aus Stahlblech; in 1 Größe; System Pfrommer
Runde und quadratische Verbinder aus Sonderstahl in 9 Größen; System Bulldog

Beispiel (29.1): Anschluß des Diagonalstabes D
($2 \times 6/16$ cm) mit 45 kN an den Gurtstab (14/22 cm)
mit Ringkeildübeln (DIN 1052).

Tragfähigkeit der Dübel im Schrägholz (D) bei
Faserrichtung = Kraftrichtung: 1 Paar Ringkeildübel 128×45

mit $2 \cdot 28 = 56$ kN

Tragfähigkeit der Dübel im Gurtholz (U) bei
einem Winkel zwischen Faserrichtung und Kraftrichtung $\alpha = 40°$: 1 Paar Ringkeildübel 128×45

mit $2 \cdot 23,5 = 47 > 45$ kN (maßgebend)

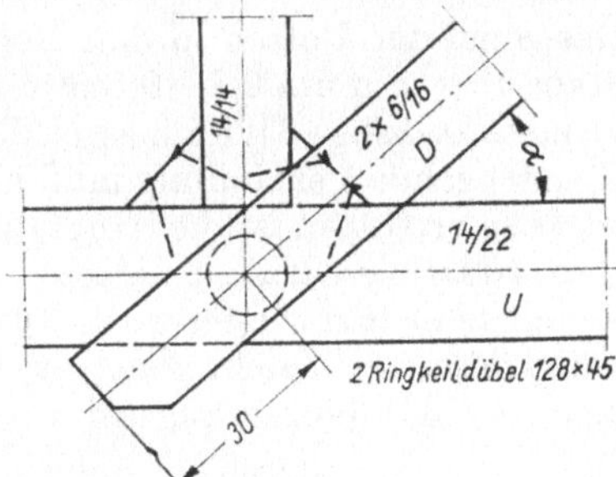

29.1 Dübelanschluß

Überprüfung der erforderlichen Holzbreiten:
Diagonale: Faserrichtung ∥ Kraftrichtung, erf. 16/6 cm = vorhanden
Gurtholz: $\alpha = 40°$, erf. 20/6 cm, vorh. 22/14 cm
Erforderliche Vorholzlänge in der Diagonale 30 cm

3.3 Bolzen und Stabdübel (Stifte)

Der Nachteil der Bolzen ist die große Nachgiebigkeit, die auf dem Spiel
zwischen Bolzen und Bohrloch, einer Folge des Schwindens, der Nachgiebigkeit
des Holzes gegen den Lochleibungsdruck und dem geringen Biegewiderstand
der Bolzen selbst beruht. Deshalb sollen Bolzenverbindungen nicht für Durchlaufträger oder Sprengwerke, also gegen bleibende Formänderungen besonders
empfindliche Bauwerke, verwendet werden. Die Reibung, die zwischen den
Hölzern durch die Klemmwirkung der Bolzen entsteht, darf nicht in Rechnung
gesetzt werden, da sie, auch wenn die Bolzen immer vorschriftsmäßig nach-

gezogen würden, nicht konstant wirkt. Stabdübel hingegen sind bei allen Bauteilen anwendbar. Die Tragfähigkeit wird nach DIN 1052 Bl. 1 Abschn. 11.2.8 und Tab. 13 berechnet [9].

$$\text{zul } N = \text{zul } \sigma_l \cdot a \cdot d \leqq A \cdot d^2 \quad \text{in N} \tag{30.1}$$

Hierin bedeuten:

zul N Tragfähigkeit des Bolzens oder Stabdübels in N

zul σ_l zulässige Lochleibungsspannung nach DIN 1052 Bl. 1 Tab. 13 in N/cm²

a kleinste Holzdicke in cm

d Durchmesser des Bolzens oder Stabdübels in cm

A Festwert nach DIN 1052 Bl. 1 Tab. 13

Dabei werden für 2schnittige Verbindungen ein Lochleibungsdruck von 850 N/cm² für das Mittelholz und 550 N/cm² für das Seitenholz bzw. für 1schnittige Verbindungen von 400 N/cm² jeweils in Faserrichtung zugelassen; für Hartholz betragen die Werte 1000, 650 und 500 N/cm². Bei einem Kraftangriff senkrecht zur Faser müssen die Werte um 25% ermäßigt werden. Für Zwischenwinkel können sie geradlinig interpoliert werden. Bei Verwendung von Stahllaschen mit einer Mindestdicke von 5 mm statt Holzlaschen können die Tragfähigkeiten für Vollholzteile um 25% erhöht werden.

Das Spiel der Bolzen in den Bolzenlöchern muß $\leqq$ 1 mm sein; die Löcher der Stabdübel sind um 0,2 $\cdots$ 0,5 mm kleiner als der Stiftdurchmesser zu bohren. Der kleinste zulässige Durchmesser der Bolzen beträgt 12 mm, der Stabdübel 8 mm. Eine tragende Verbindung muß mindestens 2 Bolzen bzw. 4 Stabdübel enthalten. In Furnierplatten ist die Tragfähigkeit der Bolzen aus dem Leibungsdruck nach DIN 1052 Bl. 1 Tab. 8 Zeile 4 zu errechnen, soweit sie nicht durch besondere Versuche nachgewiesen wird. Für Bolzen aus Kunstharzpreßholz sind die Tragfähigkeiten noch nicht genormt, können aber bereits mit $\approx$ 80% der Tragfähigkeit von Stahlbolzen angesetzt werden.

Die kleinsten zulässigen Bolzen- bzw. Dübelabstände sind Bild **30.1** zu entnehmen. Bolzenabmessungen s. DIN 601.

Für Heftbolzen sind Unterlegscheiben nach DIN 436 und 440, für Dübel- und tragende Bolzenverbindungen Scheiben nach DIN 1052 Bl. 1 Tab. 11 zu verwenden. In besonderen Fällen ist die Pressung zwischen Scheibe und Holz, also senkrecht zur Faserrichtung, nachzuweisen.

Für Einzelangaben stehen zahlreiche Tabellen zur Verfügung [9; 20; 30 u. a.].

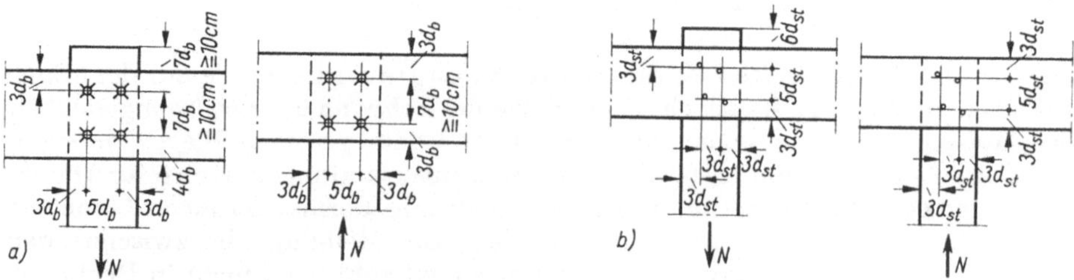

30.1 Mindestabstände bei a) tragenden Bolzen und b) Stabdübeln

3.4 Nägel

Die Möglichkeit, auch Hölzer kleinerer Abmessungen, d.h. also auch Bretter, zu großen Konstruktionen zu verarbeiten, und der Mangel an vollen Bauhölzern haben ihre Anwendung weitgehend gefördert.

Im Nagelbau werden ausschließlich Drahtstifte (Nägel) nach DIN 1151 mit rundem Querschnitt, Spitze und Senkkopf aus kaltgerecktem Thomas-Stahl verwendet. Maßgebend ist die außerordentlich hohe Bruchfestigkeit von $65\cdots85$ kN/cm² bei einer Streckgrenze von $90\cdots95\%$. Das Gewicht der Nägel kann bei dem üblichen Verhältnis von Durchmesser zu Länge angenähert mit der Formel $62\,d_n^2 \cdot l$ in N/1000 Stück mit d_n und l in mm errechnet werden. Bezeichnung der Nägel: d_n (in 1/10 mm) $\times$ l (in mm); z.B. 46×130.

Eine gute Nagelverbindung[1]) soll die Kraft auf eine möglichst große Fläche gleichmäßig verteilen, so daß sie einer starren Leimverbindung sehr nahe kommt, aber immer noch so viel Weichheit behält, daß Nebenspannungen in erträglich kleinen Grenzen bleiben. Trotzdem dürfen Nägel nicht gleichzeitig mit Leimung zu einem Anschluß verwendet werden, weil die Leimverbindung starr ist und die Nägel erst nach der Zerstörung der Leimfuge belastet werden würden. Bei Verwendung weniger, aber dickerer Nägel nähert sich der Anschluß der Bolzenverbindung, bei der die Verschieblichkeit ein gefährliches Höchstmaß erreichen kann. Daraus geht hervor, daß eine Verbindung mit vielen dünnen Nägeln wertvoller ist als mit wenigen dicken. Eine Verbindung kann als tragend erst gewertet werden, wenn sie **mindestens 4 Nägel** aufweist.

Die Tragfähigkeit der Nägel rechtwinklig zur Schaftrichtung ergibt sich für **eine Scherfläche** ohne Rücksicht auf den Faserverlauf des Holzes zu

$$N_1 = \frac{5000\,d_n^2}{1 + d_n} \text{ in N} \quad \text{mit } d_n = \text{Nageldurchmesser in cm} \qquad (31.1)$$

Mehrschnittige Nägel tragen

$$N_m = m \cdot N_1 \quad (m = \text{Anzahl der Schnitte})$$

Wegen der Spaltgefahr des Holzes ist die **Mindestholzdicke** zu wählen mit $a = d_n\,(3 + 8\,d_n) \geqq 2{,}4$ cm.

Bei Vollwandträgern mit gekreuzten Brettlagen und zweischnittiger Nagelung nach Bild **31**.1 darf bei Einzelbrettbreiten $\leqq 14$ cm die Mindestbrettdicke abgemindert werden auf $\quad a_1 = 2/3 \cdot a$

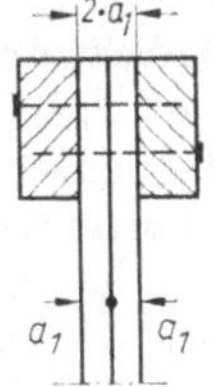

31.1 Vollwandträger mit gekreuzten Brettlagen

Die Einschlagtiefe hinter dem letzten tragenden Schnitt muß $s = 8\,d_n$ betragen. Bei einer wirklichen vorhandenen Einschlagtiefe $s = 4\,d_n$ bis $8\,d_n$ und Nagelung von beiden Seiten ist die Tragfähigkeit der letzten Scherfläche im Verhältnis $s/8\,d_n$ abzumindern. Ist $s < 4\,d_n$, so darf die letzte Scherfläche nicht mehr in Rechnung gesetzt werden. Für einschnittige Nägel betragen die jeweiligen Grenzwerte $12\,d_n$ bzw. $6\,d_n$.

---

[1]) Hempel, G.: Nagelverbindungen im Holzbau. Bauen mit Holz (1973) H. 10, S. 536ff.

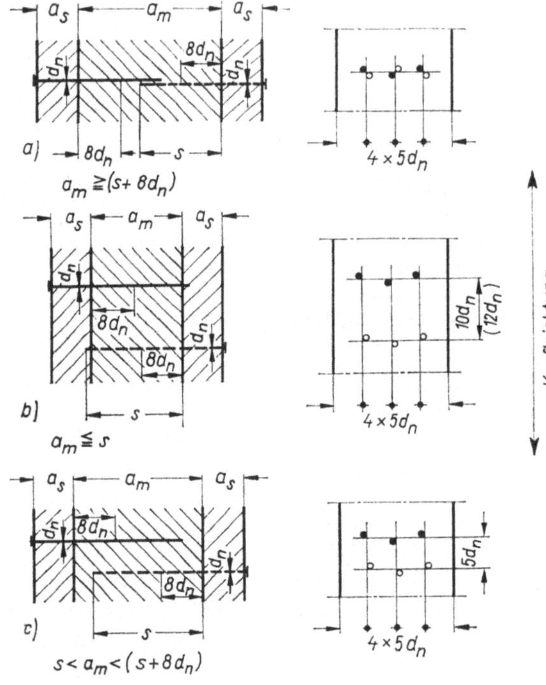

32.1 **Erforderliche Holzdicken bei sich übergreifender Nagelung**

Bei sich übergreifender Nagelung nach Bild **32.**1 a muß das Mittelholz $a_m \geqq s + 8\,d_n$ sein; bei $a_m < s$ müssen die Nägel in Abständen $\geqq 10\,d_n$ (**32.**1 b) und bei $a_m < s + 8\,d_n$ aber $> s$ in Abständen $\geqq 5\,d_n$ angeordnet werden (**32.**1 c).

Die zulässigen Tragfähigkeiten der Nägel für e i n e Scherfläche und ihre Einschlagtiefen können mit Bezug auf die erforderlichen Brettdicken DIN 1052 Bl. 1 Tab. 14 entnommen werden. Bei vorgebohrten Nagellöchern mit Durchmesser $\approx 0{,}85\,d_n$ dürfen die Tragfähigkeiten um 25% erhöht und außerdem die Holzdicken bei Nägeln $d_n \geqq$ 4,2 mm auf 6 d_n herabgesetzt werden. Bei noch geringeren Holzdicken a wären allerdings die Tragfähigkeiten um $a/6\,d_n$ abzumindern.

Für Stahlblech-Holz-Nagelverbindungen gelten bei Blechdicken $t \geqq 2$ mm grundsätzlich die Tragfähigkeiten nach Gl. (31.1).

Für dünnere Bleche sind Sondergenehmigungen erforderlich (s. S. 35/36). Bei außenliegenden Blechen brauchen die Löcher im Holz nicht vorgebohrt zu werden; bei zwischenliegenden Blechen werden die Löcher gleichzeitig durch Hölzer und Bleche gebohrt. Die Tragfähigkeit kann in beiden Fällen mit 1,25 N_1 der Tabellenwerte in Rechnung gestellt werden. Die Tragfähigkeit der Bleche ist unter Berücksichtigung der Querschnittsschwächung nachzuweisen. Die Bleche sind gegen Korrosion zu schützen.

Bei der Verbindung zugelassener Furnierplatten mit Vollhölzern sind die Nägel auf die Plattendicke abzustimmen. Es gilt für die Mindestholzdicke

$$a = 0{,}5\,d_n\,(3 + 8\,d_n) \geqq 1{,}0 \text{ cm} \tag{32.1}$$

bzw. können Nägel nach Tafel **32.**2 gewählt werden.

Tafel **32.**2: Nageldurchmesser für Furnierplattendicken; Maße in mm

Nageldurchmesser	3,4	3,8	4,2	4,6	5,5	6,0	7,0	7,5	8,0	9,0
Mindestplattendicke	10	12	14	16	20	24	30	34	38	46

Wegen der Spaltgefahr dürfen Nägel nicht zu eng gesetzt werden. Die Mindestabstände sind in Abhängigkeit vom Nageldurchmesser in Tafel **33.1** (DIN 1052 Bl. 1 Tab. 15) festgelegt. Anwendung für nicht vorgebohrte Löcher nach Bild **34.1**, für vorgebohrte Löcher nach Bild **34.2**. Bei Stahlblechen und Furnierplatten genügen Randabstände von 2,5 d_n und Nagelabstände von 5 d_n, soweit sie nicht von Vollhölzern abhängig sind.

Tafel **33.1**: Nagelabstände

| | | | Mindestabstände der Nägel parallel der Kraftrichtung | |
			nicht vorgebohrt	vorgebohrt
unter-einander	||		$10\,d_n$ $12\,d_n$[1])	$5\,d_n$
	$\perp$		$5\,d_n$	$5\,d_n$
vom belasteten Rand	|| zur	Faserrichtung	$15\,d_n$	$10\,d_n$
	$\perp$		$7\,d_n$ $10\,d_n$[1])	$5\,d_n$
vom unbelasteten Rand	||		$7\,d_n$ $10\,d_n$[1])	$5\,d_n$
	$\perp$		$5\,d_n$	$3\,d_n$

[1]) bei $d_n > 4{,}2$ mm

Die rechnerische Ermittlung der in einer Anschlußfläche möglichen Nägel erfolgt mit

$$n = r \cdot s \tag{33.1}$$

(Zahl der Nägel = Anzahl der Reihen $\times$ Stückzahl in einer Reihe)

Bei Anwendung dieser Mindestmaße ist ganz besonders darauf zu achten, daß die Nägel versetzt, also nicht in einer Faser hintereinander geschlagen werden. Dies ist Sache des Zimmermanns und für die Haltbarkeit eines Anschlusses ausschlaggebend. Beim Festlegen des Nagelbildes für einen Schrägstabanschluß müssen die Nagelabstände für beide Stäbe den Bedingungen entsprechen. Für Knoten, die sich oft wiederholen (Serienbau!), können Schablonen aus Sperrholz hergestellt werden, in denen für die Nagelköpfe entsprechend große Bohrungen angeordnet werden. Um eine gute Klemmwirkung zu erzielen, ist jeweils die Hälfte der Nägel von vorn bzw. von hinten einzuschlagen. Das Umschlagen der hervorschauenden Nagelspitzen erhöht ihre Tragfähigkeit kaum und kann durch die damit verbundene Zerstörung der Holzfasern mehr Schaden anrichten. Sie kommt höchstens für dünne Nägel in Frage. Für die Länge der Nägel ist auch noch maßgebend, ob sie ein-, zwei- oder auch mehrschnittig (**35.1**, **44.1** und 2, **45.**1) verwendet werden können. Dies ist am besten jeweils an einer Querschnittskizze zu untersuchen, da hiervon auch die Nagelaufteilung weitgehend abhängt.

Im allg. kann mit gleichmäßigem Zusammenwirken aller Nägel in einem Anschluß gerechnet werden. Erst wenn mehr als 10 Nägel in einer Reihe hintereinander (z. B. bei einem Zugstoß) erforderlich werden, muß die tabellenmäßige Tragfähigkeit um 10 % und bei mehr als 20 Nägeln um 20 % abgemindert werden.

Nägel aus Kunstharzpreßholz (Lignostone) werden in knapp vorgebohrte Löcher wie Stahlnägel eingeschlagen. Die Tragfähigkeit ist noch nicht genormt und wäre fallweise durch Versuche zu bestimmen bzw. nach Art der Stabdübel (Abschn. **3.3**) zu berechnen.

Heftnägel sollen das Zusammenwirken der Einzelteile eines Stabes gewährleisten und Ausknicken sowie Verziehen verhindern. Deshalb sind die Nagelabstände ohne Nachweis $\leqq 40\,d_n$ in Kraftrichtung und $\leqq 20\,d_n$ senkrecht zur Kraftrichtung zu wählen.

Bei Nagelverbindungen von Brettern an Rundholz müssen die Tabellenwerte um 1/3 vermindert werden. Es sollten höchstens zwei Nagelreihen parallel zum Rundholz angeordnet werden. Nagelung von Rundholz auf Rundholz ist nicht zugelassen.

Die Tragfähigkeit der Nägel auf Zug in ihrer Längsrichtung (Herausziehen) ist infolge der geringen Reibung sehr niedrig und darf nur zur Sicherung gegen Abheben durch Sogkräfte des Windes nach DIN 1055 Bl. 4 in Rechnung gestellt

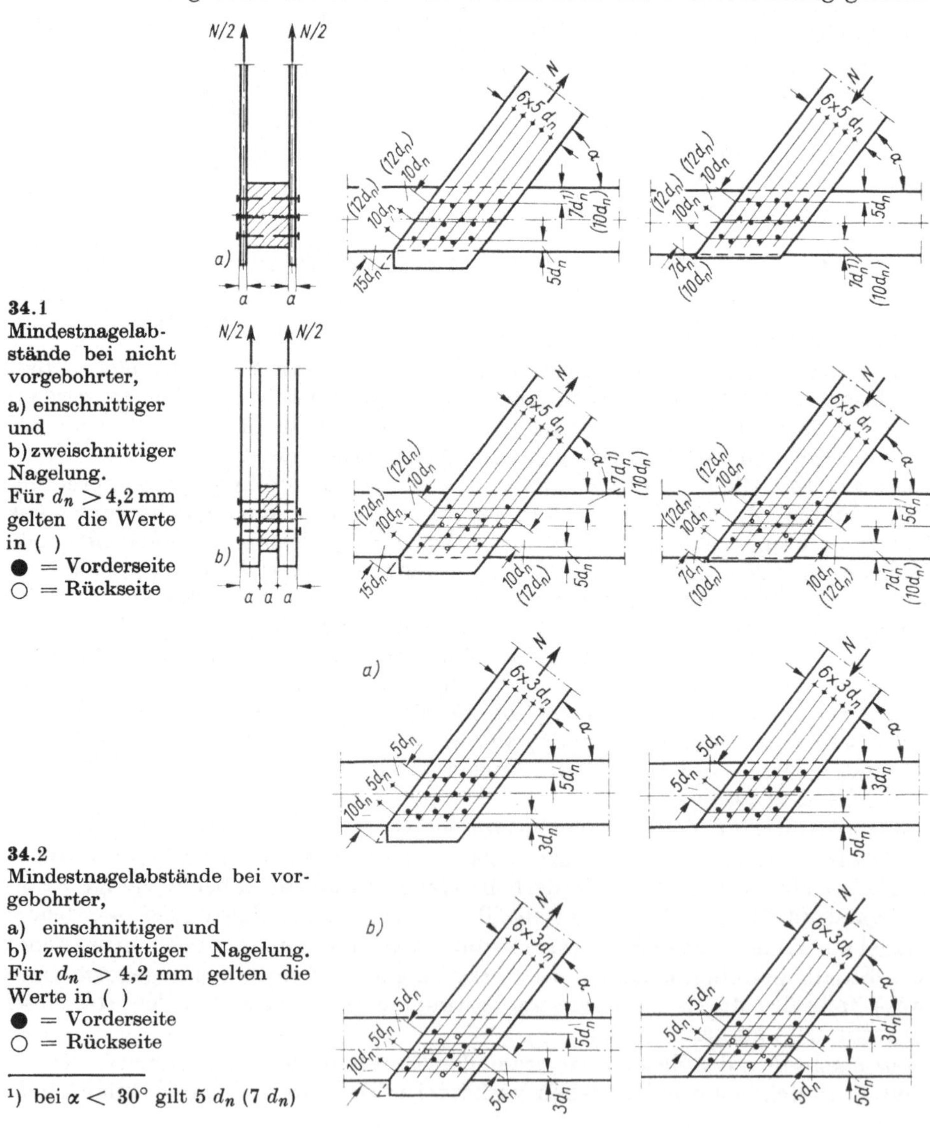

34.1
Mindestnagelabstände bei nicht vorgebohrter,

a) einschnittiger und

b) zweischnittiger Nagelung.

Für $d_n > 4{,}2$ mm gelten die Werte in ( )

● = Vorderseite

○ = Rückseite

34.2
Mindestnagelabstände bei vorgebohrter,

a) einschnittiger und

b) zweischnittiger Nagelung.

Für $d_n > 4{,}2$ mm gelten die Werte in ( )

● = Vorderseite

○ = Rückseite

[1]) bei $\alpha < 30°$ gilt $5\,d_n$ $(7\,d_n)$

werden. In anderen Fällen sind Schrauben zu verwenden. Bei frischem Holz
sind die Werte auf 2/3 zu ermäßigen, wenn das Holz nachtrocknen kann. Werte
s. DIN 1052 Bl. 1 Tab. 16 und 17 (s. Beispiel S. 89).

Der uneingeschränkten Verwendung der Nägel als Verbindungsmittel im Brückenbau
stehen leider noch einige Mängel entgegen. Durch das Arbeiten des Holzes, das im
Freien immer größer ist als in geschlossenen Räumen, lockern sich die Nägel, und der
Schlupf wird größer. In den so entstehenden Fugen werden mit der Zeit selbst gut ge-
schützte (verzinkte) Nägel rosten und durch die entstehende Kerbwirkung den dyna-
mischen Wechselbeanspruchungen rascher erliegen. Deshalb hat z.B. die Bundesbahn
mit Rundschreiben vom 7. 7. 52 verfügt, daß Nagelverbindungen für Dauerbauwerke,
wie Holzbrücken, die der Witterung ausgesetzt sind, nicht angewendet werden dürfen.
Gegen die Verwendung für Dauer- und Dauerbehelfsbrücken mit schwachem Verkehr
ist nichts einzuwenden, sofern ein wirksamer Rostschutz und wasserdichte Abdeckun-
gen oder Verschalungen vorgesehen werden.

Für die praktische Bemessung und konstruktive Durchbildung
stehen zahlreiche Tafeln zur Verfügung. Die Tabellenwerte gelten nur für
handelsübliche Nägel mit normalen Festigkeiten in Nadelholz aller 3 Güteklassen. Zur Vergrößerung des Nagelausziehwiederstandes besonders beim Anschluß
von Balkenschuhen verwendet man Sondernägel (z. B. HVV-Ankernägel)[1].

Eine weitaus bessere Ausnutzung der Nägel erlaubt die Greim-Bauweise[2],
deren Anwendung wegen ihrer baulichen und statischen Besonderheiten von der
Greimbau-Lizenz GmbH, Hildesheim, als Patentinhaberin nur in Lizenz ver-
geben wird. Die Stabkräfte werden über mehrschnittige Nägel in dünne, parallele
Knotenbleche eingeleitet (**35.**1). Zur Anwendung kommen feuerverzinkte Bleche
St 37 in den Dicken 1···1,75 mm und dazu passende Nägel 25 × 50···42 × 130
bzw. für schlanke Querschnitte Sondernägel. Man unterscheidet grundsätzlich
2 Konstruktionsarten:

1. Fachwerke, deren Stäbe aus mehreren Lagen von Brettern oder Bohlen
bestehen. Die Knotenbleche werden zwischen die Lagen gelegt und insgesamt
durchgenagelt. Der Vorteil besteht darin, daß die Qualität jeder Lamelle vor dem
Zusammenbau geprüft werden kann. Die Bleche werden zwischen den Lamellen
eingeklemmt, wodurch die Beulgefahr verringert wird. Die Lamellen müssen bei
Druckstäben noch auf die ganze Länge durch Heftnägel verbunden werden.

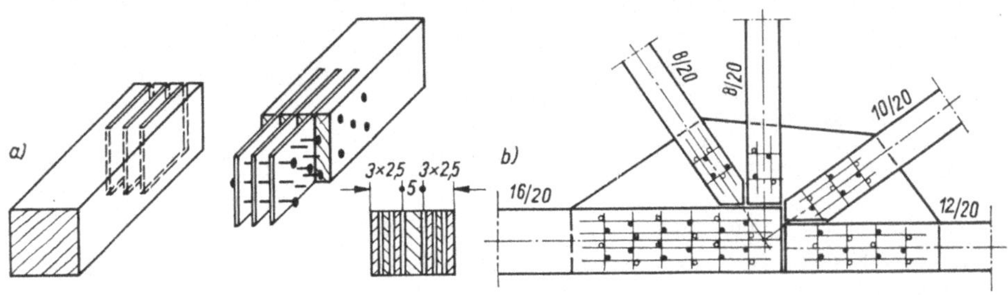

35.1 Greim-Bauweise   a) Stoß mit 3 Blechen   b) Knoten mit 6 Blechen

---

[1] Balkenschuh angenagelt. Bauen mit Holz (1973) H. 10, S. 536ff.
[2] Greim, W.: Dritter Erfahrungsbericht über den Holzstahlbau. Holzzentralblatt (1961)
H. 6 – Hoff, R.: Das Nagelsystem Greim. Deutscher Zimmermeister (1960) H. 10 – Hempel,
G.: Einige Konstruktionen in Greim-Bauweise. Bauen mit Holz (1963) H. 11 – [29]

2. Fachwerke mit Vollstäben (Kanthölzer), die an den Enden zur Aufnahme der Knotenbleche geschlitzt werden. Die dünnen Schlitze können in genauester Arbeit nur mit Spezialmaschinen hergestellt werden.

Bei der VB-Bauweise [29] nach eigenem Zulassungsbescheid handelt es sich um eine Knotenpunktbauart mit 1 mm dicken Blechstreifen, die im Anschluß mehrerer Stäbe übereinander liegen. Die Schlitze sind höchstens 3 mm (also für 3 Bleche) breit.

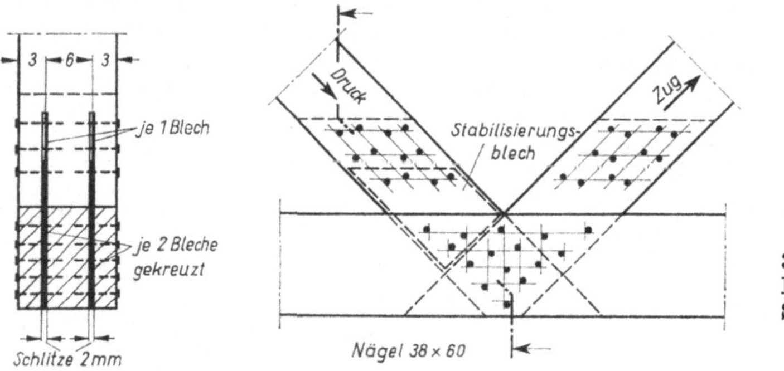

36.1
Knotenpunktbauart
System VB-Bauweise

Neben den Überlappungen sind in Druckstäben Blechbeilagen als Stabilitätsbleche erforderlich. Die Verbindung erfolgt mindestens durch Nägel 38 × 60 bei einer Tragfähigkeit je durchstoßenes Blech von 1000 N. Die angrenzenden Holzdicken müssen 3,0 cm betragen und die Nagelabstände sind nach Tafel **33**.1 zu wählen (**36**.1). Ausführung auch mehrschnittig möglich.

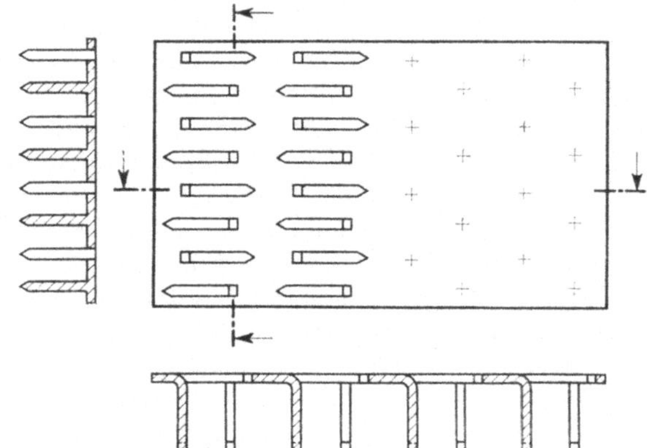

36.2 Gang-Nail-Platte

Tafel **36**.3 Tragfähigkeit der Gang-Nail-Platten

Nagelplatte	für Holzdicke	zul N je Nagel in N
GN 14	$\geqq$ 50 mm	$\dfrac{400}{2\sin\alpha + \cos\alpha} \geqq 200$
GN 18	$\geqq$ 40 mm	$\dfrac{180}{2\sin\alpha + \cos\alpha} \geqq 90$
GN 20	$\geqq$ 30 mm	$\dfrac{75}{1{,}5\sin\alpha + \cos\alpha} \geqq 50$

Das Gang-Nail-System stellt eine Verbindung von Nägeln mit Knotenplatten zu Nagelplatten (**36**.2) dar. Sie stehen in 3 Größen zur Verfügung (Taf. **36**.3).

Genauere Angaben s. Zulassungsbescheid

Menig-Nagelplatten[1]) bestehen aus stählernen Drahtstiften und einer zwei-schichtigen Halteplatte (37.1). Auf 1 cm² Plattenfläche entfallen 2 Drahtstifte ⌀ 1,6 mm. Aus den Standardplatten mit den Abmessungen 50 cm × 75 cm kön-nen alle beliebigen Plattengrößen unter 90° oder 45° entsprechend den Ver-arbeitungsrichtlinien der Herstellerfirma abgetrennt werden. Sie dürfen nur in Räumen mit ausreichendem Feuchtigkeitsschutz verwendet werden. Die Trag-fähigkeit (Anschlußscherkraft) für Lastfall H und HZ je cm² Nagelplatte ist je nach dem Winkel von Kraftrichtung zu Faserrichtung dem Diagramm **37.2** zu entnehmen.

Für weitgespannte Fachwerkbinder verwendet man Sonderanfertigungen von Nagelplatten mit Ankernägeln[2]).

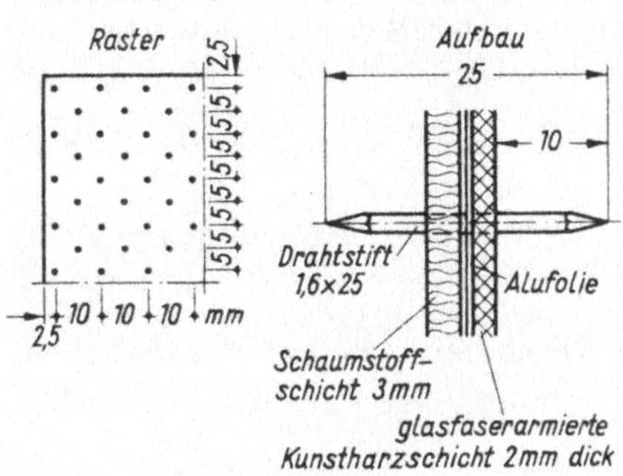

37.1 Menig Nagelplatten

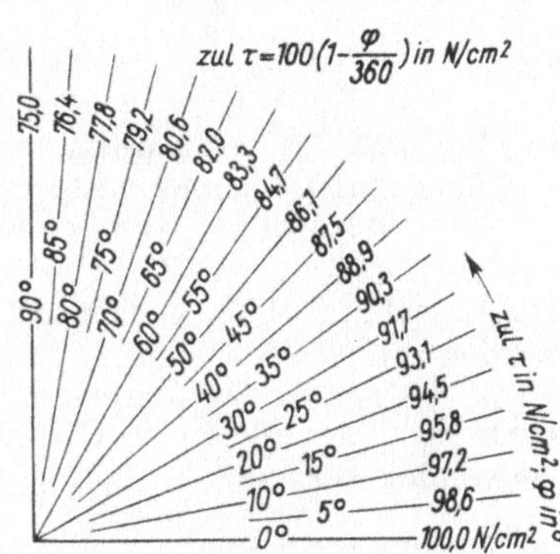

37.2 Zulässige Anschlußkräfte τ der Menig-Nagelplatte in Abhän-gigkeit vom Winkel α zwischen Kraft- und Faserrichtung

3.5 Holzschrauben

Die Tragfähigkeit der Holzschrauben rechtwinklig zur Schaftrichtung ergibt sich ohne Rücksicht auf den Faserverlauf des Holzes für den Lastfall H nach DIN 1052 Bl. 1 Abschn. 11.4 zu

$$\text{zul } N = 400\, a_1 \cdot d_s \leq 1700\, d_s^2 \text{ in N} \tag{37.1}$$

mit a_1 Dicke des anzuschließenden Holzes und d_s Schraubenschaftsdurchmesser in cm.

Bei aufgeschraubten Metallteilen wird

$$\text{zul } N \leq 1,25 \cdot 1700 \cdot d_s^2 \text{ in N} \tag{37.2}$$

Für Holzschrauben mit $d_s \geq$ 10 mm ist die zulässige Tragfähigkeit in Ab-hängigkeit vom Winkel α der Kraftrichtung zur Faserrichtung wie bei Bolzen zu mindern [30].

Der Abminderungsfaktor beträgt

$$\varphi = 1 - \alpha/360 \tag{37.3}$$

---

[1]) Herstellerfirma: Vereinigte Drahtwerke AG, Menig-Nagelplatten, Biel-Bienne. Zulassung durch das Institut für Bautechnik in Berlin 6.
[2]) Eislaufhalle in Grafrath. Bauen mit Holz (1971) H. 8, S. 382ff.

Schrauben mit einem Schaftdurchmesser < 4 mm sind nicht zugelassen. Die Eindringtiefe muß $s \geq 8\,d_s$ sein. Bei kleinerer Eindringtiefe ($s < 8\,d_s$) ist die Tragfähigkeit um $s/8\,d_s$ zu mindern, wobei $s \geq 4\,d_s$ sein muß. Auf die Tiefe des glatten Schaftes ist das Schraubenloch auf d_s und im Gewindeteil auf $0{,}7\,d_s$ vorzubohren (**38.1**).

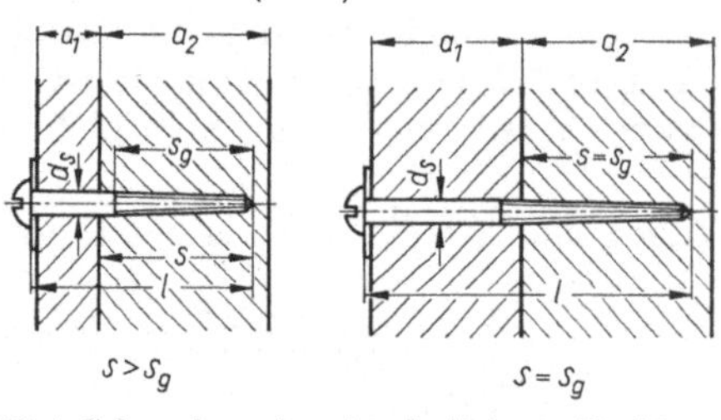

38.1 Schraube als einschnittiges Verbindungsmittel; Unterlagscheiben nur bei Beanspruchung auf Herausziehen

Für die Mindestabstände der Schrauben können die Werte der Tafel **33.1**, also wie bei Nägeln mit vorgebohrten Nagellöchern, verwendet werden.

Bei auf Herausziehen beanspruchten Holzschrauben sind Scheiben nach DIN 436 oder 440 zu verwenden. Die zulässige Belastung einer Schraube auf Herausziehen beträgt

$$\text{zul } N_z = 300\,s_g \cdot d_s \quad \text{in N} \qquad (38.1)$$

Die Einschraubtiefe des Gewindeteils (**38.1**) im Holz a_2 darf in Rechnung gestellt werden mit

$$4\,d_s \leq s_g \leq 7\,d_s \qquad (38.2)$$

Holzschrauben dürfen im Hirnholz weder auf Abscheren noch auf Herausziehen verwendet werden.

3.6 Klammern

Sie werden vorwiegend als Gerüstklammern oder einfache Bauklammern im Gerüstbau und bei Dauerbehelfsbrücken verwendet. Nach DIN 1052 Bl. 1 Abschn. 11.6 dürfen sie bei Dauerbauten nur für untergeordnete Zwecke (als zusätzliche Sicherung von Sparren und Pfetten gegen Abheben) verwendet werden. Nach Untersuchungen von Fonrobert tragen Bauklammern aus Flachstahl 25×5 in Längen von 250 oder 300 mm bei voll eingeschlagenen Spitzen 2,0 kN. Sie werden im Hochbau allgemein zur Sicherung gegen seitliche Verschiebung verwendet. Bei Anordnung eines 4 mm dicken Vierkantnagels neben jeder Spitze kann die Tragfähigkeit auf 3,0 kN erhöht werden (**38.2**).

Gerüstklammern aus Rund- oder Vierkantstahl tragen

$\varnothing$ 16 $\times$ 300 voll eingeschlagen 4,5 kN
        halb eingeschlagen 2,0 kN

$\varnothing$ 20 $\times$ 400 voll eingeschlagen 4,5 kN
        halb eingeschlagen 3,5 kN

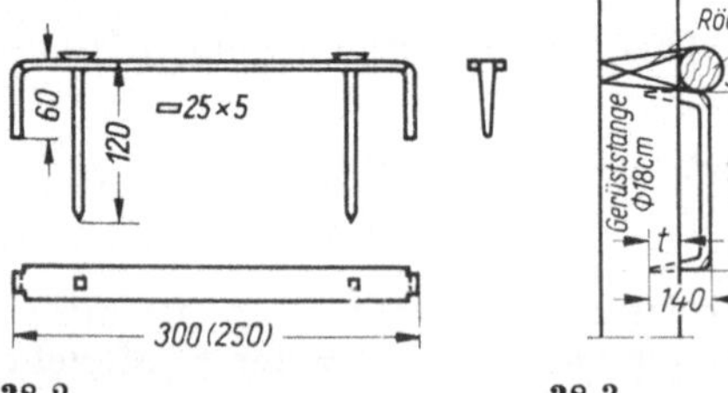

38.2
Gerüstklammer mit geschmiedeten Vierkantnägeln 4 $\times$ 120

38.3
Gerüstklammer aus Rundstahl als Setzklammer

Eine weitere Unterteilung der Einschlagtiefe erscheint problematisch, weil sie in der Praxis kaum genau eingehalten werden kann. Da die empfindlichste Stelle der Klammern der rechte Winkel in der Abbiegung der Spitze ist, empfiehlt es sich, bei halb eingeschlagenen Klammern Brettchen unterzunageln, damit der Klammerrücken auf der ganzen Länge aufliegt. Der größte Nachteil liegt wohl darin, daß die starken Spitzen die Hölzer leicht aufspalten. Als Gerüstklammern zur Unterstützung der Streichstangen dürfen sie nur in Verbindung mit Rödelung verwendet werden (**38.**3). Für diese Zwecke wurden jedoch sicherere und einfachere Sondergeräte entwickelt.

3.7 Leim

Leimverbindungen werden auf Grund der guten Eigenschaften der neueren Leime (s. Abschn. 2.2.4) in zunehmendem Maße für größere Konstruktionen und Sonderbauweisen verwendet [1 a]. Die Leimfugen sind konstruktiv so anzuordnen, daß sie möglichst nur Scherspannungen[1] erhalten. Eventuell doch auftretende Querzugspannungen dürfen 25 N/cm² nicht überschreiten.

Längsstöße sind ausnahmsweise als Schäftung 1 : 10 oder als Keilzinkung (**39.**2 und Taf. **39.**1) üblich. Nach DIN 68 140 sind für Bauteile der Gruppe I (d. s. alle Bauteile des Ingenieurholzbaus, die nach DIN 1052 zu berechnen sind) oder solchen, die hohen mechanischen Belastungen ausgesetzt werden, die Zinken der Form A (**39.**2) nach Tafel **39.**1 auszuführen. Zur Bemessung ist der reduzierte Querschnitt zu

$$\text{red } F = (1 - v)\, F$$

mit dem Verschwächungsgrad v nach DIN 68 140 einzusetzen. Die Verleimung kann mit allen fugenfüllenden Leimen nach Vorschrift erfolgen. Der Längspreßdruck reicht kurzfristig aus. Kann er nicht aufrechterhalten werden, bis der Leim genügend abgebunden hat, muß er bei Nadelholz mindestens 300 N/cm² Holzquerschnitt und bei Laubholz mindestens 400 N/cm² Holzquerschnitt betragen. Querpressen ist immer erforderlich, bis der Leim an den Randzinken genügend abgebunden hat. Von der Norm abweichende Keilzinken alter Art können nach DIN 68 140 überprüft und bei Entsprechen zugelassen werden. Mit Keilzinkung können Stegbretter, Gurthölzer und Lamellen zu beliebig langen Stücken gestoßen werden, wie sie für die verschiedensten I- oder Kastenprofile und Vollwandbalken benötigt werden. Die Verbindung der Bretter und Bohlen zu solchen Profilen bietet keine Schwierigkeiten, da hier ausschließlich Scher-

Tafel **39.**1 Keilzinkenverbindungen A nach DIN
68 140 für Beanspruchungsgruppe I

Zinkenlänge l	60	**50**	20
Zinkenteilung t	15	**12**	6,2
Breite des Zinkengrundes b	2,7	**2**	1
Verschwächungsgrad v	0,18	**0,17**	**0,16**

Fettgedruckte Abmessungen sind wirtschaftlicher

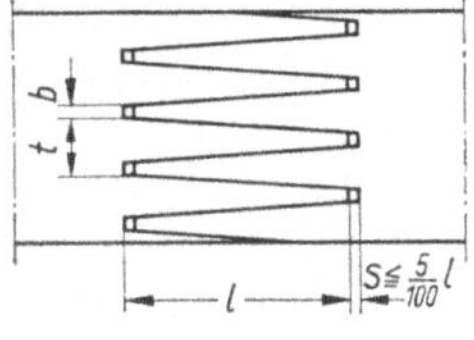

39.2
Keilzinkung nach DIN
68 140 für Bauteile der
Gruppe I

---

[1] Blömer, A.: Ein Beitrag zur Theorie und Berechnung der geleimten Verbindungen des Ingenieurholzbaues unter besonderer Berücksichtigung der geschäftet und keilgezinkt geleimten Holzverbindungen. Die Bautechnik (1961) H. 10

spannungen durch direktes Aufleimen übertragen werden. Der Hauptvorteil der verleimten Querschnitte liegt darin, daß das rechnerische Trägheitsmoment voll, also ohne Abzug, ausgenutzt werden kann.

Weil die Anschlüsse vollkommen starr sind, konnte sich die Leimbauweise im Fachwerkträgerbau, die eigentlich einen gelenkigen Anschluß verlangt, nicht durchsetzen. Einzige Ausnahmen bilden der Trigonit-Träger und der Dreieck-Streben-Bau (s. Abschn. 7.4). Bei den verhältnismäßig niedrigen Fachwerkbalken werden die Diagonalkräfte durch Zinken mit parallelen Flanken wiederum als Scherkräfte in entsprechend ausgefräste Gurtungen eingetragen. Ein Nachteil bleibt die starke Schwächung der Gurte.

Für alle Leimverbindungen gilt, daß alle Stöße gut passen müssen, das Holz eine möglichst geringe Feuchtigkeit, zweckmäßig der zukünftigen Ausgleichsfeuchtigkeit entsprechend, maximal aber 15 %, aufweisen darf, die verwendeten Leime den Vorschriften entsprechen müssen und schließlich die Leimung selbst unter dauernder Kontrolle nur von einer zugelassenen Firma bei Beachtung aller Sondervorschriften ausgeführt werden darf (DIN 1052 Bl. 1 Ziff. 3.2.1 und 11.5).

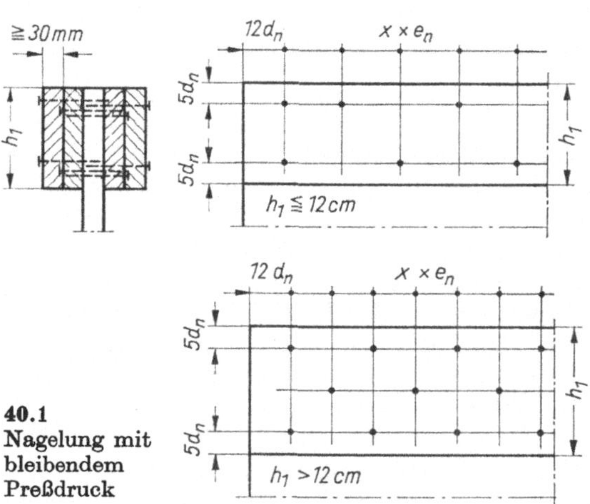

40.1 Nagelung mit bleibendem Preßdruck

Der Preßdruck muß in der vorgeschriebenen Höhe von 60···70 N/cm² während der vorgeschriebenen Zeit in Abhängigkeit von der Temperatur $\geqq 20\,°C$ und Raumfeuchtigkeit wirken können. Ein Preßdruck durch Nagelung wird bei Vollwandträgern (z. B. **145.2**) für die Verbindung der Gurthölzer (Lamellen $\leqq 30$ mm) mit vorgefertigten Stegen angewendet (**40.1** und Taf. **40.2**). Diese zusätzlichen Verbindungsmittel dürfen aber nicht als solche in Rechnung gestellt werden (s. Abschn. 4.3.3).

Tafel **40.2** Nagelabstände bei Gurt-Preßnagelung

Gurtbreite h_l	cm	10	12	14	16	18
Nagelabstand e_n	cm	10	8,5	7	6	5,5
Anzahl der Nagelreihen		2	2	3	3	3

3.8 Zusammenwirken verschiedener Verbindungsmittel

Nach DIN 1052 Bl. 1 Abschn. 11.7 kann ein Zusammenwirken verschiedener Verbindungsmittel nur dann erwartet werden, wenn ihre Nachgiebigkeit etwa gleich groß ist. Hierbei ist das Verbindungsmittel, auf das rechnerisch der kleinere Teil der anzuschließenden Kraft entfällt, für die 1,5fache anteilige

Kraft zu bemessen. Bei Bolzen- oder Leimverbindungen darf ein Zusammenwirken mit anderen Verbindungsmitteln **nicht** in Rechnung gestellt werden.

Die Begründung dieser Bestimmung wird am besten aus dem **Lastverschiebungsdiagramm** für die einzelnen Verbindungsmittel ersichtlich (**41**.1). Die Leimverbindung erreicht bei der Bruchlast kaum die Hälfte der zulässigen Verschiebung von 1,5 mm, kann also als vollkommen starr betrachtet werden. Die Bolzenverbindung hat als Extrem dazu die zulässige Verschiebung bereits vor Erreichen von 1/2,75 der Bruchlast, d. h. der festigkeitsmäßig zulässigen Belastung, erreicht, so daß nur die Tragfähigkeit bei Erreichen der zulässigen Verschiebung maßgebend wird. Die Bolzenverbindung ist also zu weich. Bei den anderen Verbindungsmitteln, einschließlich der Versatze, ist die Verschiebung bei der zulässigen Belastung annähernd gleich groß, weshalb, wie in der Norm ausgedrückt, nur bei diesen mit einem ausreichenden Zusammenwirken gerechnet werden kann.

Praktisch angewendet wird hauptsächlich die Überlagerung des Versatzes mit genagelten oder verdübelten Laschen (s. Bild **25**.3, **26**.1 und **118**.1).

Tragfähigkeitsermäßigung. Wenn für die Konstruktionsglieder eine Spannungsermäßigung (s. S. 9) erforderlich wird, muß diese sinngemäß auch auf die Verbindungsmittel (also auf ihre Tabellenwerte) angewendet werden, da sie von den zulässigen Holzspannungen abhängig sind.

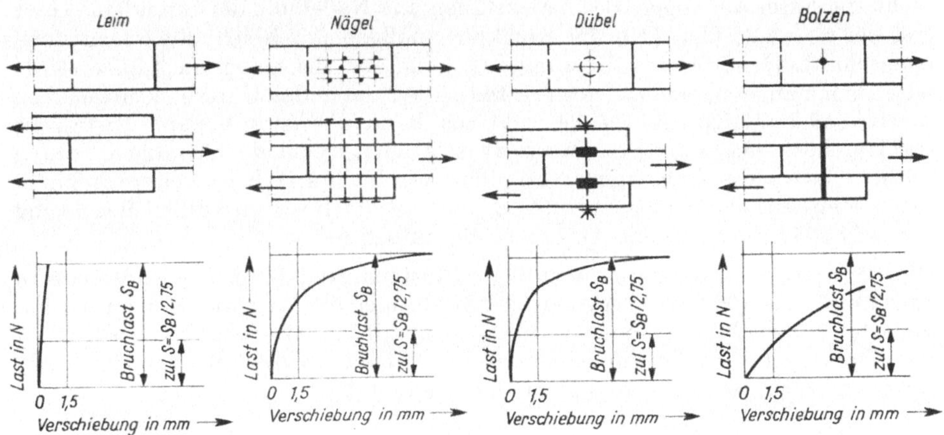

41.1 Vergleich der Verschieblichkeit von Leim-, Nagel-, Dübel- und Bolzenverbindungen

3.9 Stöße

3.9.1 Druckstöße

Entsprechend den verschiedenen zulässigen Beanspruchungen parallel oder senkrecht zur Faser sind auch grundlegende Unterschiede bei der Stoßberechnung und Ausführung zu beachten.

Der Stoß von **Hirnholz auf Hirnholz** soll immer ein Paßstoß senkrecht zur Stabachse (Kraftrichtung) sein, damit die Druckkräfte möglichst gleichmäßig auf die ganze Stoßfläche verteilt werden. Geringfügige Einpressungen sind nicht zu vermeiden, da die Jahresringe nicht aufeinanderpassen, also vielfach festere Fasern auf weichere stoßen. Diese Einpressungen liegen bei einigermaßen guter Arbeit innerhalb der zulässigen Grenzen. Lastverteilende Zwischenlagen können gegebenenfalls aus Blechen oder Furnierplatten eingelegt werden. Wichtig ist die gute Sicherung gegen seitliche Verschiebung in beiden Richtungen. Ist die Stoßstelle gegen Knicken absolut gesichert, genügt ein Dollen (**42.1**). Bei Knickgefahr oder bei zusätzlicher Biegebeanspruchung sind möglichst allseitig Laschen anzuordnen. Die Laschenquerschnitte sollen so gewählt werden, daß ihre Trägheitsmomente denen des Stabes entsprechen. Bei nur zwei seitlichen Laschen sind diese bei gleicher Höhe mit einer Breite von je 0,8 b (b des gestoßenen Stabes) auszuführen. Die Länge der Laschen soll die Aufnahme der Verbindungsmittel für die halbe Stützenlast ermöglichen. Ist der Stoß nicht als Paßstoß ausgeführt, müssen die Laschen und Verbindungsmittel für die gesamte Kraft bemessen werden. Wegen der stets erhöhten Knickgefahr in einem Stoß soll man ihn möglichst so nahe an einen Knoten heranlegen, daß er im äußeren Drittel der Stablänge zu liegen kommt. Stützen über mehrere Stockwerke werden am besten knapp über dem Fußboden (auch aus Montagegründen) gestoßen.

Der Stoß von Hirnholz auf Langholz ist von der zulässigen Pressung senkrecht zur Faser abhängig. Bei Knickstäben aus Nadelholz der Güteklasse II ist erst bei $\omega = 4{,}25$ ($\lambda = 119$) die Knickung maßgebend. Reicht die vorhandene Querschnittsfläche für die Pressung aus, kann zur Sicherung ein Zapfen (**43.1**) oder Dollen angeordnet bzw. der Pfosten $1{,}5 \cdots 2$ cm in das Unterholz eingelassen werden (**43.2**). Reicht die Fläche nicht aus, kann Werkstoff höherer Festigkeit, wie Hartholz (**43.3**) oder Stahlblech, zwischengelegt oder die Standfläche durch seitliche Laschen oder Knaggen vergrößert werden (**44.1**). Eine weitere Möglichkeit bieten seitliche Stoßlaschen (**44.2**), welche die Restkraft unter Beachtung der DIN 1052 Bl. 1 Abschn. 11.7 (s. S. 40) aufnehmen.

Eine besondere Vorschrift ist noch beim Pfostenanschluß am Unterholzende zu beachten (DIN 1052 Bl. 1 Abschn. 9.1.8), da hier die Last durch die auf einer Seite fehlenden durchgehenden Fasern nicht gleichmäßig verteilt wird. Wird das überragende Ende kürzer als 10 cm, dann muß die zulässige Spannung senkrecht zur Faser um 1/5 abgemindert werden (**75.1**).

Beispiele

1. Stumpfstoß mit Dollen (42.1), Hirnholz auf Hirnholz

Gegeben: Stiel 12/12 cm   Dollen ⌀ 3 cm

Größte Tragfähigkeit des Stoßes

$$\max S = \left(12^2 - \frac{\pi \cdot 3^2}{4}\right) 850 = 116\,392\,\text{N} = 116{,}39\,\text{kN}$$

2. Pfostenanschluß mit Zapfen (43.1)

Gegeben: Pfosten 12/12 cm   Balken 12/16 cm

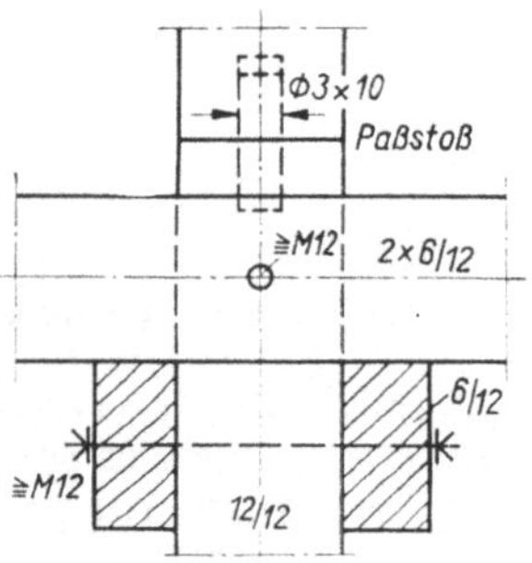

42.1 Druckstoß mit Dollen

Größte Tragfähigkeit des Anschlusses $\max S = \dfrac{2}{3} \cdot 12^2 \cdot 200 = 19\,200\,\text{N} = 19{,}2\,\text{kN}$

Die Tragfähigkeit des Pfostens ist nicht ausgenutzt.

3. Pfostenanschluß, eingelassen oder mit Knaggen (43.2)

Gegeben: Pfosten 12/12 cm   Balken 16/18 cm

Größte Tragfähigkeit des Anschlusses $\max S = 12^2 \cdot 200 = 28\,800\,\text{N} = 28{,}8\,\text{kN}$

4. Pfostenanschluß mit Hartholzzwischenstück (43.3)

Gegeben: Pfosten 12/12 cm   Balken 16/18 cm   Hartholz 16/16/5 cm

Größte Tragfähigkeit des Anschlusses $\max S = 12^2 \cdot 300 = 43\,200\,\text{N}$

Pressung zwischen Hartholz und Balken $\sigma = \dfrac{43200}{16^2} = 169 < 200\ \text{N/cm}^2$

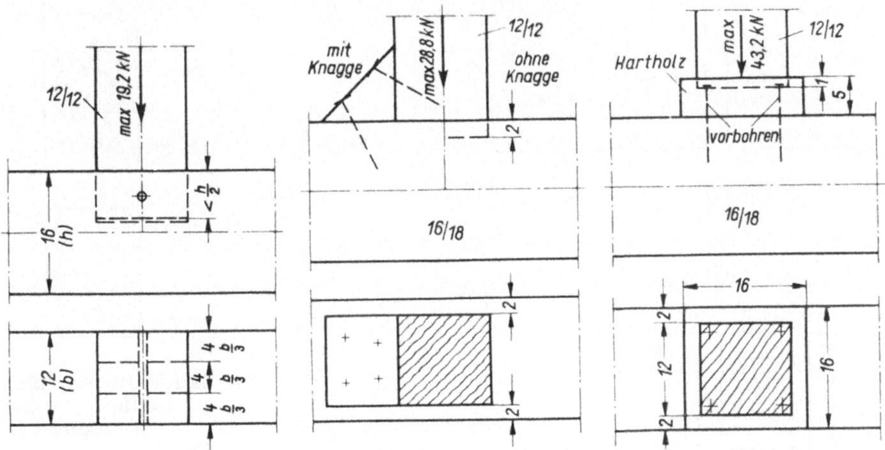

43.1 Pfostenanschluß mit Zapfen und Holznagel ⌀ 1,5 cm   **43.**2 Eingelassener Pfosten mit oder ohne Knagge   **43.**3 Pfostenanschluß mit Hartholzzwischenstück

5. Pfostenanschluß durch Vergrößerung der Stoßfläche (44.1)

Gegeben: Pfosten 12/12 cm $P = 48\ \text{kN}$ Balken 18/18 cm

Der Pfosten überträgt $144 \cdot 200 = 28\,800\,\text{N}$ Restkraft $48\,000 - 28\,800 = 19\,200\,\text{N}$

Gewählte Laschen: $2 \times 3/12$ und $2 \times 3/18$ cm

$$\sigma_D = \frac{1{,}5 \cdot 19\,200}{2 \cdot 3\,(12 + 18)} = 160 < 200\ \text{N/cm}^2$$

Anschluß der Laschen mit Nägeln $34 \times 90\ N_1 = 430\ \text{N}$

$$\text{erf}\,n = \frac{3 \cdot 12 \cdot 160}{430} = 14\ \text{Stück je Lasche } L_1$$

$$\text{erf}\,n = \frac{3 \cdot 18 \cdot 160}{430} = 20\ \text{Stück je Lasche } L_2$$

6. Pfostenanschluß mit seitlicher Laschenverstärkung (44.2)

Gegeben: Pfosten 12/12 cm $S = 38$ kN

Tragfähigkeit des Stabes $S' = 12^2 \cdot 200 = 28\,800$ N

Restkraft, die von den Laschen übernommen werden muß

$R = S - S' = 9200$ N

Gewählt: $2 \times 2{,}4/12$ cm   Nägel 34×90 $N_1 = 430$ N

$$\text{erf}\,n = \frac{1{,}5 \cdot 9200}{430} = 32{,}1 \approx 32 \text{ Nägel } (2 \times 16)$$

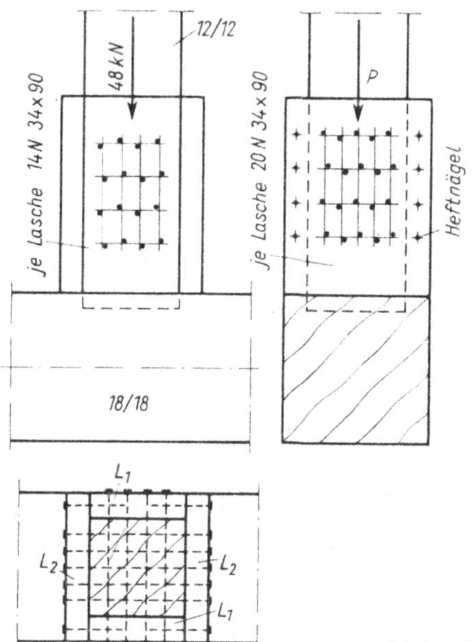

44.1 Pfostenanschluß durch Vergrößerung der Stoßfläche

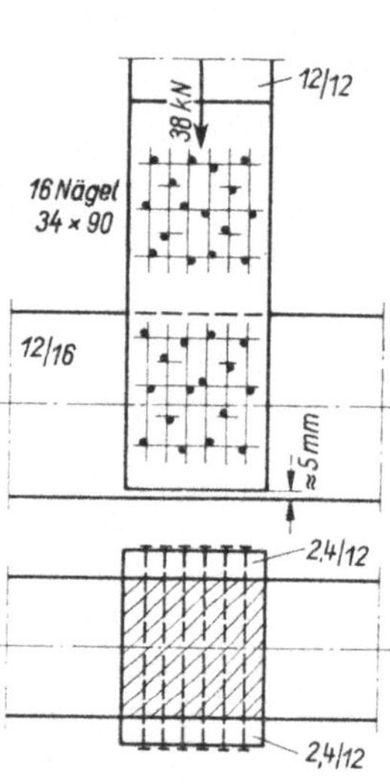

44.2 Pfostenanschluß mit seitlicher Laschenverstärkung

3.9.2 Zugstöße

Sie sollen möglichst dorthin gelegt werden, wo Querschnittsüberschüsse vorhanden sind. Seitliche Stoßdeckungslaschen aus Holz werden symmetrisch zur Stabachse und für die 1,5fache Zugkraft bei unverminderten zulässigen Spannungen bemessen, weil sie wegen der Ausmittigkeit der Anschlußmittel ein Zusatzmoment erhalten, das dann nicht berücksichtigt werden muß (**45**.1). Dasselbe gilt für einseitige Anschlüsse von Zugstäben.

Bei zwischenliegenden Stoßstücken treten keine Zusatzspannungen auf, daher genügt für sie, wie für Stahl-Zuglaschen, die Bemessung für die einfache Zugkraft (**45**.2). Bei Nagelung sind jedoch für die dazwischenliegenden Stoß- oder Anschlußquerschnitte die zulässigen Spannungen um 20 % abzumindern. Als Anschlußmittel sind alle Dübelarten, Nägel und Leim geeignet. Bolzen sollten wegen des großen Schlupfes und der großen Stoßlänge für große Stabkräfte nicht verwendet werden. Dasselbe gilt für Zugstabanschlüsse.

Beispiele

1. Zugstoß verdübelt (45.1)

Gegeben: Zugstab 14/18 cm $S = 128$ kN

Stabspannung $F_n = 14\,(18 - 2{,}5) - 2 \cdot 7{,}0 = 203$ cm²

$$\sigma_Z = \frac{128\,000}{203} = 630{,}5 < 850 \text{ N/cm}^2$$

Laschenquerschnitt $\text{erf}\,F = \dfrac{1{,}5 \cdot 128\,000}{0{,}8 \cdot 850} = 282$ cm²

Gewählt: 2 × 8/18 cm $F_n = 2 \cdot 8{,}0\,(18 - 2{,}5) - 2 \cdot 7{,}0 = 234$ cm²

Laschenspannung $\sigma_Z = \dfrac{1{,}5 \cdot 128\,000}{234} = 820{,}5 < 850 \text{ N/cm}^2$

Anschluß mit Geka-Holzverbindern

$$\left.\begin{array}{l} \text{4 St. } 115 \times 27 \quad 4 \cdot 24 = 96 \text{ kN} \\ \text{2 St. } \;\,95 \times 27 \quad 2 \cdot 19 = 38 \text{ kN} \end{array}\right\} = 134 > 128 \text{ kN}$$

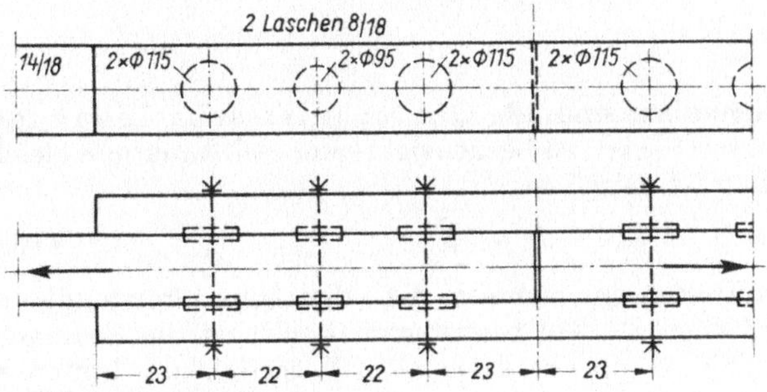

45.1 Zugstoß mit seitlichen Laschen

2. Zugstoß genagelt (45.2)

Gegeben: Zugstab 2 × 3/12 cm $S = 24$ kN

Stabspannung

$$\sigma_Z = \frac{1{,}5 \cdot 24\,000}{2 \cdot 3 \cdot 12} = 500 < 850 \text{ N/cm}^2$$

eine Stoßlasche in der Mitte

$$\text{erf}\,F = \frac{24\,000}{0{,}8 \cdot 850} = 35{,}3 \text{ cm}^2$$

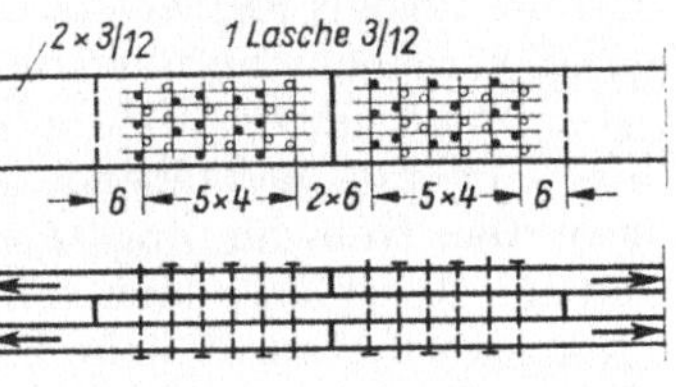

45.2 Zugstoß mit zwischenliegendem Stoßstück

Gewählt: 3/12 cm   Nägel 34 × 90 $N_2 = 860$ N

$$\sigma_Z = \frac{24\,000}{3 \cdot 12} = 666 < 0{,}8 \cdot 850 = 680 \text{ N/cm}^2 \qquad\qquad \text{erf}\,n = \frac{24\,000}{860} = 28 \text{ Nägel}$$

4 Grundlagen der Festigkeitsberechnung

Die Bemessung der einzelnen Konstruktionsteile im Holzbau erfolgt nach denselben Gesichtspunkten wie bei den anderen Baustoffen. In den nachfolgenden Abschnitten sind daher nur die Formeln – in der Regel ohne Ableitungen – zusammen- und die Besonderheiten im Holzbau herausgestellt. Ausführliche Darlegungen sind in Schreyer „Praktische Baustatik" u. a. enthalten. Die Mindestquerschnitte sind nach DIN 1052 Bl. 1 Abschn. 4.2 mit 40 cm² bei einer Mindestdicke von 4,0 cm für Vollholzteile und mit 14 cm² bei einer Mindestdicke von 2,4 cm für genagelte, geschraubte und verleimte Bauteile festgelegt. Tragende Furnierplatten müssen mindestens 5 Lagen haben und $\geq$ 10 mm dick sein.

4.1 Zug

Bei der Bemessung von Zugstäben sind alle Querschnittsschwächungen, die in einem Bereich von 15 cm liegen, zu berücksichtigen. Bei Annahme gleichmäßiger Spannungsverteilung ist dann

$$\sigma_Z = \frac{S}{F_n} \tag{46.1}$$

Dabei bedeutet F_n den nutzbaren Querschnitt, d.h. den Querschnitt mit den größten Schwächungen. Bei allen Dübeln besonderer Bauart ist die Fehlfläche ΔF nach DIN 1052 Bl. 2 Tab. 1 voll abzuziehen. In Faserrichtung hintereinanderliegende Schwächungen brauchen nur einmal in Rechnung gestellt zu werden. Bei Nagelverbindungen sind alle vorgebohrten Nagellöcher und von nicht vorgebohrten nur alle Durchmesser $d_n \geq 4,2$ mm, die jeweils im gleichen Querschnitt liegen, abzuziehen. Bei Bolzen ist der Durchmesser des Bohrloches $(d_b + 1)$ mm maßgebend. Äste und Wuchsfehler bringen Schwächungen mit sich. Das Holz für Zugstäbe ist daher besonders sorgfältig auszusuchen. Ausmittige Anschlüsse und außenliegende Querschnittsschwächungen rufen zusätzliche Biegemomente hervor, die besonders in Rechnung zu stellen sind (DIN 1052 Abschn. 6.3.1, 6.3.2 und 9.1.9). Durch Zugbeanspruchung senkrecht oder schräg zur Faser kann das Holz aufreißen. Bei Stabanschlüssen mit Stahldübeln ist auf die in DIN 1052 Bl. 2 festgelegten Mindestbreiten und -dicken des Holzes und die verringerten zulässigen Tragfähigkeiten zu achten.

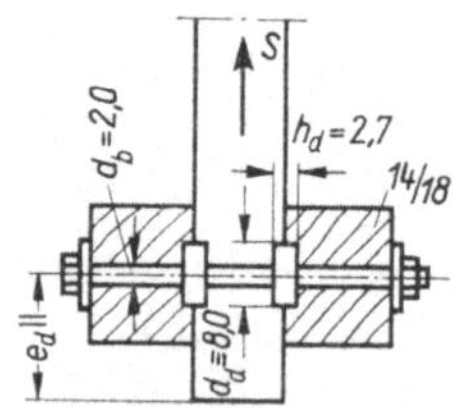

Beispiel: Zugstab eines Fachwerkbinders

S = 29 kN, Anschluß mit 2 Geka-Dübeln ⌀ 80 mm und Bolzen M 20 nach Bild **46.**1

$F_n = 12 (12 - 2,1) - 2 \cdot 4,6 = 118,8 - 9,2 = 109,6$ cm²

$\sigma = \dfrac{29\,000}{109,6} = 265$ N/cm²

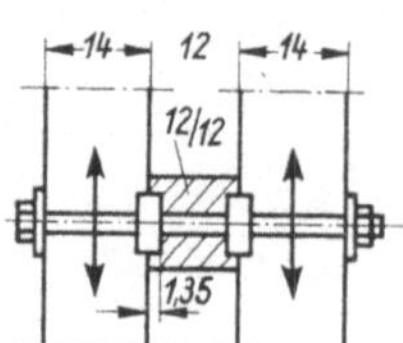

46.1 Anschluß eines Zugstabes

4.2 Druck mit Knickung

4.2.1 Einteilige Druckstäbe

Bei Druckstäben brauchen Querschnittsschwächungen nur dann berücksichtigt zu werden, wenn die geschwächte Stelle nicht satt durch ein Verbindungsmittel gleicher oder höherer Festigkeit ausgefüllt ist.

Für den Spannungsnachweis bei mittigem Kraftangriff gilt die Gleichung

$$\sigma_w = \omega \cdot \frac{N}{F} \leq \text{zul } \sigma_{D\|} \tag{47.1}$$

Die Knickzahl ω ist in Abhängigkeit vom Schlankheitsgrad

$$\lambda = s_K / i \tag{47.2}$$

in DIN 1052 Bl. 1 Tab. 4 festgesetzt.

Für einteilige Druckstäbe muß $\lambda \leq 150$ sein. Für mehrteilige nicht verleimte Druckstäbe darf $\lambda \leq 175$ werden. Für Verbandstäbe und Wechselstäbe mit geringfügiger Druckkraft nur aus Zusatzlasten darf λ bis 200 erreichen. Bei fliegenden Bauten ist nach DIN 4112 λ bis 250 zulässig.

Für den Rechteckbalken ist

$$i_x = \sqrt{\frac{J_x}{F}} = 0{,}289\,h \quad \text{und} \quad i_y = \sqrt{\frac{J_y}{F}} = 0{,}289\,b \tag{47.3}$$

für ein Rundholz mit dem Durchmesser d wird $i = d/4$.

Die Knicklänge s_K wird für Stützen bei Annahme gelenkiger Führung an beiden Enden gleich der Geschoßhöhe gewählt.

In Fachwerken gilt bei Knicken in der Binderebene für gedrückte Füllstäbe, die nicht mit Versatz oder Dübeln auf einem Bolzen bzw. einem Bolzen (also gelenkig) angeschlossen sind

$$s_K = 0{,}8\,s \quad (s = \text{Länge der Netzlinie})$$

Bei Knicken aus der Binderebene gilt für Gurte der Abstand der Queraussteifungen bzw. Verbände (**47.1**) und für Füllstäbe stets die Länge der Netzlinie. Scheibenartige Dachtafeln[1] oder eine versetzt angeordnete Schalung ergeben eine ausreichende Knicksicherung aus der Binderebene (s. DIN 1052 Bl. 1 Abschn. 8). Bei Dächern mit Wellplatten-Eindeckung ist auf die einwandfreie Ausbildung der Verbände besonders zu achten, da hier zusätzlich eine Windeinwirkung senkrecht zur Binderachse möglich ist[2].

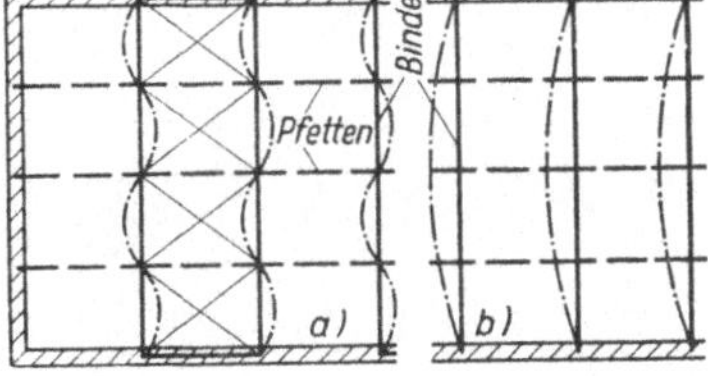

47.1 Ausknicken der Binderobergurte
a) bei Anordnung eines Horizontalverbandes
b) ohne Horizontalverband

---

[1] S. Fußnote 1 S. 80
[2] Hempel, G.: Windverbände bei Wellasbest-Deckung. Dt. Zimmermeister (1955) H. 10

Für Sparren von Kehlbalkendächern[1]) mit verschieblichem Kehlbalken kann in der Systemebene näherungsweise $s_K = 0{,}8\,s$ gesetzt werden, wenn $s_u \le 0{,}7\,s$ ist. Sonst ist $s_K = s$ zu setzen. Bei unverschieblichem Kehlbalken darf als Knicklänge s_u bzw. s_o genommen werden.

Rahmen mit Fachwerkriegeln (48.1). Bei $h_o \le h_u$ gilt für die Stützenknicklänge in der Binderebene

$$s_K = 2\,h_u + 0{,}7\,h_o \tag{48.1}$$

Dabei ist die größere der beiden Stabkräfte N_o bzw. N_u über die ganze Länge wirkend einzusetzen.

Zwei- und Dreigelenkbogen (48.2). Bei Pfeilverhältnissen $f/l \le 0{,}5$ und wenig veränderlichem Querschnitt gilt mit ausreichender Genauigkeit für die Knicklänge in der Bogenebene

$$s_K = 1{,}25\,s \tag{48.2}$$

Dabei ist die Längskraft in $s/2$ als Stabkraft einzusetzen.

Rahmensysteme (48.3). Bei einer Stielneigung $\le 15°$ gegen die Vertikale ist die Knicklänge der Stiele in der Binderebene näherungsweise

$$s_K = h\,\sqrt{4 + 1{,}6\,c} \qquad \text{mit} \qquad c = \frac{J \cdot 2\,s}{J_o \cdot h} \tag{48.3}$$

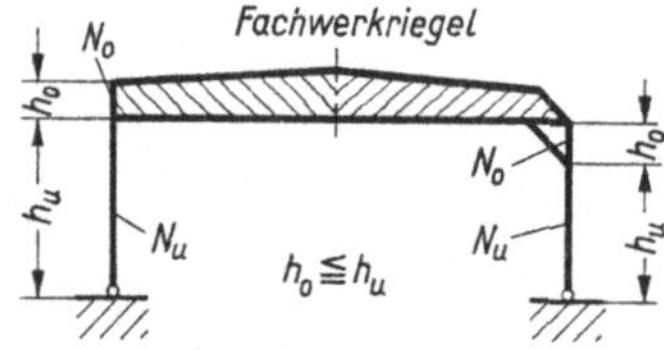

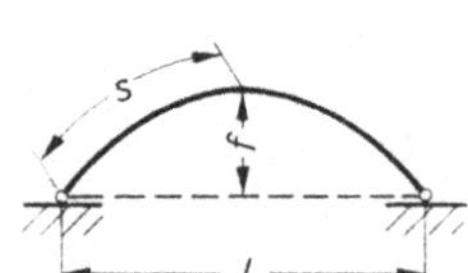

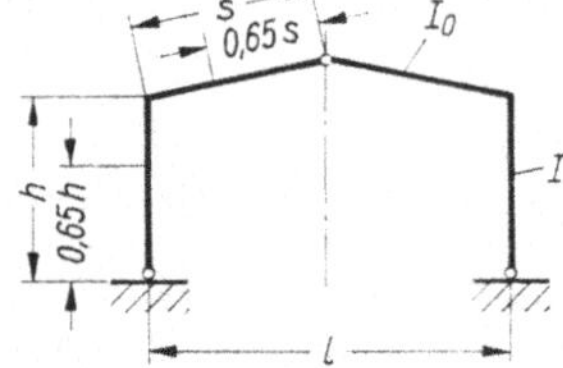

48.1 Zweigelenkrahmen mit   **48.2** Bogensystem   **48.3** Rahmensystem
Fachwerkriegel

Bei veränderlichen Querschnitten sind die Trägheitsmomente bei $0{,}65\,h$ bzw. $0{,}65\,s$ einzusetzen und das $\max N$ und $\max M$ dem Spannungsnachweis zugrunde zu legen.

Bei stärker geneigten Stielen ist ein Vergleich nach Gl. (48.2) mit maßgebendem $s_K = s + h$ anzustellen. Der ungünstigere Wert ist maßgebend.

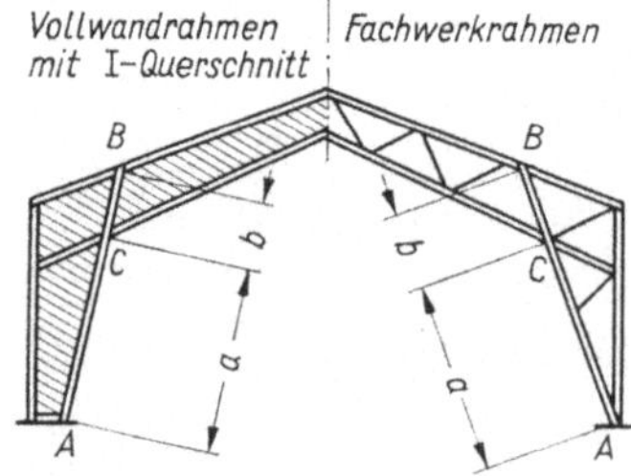

Vollwand- und Fachwerkrahmen (48.4). Für das Knicken der gedrückten Gurte aus der Binderebene gilt bei seitlich gehaltenen inneren Ecken C

$$s_K = a \qquad \text{bzw.} \qquad s_K = b \tag{48.4}$$

48.4 Knicken von Rahmenstielen aus der Rahmenebene

---

[1]) S. Fußnote 1 S. 106

Dabei ist die Abstützung in C für max $N/50$ der in C einlaufenden Kräfte zu bemessen.

Bei seitlich nicht gehaltenen inneren Ecken C ist

$$s_K = a + b \tag{49.1}$$

Der Bemessung sind max N im Bereich a und b und das Zusatzmoment aus $H =$ max $N/100$ senkrecht zur Binderebene mit $M = \mathrm{H} \cdot a \cdot b/(a + b)$ zugrunde zu legen. Durch Abstützungen in Zwischenpunkten (49.1) können Ersparnisse erzielt werden; hier ist immer die Knicksicherheit in beiden Ebenen nachzuweisen.

Beispiel: Die in Bild **49.1** gezeigte Abstützung ist für eine Belastung $P = 40$ kN zu berechnen. Durch die Zwischenstrebe ergeben sich zwei verschiedene Knicklängen. Die Verwendung eines Rechteckbalkens 10/20 wird möglich.

Es sind $s_{Kx} = 6,60$ m und $i_x = 5,78$ cm $\quad \lambda_x = \dfrac{660}{5,78} = 114$

$\qquad s_{Ky} = 3,30$ m mit $i_y = 2,89$ cm $\quad \lambda_y = \dfrac{330}{2,89} = 114$

$\qquad \omega = 3,90 \qquad\qquad \sigma = 3,90 \cdot \dfrac{40000}{200} = 780 < 850$ N/cm²

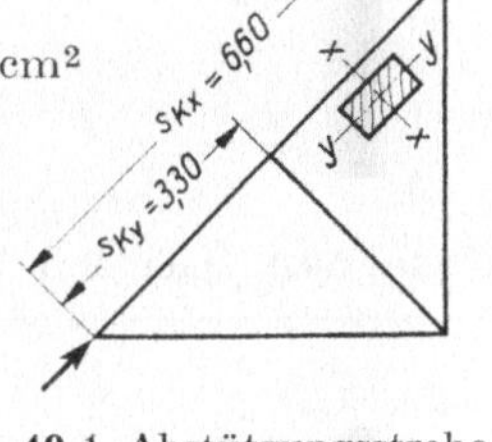

49.1 Abstützungsstrebe

Bei Wegfall der Zwischenstrebe wird ein quadratischer Balken erforderlich.

Gewählt: 18/18 mit $i = 5,20$ cm

$$\lambda = \frac{660}{5,20} = 127 \qquad \omega = 4,84$$

$$\sigma = 4,84 \cdot \frac{40000}{324} = 598 < 850 \text{ N/cm}^2$$

Die Bemessung[1]) wird zweckmäßig mit Hilfe von Tabellen oder Nomogrammen durchgeführt [6; 14; 21; 30].

Sitzt ein Druckstab auf einer Schwelle oder einem Gurtstab auf, so muß auch die Tragfähigkeit der Aufstandsfläche nachgeprüft werden.

Es ist hierfür $\qquad\qquad$ zul $S = $ zul $\sigma_{D\perp} \cdot F$

Für den Knickstab ist aber $\qquad$ zul $S = \dfrac{\text{zul } \sigma_{D\|} \cdot F}{\omega}$

Setzt man für Nadelholz Gütekl. II beide Formeln einander gleich, so ist

$$200\, F = \frac{850\, F}{\omega}$$

Daraus ergibt sich $\omega = 850/200 = 4,25$, das für $\lambda = 119$ in Frage kommt. Der Grenzfall gilt also für $s_K = 119 \cdot$ min $i = 119 \cdot 0,289 \cdot$ min $d = 34,4 \cdot$ min d.

Die Knickuntersuchung eines einteiligen rechteckigen Druckstabes ist beim Aufstand auf einer Schwelle mit ungeschwächter Fläche erst erforderlich, wenn $s_K > 34,4$ min d.

---

[1]) Cziesielski/Lindner: Hölzerne Druckstäbe, Bemessungstabellen nach DIN 1052. Bauingenieur-Praxis, H. 50

Jede Schwächung der Druckfläche durch ein Zapfenloch verringert die Tragfähigkeit. Durch seitliche Knaggen oder Laschen läßt sich der Stab in seiner Lage festhalten.

Eine Vergrößerung der Aufstandsfläche, wie sie Bild **44**.1 zeigt, ermöglicht dagegen eine bessere Holzausnutzung (vgl. Abschn. 3.9.1).

4.2.2 Mehrteilige Druckstäbe ohne Spreizung

Mehrteilige Druckstäbe nach Tafel **50**.1, Typ 1 und 4, sowie Bild **53**.1 werden für Ausknicken rechtwinklig zur y-Achse wie ein einteiliger Stab mit $J_y = \sum\limits_{i=1}^{n} J_{iy}$ berechnet.

Für das Ausknicken rechtwinklig zur x-Achse bei Typ 1 und 4 sowie bei den Stäben nach Bild **53**.1 und rechtwinklig zu beiden Achsen bei Typ 2 und 3 kann wegen der verschiedenen Nachgiebigkeit der Verbindungsmittel nicht in jedem Falle mit einem vollen Zusammenwirken der einzelnen Querschnitte gerechnet werden; hier gilt ein wirksames Trägheitsmoment J_w zur Ermittlung von

$$i_w = \sqrt{\frac{J_w}{F}} \text{ und } \lambda_w = \frac{s_K}{i_w}.$$

Tafel **50**.1 Querschnittstypen und Verschiebungsmoduln C in kN/cm

für Biegung bzw. Knickung maßgebende Schwerachse	Verbindungsmittel		Typ 1	2	3	4
$x - x$	Nagel	einschnittig	6	6	9	6
		zweischnittig	14	—	18	—
$y - y$		einschnittig	—	9	6	—
		zweischnittig	—	18	14	—
$x - x$ und $y - y$	Dübel		150 225 für zul. Belastung[1] 300		$\leqq$ 16 kN 16⋯30 kN $>$ 30 kN	

[1]) Als zul. Belastung sind die Werte für den Lastfall H maßgebend.

Für zusammengesetzte Druckstäbe **ohne** Spreizung und durchgehender Verbindung (Taf. **50**.1) gelten

bei Verleimung
$$J_w = J_{\text{starr}}$$

bei nachgiebigen Verbindungsmitteln (Nägel und Dübel)[1]

$$J_w = \sum_{i=1}^{n} J_i + \gamma \sum_{i=1}^{n} (F_i\, a^2) \qquad (51.1)$$

Hierin bedeuten:

$$\gamma = \frac{1}{1+k} \qquad (51.2)$$

bei mehrteiligen Querschnitten nach Tafel **50.1**, Typ 1 bis 3

$$k = \frac{\pi^2 \cdot E \cdot F_1 \cdot e'}{s_K^2 \cdot C} \qquad (51.3)$$

bei mehrteiligen Querschnitten nach Tafel **50.1**, Typ 4

$$k = \frac{\pi^2 \cdot E \cdot F_1 \cdot F_2 \cdot e'}{s_K^2 (F_1 + F_2)\, C} \qquad (51.4)$$

$\sum\limits_{i=1}^{n} J_i$ Summe der Einzelstab-Trägheitsmomente J_{iy}

$\quad F_i$ Querschnittsflächen der Einzelstäbe

$\quad a_i$ Abstand der Einzelstab-Schwerachse von der Gesamtschwerachse $x - x$

$\quad e'$ Abstand der in eine Reihe verschobenen Verbindungsmittel

$\quad E$ Elastizitätsmodul $E_\parallel$

$\quad s_K$ Knicklänge für das Ausknicken $\perp$ zur x-Achse bei Typ 1 und 4 und senkrecht zu beiden Achsen bei Typ 2 und 3

$\quad C$ Verschiebungsmodul des Verbindungsmittels nach Tafel **50.1**

Die Verbindungsmittel sind für eine über die ganze Stablänge als wirksam angenommene Querkraft Q_i zu bemessen:

$$Q_i = \frac{\omega_w \cdot \text{vorh } N}{60} \qquad (51.5)$$

Beispiel: Diagonalstab eines Nagelbrettbinders mit $S = -7900\,\text{N}$, $s = 1,65$ m, Querschnitt $2,4/10 + 2 \times 2,4/6,0$ cm, Verbindungsmittel: Nägel 31×80 alle 6 cm, zweischnittig (**51.1**)

Nachweis rechtwinklig zur y-Achse:

$s_{Ky} = 0,8 \cdot 1,65 = 1,32$ m $F = 24,0 + 2 \cdot 14,4 = 52,8$ cm^2

$$J_y = \frac{2,4 \cdot 10,0^3}{12} + 2 \cdot \frac{2,4 \cdot 6,0^3}{12} = 200 + 86,4 = 286,4 \text{ cm}^4$$

$i_y = \sqrt{\dfrac{286,4}{52,8}} = 2,33$ cm $\lambda_y = \dfrac{132,0}{2,33} = 56,7$

$\omega_y = 1,56$ $\sigma_{\omega y} = \dfrac{1,56 \cdot 7900}{52,8} = 233 < 850$ N/cm^2

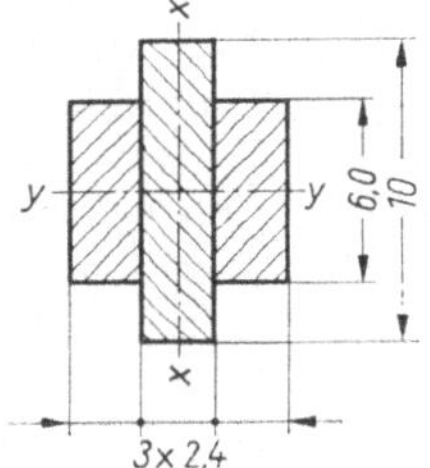

51.1 Druckstabquerschnitt in Nagelbauweise

---

[1] Blömer, A.: Untersuchungen über den Einfluß des wirksamen Trägheitsmomentes auf die Bemessungsverfahren des Ingenieurholzbaus. Mitteilungen der Deutschen Gesellschaft für Holzforschung (1968) H. 55

Nachweis rechtwinklig zur x-Achse:

$$s_{Kx} = 1{,}65\ \mathrm{m} \qquad k = \frac{\pi^2 \cdot 1000 \cdot 14{,}4 \cdot 6{,}0}{165^2 \cdot 14} = 2{,}24 \qquad \gamma = \frac{1}{1 + 2{,}24} = 0{,}309$$

$$J_{xw} = \frac{10 \cdot 2{,}4^3}{12} + 2 \cdot \frac{6{,}0 \cdot 2{,}4^3}{12} + 0{,}309 \cdot 2 \cdot 2{,}4 \cdot 6{,}0 \cdot 2{,}4^2 = 11{,}52 + 13{,}82 + 51{,}26$$
$$= 76{,}60\ \mathrm{cm}^4$$

$$i_{xw} = \sqrt{\frac{76{,}60}{52{,}8}} = 1{,}20\ \mathrm{cm} \qquad \lambda_{xw} = \frac{165{,}0}{1{,}20} = 137 \qquad \omega_{xw} = 5{,}63$$

$$\sigma\omega_x = \frac{5{,}63 \cdot 7900}{52{,}8} = 842 < 850\ \mathrm{N/cm}^2$$

$$Q_i = \frac{5{,}63 \cdot 7900}{60} = 741\ \mathrm{N} \qquad S_1 = 2{,}4 \cdot 14{,}4 = 34{,}56\ \mathrm{cm}^3$$

$$t_w = \frac{741 \cdot 0{,}309 \cdot 34{,}56}{76{,}60} = 103{,}3\ \mathrm{N/cm}\ [\text{nach Gl. (63.4) und (63.5)}]$$

$$\mathrm{erf}\,e = \frac{2 \cdot 375}{103{,}3} = 7{,}3 > 6{,}0\ \mathrm{cm}$$

Gewählt: 2 Nägel 31 × 80 alle 6 cm, wechselseitig geschlagen

Für die Bemessung eignen sich die „Bemessungstabellen für Druckstäbe bei Nagelbrettbindern" von Dipl.-Ing. H. Metzler (Bauen mit Holz [1971] H. 7).

4.2.3 Mehrteilige Druckstäbe mit Spreizung

Für zusammengesetzte Druckstäbe mit kleiner Spreizung, wie Rahmenstäbe und Stützen nach Bild **53.1** a bis e, gilt als wirksamer Schlankheitsgrad

$$\lambda_w = \sqrt{\lambda_x^2 + c \cdot \frac{m}{2}\,\lambda_1^2} \qquad (52.1)$$

Tafel **52.1** Faktor c für Stabquerschnitte nach (**53.1**)

Art der Querverbindung	Verbindungsmittel	Faktor c
Zwischenhölzer	Leim Dübel Nägel	1,0 2,5 3,0
Bindehölzer	Leim Nägel	3,0 4,5

Hierin bedeuten:

$\lambda_x = \dfrac{s_{Kx}}{i_x}$ voller rechnerischer Schlankheitsgrad des Gesamtquerschnitts um die x-Achse

$\lambda_1 = \dfrac{s_1}{i_1} \leq 60$ Schlankheitsgrad des Einzelstabes für die zur x-Achse parallele Einzelstabachse

$s_1 \leq \dfrac{s_{Kx}}{3}$ Knicklänge des Einzelstabes = Mittenabstand der Querverbände

i_1 zugehöriger Trägheitsradius des Einzelstabes

c Faktor entsprechend der Ausbildung der Querverbindungen nach Tafel **52.1**

m Anzahl der Einzelstäbe

Die Querverbindungen sind für eine ideelle Querkraft wie bei Stäben ohne Spreizung nach Gl. (51.5) zu bemessen.

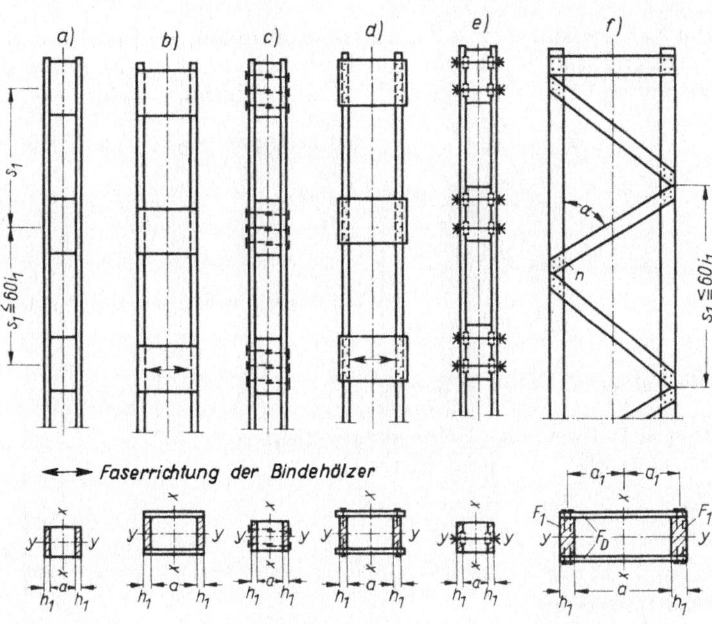

53.1
Rahmen- und Gitterstäbe mit kleiner a) bis e) und großer (f) Spreizung

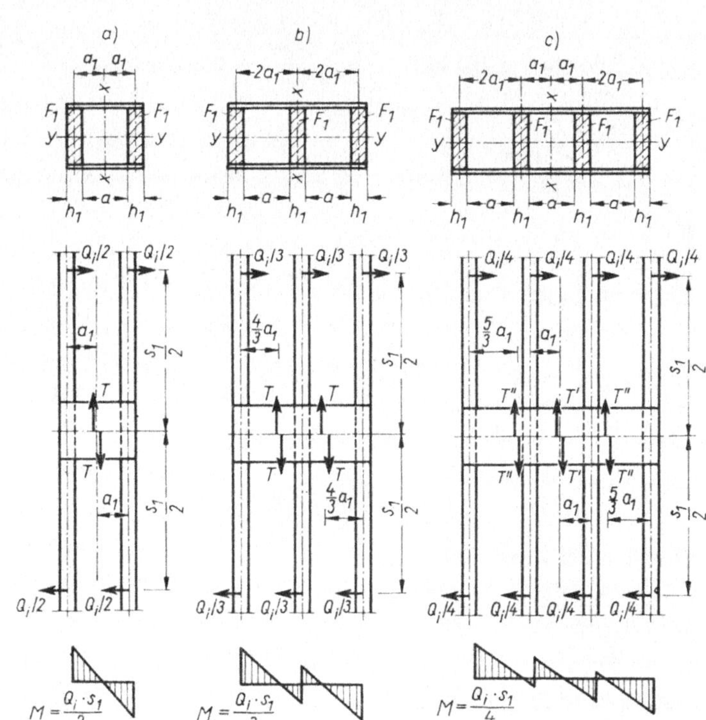

53.2
Zwei-, drei- und vierteilige Rahmenstäbe

Bei Rahmenstäben mit Zwischenhölzern nach Bild **53.**1 a, c, e mit einer üblichen Spreizung $a/h_1 \leqq 3$ und mit Bindehölzern nach **53.**1 b, d mit $a/h_1 = 3$ bis 6 entfällt auf eine Querverbindung eine Schubkraft von

$$T = \frac{Q_i \cdot s_1}{2\,a_1} \qquad \text{bei 2teiligen Stäben nach Bild (53.2 a)}$$

$$T = \frac{0,5\,Q_i \cdot s_1}{2\,a_1} \qquad \text{bei 3teiligen Stäben nach Bild (53.2 b)}$$

$$\left.\begin{array}{l} T' = \dfrac{0,4\,Q_i \cdot s_1}{2\,a_1} \\[2ex] T'' = \dfrac{0,3\,Q_i \cdot s_1}{2\,a_1} \end{array}\right\} \quad \text{bei 4teiligen Stäben nach Bild (53.2 c)}$$

Die Felderzahl muß $\geqq 3$ sein.

Beispiel 1: Zweiteilige Rahmenstütze (**54.**1)

$V_u = 61$ kN $\qquad V_o = 64$ kN

$M_B = 25,8$ kNm $\qquad H_A = 8,6$ kN

Querschnitt: $2 \times 13/28$ cm

$F = 2 \cdot 13 \cdot 28 = 728$ cm^2

Geka-Holzverbinder

Nachweis um die y-Achse:

$s_{Ky} = 2\,h_u + 0,7\,h_o = 2 \cdot 3,0 + 0,7 \cdot 1,0 = 6,70$ m

$i_{28} = 8,08$ cm $\qquad W_y = 2 \cdot \dfrac{13,0 \cdot 28,0^2}{6} = 3397$ cm^3

$\lambda_y = \dfrac{670}{8,08} \approx 83 \qquad \omega_y = 2,31$

$\sigma_{wy} = \dfrac{2,31 \cdot 64\,000}{728} + 0,85 \cdot \dfrac{2\,580\,000}{3397} = 203 + 646 = 849 < 850$ N/cm^2

54.1 Zweiteilige Rahmenstütze

Nachweis um die x-Achse:

$s_{Kx} = 4,00$ m $\qquad s_1 = 1,0$ m (Zwischenholzabstände)

$J_x = \dfrac{28 \cdot 36^3}{12} - \dfrac{28 \cdot 10^3}{12} = 106\,531$ cm^4 $\qquad i_x = \sqrt{\dfrac{106\,531}{728}} = 12,1$ cm

$\lambda_x = \dfrac{400}{12,1} = 33 \qquad i_{13} = 3,75$ cm $\qquad \lambda_1 = \dfrac{100}{3,75} = 26,7 \qquad c = 2,5$

$\lambda_{xw} = \sqrt{\lambda_x^2 + c \cdot \dfrac{m}{2}\,\lambda_1^2} = \sqrt{33^2 + 2,5 \cdot 26,7^2} = 53,6 \qquad \omega_{xw} = 1,49$

$\sigma_{xw} = \dfrac{1,49 \cdot 64\,000}{728} + 646 = 777 < 850$ N/cm^2

Anschluß der Zwischenhölzer:

$Q_i = \dfrac{\omega_{xw} \cdot V_u}{60} = \dfrac{1,49 \cdot 61}{60} = 1,51$ kN

$a_1 = \dfrac{13 + 10}{2} = 11,5$ cm $\qquad T = \dfrac{Q_i \cdot s_1}{2\,a_1} = \dfrac{1,51 \cdot 100}{2 \cdot 11,5} = 6,57$ kN

gewählt: 4 Geka-Holzverbinder $\varnothing$ 50 mit $4 \cdot 8 = 32 > 6,57$ kN (konstruktiv)

Beispiel 2: Dreiteilige Strebe im Dreigelenkrahmen (**55.1**). Nachweis für die Strebe S mit D_3. Lastfall HZ.

$S = -136{,}8$ kN $D_3 = -44{,}4$ kN.

Seitliche Abstützung bei Punkt C erforderlich für

$$K = \frac{136{,}8}{50} = 2{,}736 \text{ kN}$$

Nachweis um die x-Achse:

Zwischenhölzer in $s_1 = 66$ cm

Verbindungsmittel Geka-Holzverbinder mit $c = 2{,}5$

$\max s_{Kx} = 3{,}31$ m

$$J_x = \frac{18}{12}(34^3 + 10^3 - 22^3) = 44\,484 \text{ cm}^4$$

$$F = (2 \cdot 6 + 10)\,18 = 396 \text{ cm}^2$$

$$i_x = \sqrt{\frac{44\,480}{396}} = 10{,}6 \text{ cm} \quad i_1 = 1{,}73 \text{ cm}$$

$$\lambda_x = \frac{331}{10{,}6} = 31{,}2 \qquad\qquad \lambda_1 = \frac{66}{1{,}73} = 38{,}2$$

55.1 Dreiteilige Rahmenstütze

$$\lambda_w = \sqrt{\lambda_x + c \cdot \frac{3}{2} \cdot \lambda_1^2} = \sqrt{31{,}2^2 + 2{,}5 \cdot \frac{3}{2} \cdot 38{,}2^2} = \sqrt{6445} = 80{,}3 \qquad \omega_w = 2{,}21$$

$$\sigma_{xw} = \frac{2{,}21 \cdot 136\,800}{396} = 764 < 850 \cdot 1{,}15 = 977 \text{ N/cm}^2$$

Nachweis um die y-Achse:

$\max s_{Ky} = 1{,}99$ m $i_y = 5{,}20$ cm $\lambda_y = \dfrac{199}{5{,}20} = 38 < \lambda_w$

Nachweis für die Zwischenholzanschlüsse:

$$Q_i = \frac{\omega_w \cdot \text{vorh } N}{60} = \frac{2{,}21 \cdot 136{,}8}{60} = 5{,}04 \text{ kN}$$

$$T_1 = \frac{0{,}5\,Q_i \cdot s_1}{2\,a_1} = \frac{0{,}5 \cdot 5{,}04 \cdot 66}{2 \cdot 14} = 5{,}94 \text{ kN}$$

vorhanden 2 Geka-Holzverbinder $\varnothing$ 50 mit $2 \cdot 8 = 16 > 5{,}94$ kN

Wird der Stab im Punkt C nicht senkrecht zur Binderebene gehalten, wären die Zwischenräume voll auszufüllen, damit der Stab in diesem Punkt das Zusatzmoment aus $K = \dfrac{\max S}{100}$ bei der Gesamtknicklänge $s_{Kx} = s + d_3 = 5{,}07$ m aufnehmen kann.

Für Gitterstäbe bei **großer Spreizung** nach Bild **53.1**f mit genagelten Streben gilt entsprechend Gl. (52.1)

$$\lambda_w = \sqrt{\lambda_x^2 + \frac{4\,\pi^2 \cdot E \cdot F_1}{a_1 \cdot n_n \cdot C \cdot \sin 2\,\alpha} \cdot \frac{m}{2}} \tag{55.1}$$

Hierin bedeuten:

F_1 — Vollquerschnitt eines Einzelstabes C — Verschiebungsmodul nach Tafel **50.1**

α — Strebenneigungswinkel

n_n — Gesamtzahl der Nägel, mit denen die Gesamtstrebenkraft $D = Q_i/\sin \alpha$ angeschlossen ist

m — Anzahl der Einzelstäbe

Beispiel 3: Zweiteilige Fachwerkstütze (**56.1**) mit $S = -170$ kN, $s_{Kx} = s_{Ky} = 4{,}10$ m

Querschnitt $2 \times 10/20$ cm, Gitterstäbe $3/10$ cm, Nägel 34×90

Nachweis senkrecht zur y-Achse:

$$F = 2 \cdot 10 \cdot 20 = 400 \text{ cm}^2 \qquad i_y = 5{,}77 \text{ cm}$$

$$\lambda_y = \frac{410}{5{,}77} = 71 \qquad \omega_y = 1{,}91$$

$$\sigma_{wy} = \frac{1{,}91 \cdot 170\,000}{400} = 812 < 850 \text{ N/cm}^2$$

Nachweis senkrecht zur x-Achse:

Am Kopf und Fuß der Stütze wird ein waagrechtes Bindeholz angeordnet. Daraus wird die Knicklänge des Einzelstabes genügend genau vorbestimmt

$$s_1 \approx \frac{4{,}10 - 2{,}0 \cdot 0{,}10}{3} = 1{,}30 \text{ m}$$

$$F_1 = 10 \cdot 20 = 200 \text{ cm}^2 \qquad J_1 = 1667 \text{ cm}^4$$

$$i_1 = 2{,}89 \text{ cm} \qquad a_1 = 40 \text{ cm}$$

$$n_n = 12 \text{ Nägel einschnittig}$$

$$C = 6 \text{ kN/cm} \qquad m = 2$$

$$J_x = \frac{20}{12}(90^3 - 70^3) = 643\,333 \text{ cm}^4$$

$$i_x = \sqrt{\frac{643\,333}{400}} = 40 \text{ cm} \qquad \lambda_x = \frac{410}{40} = 10{,}25$$

$$\lambda_1 = \frac{130}{2{,}89} = 45 \qquad\qquad \sin 2\alpha = 0{,}891$$

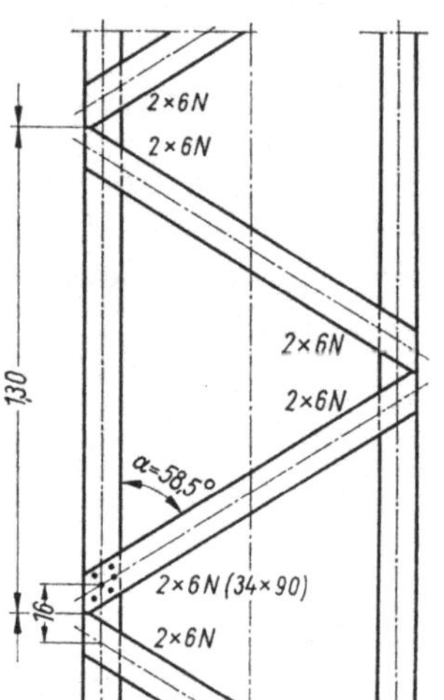

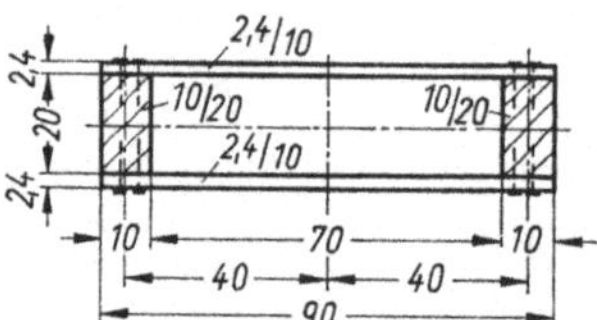

56.1 Zweiteilige Fachwerkstütze

$$\lambda_w = \sqrt{10{,}25^2 + \frac{4 \cdot \pi^2 \cdot 1000 \cdot 200 \cdot 2}{40 \cdot 12 \cdot 6 \cdot 0{,}891 \cdot 2}} = 56{,}4 \text{ maßgebend}$$

$$\omega_{xw} = 1{,}55 \qquad\qquad \sigma_{xw} = \frac{1{,}55 \cdot 170\,000}{400} = 659 < 850 \text{ N/cm}^2$$

Nachweis der Verstrebung mit $2 \times 2{,}4/10$ cm Brettern:

$$Q_t = \frac{1{,}55 \cdot 170{,}0}{60} = 4{,}39 \text{ kN} \qquad\qquad D = \frac{4{,}39}{0{,}853} = 5{,}15 \text{ kN}$$

Vorhanden: 12 Nägel 34×90 mit $12 \cdot 430 = 5160 > 5150$ N

Konstruktive Anmerkungen: Zwischenhölzer sind mindestens mit 2 Dübeln oder 4 Nägeln an jedem Einzelstab anzuschließen. Leimanschlüsse müssen $\geq 2\,a$ (doppelte Spreizung) lang sein. Gitterstäbe sind ebenfalls mit $n \geq 4$ Nägeln anzuschließen. An den Enden sind Rahmen- und Gitterstäbe mit mindestens 2 hintereinanderliegenden Dübeln bzw. 4 Nägeln anzuschließen. Anderenfalls sind zusätzliche Querverbindungen anzuordnen.

Bemessungstafeln s. z. B.: Ehlbeck, J., Köster, P., Schelling, W.: Praktische Berechnung und Bemessung nachgiebig zusammengesetzter Holzbauteile. Bauen mit Holz (1967) H. 6, S. 289 ff. und Fußnote 1 auf S. 49.

4.3 Biegebeanspruchte Bauglieder

4.3.1 Grundlagen der Biegung

Der auf Biegung beanspruchte Balken kann als Einfeld-, Durchlauf- oder Gelenkträger ausgeführt werden. Stützweite ist die Entfernung der Auflagermitten.

Beim Einfeldträger kann dafür die um 5 % vergrößerte Lichtweite angenommen werden. Durchlaufende Bohlen sind in der Regel als frei drehbar gelagerte Träger auf zwei Stützen zu berechnen, bei denen als Stützweite der Lichtabstand der Unterstützungen zuzüglich 10 cm, höchstens der Achsabstand der Unterstützungen, gilt.

Die Maximalmomente werden nach den üblichen Regeln der Statik (s. Wagner/Erlhof „Praktische Baustatik" u. a.) berechnet. Für Durchlaufträger mit gleichen Stützweiten und Gerberpfetten stehen zahlreiche Zahlentafeln zur Errechnung der Momente, Querkräfte und Auflagerdrücke zur Verfügung (s. Wendehorst/Muth „Bautechnische Zahlentafeln" u. a.). Hieraus errechnet sich das für die Bemessung erforderliche Widerstandsmoment zu

$$\text{erf } W = \frac{M}{\text{zul } \sigma} \tag{57.1}$$

Bei zur x-Achse unsymme rischentQuerschnitten nach Bild **57.1** sind die Biegerandspannungen verschieden groß und ergeben sich zu

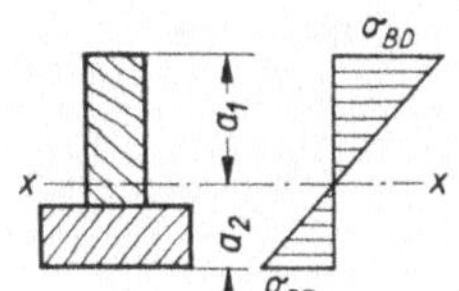

$$\max \sigma_{BD} = -\frac{M \cdot a_1}{J} = -\frac{M}{W_o} \tag{57.2}$$

und

$$\max \sigma_{BZ} = +\frac{M \cdot a_1}{J} = \frac{M}{W_u} \tag{57.3}$$

Die größte Biegerandspannung ergibt sich für max a zu

57.1 Biegespannung

$$\max \sigma_B = \frac{M \cdot \max a}{J} = \frac{M}{\min W} \tag{57.4}$$

In diesen Gleichungen wird zweckmäßig M in Ncm, J in cm^4, W in cm^3 und a in cm eingesetzt, so daß sich dann σ in N/cm^2 ergibt. Da bei Holz im Vergleich zu Stahl der Elastizitätsmodul E klein ist, ist die Durchbiegung groß und wird beim Einfeldträger für die Bestimmung des Querschnittes maßgebend.

Die zulässigen Durchbiegungen sind für die verschiedenen Ausführungen in DIN 1052 Abschn. 10 Tab. 9 festgelegt und betragen für

Deckenbalken für Wohn-, Büro- und Diensträume   1/300 der Stützweite

Pfetten, Sparren und Deckenbalken in Ställen oder Scheunen 1/200 der Stützweite

Kragträger   1/150 der Kraglänge

Bei Vollwand- und Fachwerkträgern ist zu unterscheiden, ob die Träger mit Überhöhung oder ohne Überhöhung angelegt werden.

Als Nutzlast ist dabei die Verkehrslast ohne Schwing- und Stoßbeiwerte, aber einschließlich der Wind- und Schneelast anzusetzen.

Das für die Bemessung erforderliche Trägheitsmoment J steht in Abhängigkeit von der Belastung, der Stützweite und zul f. Es kann mit Hilfe von Gebrauchsformeln, die in allen Tabellenbüchern zu finden sind, leicht berechnet werden (vgl. Abschn. 4.5). Beim Durchlaufträger ist die Durchbiegung jedoch sehr gering, so daß sie bei der Wahl des Querschnittes nicht berücksichtigt zu werden braucht.

Beispiel 1: Deckenbalken mit $l = 4,60$ m und $q = 3200$ N/m

zul $f = l/300$ $\qquad M = 0,125 \cdot 3200 \cdot 4,60^2 \doteq 8464$ Nm

nach Gl. (76.1 b) $\qquad$ erf $J = 313\, M \cdot l = 313 \cdot 8,464 \cdot 4,60 = 12\,186$ cm⁴

Gewählt: 12/24 cm mit $J_x = 13\,820$ cm⁴ und $W_x = 1152$ cm³
$\qquad\qquad \sigma = 846\,400/1152 = 735 < 850$ N/cm²

Bei Ausführung dieses Deckenbalkens als Durchlaufträger über 2 gleich große Felder könnte mit Rücksicht auf das erf $W = 770$ cm³ bei zul $\sigma = 110$ N/cm² ein Balken 10/22 oder 12/20 verwendet werden.

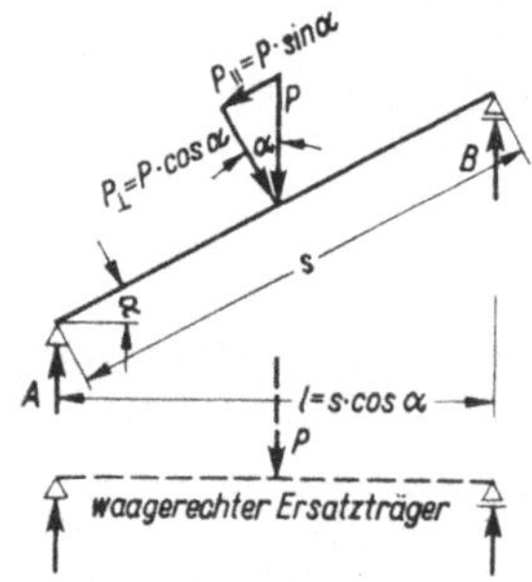

58.1 Schräger Träger mit lotrechter Belastung

Bei schrägliegenden Trägern, wie sie als Treppenläufe oder Sparren vorkommen, ist die zur Achse senkrecht stehende Last $q_\perp$ und die schräge, also wahre Stützweite in den Formeln für die Durchbiegung einzusetzen (vgl. Abschn. 5.2). Bei lotrechten Lasten kann das Moment aus dem waagerechten Ersatzträger nach Bild 58.1 berechnet werden. Da $l = s \cdot \cos\alpha$ und $P_\perp = P \cdot \cos\alpha$ ist, wird beispielsweise bei mittiger Belastung

$$M = \frac{P_\perp \cdot s}{4} = \frac{P \cdot \cos\alpha \cdot l}{4 \cdot \cos\alpha} = \frac{P \cdot l}{4}$$

Durch die Querkraft werden Schubspannungen hervorgerufen, die sowohl in den Querschnittsflächen als auch in den dazugehörigen Längsschnittflächen wirken. Die Längsschubkraft und Längsschubspannung errechnet man nach

$$T_1 = \frac{Q \cdot S}{J} \text{ in N/cm} \qquad\text{bzw.}\qquad \tau = \frac{Q \cdot S}{b \cdot J} \text{ in N/cm}^2 \qquad (58.1)\ (58.2)$$

Darin bedeutet S das Flächenmoment der Querschnittsfläche, die oberhalb der betrachteten Faser liegt, bezogen auf die Nullinie, und b die Breite des untersuchten Querschnittes. Die größte Längsschubspannung tritt in der Nullinie auf.

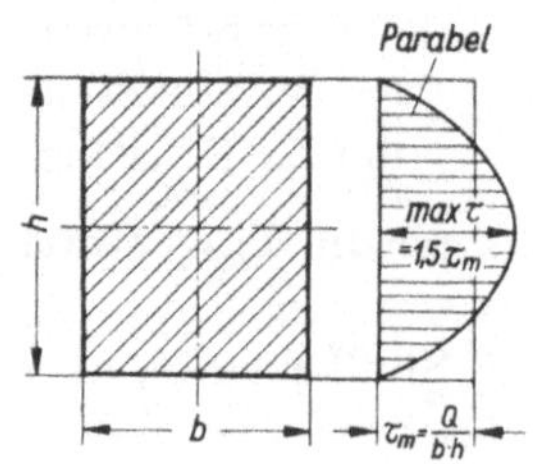

Beim Rechteckbalken (**58.2**) sind

$$\max \tau = \frac{3}{2} \cdot \frac{Q}{b \cdot h} \qquad (58.3)$$

und die Längsschubkraft

$$T_1 = \frac{3}{2} \cdot \frac{Q}{h} \text{ in N/cm} \qquad (58.4)$$

58.2 Schubspannungsverteilung beim Rechteckquerschnitt

Beispiel 2: Verleimter Balken nach Bild **59.1** aus zwei Bohlen 3/10 cm zur Befestigung einer untergehängten Decke. $l = 4,0$ m.

$$q = 350 \text{ N/m} \qquad M = 0,125 \cdot 350 \cdot 4,0^2 = 700 \text{ Nm}$$

Für zul $f = l/300$ ist nach Gl. (76.1b) $\qquad$ erf $J = 313 \cdot 0,7 \cdot 4,0 = 876 \text{ cm}^4$

Nach Bild **59.1** ist $\qquad y_0 = \dfrac{30 \cdot 5 + 30 \cdot 11,5}{30 + 30} = 8,25 \text{ cm}$

$$J_x = \frac{3 \cdot 10^3}{12} + 30 \cdot 3,25^2 + \frac{10 \cdot 3^3}{12} + 30 \cdot 3,25^2 = 906,3 \text{ cm}^4$$

Nach Gl. (57.4) ist dann $\qquad \max \sigma = \dfrac{70\,000 \cdot 8,25}{906,3} = 637 < 1000 \text{ N/cm}^2$

Für die Schwerachse ist

$$S = 3 \cdot 8,25 \cdot \frac{8,25}{2} = 102,1 \text{ cm}^3 \qquad Q = 700 \text{ N}$$

nach Gl. (58.2) ist $\qquad \tau = \dfrac{700 \cdot 102,1}{3 \cdot 906,3} = 26,3 < 90 \text{ N/cm}^2$

Querzugspannung in der Leimfuge durch die angehängte Decke

$$\sigma_Z = \frac{350}{3 \cdot 100} = 1,17 \ll 25 \text{ N/cm}^2$$

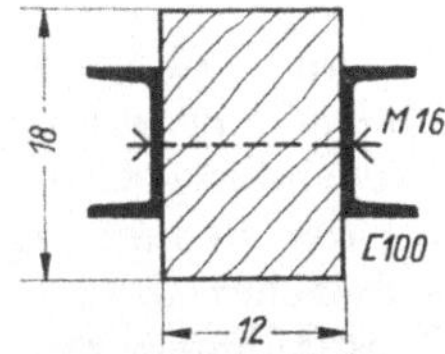

59.1 Verleimter ⊥ - Balken

Eine Belastung des unteren Holzes führt zu Querzugspannungen in der Leimfuge, die 25 N/cm² keinesfalls überschreiten dürfen.

Bei zusammengesetzten Balken, die verdübelt oder genagelt sind, muß wegen der Nachgiebigkeit der Verbindungsmittel das Wirksame Trägheitsmoment J_w berechnet werden (s. Abschn. 4.3.2).

Eine Verstärkung von Holzbalken ist durch seitlich angebrachte Stahlträger möglich. Bei der Berechnung sind die unterschiedlichen Elastizitätsmoduln zu beachten. Unter der Voraussetzung, daß sich die Stahlprofile und Holzbalken gleichweit durchbiegen, ist das Verhältnis der Belastungen für Stahl (q_e) und Holz (q_n)

$$\frac{q_e}{q_h} = \frac{E_e \cdot J_e}{E_h \cdot J_h} = 21 \cdot \frac{J_e}{J_h} \tag{59.1}$$

Da $q = q_n + q_e$ ist, läßt sich die Verstärkung leicht berechnen.

Beispiel 3: Ein Deckenbalken 12/18, der bei $l = 3,60$ m eine Belastung von $q = 3200$ N/m aufzunehmen hat, soll durch 2 seitliche ⊏-Profile (**59.2**) verstärkt werden, um die Last einer Zwischenwand mit 4250 N/m zusätzlich aufnehmen zu können[1]. Die Gesamtlast beträgt

$$q = 3200 + 4250 = 7450 \text{ N/m}$$

Es ist nach Umformung der Gl. (59.1)

$$J_e = \frac{4250}{3200} \cdot \frac{J_h}{21} = \frac{4250}{3200} \cdot \frac{5830}{21} = 369 \text{ cm}^4$$

Gewählt werden 2 ⊏ 100 mit $J_e = 2 \cdot 206 = 412 \text{ cm}^4$.

59.2 Verstärkung eines Balkens durch ⊏-Stähle. Bolzenabstand 25 cm

---

[1] Möller, G.: Tabellenwerte zur Bemessung zusammengesetzter Holz-Stahl-Querschnitte. Die Bautechnik (1969) H. 1

Für die Lastanteile ist demnach

$$q_e = \frac{21 \cdot 412}{5830}\, q_h = 1{,}485\, q_h \quad \text{und} \quad q = q_h + 1{,}485\, q_h = 2{,}485\, q_h$$

Daraus wird $q_h \approx 0{,}4\,q = 2980 \text{ N/m}$ und $q_e \approx 0{,}6\,q = 4470 \text{ N/m}$

Auf den Balken entfällt ein Momentenanteil von

$$M_h = 0{,}125 \cdot 2980 \cdot 3{,}60^2 = 4828 \text{ Nm} \quad \text{mit} \quad \sigma = \frac{482\,800}{648} = 745 \text{ N/cm}^2$$

Für die C-Profile ist $M_e = 0{,}125 \cdot 4470 \cdot 3{,}60^2 = 7241 \text{ Nm}$ und $\sigma = \dfrac{724\,100}{82{,}4}$
$= 8788 < 11\,000 \text{ N/cm}^2$

Die Durchbiegungen werden gleich groß mit

$$f_h = \frac{5 \cdot 29{,}8 \cdot 360^4}{384 \cdot 1\,000\,000 \cdot 5830} = 1{,}12 \text{ cm} \quad \text{und} \quad f_e = \frac{5 \cdot 44{,}7 \cdot 360^4}{384 \cdot 21\,000\,000 \cdot 412} = 1{,}13 \text{ cm}$$

Verkantet liegende Balken und besonders Pfetten werden meist auf Doppelbiegung beansprucht. Hier wird zweckmäßig die Belastung in einen Lastanteil q_x senkrecht zur x-Achse und einen Lastanteil q_y senkrecht zur y-Achse zerlegt. Hieraus ergeben sich die Momente M_x und M_y. Dabei können auch verschiedene Stützweiten für l_x und l_y eingesetzt werden, wie dies bei den Kopfbandpfetten (vgl. Abschn. 5.3.3) vorkommt.

Nach Bild **60.1** errechnen sich die Biegespannungen dann aus der Gleichung

$$\sigma = \pm\, \frac{M_x}{W_x} \pm \frac{M_y}{W_y} \qquad (60.1)$$

Aus den Einzeldurchbiegungen f_x und f_y ergibt sich die Gesamtdurchbiegung

$$f = \sqrt{f_x^2 + f_y^2} \qquad (60.2)$$

Zur Bemessung von Rechteckbalken bei Doppelbiegung stehen Tafeln zur Verfügung [3; 17; 30]. Beispiele s. Abschnitt 5.3.

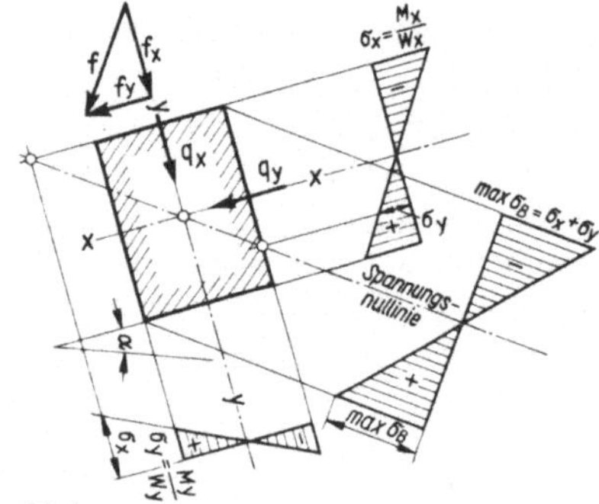

60.1
Spannungsbild und Durchbiegung bei Beanspruchung auf Doppelbiegung

4.3.2 Zusammengesetzte Balken

Es sind vollwandige, aus einzelnen schwächeren Querschnitten zusammengesetzte Tragwerke, deren Einzelteile schubfest miteinander verbunden sind. Ihre Anwendung wird erforderlich, wenn die handelsüblichen Kantholzquerschnitte bei der Bemessung nicht mehr ausreichen oder aber durch den Zusammenbau schwacher Querschnitte zu einem I-förmigen oder Hohlkastenprofil größerer Tragfähigkeit Ersparnisse an Holz erzielt werden können.

Je nach dem Verbindungsmittel unterscheidet man verleimte, genagelte und verdübelte Balken. Einen Übergang zum Fachwerk bildet der Vollwandträger (s. Abschn. 4.3.3).

Bei zusammengesetzten Biegeträgern ist außer den Biegerandspannungen auch die Schwerpunktsspannung in den gezogenen Gurtteilen nachzuweisen.

Die beste Ausführung stellt der **verleimte Balken** dar, bei dem Bretter bis 30 mm Dicke zu einem Profil verleimt werden (**61.1**a bis d). Infolge der Unnachgiebigkeit des Verbindungsmittels kann mit dem vollen Trägheits- und Widerstandsmoment gerechnet werden. Außer den auftretenden Biegespannungen, Schwerpunktsspannungen in den Gurten und Durchbiegungen muß auch die Längsschubspannung in der Nullinie mit Hilfe der Gl. (58.2) nachgewiesen werden. Die Trägerquerschnitte werden zweckmäßig mit Hilfe von Zahlentafeln, die alle erforderlichen Werte enthalten, gewählt [13; 17; 30 u.a.].

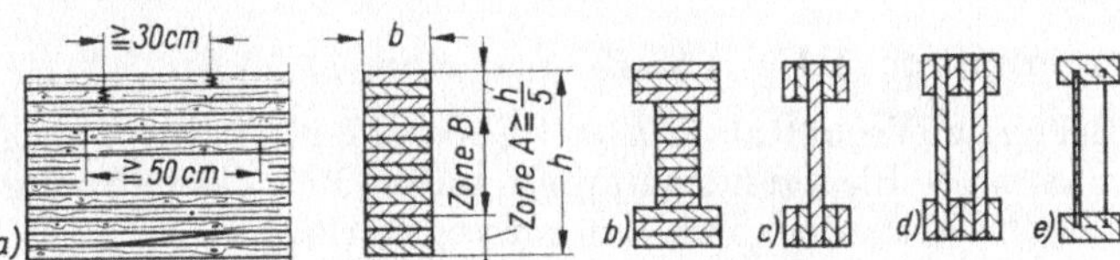

61.1
Verleimte Querschnitte

Verleimte Konstruktionen bieten den Vorteil größerer Steifigkeit, da Leim eine starre Verbindung der einzelnen Teile schafft. Bei der Herstellung ist jedoch besonders sorgfältig zu verfahren, um spätere Schäden zu vermeiden. Es dürfen daher nur solche Firmen Leimarbeiten ausführen, die im Besitz einer besonderen **Leimgenehmigung** sind (s. S. 13).

In der Ausführung kann man unterscheiden:

1. **Brettschicht oder Hetzerträger**[1]) **61.1**a und b)
2. **Vollwandträger** mit I- oder Kastenquerschnitt mit Stegen aus verleimten Brettern (**145.1** bis **145.4**) oder Sperrholz (**61.1**e und **141.3**) oder wasserfesten Furnier- oder Hartfaserplatten (**72.1**)
3. **Gitterträger** (**143.1**, **144.1**)

Der Brettschichtträger kann gerade und gekrümmt hergestellt und im Hallenbau als Zwei- oder Dreigelenkrahmen verwendet werden (s. Abschn. 7.5). Beim Aufbau der Träger ist besonders auf die Jahresringlage zu achten (s. DIN 1052 Bl. 1 Abschn. 11.5.5).

Bei Trägern mit über 20 cm Breite soll jede Brettlage aus mindestens zwei Teilen, deren Längsfugen versetzt anzuordnen sind, bestehen (**61.2**a). Über 20 cm breite Bretter sind mit Entlastungsnuten zu versehen (**61.2**b).

Bei Trägern aus **Brettschichtholz**, bei denen die Bretter einzeln in besonderem Arbeitsgang verzinkt gestoßen werden, darf die Schwächung durch die

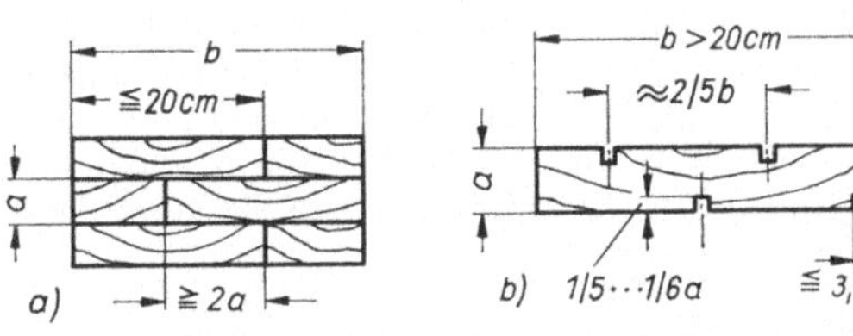

61.2
Brettschichtholz bei $b > 20$ cm
a) Einzelbretter ≤ 20 cm
b) > 20 cm mit Entlastungsnuten

---

[1]) Von Zimmermeister **Hetzer**, Weimar, 1907 entwickelt.

Keilzinkung unberücksichtigt bleiben. Bei biegebeanspruchten Brettschichthölzern müssen die oberen und unteren Brettlagen bis je 1/5 der Querschnittshöhe, mindestens aber 2 Brettlagen aus ungestoßenen oder mit Keilzinkung bzw. Schäftung gestoßenen Brettern bestehen. Die dazwischen liegenden Brettlagen dürfen stumpf gestoßen werden. Die Stöße sind um ≥ 50 cm so zu versetzen, daß in jedem Querschnitt nicht mehr als ein Stoß auftritt. Die Dicke der Einzelbretter (Lamellen) muß $a \leq 30$ mm bei einem Biegehalbmesser $R_1 \geq 200\,a$ sein. Beim kleinsten zul $R_1 = 150\,a$ darf die Dicke nur $a = 10$ mm betragen. Bei Krümmungen zwischen $R_1 = 200\,a$ und $R_1 = 150\,a$ sind die Brettdicken nach der Gleichung

$$a \leq 10 + 0{,}4 \left(\frac{R_1}{a} - 150 \right) \text{ in mm} \tag{62.1}$$

zu ermitteln (DIN 1052 Bl. 1 Abschn. 11.5.7).

Bei einem Verhältnis $R/h < 10$, wobei h die Querschnittshöhe bedeutet, muß die maximale Biegerandspannung unter Berücksichtigung der Trägerkrümmung berechnet werden. Für Krümmungsverhältnisse $\beta = R/h \geq 2$ ist

$$\sigma_B = \frac{M}{W_n} \left(1 + \frac{1}{2\,\beta} \right) \leq \text{zul } \sigma_B \tag{62.2}$$

Querzugspannungen sind stets nachzuweisen. Sie treten dann auf, wenn das Biegemoment am inneren Querschnittsrand Längszugspannungen hervorruft. Die maximale Querzugspannung kann berechnet werden aus

$$\sigma_{Z\perp} = \frac{M}{W} \cdot \frac{1}{4\,\beta} \leq 25 \text{ N/cm}^2 \tag{62.3}$$

Vollwandträger s. Abschn. 4.3.3 und Anwendung des Brettschichtträgers bei Rahmenbindern s. Abschn. 7.5.1.

Eine Sonderform stellt der Wellstegträger (**61.1**e) dar, dessen Steg aus einer gewellten Sperrholzplatte besteht, so daß nur die Gurte für die Momente als tragend angesehen werden können.

Gitterträger wie Trigonit, Dreieckstrebenbau u. a. werden nur in Lizenz hergestellt (s. Abschn. 7.4).

Die zur **Herstellung** geeigneten Leime wurden bereits in Abschn. 2.2.4 behandelt. Für die Verarbeitung sind die Gebrauchsvorschriften der Lieferfirmen genauestens zu beachten. Die einzelnen Bestandteile der Leimmischung sind sorgfältig abzuwiegen und in Mischern oder mit Rührwerken gut zu vermischen. Der Leim wird mit Pinseln oder Holzspachteln mit Gummistreifen aufgetragen, wobei besonders auf eine gleichmäßige Verteilung zu achten ist. Bei Serienherstellung werden vielfach Leimauftragmaschinen mit Gummiwalzen verwendet. Nach dem Pressen soll der Leim in einer feinen „Perlenkette" aus den Fugen herausquellen.

Zur Vermeidung von Quell- oder Schwindspannungen sind während der Verarbeitung die Holz- und Luftfeuchtigkeit sowie die Temperatur im Raum und im Freien zu messen, um notfalls durch geeignete Maßnahmen Abhilfe schaffen zu können. Für den Leimraum günstig ist eine Temperatur von 20 °C und eine relative Luftfeuchtigkeit von 65%. **Preßdruck** und **Preßdauer** stehen in enger Abhängigkeit von diesen Werten und der verwendeten Leimsorte. Der Preßdruck kann durch Schraubzwingen oder Pressen erzielt werden, Nagelung allein genügt im allgemeinen nicht. Der erforderliche Druck liegt je nach der Leimart zwischen 40 und 140 N/cm². Größere Werte führen leicht zu sichtbaren Eindrücken im Holz. Zur Erzielung kürzerer Aushärtungs- und Preß-

zeiten wird bei der Serienfertigung statt der Kaltverleimung die Warm- oder die Heißleimung angewendet, wobei die Wärme durch Heizpressen oder in Wärmekammern
zugeführt oder durch elektrische Widerstandsheizung mit aufgelegten Heizblechen oder
in die Leimfuge eingelegte Drahtnetze erzeugt wird. Stöße werden durch Keilzinkung
nach DIN 68140 ausgebildet.

Bei genagelten Trägern (Taf. **50**.1) und verdübelten Balken ist eine starre Verbindung der einzelnen Teile nicht vorhanden. Es sind daher die Randspannungen
des Steges σ_s, die Randspannungen der Gurte σ_1 und die Schwerpunktsspannungen in den gezogenen Gurtteilen σ_{a1} getrennt nachzuweisen (**63**.1).

$$\sigma_s = \pm \frac{M \cdot h_s}{J_w \cdot 2} \cdot \frac{J_s}{J_{sn}} \qquad (63.1)$$

$$\sigma_1 = \pm \frac{M}{J_w} \left(\gamma \cdot a_1 \cdot \frac{F_1}{F_{1n}} \pm \frac{h_1}{2} \cdot \frac{J_1}{J_{1n}} \right) \qquad (63.2)$$

$$\sigma_{a1} = + \frac{M}{J_w} \cdot \gamma \cdot a_1 \cdot \frac{F_1}{F_{1n}} \qquad (63.3)$$

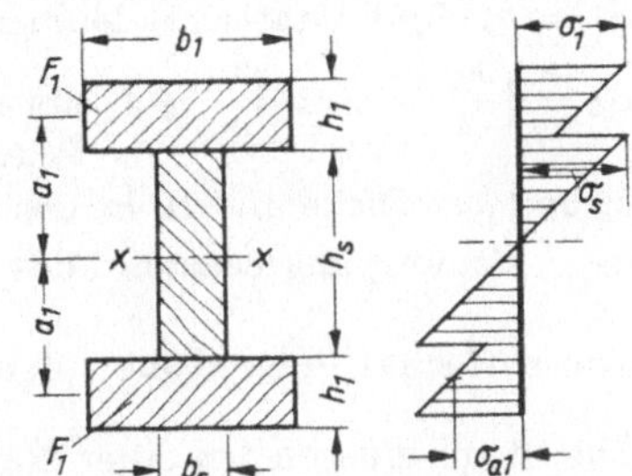

63.1 Spannungsverteilung im nachgiebig verbundenen Biege-
träger

Hierin sind:

h_s — Steghöhe

h_1 — Gurtdicke bzw. Gurthöhe

a_1 — Abstand der Gurtschwerpunkte von der x-Achse

J_s, J_{sn} — Trägheitsmomente der ungeschwächten bzw. geschwächten Querschnittsteile

J_1, J_{1n} — Trägheitsmomente der ungeschwächten bzw. geschwächten angeschlossenen Gurtteile

F_1, F_{1n} — Querschnittsflächen der ungeschwächten bzw. geschwächten angeschlossenen Gurtteile

Die Werte J_w, λ und k sind nach Abschn. 4.2 zu bestimmen, und C ist der Tafel
50.1 zu entnehmen. Bei Durchlaufträgern ist bei der Ermittlung des k-Wertes
$l = 4/5$ der Feldweite und bei Kragträgern $l = 2 \times$ Kraglänge einzusetzen.

Die Verbindungsmittel werden in der Regel aus der größten Querkraft max Q
für den Schubfluß t_w in der Berührungsfuge berechnet.

$$\max t_w = \frac{\max Q \cdot \gamma \cdot S_1}{J_w} \qquad (63.4)$$

Der erforderliche Abstand der Verbindungsmittel ergibt sich zu

$$\text{erf } e = \frac{n \cdot \text{zul } N}{\max t_w} \qquad (63.5)$$

Die Verbindungsmittel sollen stets gleichmäßig über die ganze Trägerlänge
verteilt werden.

Die Schubspannungen in den neutralen Fasern werden ebenfalls für max Q ermittelt. Für Querschnitte nach Tafel **50**.1, Typ 1 bis 3, ist die größte Schubspannung in der Schwerachse des Gesamtquerschnitts

$$\max \tau = \frac{\max Q}{b_s \cdot J_w} (\gamma \cdot S_1 + S_s) \qquad (63.6)$$

und für Querschnitte nach Typ 4 in der Faser n—n

$$\max \tau = \frac{\max Q}{b_2 \cdot J_w} \cdot S_2 \qquad (64.1)$$

In den Gl. (63.4) bis (64.1) bedeuten:

$S_1 = F_1 \cdot a_1$ statisches Moment des anzuschließenden Teiles bezogen auf $x - x$

n Anzahl der Verbindungsmittelreihen

zul$N$ Tragfähigkeit des verwendeten Verbindungsmittels in N

b_s Stegdicke in cm

$S_s = b_s \cdot h_s^2/8$ statisches Moment des halben Stegteiles bezogen auf $x - x$

$S_2 = \left(\dfrac{h_2}{2} + \gamma \cdot a_2\right)^2 \cdot b_2/2$ statisches Moment des unterhalb $n - n$ liegenden Stegteiles, bezogen auf $n - n$

b_2 und h_2 Dicke und Höhe des Querschnittsteiles 2

a_2 Schwerpunktsabstand des Steges von $x - x$

Die wirtschaftliche Höhe solcher Balken liegt bei $\dfrac{1}{16} \cdots \dfrac{1}{20} l$.

Die Stege müssen bei einer Nagelreihe $\geq 10\, d_n$, bei 2 Reihen $\geq 15\, d_n$, dick sein.

Beispiel 1: Deckenbalken von Beisp. 1, S. 58. Ausführung als verleimter I-Balken nach Bild **64.1**.

$M = 8464$ Nm $\qquad Q = 0,5 \cdot 3200 \cdot 4,60 = 7360$ N

$$J_x = \frac{14 \cdot 27,6^3}{12} - \frac{9,2 \cdot 18^3}{12} = 24\,529 - 4471 = 20\,058 \text{ cm}^4$$

$$W_x = \frac{20\,058}{13,8} = 1453 \text{ cm}^3$$

Biegerandspannung $\qquad \sigma_1 = \dfrac{846\,400}{1453} = 583 < 1000$ N/cm^2

Schwerpunktspannung $\quad \sigma_{a1} = \dfrac{846\,400 \cdot 11,4}{20\,058} = 481 < 850$ N/cm^2

$S = 14 \cdot 4,8 \,(9 + 2,4) + 9 \cdot 4,8 \cdot 4,5 = 766 + 194 = 960$ cm^3

$\tau = \dfrac{7360 \cdot 960}{4,8 \cdot 20\,058} = 74 < 90$ N/cm^2

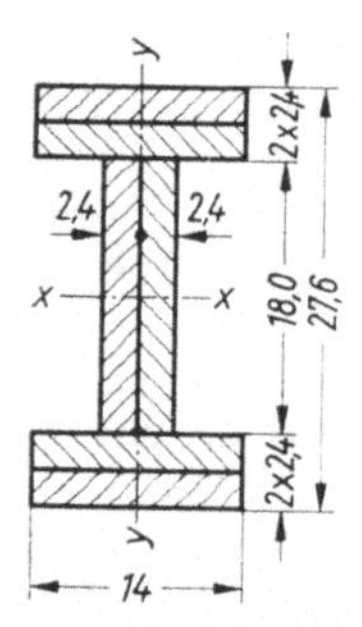

64.1 Verleimter I-Balken

Durchbiegungsberechnung s. Beisp. 3 S. 75.

Beispiel 2: Deckenbalken von Beisp. 1, S. 58. Ausführung als verleimter I-Balken mit Sperrholzsteg nach Bild **65.1**.

$\max M = 8,464$ kNm $\qquad A = B = 7,36$ kN

$E_{\text{Vollh}} = 1000$ kN/cm^2 $\qquad E_{\text{Sperrh}} = 700$ kN/cm^2

Ansatz des Sperrholzes mit $n = \dfrac{700}{1000} = 0,7$

Stegdicke $d_n = 0,7 \cdot 2 = 1,4$ cm

$$J_x = \frac{1}{12}\left[(2 \cdot 3,5 + 1,4)\,30^3 - 7 \cdot 18^3\right] = 15\,498 \text{ cm}^4$$

Biegerandspannungen

im Gurtholz $\sigma_1 = \dfrac{M \cdot H}{J_x \cdot 2} = \dfrac{846\,400 \cdot 30}{15\,498 \cdot 2} = 819 < 1000 \text{ N/cm}^2$

im Steg $\quad \sigma_s = 0{,}7 \cdot 819 = 573{,}3 < 900 \text{ N/cm}^2$

Schwerpunktspannung

$\sigma_{a1} = \dfrac{\sigma_1 \cdot 2\,a_1}{H} = \dfrac{819 \cdot 2 \cdot 12}{30} = 655 < 850 \text{ N/cm}^2$

Schubspannung in der Schwerachse

$\tau = \dfrac{A \cdot S_x}{J_x \cdot b_{St}} = \dfrac{7360 \cdot 661}{15\,498 \cdot 2} = 157 < 180 \text{ N/cm}^2$

$S_x = 2 \cdot 3{,}5 \cdot 6 \cdot 12 + 1{,}4 \cdot 15 \cdot 7{,}5 = 504 + 157 = 661 \text{ cm}^3$

rechnerische Durchbiegung

$f_B = 0{,}104 \cdot \dfrac{M \cdot l^2}{J_x} = 0{,}104 \cdot \dfrac{8464 \cdot 4{,}6^2}{15\,498} = 1{,}202 \text{ cm}$ nach Gl. (75.3)

$f_\tau = \dfrac{M}{G \cdot F_{Steg}} = \dfrac{846{,}4}{50 \cdot 60} = 0{,}282 \text{ cm}$ $(M$ in kN cm) nach Gl. (75.2)

$\Sigma_f = 1{,}202 + 0{,}282 = 1{,}484 < \dfrac{l}{300} = 1{,}533 \text{ cm}$

65.1
Verleimter I-Träger
mit Sperrholzsteg

Beispiel 3: Deckenbalken als genagelter Träger nach Bild **65.2**. Nägel 38×100 mit $N_1 = 525$ N und $e' = 5$ cm.

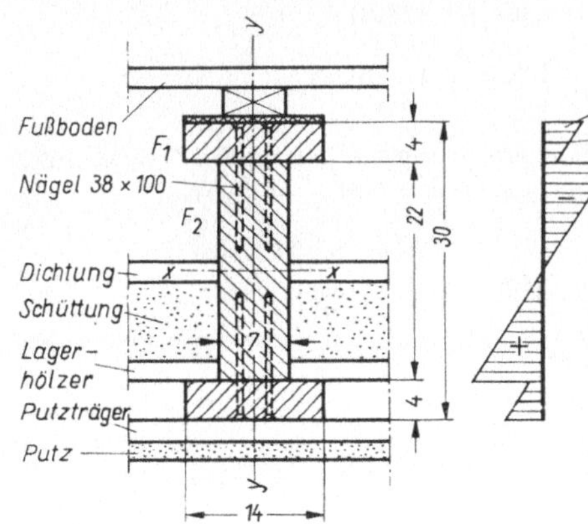

$l = 4{,}60$ m

$\max Q = \dfrac{3 \cdot 4{,}60}{2} = 6{,}9$ kN

$q = 3$ kN/m

$\max M = \dfrac{3 \cdot 4{,}60^2}{8} = 7{,}94$ kNm

65.2
Querschnitt eines genagelten Deckenbalkens (Befestigung des Untergurts mit Sondernägeln, z. B. HVV-Ankernägeln)

Querschnittswerte

$F_1 = 4 \cdot 14 = 56 \text{ cm}^2 \qquad\qquad F_2 = 7 \cdot 22 = 154 \text{ cm}^2$

$S_1 = 13 \cdot 56 = 728 \text{ cm}^3 \qquad\qquad S_s = 7\,\dfrac{22^2}{8} = 423 \text{ cm}^3$

$k = \dfrac{\pi^2 \cdot 1000 \cdot 56 \cdot 5{,}0}{460^2 \cdot 6} = 2{,}18 \qquad\qquad \gamma = \dfrac{1}{1 + 2{,}18} = 0{,}314$

$J_w = 2 \cdot \dfrac{14 \cdot 4^3}{12} + \dfrac{7 \cdot 22^3}{12} + 2 \cdot 0{,}314 \cdot 56 \cdot 13^2 = 12\,304 \text{ cm}^4$

$J_s = J_{sn}$ da keine Schwächung durch Nägel

Biegerandspannung am Steg

$$\sigma_s = \frac{794\,000 \cdot 22}{2 \cdot 12\,304} = 709{,}8 < 1000 \text{ N/cm}^2$$

Biegerandspannung am Gurt

$$\sigma_1 = \frac{794\,000}{12\,304}(0{,}314 \cdot 13 + 2{,}0) = 392{,}5 < 1000 \text{ N/cm}^2$$

Schwerpunktsspannung im gezogenen Gurt

$$\sigma_{a1} = \frac{794\,000}{12\,304} \cdot 0{,}314 \cdot 13 = 263{,}4 < 850 \text{ N/cm}^2$$

Schubspannung in der neutralen Faser (Schwerachse)

$$\max \tau = \frac{6900}{7 \cdot 12\,304}(0{,}315 \cdot 728 + 423) = 52{,}2 \text{ N/cm}^2$$

$$\max t_w = \frac{6900 \cdot 0{,}314 \cdot 728}{12\,304} = 128{,}2 \text{ N/cm}$$

Nagelabstand $\quad e' = \dfrac{2 \cdot 525}{128{,}2} = 8{,}2 \text{ cm} \quad$ vorhanden 5 cm

Durchbiegung $\quad f_B = 0{,}104 \cdot \dfrac{7940 \cdot 4{,}6^2}{12\,304} = 1{,}42 \text{ cm nach Gl. (75.3)}$

$$f_\tau = \frac{79\,400}{5000 \cdot 154} = 0{,}10 \text{ cm nach Gl. (75.2)}$$

$$\max f = 1{,}42 + 0{,}10 = 1{,}52 < l/300 = 1{,}533 \text{ cm}$$

Beispiel 4: Deckenbalken von Beisp. 1, S. 58. Ausführung als genagelter Träger nach Bild **66.1**. Nägel 55 × 150 mit $N_2 = 2440$ N (vorgebohrt) und $e' = 7$ cm.

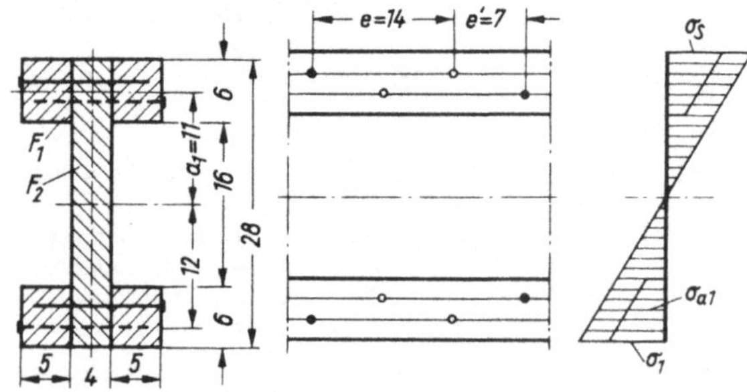

$M = 8{,}464 \text{ kNm}$

$Q = 7{,}36 \text{ kN}$

66.1 I-Träger mit seitlich angenagelten Gurthölzern

Querschnittswerte

$$F_1 = 2 \cdot 5 \cdot 6 = 60 \text{ cm}^2 \qquad\qquad F_2 = 4 \cdot 28 = 112 \text{ cm}^2$$

$$k = \frac{\pi^2 \cdot 1000 \cdot 60 \cdot 7}{460^2 \cdot 18} = 1{,}09 \qquad\qquad \gamma = \frac{1}{1 + 1{,}09} = 0{,}48$$

$$J_w = \frac{4 \cdot 28^3}{12} + 4 \cdot \frac{5 \cdot 6^3}{12} + 2 \cdot 0{,}48 \cdot 60 \cdot 11^2 = 14\,647 \text{ cm}^4$$

$$J_{sn} = \frac{4 \cdot 28^3}{12} - 0{,}55 \cdot 4{,}0 \cdot 12^2 = 7317 - 316{,}8 = 7000{,}2 \text{ cm}^4$$

$$J_1 = 2 \cdot \frac{5 \cdot 6^3}{12} = 180 \text{ cm}^4 \qquad J_{1n} = 180 - 0{,}55 \cdot 10 \cdot 1^2 = 180 - 5{,}5 = 174{,}5 \text{ cm}^4$$

$$F_{1n} = 60 - 0{,}55 \cdot 10 = 60 - 5{,}5 = 54{,}5 \text{ cm}^2$$

$$\frac{J_s}{J_{sn}} = \frac{7317}{7000{,}2} = 1{,}045 \qquad \frac{J_1}{J_{1n}} = \frac{180}{174{,}5} = 1{,}03 \qquad \frac{F_1}{F_{1n}} = \frac{60}{54{,}5} = 1{,}10$$

Biegerandspannung am Steg

$$\sigma_s = \pm \frac{846\,400}{14\,647} \cdot \frac{28}{2} \cdot 1{,}045 = \pm\, 845 < 1000 \text{ N/cm}^2$$

Biegerandspannung am Gurt

$$\sigma_1 = \pm \frac{846\,400}{14\,647}\left(0{,}48 \cdot 11 \cdot 1{,}10 + \frac{6}{2} \cdot 1{,}03\right) = 514 \text{ N/cm}^2$$

Schwerpunktsspannung im gezogenen Gurt

$$\sigma_{a1} = + \frac{846\,400}{14\,647} \cdot 0{,}48 \cdot 11 \cdot 1{,}10 = 336 < 850 \text{ N/cm}^2$$

Schubfluß in der Nagelfuge

$$\max t_w = \frac{7360 \cdot 60 \cdot 0{,}48 \cdot 11}{14\,647} = 159 \text{ N/cm} \qquad \text{erf } e' = \frac{2440}{159} = 15{,}3 > 7 \text{ cm}$$

Schubspannung in der neutralen Faser

$$\max \tau = \frac{7360}{4 \cdot 14\,647}(0{,}48 \cdot 60 \cdot 11 + 4 \cdot 14 \cdot 7) = 89 < 90 \text{ N/cm}^2$$

Durchbiegung

$$f_B = 0{,}104 \cdot \frac{8464 \cdot 4{,}6^2}{14\,647} = 1{,}27 \text{ cm} \qquad f_\tau = \frac{846{,}4}{50 \cdot 112} = 0{,}15 \text{ cm}$$

$$\max f = 1{,}27 + 0{,}15 = 1{,}42 < \frac{460}{300} = 1{,}533 \text{ cm}$$

Beispiel 5: Deckenbalken von Beisp. 1, S. 58. Ausführung als genagelter Kastenträger mit Sperrholzstegen nach Bild **67.1**.

$$\max M = 8{,}464 \text{ kNm}$$

$$A = B = 7{,}36 \text{ kN}$$

$$E_{\text{Vollh}} = 1000 \text{ kN/cm}^2$$

$$E_{\text{Sperrh}} = 700 \text{ kN/cm}^2$$

Ansatz des Sperrholzes mit $n = 0{,}7$

$$F_1 = 5 \cdot 8 = 40 \text{ cm}^2$$

$$F_{nSt} = 2 \cdot 1{,}6\,(20 + 5) = 80 \text{ cm}^2$$

$$d_{iSt} = 2 \cdot 1{,}6 \cdot 0{,}7 = 2{,}24 \text{ cm}$$

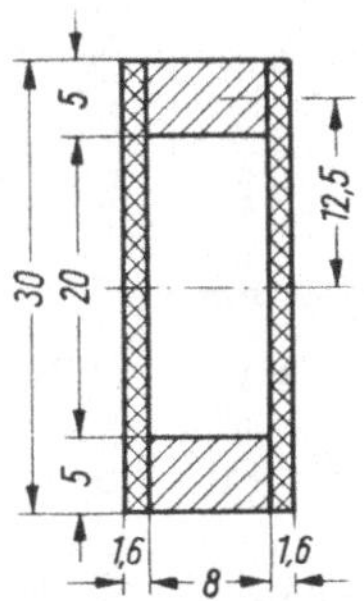

67.1
Genagelter Kastenträger
mit Sperrholzstegen

Nägel 20×45 mit $N_1 = 200$ N

$$C = 9 \text{ kN/cm} \qquad e' \approx 1 \text{ cm}$$

$$k = \frac{\pi^2 \cdot 1000 \cdot 40 \cdot 1}{460^2 \cdot 9} = 0{,}207 \qquad\qquad \gamma = \frac{1}{1 + 0{,}207} = 0{,}83$$

$$J_w = \frac{2{,}24 \cdot 30^3}{12} + \frac{2 \cdot 8 \cdot 5^3}{12} + 0{,}83 \cdot 2 \cdot 40 \cdot 12{,}5^2 = 15\,582 \text{ cm}^4$$

$$T = \frac{7360 \cdot 40 \cdot 0{,}83 \cdot 12{,}5}{15\,582} = 196 \text{ N/cm} \qquad\qquad \text{erf } e' = \frac{200}{196} = 1{,}02 > 1{,}0 \text{ cm}$$

gewählt je Seite 3 Reihen mit $e = 6$ cm

im Steg $\sigma_s = \dfrac{M \cdot H}{J_w \cdot 2}\, n = \dfrac{846\,400 \cdot 30}{15\,582}\, 0{,}7 = 570 < 900 \text{ N/cm}^2$

im Gurt $\sigma_1 = \dfrac{M}{J_w}\left(\gamma \cdot a_1 + \dfrac{h_1}{2}\right) = \dfrac{846\,400}{15\,582}\left(0{,}83 \cdot 12{,}5 + \dfrac{5}{2}\right) = 699 < 1000 \text{ N/cm}^2$

im Gurtschwerpunkt

$$\sigma_{a1} = \frac{M \cdot \gamma \cdot a_1}{J_w} = \frac{846\,400 \cdot 0{,}83 \cdot 12{,}5}{15\,582} = 564 < 850 \text{ N/cm}^2$$

Schub

$$S_w = 40 \cdot 12{,}5 \cdot 0{,}83 + 2{,}24 \cdot 15 \cdot 7{,}5 = 415 + 252 = 667 \text{ cm}^3$$

$$\tau = \frac{7360 \cdot 667}{15\,582 \cdot 3{,}2} = 98 < 180 \text{ N/cm}^2$$

Durchbiegung

$$f_B = \frac{0{,}104 \cdot 8464 \cdot 4{,}60^2}{15\,582} = 1{,}195 \text{ cm} \qquad\qquad f\tau = \frac{846{,}4}{50 \cdot 80} = 0{,}212 \text{ cm}$$

$$\max f = 1{,}195 + 0{,}212 = 1{,}407 < 1{,}53 \text{ cm}$$

Die Ausführung derartiger Balken bringt im allg. zwar keine Kostenersparnis
mit sich, jedoch kann die Holzersparnis erheblich sein. Außerdem lassen sie sich
aus Brettern, Bohlen und Kanthölzern zusammenbauen, die aus dünneren
Stämmen eingeschnitten werden können.

Beispiel 6: Verdübelter Balken nach Bild **69.**1. Geka-Holzverbinder 95×27 mit
$N = 21$ kN und $e' = 30$ cm, $l = 7{,}40$ m, $q = 6{,}4$ kN/m

$$\max Q = \frac{6{,}4 \cdot 7{,}40}{2} = 23{,}68 \text{ kN} \qquad\qquad \max M = \frac{6{,}4 \cdot 7{,}40^2}{8} = 43{,}8 \text{ kNm}$$

Querschnittswerte

$$F_1 = F_2 = 14 \cdot 26 = 364 \text{ cm}^2 \qquad\qquad F_{1n} = 11{,}7 \cdot 26 - 5{,}6 = 298{,}6 \text{ cm}^2$$

$$J_1 = 20\,505 \text{ cm}^4 \qquad\qquad J_{1n} \approx \frac{11{,}7 \cdot 26^3}{12} = 17\,137 \text{ cm}^4$$

$$S_1 = 13 \cdot 364 = 4732 \text{ cm}^3 \qquad\qquad k = \frac{\pi^2 \cdot 1000 \cdot 364 \cdot 364 \cdot 30}{740^2 (364 + 364) \cdot 225} = 0{,}437$$

$$\gamma = \frac{1}{1 + 0{,}437} = 0{,}696$$

$$J_w = 2 \cdot 20\,505 + 2 \cdot 0,696 \cdot 364 \cdot 13^2 = 41\,010 + 85\,630 = 126\,640 \text{ cm}^4$$

$$\sigma_1 = \pm \frac{4\,380\,000}{126\,640} \left(0,696 \cdot 13 \cdot \frac{364}{298,6} \pm \frac{26 \cdot 20\,505}{2 \cdot 17\,137} \right) = \pm\, 34,59 \,(11,03 \pm 15,56)$$

$$= \begin{matrix} \pm\,919,6 \\ \mp\,156,7 \end{matrix} < 1000 \text{ N/cm}^2$$

Schubfluß in der Dübelfuge

$$\max t_w = \frac{23\,680 \cdot 0,696 \cdot 4732}{126\,640} = 615,8 \text{ N/cm}$$

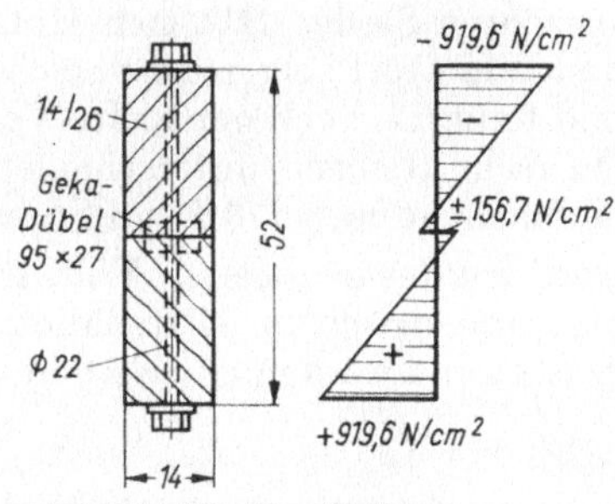

69.1 Verdübelter Balken

größter zulässiger Düberabstand

$$e' = \frac{21\,000}{615,8} = 34,1 \text{ cm} > \text{vorhanden } 30 \text{ cm}$$

Durchbiegung

$$f_B = 0,104 \cdot \frac{43\,800 \cdot 7,40^2}{126\,640} = 1,97 < l/300 = 2,46 \text{ cm}$$

Nach DIN 1052 Bl. 1 Ziff. 5.4.3 werden die Dübel in der Regel unabhängig vom Verlauf der Querkraftfläche gleichmäßig über die ganze Trägerlänge angeordnet. Durch Berücksichtigung der Querkraftfläche können jedoch wesentliche Einsparungen erzielt werden[1]).

Beispiel 7: Wie Beisp. 6; ausgeführt als Brettschichtträger mit 12/45 cm, NG II.

$$W = 4050 \text{ cm}^3 \qquad J = 91\,125 \text{ cm}^4 \qquad \sigma = \frac{4\,380\,000}{4050} = 1081 < 1100 \text{ N/cm}^2$$

Durchbiegung

$$\max f = 0,104 \cdot \frac{43\,800 \cdot 7,4^2}{1,1 \cdot 91\,125} = 2,49 \text{ cm} \approx \frac{740}{300} = 2,47 \text{ cm}$$

Weitere Beispiele s. Abschn. 7.5.1.

Bei Trägern mit veränderlicher Höhe (Satteldach- oder Pultdachform) liegt der gefährdete Querschnitt nicht mehr an der Stelle des größten Biegemomentes. Außerdem muß bei der Berechnung der Durchbiegung der Anteil der Schubdurchsenkung besonders berücksichtigt werden[2]).

4.3.3 Vollwandträger

Bei größeren Stützweiten ($\approx$ ab 6 m) oder Lasten ergeben sich für zusammengesetzte Balkenquerschnitte (s. Abschn. 4.3.2) solche Höhen, daß die Stege nicht mehr aus einem Brett hergestellt werden können, sondern nunmehr aus einzelnen Brettern zusammengesetzt werden müssen oder aus Furnierplatten o. ä. bestehen können. Nach dem Verbindungsmittel unterscheidet man den genagelten

[1]) Wienecke, H.: Dübelverbindungen. Bauen mit Holz (1973) H. 1, S. 5ff.
[2]) Heimeshoff, B. und Bauler, H.: Praktische Bemessung von Trägern mit veränderlicher Trägerhöhe und doppelsymmetrischem Querschnitt bei gleichmäßig verteilter Belastung. Bauen mit Holz (1973) H. 6, S. 326ff.

und verleimten Vollwandträger. Der Vorteil beider Ausführungen gegenüber dem Fachwerk liegt in der wesentlich geringeren Konstruktionshöhe, die nur $\approx$ 1/2 bis 2/3 derjenigen des Fachwerkträgers beträgt. Außerdem zeigt die glatte, geschlossene Fläche ein ruhiges und gefälliges Aussehen. An hochbeanspruchten Stellen läßt sich Holz der Güteklasse I leicht verwenden. Tafel **70.**1 und Bild **115.**1 zeigen die verschiedenen statischen Systeme, bei denen verleimte und teilweise auch genagelte Vollwandträger verwendet werden können. In der Querschnittsform unterscheidet man den Rechteckquerschnitt (**61.**1a), den Hohlkasten nach (**70.**2) und den I-Querschnitt nach (**70.**3).

Der Steg des genagelten Vollwandbinders besteht aus 2 gekreuzten Brettlagen, die symmetrisch zur Mitte fallen bzw. steigen. Die Stegbretter sind unter $30\cdots45°$ geneigt und werden mit Nägeln an den Gurthölzern befestigt. Die Pfosten dienen

Tafel **70.**1

System	Ausführung	Abstand	Stützweite	Binderhöhe
	verleimt	$5,00\cdots7,50$	$10,0\cdots35,0$	$h \geqq 0,06\,l$
	genagelt	$3,00\cdots5,00$	$5,0\cdots25,0$	$h \geqq 0,08\,l$
	verleimt	$5,00\cdots7,50$	$10,0\cdots35,0$	$h \geqq 0,035\,l$ $H \geqq 0,07\,l$
	genagelt	$3,00\cdots5,00$	$5,0\cdots25,0$	$H \geqq 0,07\,l$
	verleimt	$5,00\cdots7,00$	$10,0\cdots35,0$	$h \geqq 0,033\,l$ $H \geqq 0,07\,l$
	mit oder ohne Zugband verleimt	$5,00\cdots7,50$	$20,0\cdots50,0$	$h \geqq 0,055\,l$
	genagelt	$2,50\cdots7,50$	$10,0\cdots40,0$	$h \geqq 0,075\,l$
	mit oder ohne Gelenke verleimt	$5,00\cdots7,50$	$12,0\cdots25,0$	$h \geqq 0,05\,l$

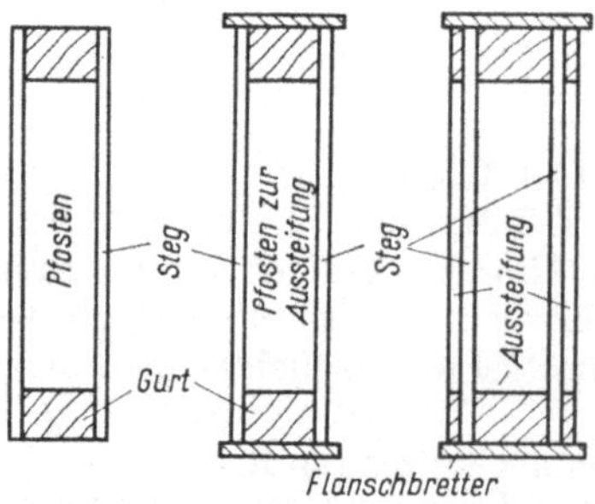

70.2
Genagelte Hohlkastenquerschnitte

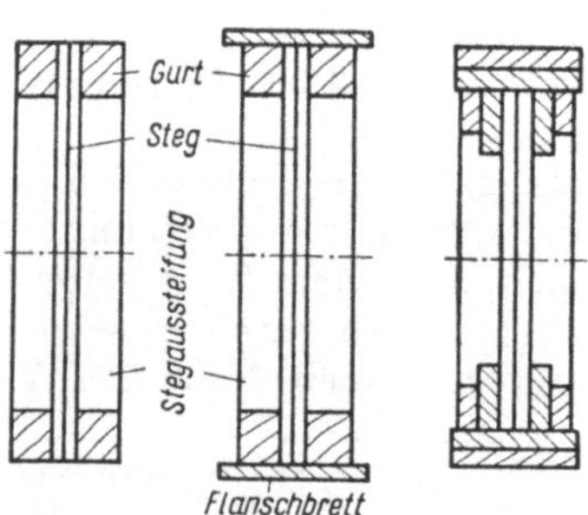

70.3
Genagelte I-Träger-Querschnitte

zur Aussteifung. Außerdem verhüten sie – besonders beim Hohlkasten – ein Verwinden des Querschnittes.

Die wirtschaftliche Höhe solcher Träger liegt mit Rücksicht auf die Durchbiegung bei $h = 1/10 \cdots 1/12\ l$. Da durch Nagelung eine vollkommen starre Verbindung der einzelnen Teile nicht erreicht werden kann, dürfen die Stege beim Errechnen des Trägheits- und Widerstandsmomentes nicht in Ansatz gebracht werden. Ferner ist außer der Biegerandspannung auch die Schwerpunktspannung in den Gurten nachzuweisen. Dabei ist die Nachgiebigkeit der Verbindungsmittel (s. Abschn. 4.3.2) zu berücksichtigen, wobei e mit dem über die gesamte Trägerlänge gemittelten Abstand der Verbindungsmittel anzunehmen ist. Die Kraft im Gurt (**71.1**) errechnet sich zu

$$D = Z = \frac{M}{z} = \frac{M}{h - h_1} \qquad (71.1)$$

Der Druckgurt muß auch auf Knicken untersucht werden, sofern er nicht durch konstruktive Mittel einwandfrei in seiner Lage festgehalten ist. Die Gurte lassen sich aus Kanthölzern, Bohlen oder Brettern herstellen. Bestehen die Gurtungen aus mehreren Teilen (**71.2**), so sind die Querschnitte der Einzelteile mit den angegebenen Beiwerten in Rechnung zu stellen.

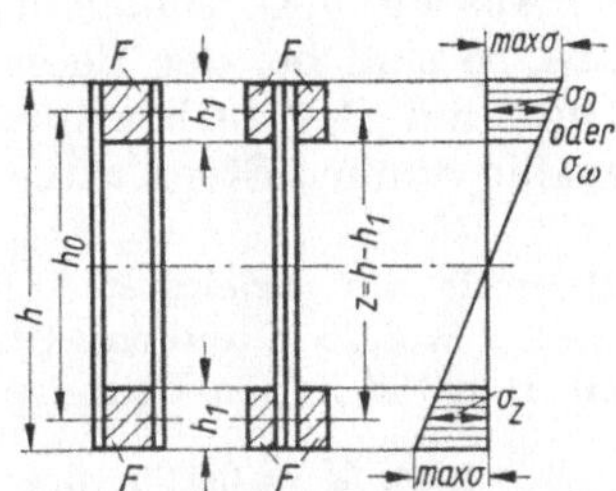

71.1 Spannungsermittlung

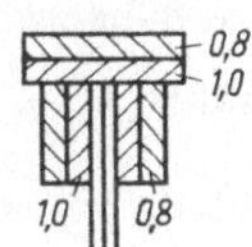

71.2 Abminderungsbeiwerte bei mehrteiligen genagelten Querschnitten

Die Stegbretter und deren Anschlüsse an den Gurten müssen für die Aufnahme der Querkraft bemessen werden (DIN 1052 Bl. 1 Abschn. 5.5.1). Als Brettdicke genügen meist 2,4 cm.

Der Einfachheit halber erhalten die Bretter desselben Feldes jeweils die gleiche Nagelzahl, die aus der mittleren Querkraft des Feldes errechnet wird. Jedes Brett ist auch an den Kreuzungspunkten mit den Pfosten mit mindestens 4 Nägeln anzuschließen.

Der Pfostenabstand entspricht etwa der Trägerhöhe. Die Pfosten sollen die Querkraft an der betreffenden Stelle aufnehmen können, wobei zu beachten ist, daß hier meist Druck senkrecht zur Faser an der Aufstandsfläche maßgebend ist (vgl. Abschn. 4.2).

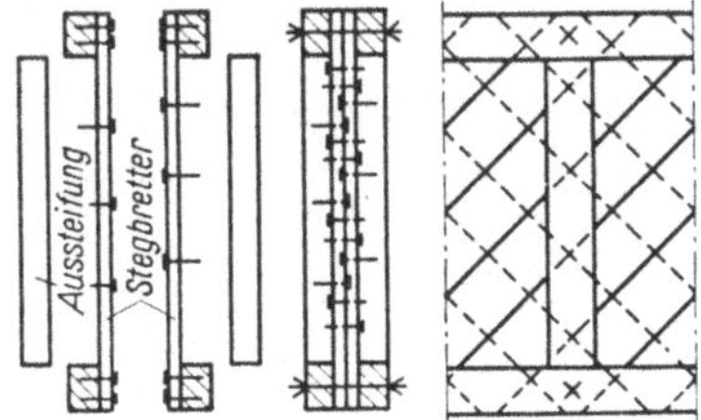

Die Herstellung genagelter Vollwandträger zeigt Bild **71.3**. Während der Hohlkasten von außengenagelt werden kann, wird der I-Träger aus zwei Teilen mit Bolzen zusammengesetzt. Die Stegbretter werden zuerst auf die Gurte genagelt, evtl. Gurtverstärkungen zuletzt aufgebracht.

71.3 Zusammenbau eines genagelten I-Vollwandträgers

Infolge des hohen Arbeitsaufwandes sind genagelte Vollwandbinder heute unwirtschaftlich. Sie werden durch verleimte Vollwandträger (s. Abschn. 4.3.2) ersetzt.

Werden die Stege der Vollwandträger aus verleimten Brettafeln hergestellt, so dürfen die einzelnen Bretter nicht wie beim genagelten Vollwandträger unter 45° geneigt liegen, da durch Raumänderungen des Holzes Zugspannungen in der Leimfuge erzeugt werden, die zum Aufreißen, also einer Zerstörung führen können. Die Brettfuge soll daher bei allen verleimten Vollwandkonstruktionen annähernd parallel zur Achse des Tragwerkes liegen, so daß sie nur Scherspannungen aufzunehmen hat. Vorteilhaft ist hier die Kämpfsteg-Bauweise (s. Abschn. 7.4). Bildet man die Stege aus Sperrholz oder Furnierplatten aus, so sind bei der Berechnung die unterschiedlichen Elastizitätsmodule von Gurt und Steg zu beachten s. Beisp. 2 und 5 auf S. 64 und 67. Die verhältnismäßig dünnen Stegplatten müssen gegen Ausbeulen ausgesteift werden.

Beispiel: Ein verleimter Vollwandträger mit Furnierplatten-Steg ist für eine Stützweite $l = 8{,}70$ m und eine Streckenlast $q = 5{,}4$ kN/m im Lastfall H zu berechnen. Der Obergurt ist in den Drittelspunkten gegen Ausknicken gesichert (**72.1**).

$$\max M = 0{,}125 \cdot 5{,}4 \cdot 8{,}70^2 = 51{,}09 \text{ kNm}$$

$$\max Q = 0{,}5 \cdot 5{,}4 \cdot 8{,}70 = 23{,}49 \text{ kN}$$

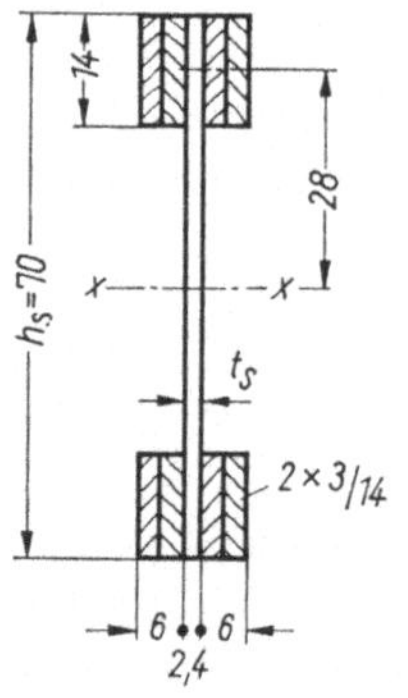

Trägerhöhe zweckmäßig $1/12$ bis $1/15 \cdot l$

Gewählt: $h_s = 70$ cm $= l/12{,}43$

Stegdicke $\text{erf } t_s \approx \dfrac{\max Q}{0{,}8\, h_s \cdot \text{zul } \tau} = \dfrac{23490}{0{,}8 \cdot 70 \cdot 180} = 2{,}3$ cm

Gewählt: 24 mm Furnierplatte $E_F = 700$ kN/cm²

Gurte bei voller Aussteifung

$\text{erf } F_1 \approx \dfrac{M}{0{,}8\, h_s \cdot \text{zul } \sigma} = \dfrac{5\,109\,000}{0{,}8 \cdot 70 \cdot 850} = 107{,}3$ cm²

Gewählt: $2 \times 6/14$ aus je zwei Brettern von 3 cm Dicke.

Träger verleimt, daher $\gamma = 1$ $n = \dfrac{E_F}{E_H} = \dfrac{700}{1000} = 0{,}7$

$$J_W = 2\,J_1 + n \cdot J_s + 2\,F_1 \cdot a_1^2 = 2 \cdot 2744 + 0{,}7 \cdot \frac{2{,}4 \cdot 70^3}{12} + 2 \cdot 168 \cdot 28^2 = 316\,932 \text{ cm}^4$$

$$\sigma_B = \pm \frac{5\,109\,000}{316\,932} \cdot \frac{70}{2} = \pm 564{,}2 \text{ N/cm}^2 < 1000 \text{ N/cm}^2$$

Randspannung an der Furnierplatte

$\sigma_s = 564{,}2 \cdot 0{,}7 = 395 < 900$ N/cm² $\sigma_{a1} = \dfrac{5\,109\,000}{316\,932} \cdot 28 = 451{,}3 < 850$ N/cm²

Schubspannung im Steg nach Gl. (51.2)

$$S = 12 \cdot 14 \cdot 28 + 0{,}7 \cdot 2{,}4 \cdot 35 \cdot 17{,}5 = 4704 + 1029 = 5733 \text{ cm}^3$$

$$\max \tau = \frac{23490 \cdot 5733}{2{,}4 \cdot 316\,932} = 177 < 180 \text{ N/cm}^2$$

72.1 Verleimter Vollwandträger mit Furnierplattensteg

Durchbiegung
$$f_B = \frac{5 \cdot 54 \cdot 870^4}{384 \cdot 10^6 \cdot 316\,932} = 1{,}27 \text{ cm}$$

$$f_\tau = \frac{5109}{50 \cdot 2{,}4 \cdot 56} = 0{,}76 \text{ cm}$$

$$f = 1{,}27 + 0{,}76 = 2{,}03 \text{ cm} < \frac{l}{300} = 2{,}9 \text{ cm}$$

Knicknachweis nach DIN 1052 Bl. 1 Abschn. 8.2

$$s_1 = 8{,}70/3 = 2{,}90 \text{ m}$$

$$i_y = 0{,}289 \cdot 14{,}4 = 4{,}16 \text{ cm} < \frac{290}{40} = 7{,}25$$

$$\lambda = \frac{290}{4{,}16} = 70 \qquad \omega = 1{,}88$$

$$\text{zul } \sigma_{a1} = 1{,}26\,\frac{\text{zul } \sigma_{D\|}}{\omega} = 1{,}26 \cdot \frac{850}{1{,}88} = 570 > 451{,}3 \text{ N/cm}^2$$

Durch Anleimen von Stahlblech oder Rundstahl in den Randzonen können stahlarmierte Holzträger hergestellt werden. Eine zusätzliche Holzlamelle kann zum Schutz angebracht werden[1]).

Gitterträger, wie Trigonit, Dreieckstrebenbau u. a., werden nur in Lizenz hergestellt.

Berechnungsbeispiele für Kastenträger siehe u. a. in Bauen mit Holz (1971) H. 4.

4.4 Biegung mit Längskraft

Häufig werden Zug- oder Druckstäbe auch auf Biegung beansprucht. Dies kann bei Fachwerkstäben der Fall sein, die infolge unmittelbarer Belastung durch aufliegende Dachhaut oder angehängte Decke ein zusätzliches Biegemoment aufzunehmen haben. Dachstiele erhalten vom Kopfband her bei einseitiger Belastung (89.2) eine Biegebeanspruchung. Die auftretenden Einzelspannungen werden beim Nachweis unter Berücksichtigung der Vorzeichen addiert. Als zulässige Spannung wird die Druck- bzw. Zugspannung eingesetzt. Die entstehende Spannung aus dem Moment muß daher im Verhältnis der zulässigen Spannungen abgemindert werden.

Bei Druck und Biegung ist
$$\sigma = -\frac{\omega \cdot S}{F} \pm \frac{\text{zul } \sigma_{D\|}}{\text{zul } \sigma_B} \cdot \frac{M}{W_n} \qquad (73.1)$$

Für Nadelholz Gütekl. II beim Einfeldbalken wird
$$\sigma = -\frac{\omega \cdot S}{F} \pm 0{,}85 \cdot \frac{M}{W_n} \leqq \text{zul } \sigma_D \qquad (73.2)$$

Bei Zug und Biegung ist
$$\sigma = +\frac{S}{F_n} \pm 0{,}85 \cdot \frac{M}{W_n} \leqq \text{zul } \sigma_Z \qquad (73.3)$$

Dabei ist ohne Rücksicht auf die Richtung der Ausbiegung stets der größte Wert von ω einzusetzen, sofern nicht die Knickrichtung konstruktiv bedingt ist.

[1]) Hempel, G.: Neues vom konstruktiven Holzbau. Bauen mit Holz (1964) H. 11, S. 494

Das Moment M und das Widerstandsmoment W_n sind auf die Achse des ungeschwächten Querschnittes zu beziehen.

Beispiel: Eine einteilige Knickstütze mit $s_K = 3{,}20$ m hat neben einer Last $S = 72$ kN ein Biegemoment $M_x = 6{,}15$ kNm aufzunehmen.

Gewählt: 16/22 mit $W_x = 1291$ cm³ und min$i = i_y = 4{,}62$ cm

$$\lambda = 320/4{,}62 = 69 \qquad \omega = 1{,}85$$

$$\sigma = -1{,}85 \cdot \frac{72\,000}{352} - 0{,}85 \cdot \frac{615\,000}{1291} = -378 - 405 = -783 < 850 \, \text{N/cm}^2$$

Mitunter stammen die Biegemomente von einem ausmittigen Kraftanschluß her, wie dies bei Kopfbändern mit Versatz (**87.2**) oder Sprengwerksriegeln der Fall sein kann. Bezeichnet man die Ausmittigkeit mit e, so ist $M = S \cdot e$.

4.5 Formänderungen

Die bei Holzkonstruktionen auftretenden Längenänderungen, Verformungen und Durchbiegungen können verschiedene Ursachen haben. Einmal dehnt oder verkürzt sich jeder Stab unter einer angreifenden Normalkraft und biegt sich durch bei Beanspruchung als Balken. Ein Torsionsmoment, wie es bei einer Pfette (vgl. Abschn. 5.3 und Bild **81.1**) vorkommen kann, führt zu einer Verdrehung. Der Schlupf der Verbindungsmittel, vorwiegend der Nägel, führt zu Verformungen und Verschiebungen, so daß die Konstruktionen durchhängen. Durch ungleichmäßiges Austrocknen der Hölzer können Verwindungen und Verwerfungen entstehen (**10.1**). Das Schwinden und Quellen kann bei verleimten Konstruktionen zu Nebenspannungen und Zerstörungen führen (s. Abschn. 4.3.2). Die durch Temperaturschwankungen hervorgerufenen Längenänderungen sind äußerst gering und brauchen daher bei reinen Holzkonstruktionen nach DIN 1052 Bl. 1 Abschn. 2.2.2 nicht berücksichtigt zu werden.

Die Längenänderung eines Stabes aus einer Zug- oder Druckbeanspruchung errechnet sich zu

$$\Delta l = \frac{\sigma \cdot l}{E} = \frac{P \cdot l}{F \cdot E} \tag{74.1}$$

Beispiel 1: Es ist die Längenänderung einer Lehrgerüststütze von 5,50 m Länge aus einem Rundholz von ⌀ 20 cm unter einer Last $P = 63$ kN zu berechnen. Nach Gl. (74.1) ist dann

$$\Delta l = \frac{63 \cdot 550}{314 \cdot 1000} = 0{,}11 \text{ cm} = 1{,}1 \text{ mm}$$

Bei Beanspruchung senkrecht zur Faser, wie z. B. bei Schwellen, kann im Querschnitt nach Bild **75.1** eine Verteilung der Last nach unten, etwa unter 45°, angenommen werden. Daher wird in Gl. (74.1) für F nicht die obere Aufstandsfläche eingesetzt, sondern die mittlere Fläche. Es muß jedoch darauf hingewiesen werden, daß bei frischem, noch feuchtem Holz und bei Splinthölzern wesentlich größere Eindrückungen auftreten können, als die Rechnung ergibt.

Beispiel 2: Die Eindrückungen einer Schwelle nach Bild **75.**1 aus $P = 38\,\text{kN}$ sind zu berechnen.

$$F_m = 14\,(14 + 16) = 420\ \text{cm}^2$$

$$\Delta h = \frac{38 \cdot 16}{420 \cdot 30} = 0{,}048\ \text{cm} = 0{,}48\ \text{mm}$$

Ist der Überstand der Schwelle < 10 cm, so ist zul $\sigma_{D\perp}$ um 20% zu ermäßigen.

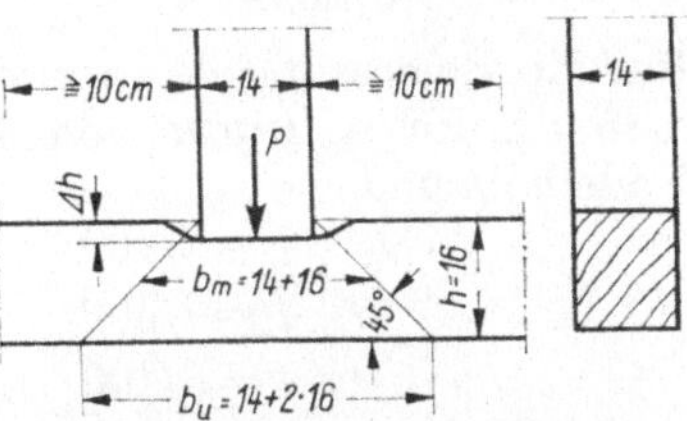

75.1 Beanspruchung einer Schwelle

Schwächungen der Aufstandsfläche durch ein Zapfenloch verkleinern die Fläche· vergrößern aber die Spannung und damit die Zusammendrückung der Schwelle‘ Eine Vergrößerung der Fläche dagegen durch Knaggen oder zwischengelegte Schwellen aus Hartholz oder Stahl verkleinern die Verformung und sind besonders beim Bau von Lehrgerüsten zu empfehlen. Unebenheiten der Berührungsfläche führen zu größeren Anfangsverformungen.

Die **Durchbiegung** eines Balkens ist abhängig von der Last, der Stützweite, dem Elastizitätsmodul und dem Trägheitsmoment. Allgemein ist

$$f = \frac{\mathfrak{M}}{E \cdot J} \tag{75.1}$$

$\mathfrak{M}$ ist das Biegemoment 2. Ordnung für die untersuchte Stelle. Es ergibt sich, wenn man den Träger mit der Momentenfläche aus der gegebenen Last belastet; Näheres s. [25].

Bei zusammengesetzten Trägern ist das wirksame J_w maßgebend Gl. (51.1)

Bei Trägern mit Vollholz- oder Plattenstegen ist der zusätzliche Durchbiegungsanteil aus der Schubverformung zu berücksichtigen. Für einen Träger auf 2 Stützen mit gleichmäßig verteilter Belastung ist

$$\max f_\tau = \frac{q \cdot l^2}{8\,G \cdot F_{\text{Steg}}} = \frac{M}{G \cdot F_{\text{Steg}}} \tag{75.2}$$

Für die wichtigsten Belastungsfälle, wie Strecken- und symmetrische Einzellasten, sowie für den Einfeld-, Krag- und eingespannten Träger sind fertige Gleichungen in den Tabellenbüchern [6; 9; 17; 30] zu finden. Beim Einsetzen der Zahlenwerte in diese Gleichungen ist darauf zu achten, daß Einheitengleichheit herrscht.

Beispiel 3: Für den verleimten Balken nach Beisp. 1, S. 64 ist

$$\max f_\tau = \frac{32 \cdot 460^2}{8 \cdot 50\,000 \cdot 18 \cdot 4{,}8} = 0{,}196\ \text{cm} \qquad \text{infolge Schubverformung}$$

$$\max f_B = \frac{5 \cdot 32 \cdot 460^4}{384 \cdot 1\,000\,000 \cdot 20\,030} = 0{,}931\ \text{cm} \qquad \text{infolge Biegung}$$

Gesamtdurchbiegung

$$f = \max f_B + \max f_\tau = 0{,}931 + 0{,}196 = 1{,}127 < 1{,}53\ \text{cm} = l/300$$

Vorstehende Gleichung für $\max f_B$ bei gleichmäßig verteilter Belastung läßt sich für

$$E = 1000\ \text{kN/cm}^2 \quad \text{und} \quad \frac{q \cdot l^2}{8} = M \quad \text{umformen in} \quad f = 0{,}104 \cdot \frac{M \cdot l^2}{J} \tag{75.3}$$

Für die Bemessung ist es zweckmäßig, die Gleichung nach J aufzulösen. Setzt man q in kN/m, l in m und M in kNm ein, so erhält man für Streckenlast bei Nadelholz und

$$f = l/200 \qquad \text{erf } J = 26 \, q \cdot l^3 = 208 \, M \cdot l \qquad (76.1\,\text{a})$$

$$f = l/300 \qquad \text{erf } J = 39 \, q \cdot l^3 = 313 \, M \cdot l \qquad (76.1\,\text{b})$$

$$f = l/400 \qquad \text{erf } J = 52 \, q \cdot l^3 = 417 \, M \cdot l \qquad (76.1\,\text{c})$$

$$f = l/600 \qquad \text{erf } J = 78 \, q \cdot l^3 = 625 \, M \cdot l \qquad (76.1\,\text{d})$$

Die Durchbiegung läßt sich auch aus der vorhandenen Biegespannung mit der Gleichung für Streckenlast

$$\text{vorh } f = 2{,}08 \, \frac{\text{vorh } \sigma \cdot l^2}{h} \qquad (76.2)$$

berechnen, wobei jedoch σ in kN/cm², l in m und h in cm einzusetzen sind.

Für eine mittige Einzellast P in kN wird für

$$f = l/200 \qquad \text{erf } J = \ \ 41{,}7 \, P \cdot l^2 = 166{,}7 \, M \cdot l \qquad (76.3\,\text{a})$$

$$f = l/300 \qquad \text{erf } J = \ \ 62{,}5 \, P \cdot l^2 = 250{,}0 \, M \cdot l \qquad (76.3\,\text{b})$$

$$f = l/400 \qquad \text{erf } J = \ \ 83{,}3 \, P \cdot l^2 = 333{,}0 \, M \cdot l \qquad (76.3\,\text{c})$$

$$f = l/600 \qquad \text{erf } J = 125{,}0 \, P \cdot l^2 = 499{,}7 \, M \cdot l \qquad (76.3\,\text{d})$$

und
$$\text{vorh } f = 1{,}67 \cdot \frac{\text{vorh } \sigma \cdot l^2}{h} \qquad (76.4)$$

Weitere Gleichungen s. [9; 16; 28].

Beim Durchlaufträger[1] ist die Durchbiegung sehr gering und beträgt beim Zweifeldträger mit Streckenlast und gleichen Feldweiten etwa 40 % der des Einfeldträgers. Für den Kragträger ergeben sich am Kragarmende größere Werte. Hier spielt das Verhältnis von Feld- und Kragarmweite eine große Rolle. Träger mit Kragarm kommen bei den Pfetten und Sparren vor. Hier ist i. allg. nur entweder eine über den ganzen Träger gleichmäßig verteilte Last oder die Einzellast von 1 kN am Kragarmende zu untersuchen. Bei der Streckenbelastung tritt erst bei einer Kragarmlänge $c > 0{,}43 \, l$ eine Durchbiegung nach unten ein. Die Durchbiegungen bei Punkt 1 und 2 nach Bild **76.1**a betragen

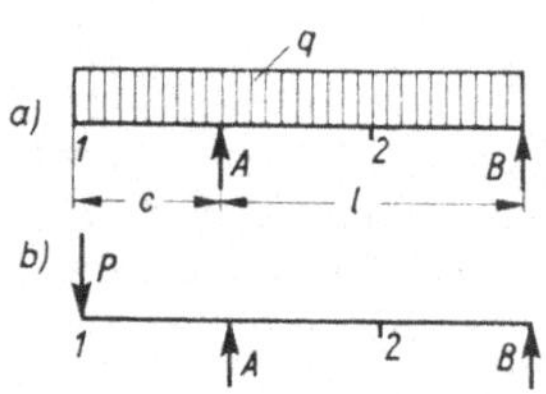

76.1 Träger mit Kragarm

$$f_1 = \frac{q \cdot c^3 \, (4 \, l + 3 \, c) - q \cdot l^3 \cdot c}{24 \, E \cdot J} \qquad f_2 = \frac{q \cdot l^2 \, (5 \, l^2 - 12 \, c^2)}{384 \, E \cdot J} \qquad (76.5)\ (76.6)$$

$$\text{für } f_1 = c/150 \text{ ist erf } J = 62{,}5 \, q \, (4 \, l \, c^2 + 3 \, c^3 - l^3) \qquad (76.5\,\text{a})$$

$$\text{für } f_2 = l/200 \text{ ist erf } J = 5{,}2 \, q \cdot l \, (5 \, l^2 - 12 \, c^2) \qquad (76.6\,\text{a})$$

Für die Einzellast nach Bild **76.1**b errechnet sich f_1 am Kragarmende zu

$$f_1 = \frac{P}{3 \, E \cdot J} \, (l + c) \, c^2 \qquad (76.7)$$

---

[1] **Heimeshoff**, B.: Bemessung von Durchlaufträgern mit Rücksicht auf die Durchbiegung. Bauen mit Holz (1969) H. 1, S. 20–22

Beim Durchlaufträger mit den Stützmomenten M_A und M_B ergibt sich die Durchbiegung in Feldmitte zu

$$f = \frac{M_A + M_B}{16\,E \cdot J}\,l^2 + \frac{\mathfrak{M}}{E \cdot J} \tag{77.1}$$

Die Berechnung der Durchbiegung von Fachwerken wird in Abschn. 5.5 behandelt und in Abschn. 7.5.2 an einem Beispiel gezeigt. Der Schlupf der Verbindungsmittel hängt von ihrer Verformbarkeit ab und ist bei Nägeln am größten, während verleimte Teile praktisch unverschieblich sind (**41.1**). Bei der Festlegung der zulässigen Tragfähigkeit der Verbindungsmittel nach DIN 1052 Bl. 1 Abschn. 11 und Bl. 2 ist eine Verschiebung von 1,5 mm als Grenze berücksichtigt worden. Ein Nachweis kann in der Praxis entfallen, da eine konstruktive Überhöhung angeordnet wird.

Die mittleren Schwind- oder Quellmaße für eine Änderung der Holzfeuchtigkeit um 1 % des Darrgewichtes unterhalb 30 % Holzfeuchtigkeit werden in Tabelle 2 der DIN 1052 Bl. 1 für Nadelhölzer mit $\alpha_t = 0,24\,\%$ und $\alpha_r = 0,12\,\%$ angegeben. Weitere Werte sind Bild 3/1 der „Erläuterungen zu DIN 1052" zu entnehmen.

Beispiel 4: Für ein 18 cm breites Brett, das mit 30% Holzfeuchtigkeit eingebaut wurde, ist die Verringerung der Breite bei einem sich im fertigen Bauwerk einstellenden Feuchtigkeitsgehalt von 15% zu berechnen.

$$\Delta_b = (30 - 15)\ 0{,}0024 \cdot 18 = 0{,}648 \text{ cm} = 6{,}48 \text{ mm}$$

Bei Kanthölzern kann mit dem Mittelmaß von α_t und α_r, also $0,5\,(0,24\,\% + 0,12\,\%)$ $= 0,18\,\%$ Längenänderung gerechnet werden.

Unmittelbarer Druckanschluß durch Kontakt oder Versatz sollte zur Vermeidung von Formänderungen der Konstruktion oder Auftreten klaffender Fugen nur dort angewendet werden, wo das Holz beim Einbau bereits entsprechend ausgetrocknet ist. Das Schwindmaß in Faserlängsrichtung kann mit dem Wert $\alpha_l = 0,01\,\%$ in Rechnung gesetzt werden.

Beispiel 5: Bei einem Brettschichtträger mit $l = 30$ m ändert sich nach dem Einbau der Holzfeuchtigkeitsgehalt um $\Delta n = 5\%$. Die Längenänderung beträgt dann

$$\Delta l = 0{,}0001 \cdot 5 \cdot 3000 = 1{,}5 \text{ cm.}$$

Der Einbau eines beweglichen Lagers ist daher zur Vermeidung zusätzlicher Spannungen unbedingt erforderlich.

Diese Spannungen können mit Hilfe der Gl. (63.1) berechnet werden. Es ist

$$\frac{\Delta l}{l} = \frac{\sigma}{E_\parallel} = \alpha_l \cdot \Delta_n$$

also $\quad \sigma = \alpha_l \cdot \Delta_n \cdot E_\parallel = 0{,}0001 \cdot 5 \cdot 1\,000\,000 = 500 \text{ N/cm}^2$

Bei statisch unbestimmten Holzleimbaukonstruktionen muß der Lastfall „gleichmäßige Feuchtigkeitsänderung" in die statische Berechnung aufgenommen werden[1]).

---

[1]) **Krabbe**, E. und **Kintrup**, H.: Verleimte Fußgängerbrücke über die Düssel unter Berücksichtigung des Lastfalles „gleichmäßige Feuchtigkeitsänderung". Bauen mit Holz (1973) H. 8, S. 424 ff.

5 Die statischen Grundlagen der Dachkonstruktionen

5.1 Dachhaut

5.1.1 Allgemeines

Jede Dachdeckung verlangt eine bestimmte Mindestneigung, wenn das Dach dicht bleiben soll. Baustoffe und Ausführung sind weitgehend genormt (Taf. **78.1**).

Tafel **78.1** Dachdeckungen

Eindeckung	übliche Neigung	Gewicht N/m² Dfl.	Sparren-abstand cm	DIN-Normen
Ziegel auf Lattung	30°···50°	550···1200	70···80	456 (Dachiegel) 1115 bis 1119 (Betondachsteine)
Pappdeckung auf Schalung	3°···30°	250···350 einschl. Schalung	bei 20 mm Schalung 55···60 bei 24 mm 90···100	52117 bis 52118 52121 bis 52123 52126, 52128 52129 52136, 52138, 52140
Schiefer auf Lattung und Schalung	30° bis senkrecht	350···550	70	52201 bis 52206 (Dachschiefer, Prüfverfahren)
Wellplatten[1]) Well-Drahtglas	7°···30°	250	je nach Abmessung 80···145	274 (Asbestzement-Wellplatten Bl. 1 und 2)
Metalldeckung	3°···25°	150···300	je nach Ausführung	4113 (Aluminium) 1541 u. 1623 (Stahlblech) 59231 (Well-, Pfannenbleche)

Die konstruktive Ausbildung der Dachhaut soll hier nicht weiter behandelt werden, s. [5; 7; 22]. Die Wahl der Eindeckungsart hängt mit von den architektonischen Anforderungen ab. DIN 18338 (Dachdeckungsarbeiten) und 18339 (Klempnerarbeiten) sind zu beachten. Die Maßnahmen zum Wärmeschutz sind in DIN 4108 (Wärmeschutz im Hochbau) festgelegt. Damit hängen auch die Maßnahmen zur Verhinderung der Wasserdampfkondensation zusammen.

5.1.2 Dachlatten

Ihre Abmessungen sind in DIN 4070 mit 24/48, 30/50 und 40/60 mm festgelegt. Ihre Beanspruchung ergibt sich aus dem Gewicht der Dachhaut einschl. Schnee und Wind sowie dem Lastfall der Einzellasten von je 500 N in den Viertelspunk-

---

[1]) S. Bauen mit Holz (1973) H. 9, S. 503

ten nach DIN 1055 Bl. 3, 6.2.3. Nach dieser Bestimmung ist „für hölzerne Dachlatten mit bewährten Querschnittsabmessungen bei Sparrenabständen bis zu etwa 1 m kein rechnerischer Nachweis erforderlich". Es genügen 24/48 für $l = 80$ cm und 30/50 für $l = 80 \cdots 100$ cm. Für größere Stützweiten ist ein genauer statischer Nachweis erforderlich. Die verkantet liegenden Latten werden auf Doppelbiegung beansprucht.

Nach Bild **79.1** ist für gleichmäßig verteilte Dachlast

$$M_x = q_x \cdot \frac{l^2}{8} = [(g + \check{s} \cdot \cos \alpha) \cos \alpha + w] \, e \cdot \frac{l^2}{8} \text{ in Nm} \qquad (79.1)$$

$$M_y = q_y \cdot \frac{l^2}{8} = (g + \check{s} \cdot \cos \alpha) \sin \alpha \cdot e \cdot \frac{l^2}{8} \text{ in Nm} \qquad (79.2)$$

und für Einzellasten

$$M_x = 500 \cos \alpha \cdot \frac{l}{4} = 125 \cos \alpha \cdot l \text{ in Nm} \qquad (79.3)$$

$$M_y = 500 \sin \alpha \cdot \frac{l}{4} = 125 \sin \alpha \cdot l \text{ in Nm} \qquad (79.4)$$

Dabei ist in der Regel die Beanspruchung aus den Einzellasten größer als aus der vollen Dachlast. Die Abmessungen der Latten und damit der Holzverbrauch wachsen mit größerem Sparrenabstand stark an.

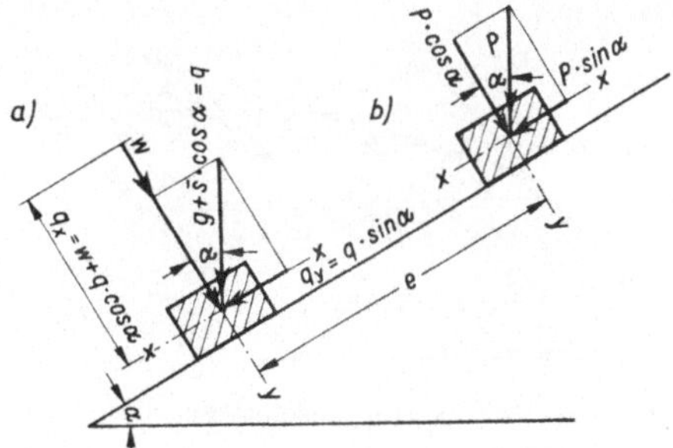

79.1 Belastung der Dachlatten bei
  a) gleichmäßig verteilter
  b) Einzellast

Da Dachlatten in der Regel nur mit einem Nagel an jedem Sparren befestigt werden, dürfen sie bei Sparren- und Kehlbalkendächern nur bis zu 15 m Spannweite im Zusammenwirken mit Windrispen an der Sparrenunterseite zur Dachaussteifung verwendet werden. Der Sparrenquerschnitt darf dabei höchstens ein Seitenverhältnis von $b/h = 1/3$ aufweisen.

5.1.3 Dachschalung

Die Dicke der Dachschalung ist in DIN 4071 und 4072 mit 18, 20 und 24 mm festgelegt. Die erforderliche Dicke richtet sich nach der Stützweite. Als Belastung sind dabei a) die gleichmäßig verteilte Last aus dem Eigengewicht und Schnee mit zusammen etwa 1 kN/m², b) aber auch eine mittige Einzellast von 1 kN (s. Abschn. 2.1.2) nebst der ständigen Last von etwa $250 \cdots 300$ N/m² anzusetzen. Zur Vermeidung von Schwindfugen soll die Brettbreite nicht größer als $12 \cdots 14$ cm sein. Für die Bemessung ist meist der Belastungsfall b) maßgebend. Die zul. Stützweite ergibt sich dabei für besäumte 24 mm dicke Bretter von 14 cm Breite zu 0,54 m. Eine Lastverteilung der Einzellast auf eine größere Breite läßt sich durch Spundung, Doppelnagelverbindung mit rundem Verbandstift nach DIN 1156 oder Unternagelung mit Querbrettern erzielen. Dann können bereits 20 mm dicke Bretter bis zu einer Stützweite von 1,0 m verwendet werden. Neuerdings werden auch Sperrholz- oder Bau-Furnierplatten[1]) nach DIN 68705 Bl. 3 sowie Holzspanplatten nach DIN 68761 Bl. 3 als Dachschalung verlegt. So können die WiDeFlex-Sperrholzplatte von 12 mm Dicke bei einem Sparrenabstand von 83 cm und Phenolverleimte Holzspanplatten (z. B. PHENEPAN-, PHEN-AGEPAN- oder TRIAPHEN V 100 G-Dachplatten[2]) oder C-Dural V 100 G-Dachplatten[3]) u. a.) bei 38 mm Plattdendicke für Stützweiten $\leq$ 200 cm verwendet werden. Die Platten sind an den Längskanten genutet und werden mit Federn aus Holzfaser-Hartplatten verbunden. Die Platten müssen an den Auflagern $\geq$ 2 cm aufliegen. Dachschalungen können zwar Stützkräfte übertragen, dürfen aber nur in Ausnahmefällen nach DIN 1052 Bl. 1 Abschn. 8.5 zur seitlichen Abstützung herangezogen werden (s. Abschn. 7.1.5).

Da einfache Voll- oder Sperrholzplatten nur eine geringe Tragfähigkeit aufweisen, wurden Doppelschalen entwickelt, die als Dach- und Wandelemente Verwendung finden. Die als Ergänzung zu DIN 1052 herausgegebene Vorschrift über „Holzhäuser in Tafelbauart, Bemessung und Ausführung" enthält genaue Angaben über ihre Berechnung[4]) (s. auch Abschn. 9.4).

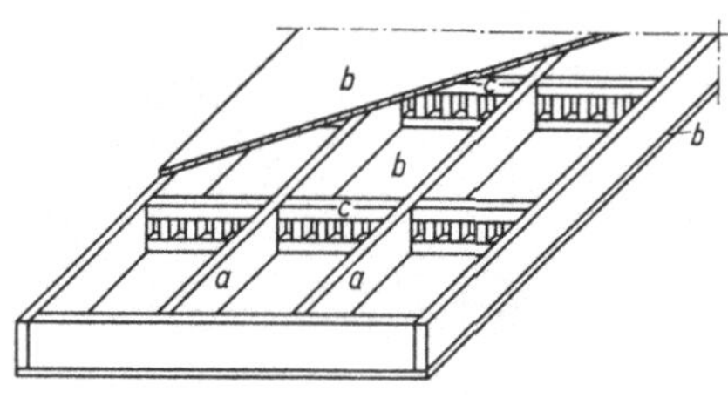

Bild **80.1** zeigt den Aufbau einer solchen Schale. Vollholzsteg *a* und Beplankung aus Sperrholz *b* wirken statisch zusammen. Bei der Berechnung sind die verschiedenen Elastizitätsmoduln zu berücksichtigen. Die Querrippen *c* dienen zur Aussteifung gegen Verwinden und zur besseren Auflagerung der Platten.

80.1 WiDeFlex-Doppelschale*)

*) WiDe-Werk Hanau, Deines GmbH

Bei der WiDeFlex-Doppelschale enthalten die Querrippen Aussparungen, so daß sich damit doppelschalige belüftete Flachdächer herstellen lassen. Die 24,8 cm hohe Doppelschale kann bei einer Gesamtlast von 1500 N je m² bis zu einer Spannweite von 10 m und Auskragungen bis 3,85 m verlegt werden. Ähnliche Flachdachelemente werden von Okal u. a. gefertigt. Sie lassen sich auch mit Wellsteg- oder DSB-Trägern herstellen [17]. Im Ausland sind ähnliche Platten entwickelt worden[5]).

---

[1]) Dachschalungen aus Holzspanplatten oder Bau-Furnierplatten. Vorl. Richtlinien für Bemessung und Ausführung (Mai 1967). Bauen mit Holz (1968) H. 7
[2]) Auskunft durch „Anwendungstechnik Holzwerkstoffe", 34 Göttingen
[3]) Gebr. Cloos GmbH, 4102 Homburg
[4]) Holzhäuser in Tafelbauart, Bemessung und Ausführung. Bauen mit Holz (1963) H. 10, S. 449 bis 453 — Bub, H.: Erläuterungen zu den Richtlinien für „Holzhäuser in Tafelbauart". Bauen mit Holz (1963) H. 10, S. 453 bis 456 und H. 11, S. 508 bis 512
[5]) Hempel, G.: Neues vom konstruktiven Holzbau. Bauen mit Holz (1964) H. 11, S. 494 bis 497

5.2 Sparren

5.2.1 Allgemeine Grundlagen

Dachsparren stellen Schrägstäbe dar, die als Ein- oder Mehrfeldträger zu berechnen sind. Da in einer Dachfläche häufig durch Ausbauten beide Fälle vorkommen, werden zweckmäßig alle Sparren gleich stark ausgeführt und als Einfeldträger berechnet. Die Belastung wird dabei nach Abschn. 2.1 in die Belastung senkrecht und parallel zur Sparrenrichtung zerlegt. Dann ist das Maximalmoment – für den Einfeldträger als Feldmoment, für den Zweifeldträger jedoch als Stützenmoment –

$$\mathbf{max\ M = q_\perp \cdot \frac{s^2}{8}} \tag{81.1}$$

Da die zulässige Durchbiegung mit 1/200 der Stützweite begrenzt ist, muß jedoch der Einfeldsparren nach Gl. (76.1a) erf $J = 26\ q_\perp \cdot s^3$ bemessen werden. Ein Vergleich beider Gleichungen ergibt, daß im Lastfall H für Nadelholz G. II bei $s < 24\ h$ die Spannung, bei $s > 24\ h$ die Durchbiegung für die Bemessung maßgebend ist. Im Lastfall HZ tritt für $24\ h$ der Wert $20,9\ h$.

Beim Zweifeldträger ist demgegenüber   erf $J = 10,8\ q_\perp \cdot s^3$

Bei Durchlaufsparren tritt das Größtmoment über der Pfette auf; deshalb sollte die Auflagerung statt durch Aufklauung durch Knaggen erfolgen. Andernfalls muß der Querschnitt entsprechend verstärkt werden.

Sparren mit Kragarm kommen bei Pfettendächern ohne tragende Firstpfette (Abschn. 6.1) und bei Dachüberständen vor. Die zulässige Durchbiegung beträgt beim Kragarm 1/150 der Kragarmlänge.

Bei Pfettendächern ohne Firstpfette[1]) soll die obere freie Kragarmlänge des Sparrens nicht länger als 0,45 s (s. S. 76 und Bild **96.**1d) werden, wenn eine gegenseitige Abstützung infolge der Durchbiegung und damit eine Belastung der Sparren in Längsrichtung vermieden werden soll. Die Längskräfte im Sparren können zu Verdrehungen und Aufreißen (**81.**1) der Pfette führen (s. Abschn. 5.3). Durch handwerklich saubere Arbeit und Anordnung von Zangen läßt sich das jedoch vermeiden.

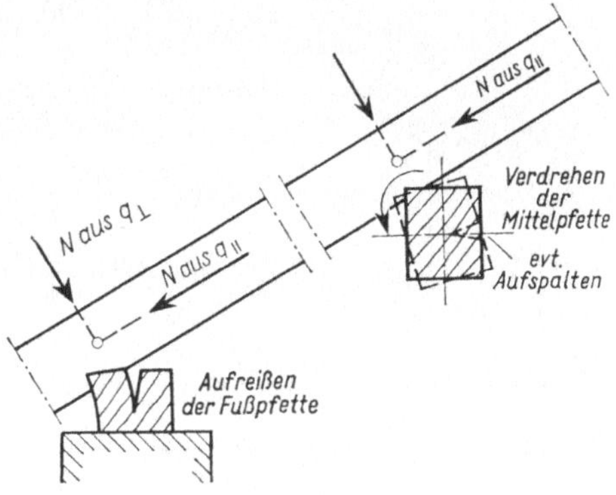

81.1 Beanspruchung der Pfetten

Die Sparren werden also auf Biegung und Längskraft beansprucht, wobei vielfach der Spannungsanteil aus der Längskraft als gering vernachlässigt wird. Doch muß diese Kraft in der Gesamtgröße $S = q_\parallel \cdot s$ von den Auflagern, d.h. den

---

[1]) **Wienecke**, N.: Pfettendächer ohne Firstpfette. Bauen mit Holz (1974) H. 3, S. 110 bis 115

Pfetten aufgenommen werden können. Die **Entfernung** der Sparren ist abhängig von der Dachhaut bzw. der Dicke der Dachlatten (vgl. Taf. **78.**1).

Sparren werden meist aus Vollholz ausgeführt, bei größeren Stützweiten können geleimte oder genagelte I-Profile, aber auch Wellsteg-Träger (**61.**1e) oder andere Sonderprofile Verwendung finden. Mit Rücksicht auf die Ausbildung des Lattenstoßes empfiehlt es sich, die Breite nicht unter $7 \cdots 8$ cm zu wählen.

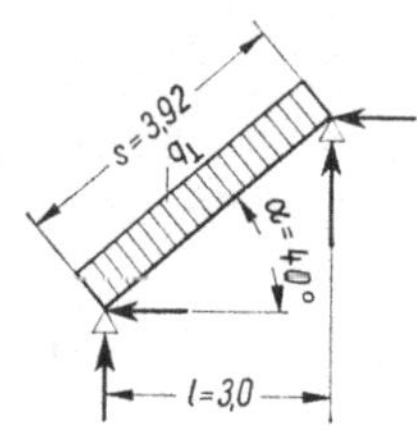

82.1 Einfeldsparren

Beispiel 1: Einfeldsparren nach Bild **82.**1

$\alpha = 40°$ $\sin \alpha = 0{,}643$ $\cos \alpha = 0{,}766$

$l = 3{,}00$ m $s = 3{,}92$ m   Sparrenabstand $a = 0{,}80$ m

Eigengewicht:

Mönch und Nonne ohne Vermörtelung	700 N/m² Dfl.
Zuschlag für Sparren	100 N/m² Dfl.
	$g = \overline{800}$ N/m² Dfl.

Schnee $\bar{s} = 550$ N/m² Gfl.

Wind (Sonderverfahren) nach Gl. (5.3)

$$w_D = 1{,}25\,(1{,}2 \cdot 0{,}643 - 0{,}4)\,800 = 371{,}6 \text{ N/m}^2 \text{ Dfl.}$$

$$q_\perp = (800 \cdot 0{,}766 + 550 \cdot 0{,}766^2 + 371{,}6)\,0{,}80 = 1046 \text{ N/m nach Gl. (4.1) und (7.1)}$$

Gesamtlast aus Schnee und Wind $(550 + 371{,}6)\,0{,}80 \cdot 3{,}00 = 2212 > 2000$ N

Eine Überprüfung aus der Belastung mit P = 1 kN ist nicht erforderlich (s. S. 4)

$$\max M = 1046 \cdot \frac{3{,}92^2}{8} = 2009 \text{ Nm} \qquad \text{erf } J = 0{,}026 \cdot 1046 \cdot 3{,}92^3 = 1638 \text{ cm}^4$$

Gewählt: 8/14 cm mit $J_x = 1829$ cm⁴ $W_x = 261$ cm³ $\sigma = \dfrac{200\,900}{261} = 769{,}7$ N/cm²

Die von den Pfetten aufzunehmende Längskraft im Sparren beträgt

$$q_\| = (800 \cdot 0{,}643 + 550 \cdot 0{,}766 \cdot 0{,}643)\,0{,}80 = 628 \text{ N/m}$$

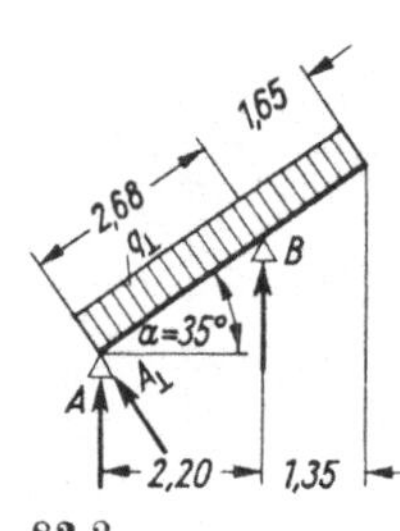

82.2
Sparren mit Kragarm

Beispiel 2: Sparren mit Kragarm nach Bild **82.**2 für Falzziegeldeckung

Sparrenabstand $a = 0{,}80$ m $\alpha = 35°$ $\sin \alpha = 0{,}574$

                 $\cos \alpha = 0{,}819$

Eigengewicht: Falzziegel	550 N/m² Dfl.
Sparren	100 N/m² Dfl.
	$g = \overline{650}$ N/m² Dfl.

Schnee $\bar{s} = (95 - \alpha) \cdot 10 = 600$ N/m² Gfl.

Wind $w_D = 1{,}25\,(1{,}2 \cdot 0{,}574 - 0{,}4)\,800 = 289$ N/m² Dfl.

         $q_\perp = (650 \cdot 0{,}819 + 600 \cdot 0{,}819^2 + 289)\,0{,}80 = 979$ N/m

Kragarmmoment $M_A = -\dfrac{979 \cdot 1{,}65^2}{2} = -1333$ Nm

Auflager $B_\perp = 979 \cdot \dfrac{2{,}68^2 - 1{,}65^2}{2 \cdot 2{,}68} = 815$ N

Feldmoment $M_F = \dfrac{B_\perp^2}{2\,q_\perp} = \dfrac{815^2}{2 \cdot 979} = 339$ Nm

Gewählt: 7/14 cm mit $W_x = 229$ cm³ und $J_x = 1601$ cm⁴

Durch Schwächung ist bei A vorhanden 7/12 cm mit $W_x = 168$ cm³ und

$$\sigma = \frac{133\,300}{168} = 793 < 1000 \ \text{N/cm}^2$$

Am Kragarmende wird nach Gl. (76.5)

$$f = \frac{9,79 \cdot 165^3 \ (4 \cdot 268 + 3 \cdot 165) - 9,79 \cdot 268^3 \cdot 165}{24 \cdot 1\,000\,000 \cdot 1601} = 0,98 \ \text{cm} < \frac{165}{150} = 1,10 \ \text{cm}$$

5.2.2 Gratsparren

Die Abmessungen werden bei kleineren Dächern meist nach konstruktiven, nicht aber statischen Gesichtspunkten ermittelt. Bei allen größeren Bauten ist jedoch die genaue statische Berechnung der Grat- und ebenso der Kehlsparren notwendig. Der Gratsparren liegt an der Traufe und am First auf, mitunter auch auf einer tragenden Mittelpfette. Die Schifter liegen auf der Traufe und dem Gratsparren auf und belasten ihn (**83.1** a). Gratsparren und Schifter allein können kein selbständiges Tragwerk bilden, sofern nicht der Gratsparren als Zugstab an der Traufe verankert wird (**83.1** b). Andernfalls greift außer der senkrechten auch eine horizontale Last am First an, deren Aufnahme konstruktiv gewährleistet sein muß (**83.1** c), wenn nicht Verformungen eintreten sollen. Die Firstpfette wirkt nur bei kurzen Dächern aussteifend und auch nur für die symmetrische Last. Zur Aufnahme der Windlast auf den Walm ist die gezeigte Abstrebung in jedem Falle anzuordnen.

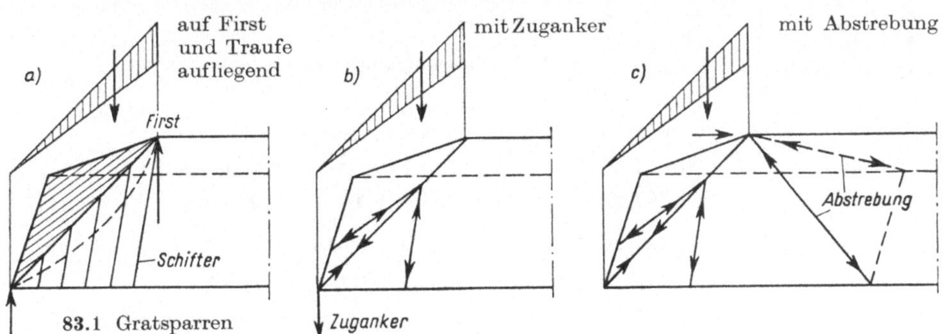

Bei der Berechnung der Gratsparren auf Biegung und Längskraft erhält man klare und übersichtliche Verhältnisse. Die Belastung ist dreieckförmig und ergibt eine Längskraft, wenn im First keine H-Kraft aufgenommen werden soll. Gratsparren müssen $\geq$ 2 cm breiter und 1,5- bis 1,6mal höher als der Normalsparren sein. Eine Windbelastung über Eck ist in Rechnung zu stellen[1].

Beispiel: Es ist ein Gratsparren für ein Hausdach nach Bild **84.1** mit Pfanneneindeckung zu berechnen. Da die Dachneigung mit 48° > 45° ist, braucht nur die Belastung aus Eigengewicht und Schnee eingesetzt zu werden. Es ergeben sich auch ungünstigere Werte als bei der Berechnung für Eigengewicht und Wind (Ausnahmen s. Abschn. 2.1.4).

---

[1] Bötzl u. Martin: Über die Berechnung von Gratsparren. Deutscher Zimmermeister (1959) H. 23/24

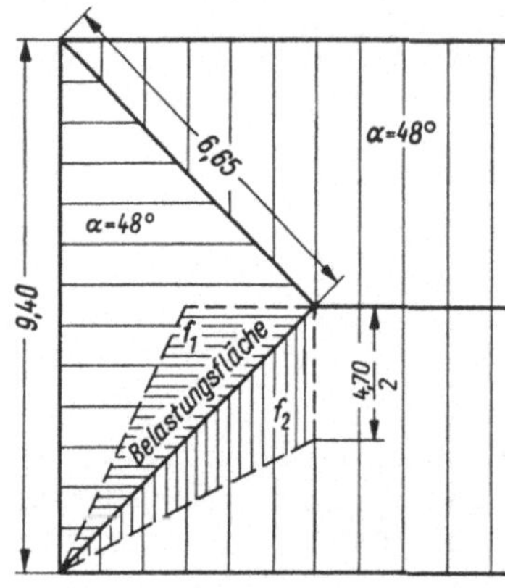

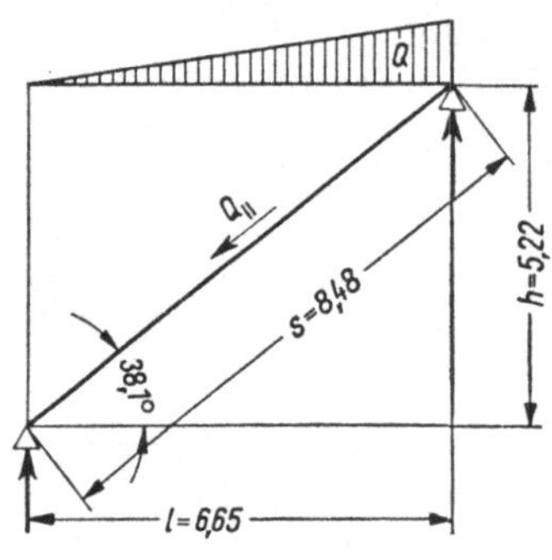

84.1 Belastung eines Gratsparrens

Es ist $\quad\quad \sin\alpha = 0{,}743 \quad\quad \cos\alpha = 0{,}669$

Belastung

Dachhaut	700 N/m² Dfl.
Zuschlag für Sparren	150 N/m² Dfl.
$g =$	850 N/m² Dfl.

$$\bar{g} = \frac{g}{\cos\alpha} = \frac{850}{0{,}669} = 1270 \text{ N/m}^2 \text{ Gfl.}$$

| Schnee s | 470 N/m² Gfl. |
| Gesamtlast | 1740 N/m² Gfl. |

Die Last der Schiftsparren ist zur Hälfte vom Gratsparren aufzunehmen; es ergibt sich die im Bild **84.1** dargestellte Belastungsfläche, bezogen auf die Grundrißprojektion. Sie beträgt $f_1 + f_2$. Bei gleichen Neigungen sind beide Flächen gleich groß. Für das Beispiel ist $f_1 = f_2 = 0{,}5 \cdot 4{,}70 \cdot 2{,}35 = 5{,}52 \text{ m}^2$. Die Gesamtlast ist dann $Q = 2 \cdot 5{,}52 \cdot 1{,}74 = 19{,}20 \text{ kN}$. Das Maximalmoment errechnet sich aus dem waagerechten Ersatzträger mit der Stützweite l; jedoch muß beim Nachweis der Durchbiegung die schräge, also wahre Trägerlänge s in die Gleichung eingesetzt werden.

Die Belastung ist dreieckförmig. Das Größtmoment beträgt

$$M = 0{,}128\, Q \cdot l = 0{,}128 \cdot 19{,}22 \cdot 6{,}65 = 16{,}36 \text{ kNm}$$
$$\text{erf } J = 204\, M \cdot s = 204 \cdot 16{,}36 \cdot 8{,}48 = 28\,299 \text{ cm}^4$$

Bei 38,1° Neigung des Gratsparrens beträgt der Lastenanteil parallel zum Sparren

$$Q_{\parallel} = 19{,}20 \sin 38{,}1° = 19{,}22 \cdot 0{,}617 = 11{,}86 \text{ kN}$$

Er muß vom Firstpunkt aufgenommen werden. Nimmt man den ungünstigsten Fall an, daß der First keine H-Kraft aufnehmen kann, geht diese Normalkraft voll in den Fußpunkt. In Gratsparrenmitte wirkt dann eine Druckkraft von etwa $0{,}75 \cdot 11{,}86 = 8{,}89 \text{ kN}$. Die vom First aufzunehmende lotrechte Last beträgt $0{,}67\, Q = 0{,}67 \cdot 19{,}22 = 12{,}88 \text{ kN}$, während der Fußpunkt nur 6,34 kN erhält.

Gewählt: 20/26 cm mit $J_x = 29\,293 \text{ cm}^4$ und $W_x = 2253 \text{ cm}^3$

Da die Verringerung der Knicklänge durch die Schiftsparren problematisch ist, wird mit der vollen Knicklänge $s_K = 8{,}48$ m gerechnet.

Mit $\quad\quad i_y = 5{,}78 \text{ cm wird } \lambda = \dfrac{848}{5{,}78} = 147 \quad \omega = 6{,}48$

$$\sigma = 6{,}48 \cdot \frac{8890}{520} + 0{,}85 \cdot \frac{1\,636\,000}{2253} = 110{,}8 + 617{,}2 = 728{,}0 \text{ N/cm}^2$$

Bei flachen Hallendächern ist die Längs-(Normal-)Kraft sehr gering und kann vernachlässigt werden.

5.3 Pfetten

5.3.1 Allgemeines

Pfetten sind in der Regel horizontalliegende Träger, die auf Stielen, dem Mauerwerk oder Bindern aufliegen. Nehmen sie die Dachhaut unmittelbar auf, wie oft beim Pappdach oder bei den großformatigen Wellplatten, so werden sie als Sparrenpfetten bezeichnet.

Ihre Ausführung und Berechnung kann als Einfeld-, Durchlauf-, Koppel- oder Gelenkträger erfolgen. Mehrfeldträger mit oder ohne Gelenke haben geringere Holzabmessungen und Durchbiegungen, verlangen jedoch eine sorgfältige Ausbildung. Durchlaufträger lassen sich wegen der großen Holzlängen meist nicht in einem Stück ausführen, sondern müssen über den Stützen stumpf gestoßen und durch seitliche Laschen biegesteif verbunden werden (85.1).

Die Ausbildung als Koppelträger (85.2) bringt keine Holzersparnis. Nachteilig ist, daß die Pfetten nicht mehr in einer Flucht liegen. Die Pfetten werden für die Feldmomente bemessen. Näherungsweise genügt für die Endfelder $M_e \approx 0,08\, q \cdot l^2$ und für alle Innenfelder $M_i \approx 0,046\, q \cdot l^2$. Für die von den Verbindungsmitteln aufzunehmende Kraft gilt $P \approx 0,42\, q \cdot l$ (s. Beisp. 3 im Abschn. 7.5.1). Durchlaufträger sind gegen Stützensenkungen sehr empfindlich. Die dabei auftretenden Zusatzmomente können groß sein.

Günstiger ist daher die Ausführung als Gelenkträger. Bei diesen Gerberpfetten ist es zweckmäßig, in jedem Feld ein Gelenk anzuordnen, um gleiche Holzlängen zu erhalten. Im Grundriß sollen diese Gelenke in jeder 2. Pfette gegeneinander versetzt (85.3a) werden, um bei örtlichen Beschädigungen ein Herunterklappen

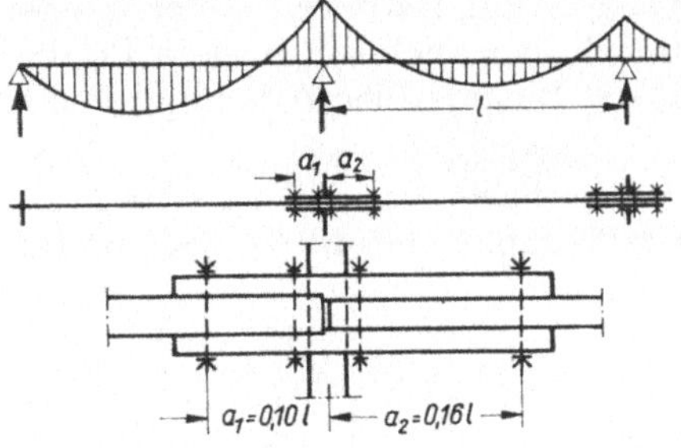

85.1 Pfette als Durchlaufträger mit Laschenstoß

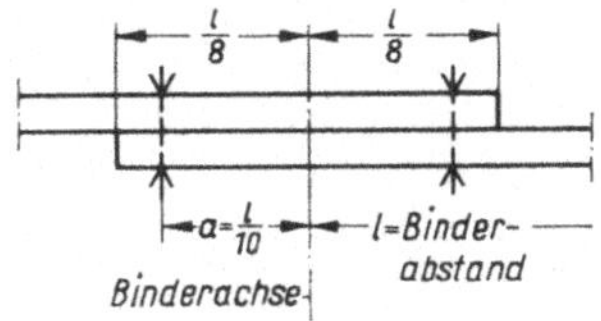

85.2 Durchlaufende Sparrenpfette als Koppelträger

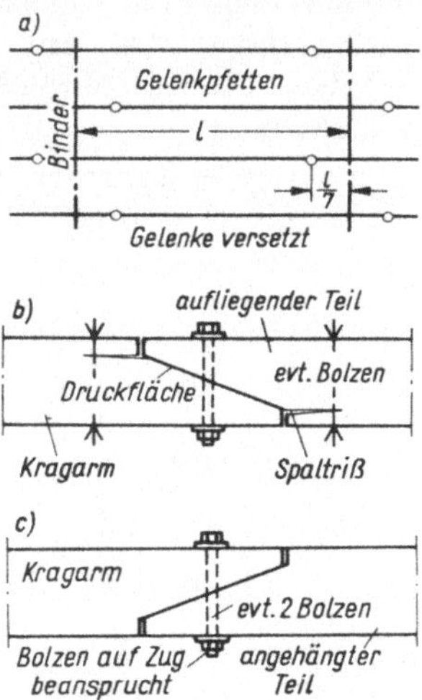

85.3 Gelenkpfetten und Gelenkausbildung, Gelenke versetzt

der Dachhaut auszuschalten. Damit Stützen- und Feldmomente etwa gleich groß werden, sollen die Gelenke im Abstand 1/7 der Stützweite vom Auflager entfernt angeordnet werden. Zur leichten Ermittlung der Momente stehen Zahlentafeln zur Verfügung [7; 17; 30; u.a.].

5.3.2 Die Beanspruchung der Pfette

Die Pfetten erhalten im allgemeinen eine gleichmäßig anzusetzende Belastung, die jedoch wegen der verschiedenen Kraftrichtungen zur Doppelbiegung führt. Nur Sparrenpfetten müssen mitunter auch für die Einzellast von 1,0 kN (s. Abschn. 2.1.2) untersucht werden. Nach der Lage der Pfette unterscheidet man folgende zwei Fälle:

1. Pfette lotrecht stehend (**86.**1). Nach Gl. (3.1) und (6.3a)

$$q_x = \left(\frac{g}{\cos \alpha} + \bar{s} + w\right) b \qquad q_y = w \cdot h_1 \quad \text{in N/m} \qquad (86.1)\ (86.2)$$

2. Pfette senkrecht zur Dachhaut liegend, wie bei den Dachlatten (**79.**1)

$$q_x = [(g + \bar{s} \cdot \cos \alpha) \cos \alpha + w]\, e \quad \text{in N/m} \qquad (86.3)$$

$$q_y = (g + \bar{s} \cdot \cos \alpha) \sin \alpha \cdot e \quad \text{in N/m} \qquad (86.4)$$

Aus diesen Belastungen ergeben sich in beiden Fällen die Momente M_x und M_y, für die die Pfette mit Hilfe von Tafeln [3; 17; 30] leicht bemessen werden kann. Zur Nachprüfung der Durchbiegung werden die Durchbiegungen f_x aus q_x und f_y aus q_y errechnet. Die gesamte schräge Durchbiegung ergibt sich dann nach Gl. (60.2) zu

$$f = \sqrt{f_x^2 + f_y^2}$$

Druckstreben oder Zugstangen (**86.**2) verringern l_y auf 1/2 oder 1/3 der Länge und damit das M_y auf 1/4 bzw. 1/9, so daß sich hier auch schwächere Profile ergeben. Die Kräfte werden in den Firstpunkt des Binders oder in den Fußpunkt abgeleitet.

Um ein gutes Sparrenauflager zu bieten, soll die scharfe Kante der Pfette nach außen gelegt werden. Der ausmittige Lastangriffspunkt und die Längskraft im

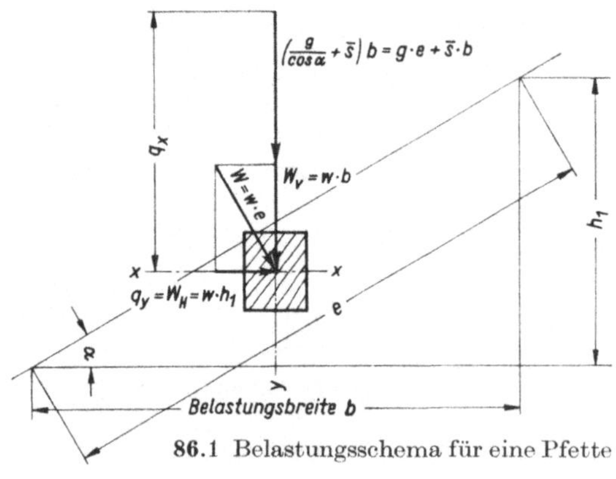

86.1 Belastungsschema für eine Pfette

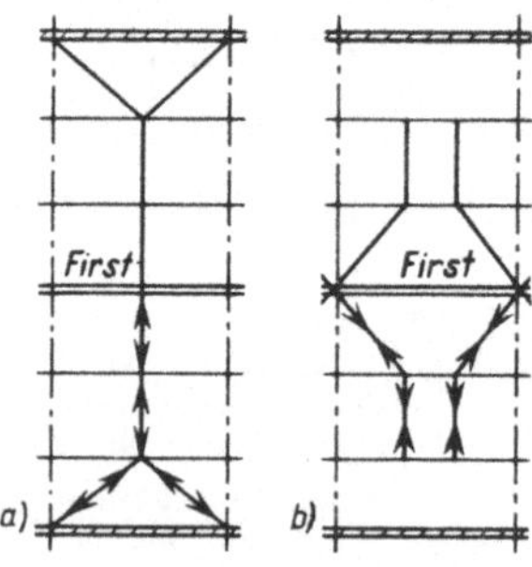

86.2 Aufnahme von q_y durch
a) Druckstreben
b) Zugstangen

Sparren ergeben für die Pfette eine Torsionsbeanspruchung, die leicht zu einer Verdrehung führt (81.1). Durch einwandfrei angeschlossene Zangen und Verankern der Fußpfette zur Aufnahme der Längskraft kann diese Beanspruchung konstruktiv verringert werden.

5.3.3 Kopfbandbalken

Kopfbänder dienen zur Aussteifung, verringern aber auch bei richtigem Anschluß die Stützweite nach DIN 1052 Bl. 1 Abschn. 5.7.1 (87.1). Wenn die Stützenabstände um nicht mehr als 20% voneinander abweichen, darf das Bauglied (Pfette oder Balken) bei gleichförmiger Belastung als freiaufliegender Träger mit der größten Stützweite (l_1, l_2 oder l_3) berechnet werden. Die Kopfbänder und ihre Anschlüsse müssen nachgewiesen werden.

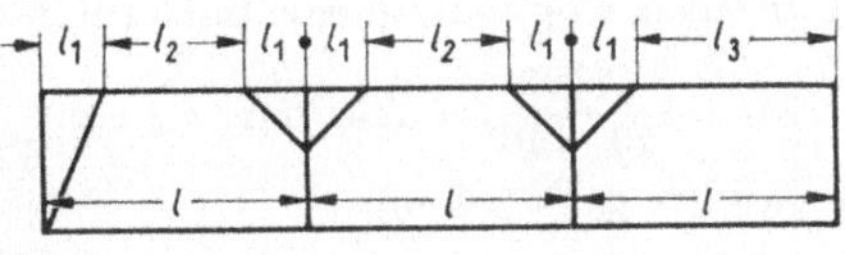

87.1
Zulässige Stützweite bei Kopfbandpfetten

Beispiel

Kopfbandpfette in einem Hausdach mit Falzziegeleindeckung nach Bild **87.2**.

$$\alpha = 36° \qquad \sin\alpha = 0,588 \qquad \cos\alpha = 0,809$$

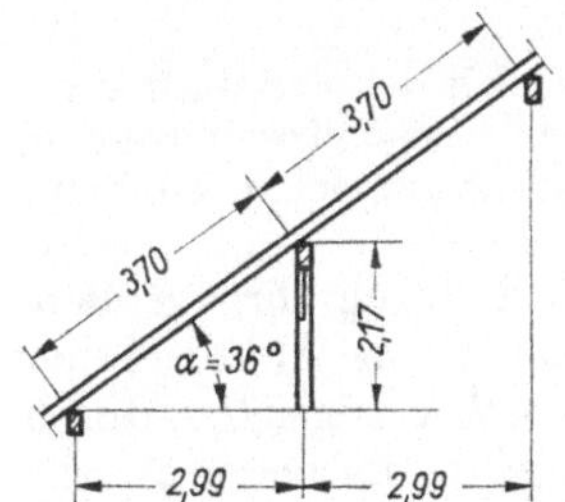 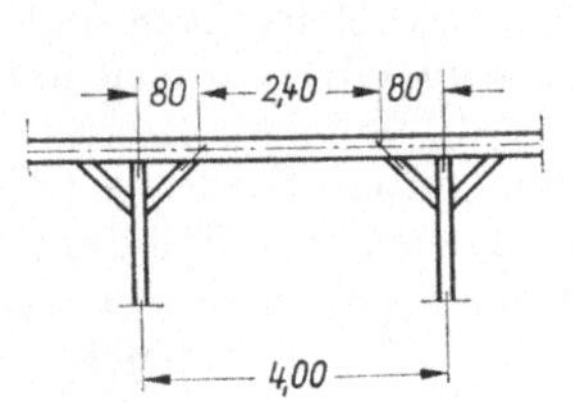 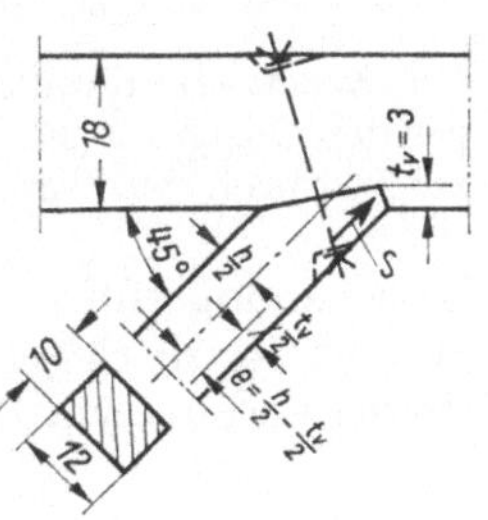

87.2 Kopfbandpfette mit Anschluß

Belastung   Dachhaut   550 N/m² Dfl.

Zuschlag für Sparren und Pfette   200 N/m² Dfl.

$$g = 750 \text{ N/m}^2 \text{ Dfl.}$$

Schneelast   590 N/m² Gfl.

Winddruck $w_D = 1,2 \cdot 0,588 \cdot 800 = 564,5/\text{m}^2$

Belastungsanteile nach Gl. (86.1) und (86.2)

$$q_x = (750/0,809 + 590 + 564)\,2,99 = 6222 \text{ N/m} \qquad q_y = 564,5 \cdot 2,17 = 1225 \text{ N/m}$$

$$l_x = 2,40 \text{ m} \qquad l_y = 4,00 \text{ m (Kopfbänder nur in der } x\text{-Richtung wirksam)}$$

$$M_x = 0,125 \cdot 6222 \cdot 2,40^2 = 4480 \text{ Nm} \qquad M_y = 0,125 \cdot 1225 \cdot 4,00^2 = 2450 \text{ Nm}$$

Gewählt: 14/18 cm mit $W_x = 756$ cm³ und $W_y = 588$ cm³

$$\sigma = \frac{448\,000}{756} + \frac{245\,000}{588} = 592,6 + 416,7 = 1009,3 > 1000 \text{ N/cm}^2$$

Überschreitung von $0{,}93\% < 3{,}0\%$ ist noch zulässig!

Durchbiegung nach Gl. (76.2)

$$f_x = 2{,}08 \cdot \frac{0{,}5926 \cdot 2{,}4^2}{18} = 0{,}394 \text{ cm} \qquad\qquad f_y = 2{,}08 \cdot \frac{0{,}4167 \cdot 4{,}0^2}{14} = 0{,}991 \text{ cm}$$

$$f = \sqrt{0{,}394^2 + 0{,}991^2} = 1{,}136 < \frac{l}{200} = 2{,}0 \text{ cm}$$

Die gesamte Auflagerkraft wird mit $P_x = 6222 \cdot 4{,}0/2 = 12\,444$ N den Kopfbändern zugeordnet. Bei $\alpha = 45°$ wird die Druckkraft im Kopfband

$$K = P_x \cdot \sqrt{2} = 12\,444 \cdot \sqrt{2} = 17\,598 \text{ N}$$

Für einen Kopfbandquerschnitt 10/12 wird die erforderliche Versatztiefe

$$t_v = \frac{17\,598}{700 \cdot 10} = 2{,}51 \text{ cm}$$

Gewählt: $t_v = 3{,}0$ cm

Beim Spannungsnachweis für das Kopfband muß der ausmittige Kraftangriff (s. S. 21 und 73) berücksichtigt werden (87.2).

$$e = 0{,}5\,(h - t_v) = 0{,}5\,(12 - 3) = 4{,}5 \text{ cm} \qquad M = K \cdot e = 17\,598 \cdot 4{,}5 = 79\,191 \text{ Ncm}$$

$$s_K = 80 \cdot \sqrt{2} = 113 \text{ cm und } i_y = 2{,}89 \text{ cm} \qquad \lambda = \frac{113}{2{,}89} = 39 \qquad \omega = 1{,}25$$

$$\sigma = 1{,}25 \cdot \frac{17\,598}{120} + 0{,}85 \cdot \frac{79\,191}{240} = 183{,}3 + 280{,}5 = 463{,}8 < 850 \text{ N/cm}^2$$

Die Zusatzspannungen aus der Längskraft im mittleren Bereich der Pfette, hervorgerufen durch die Kopfbänder, sind relativ klein und können vernachlässigt werden, zumal durch den Versatz ein gegenläufiges, also entlastendes Zusatzmoment entsteht.

Kopfbandanschlüsse mit genagelten Brettern (88.1) sind durch ihre größere Steifigkeit überlegen. Die Laschen am Stützenkopf sollen ein Abheben der Pfette verhindern. Schließt man nun noch die Pfetten selbst zugsicher durch seitlich angenagelte Laschen an die Stiele an, so kann die Pfette als Durchlaufträger über drei Felder berechnet werden [31]. Auch die Berechnung als Rahmentragwerk ist möglich, wobei für Pfetten über mehr als drei Felder und $l/6 < l_1 < l/4$ die Momente betragen (87.1)

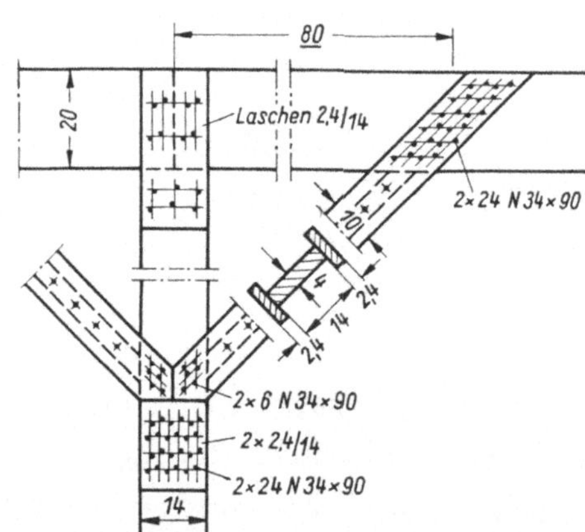

$$\text{im Endfeld } M = q \cdot \frac{l^2}{12}$$

$$\text{im Innenfeld } M = q \cdot \frac{l^2}{18}$$

88.1 Genagelte Kopfbänder

Dabei muß jedoch das Trägheitsmoment der Endstütze mind. 2/3 des Balkenträgheitsmomentes betragen. Bei größeren Stützweiten haben sich auch unterspannte Pfetten bewährt (s. Abschn. 10.3.1.3).

5.3.4 Sicherung gegen Abheben

Bei ganz oder teilweise offenen Hallen und Kragdächern besteht die Gefahr des Abhebens (s. Abschn. 2.1.3), so daß eine besondere Verankerung nötig wird. Nach DIN 1052 Bl. 1, 11.3.20, können Nägel auf Herausziehen beansprucht werden.

Beispiel: Sparrenpfette mit Pappeindeckung über einer geschlossenen Halle (Zahlenwerte aus Beispiel 2 bei Abschn. 2.1.3 S. 4). Die Sogkraft beträgt 140 N/m² Dfl. und ist für eine 1,5fache Sicherheit anzuschließen. Bei einer Belastungsfläche von 1,0 · 4,0 = 4,0 m² ergibt sich eine anzuschließende Sogkraft von 140 · 4,0 · 1,5 = 840 N.

Es genügt ein Nagel 70 × 210 mit s = 10 cm Haftlänge. Aus konstruktiven Gründen werden die Ausführungen nach **89.**1 a und b empfohlen.

Bei einer **offenen** Halle beträgt die Sogkraft jedoch 780 N/m², die gesamte Zugkraft 780 · 4,0 · 1,5 = 4680 N.

Der Anschluß ist nach Bild **89.**1 c auszuführen. Der Bolzen M 12 mit 0,743 cm² Kernquerschnitt kann 0,743 · 10,0 = 7,43 kN aufnehmen. Die Unterlegscheibe 50 × 6 überträgt ≈ 23,67 · 200 = 4734 N.

Bei schmalen hohen Pfetten über Nagelbindern sind seitlich angenagelte Latten 4/4 oder 6/6 cm (**89.**1 d) zweckmäßig. Bolzen, Stahlwinkel oder Stahllaschen (HVV und BMF)[1]) sowie Klammern können ebenfalls als Verbindungsmittel dienen[2]).

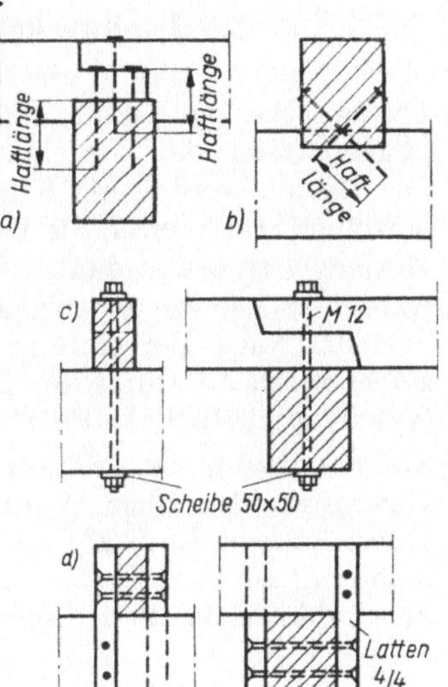

89.1 Sicherung von Sparrenpfetten gegen Abheben
a) und b) bei geringen Sogkräften
c) bei größeren Kräften mit Bolzen
d) mit seitlichen Latten

5.4 Stiele

Stiele, Pfosten oder Stützen sind als Druckstäbe zu berechnen. Bei Kopfbandpfetten kann bei ungleichen Stützweiten oder ungleicher Belastung ein Biegemoment hinzukommen (**89.**2), daher ist die Ausführung nach Bild **87.**1 besser. Die Stützenbreite wird zweckmäßig gleich der Pfettenbreite genommen, um die Aufstandsfläche, bei der eine Belastung senkrecht zur Faser eintritt, möglichst groß zu machen (s. Abschn. 3.9.1).

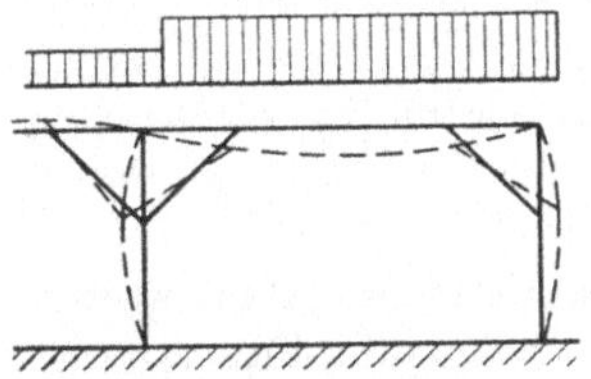

89.2 Biegebeanspruchung bei Kopfbandpfetten

---

[1]) S c h u t t e, A.: Stahlblechformteile-Holz-Nagelverbindungen. Bauen mit Holz (1975) H. 4, S. 160 ff.
[2]) H e m p e l, G.: Gegen Abheben sichern. Deutscher Zimmermeister (1956) H. 17; s. auch Fußnote 1 S. 78

Der Anschluß an die Pfette oder den Deckenbalken durch Zapfen verkleinert die Aufstandsfläche und damit deren Tragfähigkeit und schwächt den Balken. Besser ist es daher, den Pfosten stumpf aufzusetzen und durch seitliche Knaggen, Brettlaschen oder HVV-Verbinder in seiner Lage festzuhalten. Die durch den Stiel übertragene Dachlast muß von der Decke aufgenommen werden, sofern nicht Zwischenwände oder Unterzüge vorhanden sind.

Die lastverteilende Wirkung einer untergelegten Schwelle ist sehr gering, sofern nicht außerordentlich hohe und damit steife Querschnitte gewählt werden, deren Enden sich nicht unter der Belastung abheben.

5.5 Fachwerke

Die meisten Dachbinder werden heute als Fachwerke ausgebildet. Dabei wird angenommen, daß die einzelnen Stäbe gelenkig miteinander verbunden sind. Die Lasten werden als Knotenpunktlasten angesetzt. Eine direkte Belastung einzelner Stäbe durch die Dachhaut oder angehängte Decken bringt zusätzliche Biegemomente und damit einen höheren Holzverbrauch mit sich. Diese Lasten werden ebenso wie das Eigengewicht der Binder auf die einzelnen Knotenpunkte verteilt. Nach Berechnung der Auflagerwiderstände können die Stabkräfte zeichnerisch an Hand des Cremona-Planes oder rechnerisch bestimmt werden (vgl. Wagner/Erlhof „Praktische Baustatik" u.a.).

Zur Ermittlung der größten Stabkräfte müssen die verschiedenen Lastfälle, wie Eigengewicht, Schnee, Wind und Nutzlasten, untersucht werden (s. Abschn. 2.1). Dabei können die Stabkräfte aus dem Lastfall „Schnee voll' meist durch Umrechnung aus dem Lastfall „Eigengewicht" gewonnen werden. Bezeichnet man die Stabkraft aus dem Eigengewicht mit S_g, so ist die Stabkraft aus Schnee

$$S_s = S_g \cdot \frac{s}{g} \tag{90.1}$$

Bei Balkenbindern in Trapezform muß auch eine nur einseitige Schneelast untersucht werden. Die bei der Windbelastung auftretenden horizontalen Kräfte werden bei Holzbindern in der Regel je zur Hälfte auf die beiden Auflager verteilt, da die Anordnung von festen und beweglichen Auflagern im allgemeinen nicht erfolgt. Bei teilweise oder ganz offenen Hallen müssen auch die Stabkräfte aus dem Windsog und dem Windstaudruck gesondert ermittelt werden (vgl. Abschn. 2.1.3), da dieser Lastfall bei leichten Dacheindeckungen meist zu einer Umkehrung der Vorzeichen der Stabkräfte führt, so daß „Wechselstäbe" entstehen.

Die Stabkräfte aus den einzelnen Lastfällen werden zweckmäßig in Tabellen zusammengestellt, aus denen sich leicht die maximalen Werte entnehmen lassen (Beispiele siehe Abschn. 7).

Es empfiehlt sich, die Fachwerkbinder auch äußerlich statisch bestimmt auszubilden. Durchlaufträger sind gegen Stützensenkungen sehr empfindlich, da die dabei auftretenden Stützenmomente zusätzliche Stabkräfte mit sich bringen. Für Dächer über mehrere Stützen sind daher Gelenkträger vorteilhafter. Als

Durchlaufträger ausgebildete Fachwerke werden ähnlich berechnet wie Rahmentragwerke, die in Abschn. 5.6 behandelt werden.

Die Querschnittsgrößen sind nach DIN 1052 Bl. 1 Abschn. 4.2 zu wählen bzw. durch die Wahl der Verbindungsmittel begrenzt.

Stöße und Anschlüsse von Wechselstäben sind nach DIN 1052 Bl. 1 Abschn. 4.4 für

$$\max N' = \left(1 + 0,3 \cdot \frac{\min N}{\max N}\right) \max N \qquad (91.1)$$

bzw.
$$\min N' = \left(1 + 0,3 \cdot \frac{\min N}{\max N}\right) \min N \qquad (91.2)$$

zu bemessen, wenn ihre wechselnde Beanspruchung nicht allein aus Wind und Schneelast herrührt. $\min N$ und $\max N$ sind mit ihren vorhandenen absoluten Beträgen einzusetzen.

Es können aber noch an vielen Stellen des Binders zusätzliche Spannungen auftreten.

Die in der statischen Untersuchung des Fachwerkes angenommene Gelenkwirkung an den Knotenpunkten ist nicht vorhanden. Teilweise sind die Stäbe sogar biegesteif angeschlossen. Die Ober- und Untergurtstäbe sind Durchlaufträger.

Die Stäbe werden aus konstruktiven Gründen oft ausmittig angeschlossen. Dies ist besonders beim Nagelbinder der Fall. Die wirklichen Stabachsen der Füllstäbe fallen hier mit den Systemlinien nicht zusammen. Berücksichtigung nach DIN 1052 Bl. 1 Abschn. 4.5.

Die genaue Ermittlung von Zusatzspannungen kann nur mit Elastizitätsgleichungen erfolgen. Durchgerechnete Beispiele[1] zeigen jedoch, daß diese Nebenspannungen bei Kantholzbindern mit Dübelverbindungen verhältnismäßig gering sind und durch den konstruktiv notwendigen Querschnittsüberschuß spannungsmäßig aufgenommen werden können. Bei Nagelbindern jedoch treten in der Nähe des Auflagers größere zusätzliche Spannungen auf, so daß hier die ausmittigen Anschlüsse der Füllstäbe von vornherein um $\approx 10\%$ größer (z. B. $1,1 \cdot \text{erf } n$ bei Nägeln) zu bemessen sind.

Die Durchbiegung der Dachbinder wird aus der Längenänderung der einzelnen Stäbe mit Hilfe der Summenformel berechnet. Setzt man an dem zu untersuchenden Knotenpunkt eine Einzellast von 1 an, so beträgt

$$f = \Sigma \, \frac{S \cdot S_1 \cdot s}{E \cdot F} \text{ in cm} \qquad (91.3)$$

Hierbei bedeuten:

S = Stabkraft aus der Belastung in kN
S_1 = Stabkraft aus der Einzellast $P = 1$

E = Elastizitätsmodul in kN/cm^2
F = Stabquerschnitt in cm^2
s = Stablänge in cm

Bei einer genauen Berechnung der Durchbiegung sind die Verschiebungen Δ_l aus den Anschlüssen der Stäbe infolge der Nachgiebigkeit der Verbindungsmittel zu berücksichtigen.

---

[1] Habel, A., und Zacher, W.: Nebenspannungen hölzerner Fachwerkbinder. Die Bautechnik (1954) H. 1

Diese zusätzliche Durchbiegung kann nach der Formel

$$f = \Sigma\, \Delta_t \cdot S_1 \tag{92.1}$$

berechnet werden. Dabei ergeben sich die Verschiebungen Δ_t bei Dübel- und Nagelanschlüssen mit gleicher Ausbildung an beiden Stabenden mit Hilfe des Verschiebungsmoduls (Taf. **50.**1) zu

$$\Delta_t = \frac{2\,S}{n \cdot C} \tag{92.2}$$

Dabei bedeutet n die Anzahl der Verbindungsmittel je Anschluß.

Der genaue Nachweis ist wegen der größeren konstruktiven Überhöhung i. allg. nicht erforderlich (s. S. 117).

5.6 Rahmentragwerke

Beim Bau von Hallen und Scheunen werden häufig Rahmentragwerke verwendet, bei denen Dachbinder und Stützen zu einem gemeinsamen System vereinigt sind. Die Windbelastung der Außenwände, die sonst durch besondere biegesteife Stützen oder Pfeilervorlagen in der Wand aufgenommen werden muß, wird hier auf den Rahmen übertragen. Diese Rahmenbinder oder Bögen können nun fachwerkartig oder vollwandig ausgebildet werden. Statisch sind der Dreigelenk- und der Zweigelenkrahmen zu unterscheiden. Zur leichteren Aufnahme der horizontalen Auflagerkräfte kann ein Zugband angeordnet werden.

Die Gelenke brauchen dabei nicht als besondere Stahlgelenke ausgeführt zu werden. Bereits eine geringe Nachgiebigkeit des Knotenpunktes gegenüber den Momenten reicht häufig aus, um eine Gelenkwirkung zu erzielen.

Bild **114.**1 zeigt einige Ausführungsmöglichkeiten für Fachwerkrahmen. Blindstäbe können dabei das Aussehen der Binder verbessern oder die Knicklänge verringern. Kragdächer und Oberlichter lassen sich leicht anordnen. Bogenförmige Binder (**115.**1) bieten eine gefälligere Ansicht, sind jedoch schwieriger in der Herstellung. Nur der geleimte Hetzer-Träger ist in dieser Form einfacher auszuführen. Auch das Zollbau-Lamellendach (**141.**1) ist hierfür geeignet. Sägedach-Hallen lassen sich ebenfalls gut ausbilden.

Der Dreigelenkrahmen ist statisch bestimmt. Die vertikalen Auflagerreaktionen werden in der üblichen Form berechnet. Zur Bestimmung der horizontalen Auflagerreaktionen wird der Momentendrehpunkt in das obere Gelenk c gelegt, für das $M_c = 0$ sein muß.

Beispiel: Für den Rahmen nach Bild **92.**1 sind die Auflagerdrücke aus der einseitigen Schneelast zu berechnen.

$$\text{Dachneigung } \tan\alpha = \frac{3,0}{9,0} = 0,333 \qquad \alpha = 18,4°$$

Die Schneelast beträgt $s = 750 \ \text{N/m}^2$.

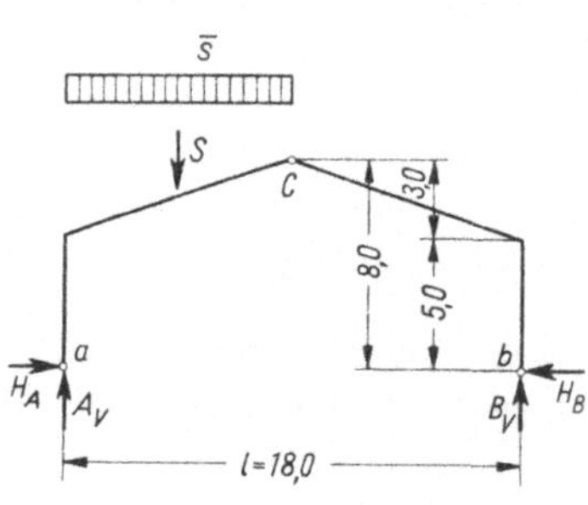

92.1 Dreigelenkrahmen mit
einseitiger Schneelast

Bei einem Binderabstand von 5,0 m beträgt die in der Mitte der linken Dachhälfte zusammengefaßte Schneelast insgesamt

$$S = 5,0 \cdot 9,0 \cdot 750 = 33\,750 \text{ N} = 33,75 \text{ kN}$$

Es ist $A_V = \dfrac{13,5 \cdot 33,75}{18,0} = 25,31 \text{ kN}$ $B_V = \dfrac{4,5 \cdot 33,75}{18,0} = 8,44 \text{ kN}$

$$\Sigma V = 33,75 \text{ kN}$$

Drehpunkt in C:

links $M_C = A_V \cdot 9,0 - S \cdot 4,5 - H_A \cdot 8,0 = 0$ $H_A = \dfrac{25,31 \cdot 9,0 - 33,75 \cdot 4,5}{8,0} = 9,49 \text{ kN}$

rechts $M_C = B_V \cdot 9,0 - H_B \cdot 8,0 = 0$ $H_B = \dfrac{8,44 \cdot 9,0}{8,0} = 9,49 \text{ kN}$

Zur Ermittlung der Stabkräfte beim Fachwerk werden für die verschiedenen Lastfälle – wie beim normalen Fachwerkbinder – die Cremona-Pläne gezeichnet. Außer den Lastfällen „Eigengewicht" und „Schnee voll" sowie „Wind" spielt bei allen Rahmenbindern jedoch auch der Lastfall „Schnee halb" eine große Rolle. Stellt man die gefundenen Werte für die Stabkräfte in einer Tabelle zusammen, so lassen sich die maximalen Werte zur Bemessung der Stabquerschnitte und Anschlüsse leicht daraus ermitteln. Auf das Auftreten von Wechselstäben ist besonders zu achten (vgl. Beispiel bei Abschn. 7.5.2). Die Durchbiegung wird nach Gl. (91.3) berechnet.

Beim Vollwandrahmen sind für die einzelnen Querschnitte die Momente, Normal- und Querkräfte zu bestimmen. Damit lassen sich die gewählten Abmessungen nachprüfen. Die Querschnitte werden auf Biegung mit Längskraft beansprucht. Verbindungsmittel bzw. Stege müssen zur Aufnahme der Längsschubkräfte ausreichen. Die Gl. (58.1) und (58.2) können dabei benutzt werden. Vollwandrahmen werden zweckmäßig als geleimte Querschnitte ausgebildet und ergeben so formschöne Ausführungen (**115.**1 und vgl. Abschn. 7.5.1). Auch genagelte Vollwandkonstruktionen sind gut herzustellen.

Der Zweigelenkrahmen ist steifer und sparsamer, jedoch empfindlicher gegen Stützensenkungen und Verschiebungen. Alle Formen lassen sich gut ausführen. Die Bilder **114.**1 und **115.**1 zeigen einige Möglichkeiten für Fachwerke und Vollwandrahmen in genagelter oder geleimter Bauweise. Auch hier ist der Binder mit bogenförmigem Obergurt günstiger.

Die Berechnung der Zweigelenkrahmen kann nur mit Hilfe der Elastizitätslehre nach der Theorie der statisch unbestimmten Systeme erfolgen. Für Vollwandrahmen läßt sich gut das Verfahren von Cross [26] anwenden, sofern nicht Tabellenwerke[1]) benutzt werden können. Die einzelnen Querschnitte werden auf Biegung und Druck beansprucht. Daher müssen alle Momente, Normal- und Querkräfte ermittelt werden.

Bei dem als Fachwerk ausgebildeten Zweigelenkrahmen müssen die Längenänderungen der Stäbe berücksichtigt werden. Zur Berechnung der unbekannten horizontalen Auflagerkräfte und der tatsächlichen Stabkräfte werden zuerst die Stabkräfte S_1 für den statisch bestimmten Rahmen mit einem beweglichen und

[1]) S. Kleinlogel/Haselbach: Rahmenformeln. 14. Aufl. Berlin 1967

einem festen Auflager ermittelt (**94.1** a). Dann wird die noch unbekannte horizontale Auflagerkraft mit $X_1 = 1$ als Belastung des Rahmens nach Bild **94.1** b angesetzt. Hierfür ergeben sich die Stabkräfte S_1. Mit den angenommenen Stabquerschnitten F und den aus dem System gegebenen Stablängen s läßt sich tabellarisch mit der Gl. (91.3) die Durchbiegung bzw. horizontale Verschiebung des Auflagerpunktes bei B, d. h. am beweglich angenommenen Auflager errechnen.

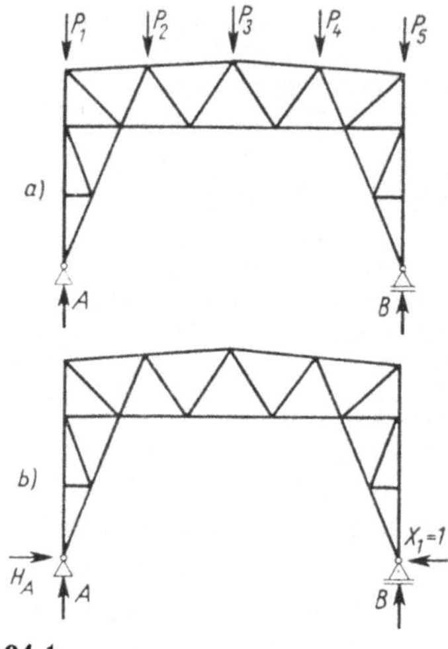

94.1
Berechnung des Zweigelenkrahmens

Sie beträgt

$$f_0 = \Sigma \frac{S_0 \cdot S_1 \cdot s}{E \cdot F}$$

Für eine Belastung $X_1 = 1$ ist

$$f_1 = \Sigma \frac{S_1^2 \cdot s}{E \cdot F}$$

Da für den Zweigelenkrahmen jedoch

$$f_0 + X \cdot f_1 = 0 \qquad (94.1)$$

sein muß, ergibt sich

$$X = -\frac{f_0}{f_1} \qquad (94.2)$$

Die wirklichen Stabkräfte betragen dann

$$\mathbf{S = S_0 + S_1 \cdot X} \qquad (94.3)$$

6 Dachstühle

6.1 Das Pfettendach

6.1.1 Allgemeines

Als Pfettendächer bezeichnet man Dächer, bei denen sich die Dachhaut mit ihren Sparren wie eine Balkendecke auf ein Tragwerk aus Pfetten, Stützen und Böcken oder Stühlen abstützt. Sie sind für Pult- und Satteldächer mit Neigungen von 5° bis höchstens 45° zu empfehlen. Für ausgebaute Dachgeschosse eignen sie sich zwar wegen der Stützen, Kopfbänder und Böcke weniger, dafür können aber leicht breite Fensteröffnungen eingebaut werden, da die darüberliegenden Sparren in diesem Bereich bereits durch die vorhandene Mittelpfette abgefangen sind (**95.1**).

Die Sparren sind Einfeld-, Krag- oder Durchlaufträger, die nur auf Biegung oder auf Biegung mit Längskraft beansprucht werden. Ihre größte Stützweite in der Dachebene gemessen soll $\leqq$ 4,50 m sein. Die Pfetten werden in Abständen bis höchstens 5,00 m durch Stützen oder Stühle unterstützt (siehe Abschn. 5.3).

95.1 Fensteröffnung im Pfettendach

Bei der einfachsten Form des Pultdaches liegen die Sparren auf 2 Pfetten, die gegebenenfalls direkt auf dem Mauerwerk ruhen können (**96.1a**). Fügt man 2 solche Pultdächer zusammen, erhält man das einfache Satteldach. Wird die Gebäudelänge größer als eine Pfettenstützweite, so muß die Firstpfette durch Zwischenstützen ohne oder mit Kopfbändern abgestützt oder gestoßen werden (**96.1b**); wird das Gebäude breiter ($>$ 8 m), treten an die Stelle einer Firstpfette je Dachseite eine Mittelpfette (**96.1c und d**)[1] oder sogar je eine Mittelpfette und eine Firstpfette (**96.1e und f**). Diese können wiederum durch Stützen mit Kopfbändern getragen werden, wodurch gleichzeitig eine Längsaussteifung erzielt wird. Die Sparren werden hier zu Kragträgern oder Durchlaufträgern (Berechnung s. Abschn. 5.2). Bei der Anordnung ohne Streben (**96.1d**) müssen die Horizontalkräfte aus den Sparren am unverschieblichen Auflager, also von der Fußpfette aufgenommen werden. Die Ausbildung dieses Punktes hat besonders sorgfältig zu erfolgen (**81.1**). Der Stiel unter der Mittelpfette ist statisch eine Pendelstütze. Die Sparren sind dann auf Biegung mit Druck, die Mittel- bzw. Firstpfette hingegen nur auf lotrechte Biegung beansprucht. Da aber immer ein geringer Einfluß der horizontalen Belastung (konstruktiv bedingt) auf die Mittelpfette vorhanden sein wird, sollte die Dachneigung solcher nicht abgestrebter Dächer 30° nicht überschreiten, damit sichtbare Verformungen

---

[1] S. Fußnote 1 auf S. 73

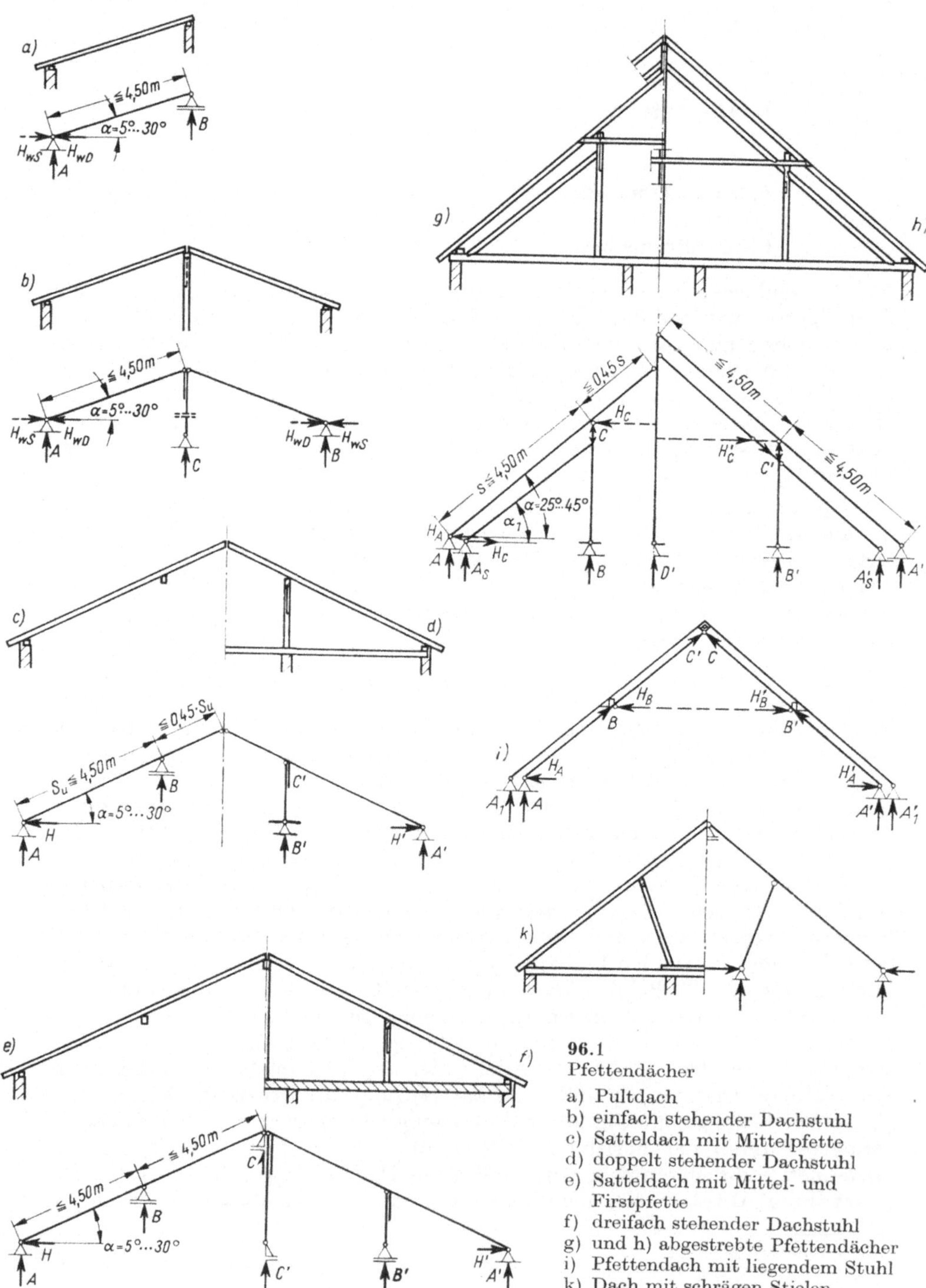

96.1
Pfettendächer
a) Pultdach
b) einfach stehender Dachstuhl
c) Satteldach mit Mittelpfette
d) doppelt stehender Dachstuhl
e) Satteldach mit Mittel- und
   Firstpfette
f) dreifach stehender Dachstuhl
g) und h) abgestrebte Pfettendächer
i) Pfettendach mit liegendem Stuhl
k) Dach mit schrägen Stielen

vermieden werden. Bei Dächern von 25°···45° empfiehlt es sich, Böcke oder Stühle anzuordnen (**96.1**g und h). Dadurch wird das unverschiebliche Lager für die Aufnahme der Horizontalkräfte zur Mittelpfette verlegt. Durch verschiedene Anordnung der Streben oder Wegfall der Stützen überhaupt ergibt sich eine Vielzahl von brauchbaren Lösungen (**96.1**i und k) [5; 7; 17; 19; 22; 29].

Auch hier müssen die Anschlüsse der Sparren sorgfältig erfolgen, da durch die zusätzliche Torsionsbeanspruchung der Mittelpfette unliebsame Verformungen eintreten können (**81.1**). Es empfiehlt sich daher, bei den Pfetten nicht zu sehr zu sparen und deshalb für die Windbelastung das Regelverfahren statt des Sonderverfahrens zu wählen.

Bei allen Pfettendächern ist darauf zu achten, daß die Lasten aus Stützen und Streben von den darunterliegenden Decken, Deckenbalken oder Wänden aufgenommen werden müssen.

6.1.2 Das abgestrebte Pfettendach (96.1g und h)

Zur Berechnung wird zunächst das System festgelegt. Die Neigung der Sparren entspricht der Neigung der Dachhaut. Die Streben können ebenfalls parallel dazu gewählt werden, aber ohne weiteres auch steiler oder flacher. Die Lage der Pfetten und damit der Stiele und Kopfbänder ist zumeist von der räumlichen Ausgestaltung des Dachraumes abhängig, sollte jedoch möglichst günstige Sparrenquerschnitte und Längen ergeben. Gleichzeitig hängt die Höhenlage der Mittelpfette noch von der Anordnung der Riegel oder Zangen ab. Nach dem Entwurf werden die statischen Grundwerte, Höhe, Stützweite und daraus alle erforderlichen Längen und Winkel bestimmt. Die Belastungsannahme erfolgt nach Abschn. 2.1, die Sparrenberechnung nach Abschn. 5.2 und die Pfettenberechnung nach Abschn. 5.3. Bei der Anordnung von Böcken erhalten die Streben aus der Belastung durch die Pfetten bei Winddruck Zug und bei Windsog Druck, so daß sie also auf Druck und Zug bemessen und angeschlossen werden müssen (**97.1**a). Bei der Anordnung von Stühlen hingegen erhalten sie jeweils nur Druck (**97.1**b), was einen großen Vorteil für die konstruktive Durchbildung der Strebenanschlüsse bedeutet.

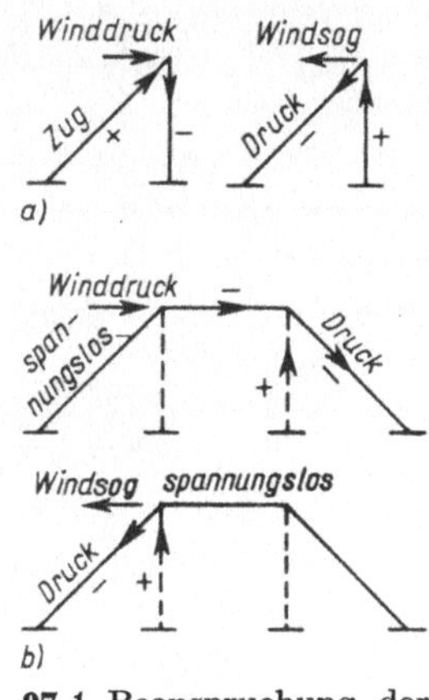

97.1 Beanspruchung der Streben
a) beim Bock
b) beim Stuhl

6.1.3 Das abgestrebte Pfettendach als doppeltes Hängewerk (98.1a)

Durch die Anordnung von Streben, Pfosten und eines Riegels ergibt sich mit dem Deckenbalken als Streckbalken ein doppeltes Hängewerk, das allerdings einfach statisch unbestimmt ist. Zur Vereinfachung des Rechenganges teilt man die maßgebende Belastung aus Eigengewicht, Schnee und Wind jeweils in einen symmetrischen und einen antimetrischen Lastfall auf. Für den symmetrischen Lastfall trifft man die vereinfachende Annahme, daß die Streben allein die Lasten aufnehmen, die Pfosten also unbelastet bleiben. Für den antimetrischen Lastfall wird der Riegel spannungslos, so daß das System für diesen Lastfall statisch bestimmt wird.

Es müssen drei Belastungsfälle untersucht werden. Für den Spannriegel „R" ist die Belastung aus Eigengewicht und Schnee beiderseits maßgebend (symmetrischer Lastfall); für die Strebe „S" gilt die Belastung aus Eigengewicht, Schnee rechts und Wind von rechts (unsymmetrischer Lastfall). Zusatzmomente, die durch die ausmittige Auflagerung des Streckbalkens auftreten, können für die Berechnung der Stabkräfte vernachlässigt werden, sind aber für das Moment im Streckbalken selbst zu berücksichtigen.

Beispiel: (**98.**1 a bis d)

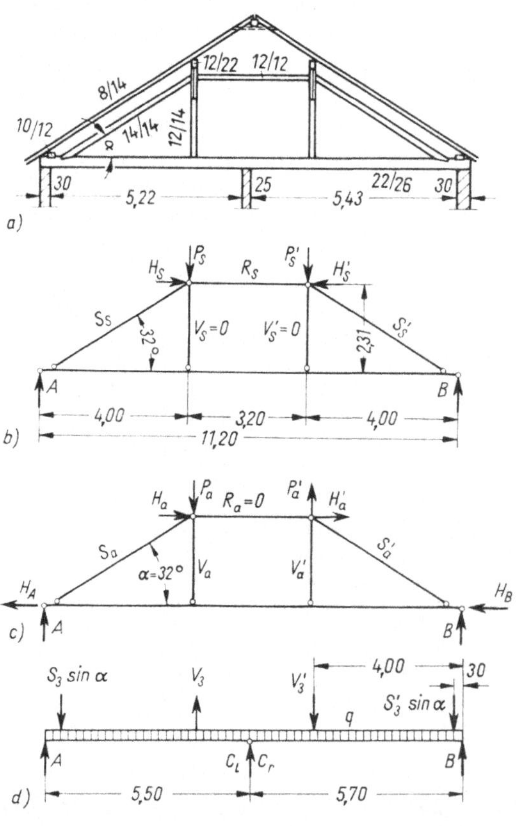

Gegeben:

Stützweite von Mitte Fußpfette bis Mitte Fußpfette $l = 11{,}20$ m

Stuhlabstand $L = 4{,}00$ m

Sparrenabstand $a = 0{,}80$ m

Dachneigung $\alpha = 32°$

$\sin \alpha = 0{,}53$

$\cos \alpha = 0{,}848$ $\tan \alpha = 0{,}625$

Dacheindeckung: Falzziegel einschließlich Sparren und Pfetten mit $g = 750$ N/m² Dfl.

Die Sparren, Pfetten und Kopfbänder werden gemäß Abschn. 5.2.1 und 5.3.3 bemessen. Gewählt: Sparren 8/14 cm, Pfetten 12/22 cm und Kopfbänder 10/10 cm.

Der Stuhl wird als Hängewerk berechnet, wobei die maßgebenden Belastungsfälle jeweils in einen symmetrischen und einen antimetrischen Lastfall aufgespalten werden.

98.1 Doppeltes Hängewerk
    a) konstruktive Anordnung
    b) symmetrischer Lastfall
    c) antimetrischer Lastfall
    d) Belastung des Streckbalkens

Äußere Lasten aus den Mittelpfetten ($P = q_x \cdot L$ bzw. $H = q_y \cdot L$)

Ständige Last	$P = P' = 13{,}90$ kN	
Schnee links	$P = 9{,}90$ kN	$P' = 0$ kN
Schnee rechts	$P = 0$ kN	$P' = 9{,}90$ kN
Wind von links	$P = 2{,}98$ kN	$P' = -5{,}02$ kN
	$H = 1{,}86$ kN	$H' = -3{,}12$ kN

1. **Belastungsfall** aus ständiger Last und Schnee beiderseits (maßgebend für den Riegel „R"). Symmetrischer Lastfall.

$$P_1 = P_1' = 13{,}90 + 9{,}90 + 0 = 23{,}80 \text{ kN} \qquad\qquad H_1 = H_1' = 0$$

$$R_1 = -P_1 \cdot \frac{1}{\tan \alpha} = -\frac{23{,}80}{0{,}625} = -38{,}09 \text{ kN}$$

$$S_1 = S_1' = -P_1 \cdot \frac{1}{\sin \alpha} = -\frac{23{,}80}{0{,}53} = -44{,}91 \text{ kN} \qquad V_1 = V_1' = 0$$

2. **Belastungsfall** aus ständiger Last, Schnee beiderseits und Wind von links (maßgebend für die Streben „S"). Unsymmetrischer Lastfall.

$$P_2 = 13{,}90 + 9{,}90 + 2{,}98 = 26{,}78 \text{ kN} \quad P_2' = 13{,}90 + 9{,}90 - 5{,}02 = 18{,}78 \text{ kN}$$

$$H_2 = 1{,}86 \text{ kN} \qquad\qquad\qquad\qquad H_2' = -3{,}12 \text{ kN}$$

a) Symmetrischer Lastfall

$$P_s = P_s' = \frac{26{,}78 + 18{,}78}{2} = 22{,}78 \text{ kN}$$

$$H_s = H_s' = \frac{1{,}86 - 3{,}12}{2} = -0{,}63 \text{ kN}$$

$$R_s = -\frac{P_s}{\tan \alpha} - H_s = -\frac{22{,}78}{0{,}625} + 0{,}63 = -35{,}82 \text{ kN}$$

$$S_s = S_s' = -\frac{P_s}{\sin \alpha} = -\frac{22{,}78}{0{,}53} = -42{,}98 \text{ kN}$$

$$V_s = V_s' = 0$$

b) Antimetrischer Lastfall

$$P_a = \frac{26{,}78 - 18{,}78}{2} = 4{,}00 \text{ kN} \qquad\qquad P_a = -4{,}00 \text{ kN}$$

$$H_a = \frac{1{,}86 + 3{,}12}{2} = 2{,}49 \text{ kN} \qquad\qquad H_a' = -2{,}49 \text{ kN}$$

$$R_a = 0$$

$$S_a = \frac{H_a}{\cos \alpha} = \frac{2{,}49}{0{,}848} = 2{,}94 \text{ kN} \qquad\qquad S_a' = -2{,}94 \text{ kN}$$

$$V_a = -P_a - H_a \cdot \tan \alpha = -4{,}00 - 2{,}49 \cdot 0{,}625 = -5{,}56 \text{ kN} \quad V_a' = +5{,}56 \text{ kN}$$

Infolge a) und b)
$$R_2 = R_s + R_a = -35{,}82 + \quad 0 = -35{,}82 \text{ kN}$$
$$S_2 = S_s + S_a = -42{,}98 + 2{,}94 = -40{,}04 \text{ kN}$$
$$S_2' = S_s' + S_a' = -42{,}98 - 2{,}94 = -45{,}92 \text{ kN}$$
$$V_2 = V_s + V_a = -5{,}56 \text{ kN} \quad V_2' = V_s' + V_a' = +5{,}56 \text{ kN}$$

3. **Belastungsfall** aus ständiger Last, Schnee rechts und Wind von rechts (maßgebend für den Pfosten „V" und den rechten Binderbalken). Unsymmetrischer Lastfall.

$$P_3 = 13{,}90 + 0 - 5{,}02 = 8{,}88 \text{ kN} \quad P_3' = 13{,}90 + 9{,}90 + 2{,}98 = 26{,}78 \text{ kN}$$

$$H_3 = -3{,}12 \text{ kN} \qquad\qquad\qquad\qquad H_3' = +1{,}86 \text{ kN}$$

a) Symmetrischer Lastfall

$$P_s = P'_s = \frac{8,88 + 26,78}{2} = 17,83 \text{ kN}$$

$$H_s = H'_s = \frac{-3,12 + 1,86}{2} = -0,63 \text{ kN}$$

$$R_s = -\frac{17,83}{0,625} + 0,63 = -27,90 \text{ kN}$$

$$S_s = S'_s = -\frac{17,83}{0,530} = -33,64 \text{ kN}$$

$$V_s = V'_s = 0$$

b) Antimetrischer Lastfall

$$P_a = \frac{8,88 - 26,78}{2} = -8,95 \text{ kN} \qquad\qquad P'_a = +8,95 \text{ kN}$$

$$H_a = \frac{-3,12 - 1,86}{2} = -2,49 \text{ kN} \qquad\qquad H'_a = +2,49 \text{ kN}$$

$$R_a = 0$$

$$S_a = \frac{-2,49}{0,848} = -2,94 \text{ kN} \qquad\qquad S'_a = +2,94 \text{ kN}$$

$$V_a = 8,95 + 2,49 \cdot 0,625 = 10,51 \text{ kN} \qquad\qquad V'_a = -10,51 \text{ kN}$$

Infolge a) und b)

$$R_3 = -27,90 \text{ kN}$$
$$S_3 = -33,64 - 2,94 = -36,58 \text{ kN} \qquad S'_3 = -33,64 + 2,94 = -30,70 \text{ kN}$$
$$V_3 = +10,51 \text{ kN} \qquad\qquad\qquad\qquad V'_3 = -10,51 \text{ kN}$$

Belastung des Streckbalkens

$$S_3 \cdot \sin\alpha = 36,58 \cdot 0,530 = 19,39 \text{ kN} \qquad S'_3 \cdot \sin\alpha = 30,70 \cdot 0,530 = 16,27 \text{ kN}$$
$$V_3 = -10,51 \text{ kN} \qquad\qquad\qquad\qquad V'_3 = +10,51 \text{ kN}$$

Bemessung

Riegel „R": $\max R = -38,08 \text{ kp}$ $s_K = 3,20 \text{ m}$

Gewählt: 12/12 cm $F = 144 \text{ cm}^2$ $i = 3,46 \text{ cm}$

$$\lambda = \frac{320}{3,46} = 92,5 \qquad \omega = 2,68 \qquad \sigma = \frac{2,68 \cdot 38080}{144} = 709 < 850 \text{ N/cm}^2$$

Strebe „S": $\max S = -45,92 \text{ kp}$ $s_K = 4,35 \text{ m}$

Gewählt: 14/14 cm $F = 196 \text{ cm}^2$ $i = 4,04 \text{ cm}$

$$\lambda = \frac{435}{4,04} = 107,7 \qquad \omega = 3,48 \qquad \sigma = \frac{3,48 \cdot 45920}{196} = 815 < 850 \text{ N/cm}^2$$

Pfosten „V": $\max V = -10,51 \text{ kN}$ oder $+10,51 \text{ kN}$ (Wechselstab)

Konstruktiv gewählt: 12/14 cm, Spannung gering, Anschluß auf Druck und Zug [Gl. (91.1) und (91.2)] durch Stumpfstoß und Flachstahllasche

Deckenbalken rechts (Teil des Streckbalkens als Einfeldträger gerechnet):

Längskraft $\max Z = -R_3 = +27,90 \text{ kN}$

Gleichförmige Belastung aus Decke $q = 2,75$ kN/m

$$C_r = \frac{5,70 \cdot 2,75}{2} + \frac{16,27 \cdot 0,30}{5,70} + \frac{10,51 \cdot 4,00}{5,70} = 16,07 \text{ kN}$$

$$x = \frac{16,07 - 10,51}{2,75} = 2,02 \text{ m}$$

$$\max M = 16,07 \cdot 2,03 - \frac{2,75 \cdot 2,02^2}{2} - 10,51 \,(2,02 - 1,70) = 23,64 \text{ kNm}$$

Gewählt: 22/26 cm $F = 572$ cm^2 $W_x = 2479$ cm^3

$$\sigma = \frac{27\,900}{572} + 0,85 \cdot \frac{2\,364\,000}{2479} = 48,8 + 810,6 = 859,4 > 850 \text{ N/cm}^2$$

Überschreitung von $1,1 < 3\%$ noch zulässig.

6.1.4 Sonderformen

Eine weit verbreitete Sonderform ist das Drempel- oder Kniestockdach. Bei abgestrebten Pfettendächern kann ein Drempel (Kniestock) ohne weiteres ausgeführt werden, weil die Fußpfette keinen Horizontalschub erhält (**101.1**). Anders ist es beim strebenlosen Pfettendach. Die Horizontalkräfte, die in Drempelhöhe auftreten, müssen in die tieferliegende Decke bzw. Deckenbalken abgeleitet werden. Dies erfolgt bei Holzbalkendecken durch Streben oder Zugbänder, die aber immer in den Bodenraum hineinreichen, also nur dann nicht stören, wenn sie in Wände gelegt werden können (**101.2**). Soll der Raum uneingeschränkt erhalten bleiben, muß eine Stahlbetonwand biegesteif mit der Massivdecke verbunden werden (**101.3**), die den Horizontalschub aufnehmen kann. Allenfalls kann die Wand in Stahlbetonpfeiler jeweils unter den Stühlen aufgelöst werden. Eine weitere Lösung des Drempeldaches bietet das eckversteifte Dach. Hier werden die Horizontalkräfte durch eine Strebe in den Drempelfuß gezogen, eine Ausführung, die auch bei Kehlbalkendächern Verwendung findet (**103.1**).

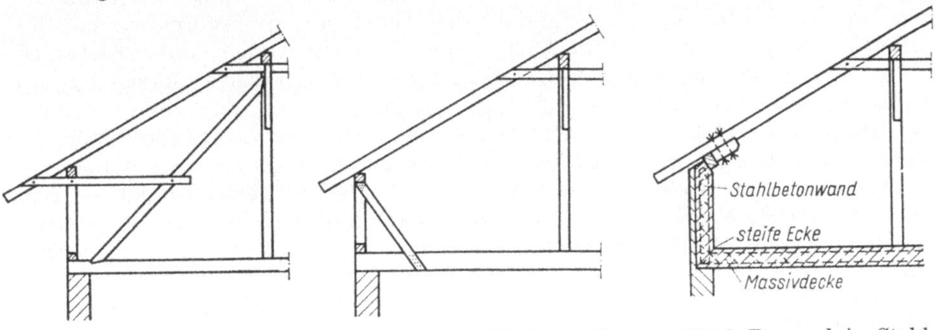

101.1 Drempel eines abgestrebten Pfettendaches   **101**.2 Drempeldach mit Strebe oder Zugband   **101**.3 Drempel in Stahlbetonausführung

6.1.5 Aussteifungen und Windverbände

Die Pfetten allein haben zwar eine gewisse aussteifende Wirkung, können aber die auf die Giebelflächen auftreffenden Windkräfte nicht in die Längswände ableiten. Bei den stützenlosen und abgestützten Dachstühlen ohne Kopfbänder müssen Windrispen, die auf Zug und Druck wirksam sind, eingebaut werden (s. Beisp. S. 110). Bei stehenden und liegenden Stühlen übernehmen die Kopfbänder in ausreichender Weise die Aussteifung. Bei den Randstützen werden vorteilhaft die Kopfbänder durch Streben ersetzt, die den Horizontalschub am Stützenfuß in die Decke einleiten, so daß die Randstütze selbst nicht auf Biegung beansprucht wird (**87.**1). In der vertikalen Ebene liegende Kopfbänder sind solchen in einer schrägen Ebene liegenden sowohl aus statischen wie besonders aus konstruktiven Gründen vorzuziehen.

Der Wind auf die Dachfläche wird durch die Böcke oder Stühle in die Längswände bzw. einzelnen Stützen oder Pfeiler als Horizontalschub eingeleitet und muß entweder von diesen oder durch Unterzüge oder steife Decken aufgenommen und in die Giebelwände übertragen werden.

6.2 Das Sparrendach

6.2.1 Grundzüge

Jedes Gespärre, bestehend aus Sparrenpaar und Deckenbalken, ist ein Tragwerk für sich. Es ist ein statisch bestimmtes Dreigelenktragwerk. Die Sparren werden auf Druck und Biegung, der Deckenbalken auf Zug und aus der Deckenlast auch auf Biegung beansprucht (**102.**1). Der Deckenbalken aus Holz kann auch durch eine Massivdecke ersetzt werden.

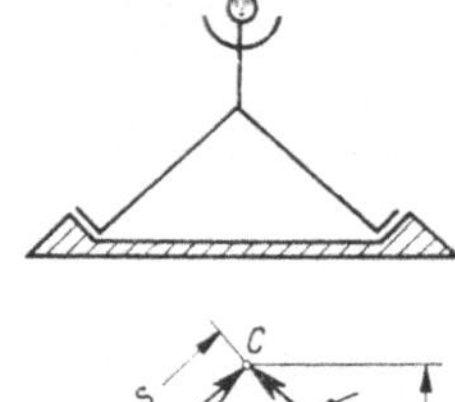

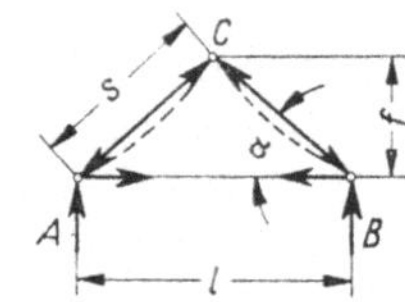

102.1 Prinzip des einfachen Sparrendaches

Beim Drempeldach muß der Horizontalschub nach Bild **101.**3 durch biegesteife Wände aus Stahlbeton oder nach Bild **103.**1 durch Streben aufgenommen werden. Bei Hallen können Zuganker den Schub aus der symmetrischen Belastung abfangen. Die gesamten Lasten werden auf die Außenwände übertragen. Die Anschlüsse müssen zur Übertragung der Längskräfte ausreichen. Am Sparrenfuß reicht daher die Aufklauung nicht mehr aus. Versatz (**105.**1), Sparrenschwelle (**108.**1c) o.ä. ist vorzusehen. Das einfache Sparrendach mit Sparren aus Kantholz ist wirtschaftlich anwendbar bis zur Sparrenlänge von 4,50 m, d.h. einer Gebäudetiefe von $\approx$ 7,25 m. Bei größeren Längen sind zusammengesetzte Profile in Leim- oder Nagelbauweise oder Gitterträger erforderlich (vgl. Abschn. 7.4). Ausgesteifte Dächer lassen sich mit dünneren Hölzern in größeren Spannweiten ausführen. Durch Riegel, wie beim Kehlbalkendach, oder lotrechte Stiele wird die Stützweite der Sparren verringert (**103.**2a und c). Das bedeutet z.B. bei einer mittigen Lage im Sparren eine Verringerung des Momentes von

$$0{,}125\, q_\perp \cdot s^2 \text{ auf } 0{,}125\, q_\perp \cdot \left(\frac{s}{2}\right)^2 = 0{,}25\,(0{,}125\, q_\perp \cdot s^2),\ \text{d.h. auf } \frac{1}{4}$$

Der Rähm unter dem Kehlbalken (**103.**2b) dient zur Aufnahme der Kehlbalkenlast und zur Längsaussteifung. Das dreifach ausgesteifte Kehlbalkendach (**103.**2d) und das Kehlbalkendach mit zwei Riegeln (**103.**2e) sind Weiterentwicklungen für größere Spannweiten[1]). Die statischen Verhältnisse sind unklar.

Breitere Dachausbauten, durch die ein Sparrendach zerschnitten wird, bedeuten die Zerstörung des statischen Aufbaus eines oder mehrerer Gespärre. Die auftretenden Kräfte werden durch den Wechsel (a in Bild **103**.3) auf die benachbarten Gespärre übertragen, die dann entsprechend stärker zu bemessen sind. So ergibt sich z. B. bei Wegfall eines Sparrens und Lage des Wechsels in Sparrenmitte eine Vergrößerung der Beanspruchung für die Nachbargespärre beim Biegemoment um 25 %, bei der Längskraft um 30···40 %. Rechnet man noch die Belastung aus den Dachgauben hinzu, so kann für jeden wegfallenden Sparren eine Vergrößerung der Beanspruchung der seitlichen Gespärre um 40···50 % angenommen werden.

Längere Fensterbänder lassen sich dadurch ausführen, daß durch pfettenähnliche Unterzüge oder Fachwerke, die auf den Giebel- oder Zwischenwänden aufliegen, die Dachlasten aufgenommen werden. Es entstehen dann einhüftige Gespärre, die besonders zu berechnen sind[2]).

Walme lassen sich statisch einwandfrei nur mittels Gratsparren ausbilden, die auf dem ersten Gespärretragwerk aufliegen. Dieses Gespärre ist für die Firstlast aus dem Walm her besonders zu berechnen (s. Abschn. 5.2.2). Vom Wind auf die Giebelseite ergibt sich dabei eine Horizontalkraft, die konstruktiv durch einen Sprengbock oder Windverband abzuleiten ist. Gute Aussteifung durch Längs- und Windverbände ist besonders wichtig, da hier kaum Längsaussteifungen der Konstruktion vorhanden sind (s. Abschn. 6.2.6), Windrispen allein reichen nicht aus.

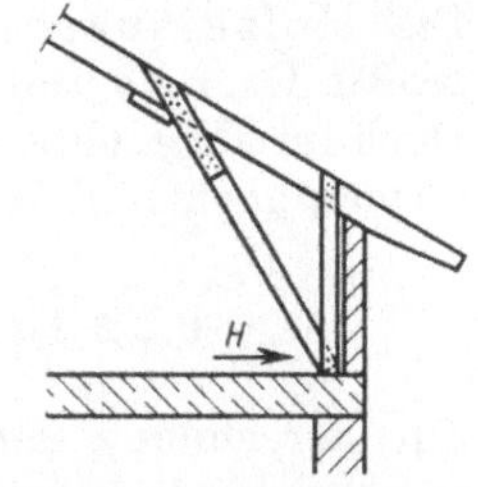
103.1 Sparrendach mit Eckstreben und Versatzanschluß über Knagge

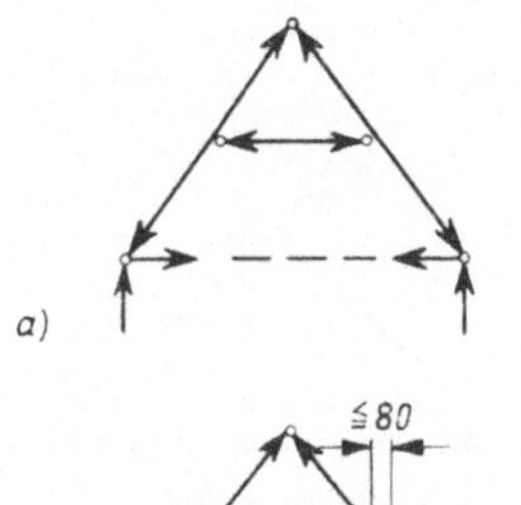
a)

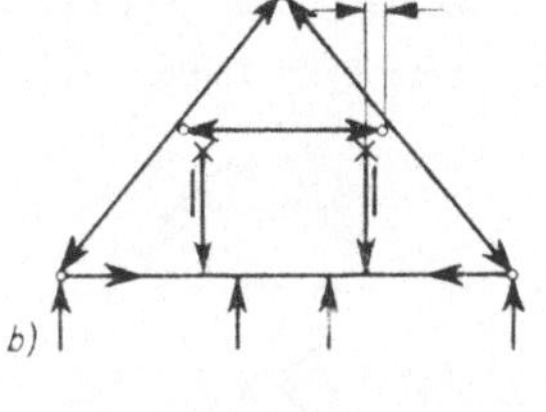
b)

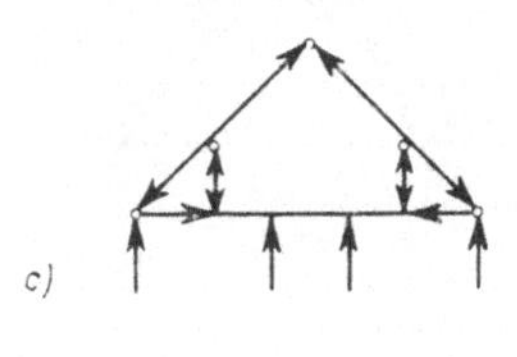
c)

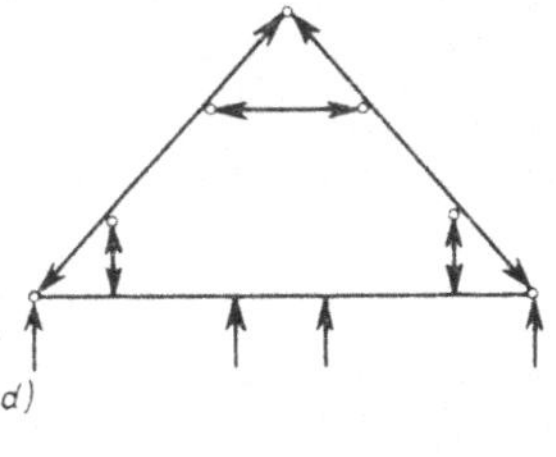
d)

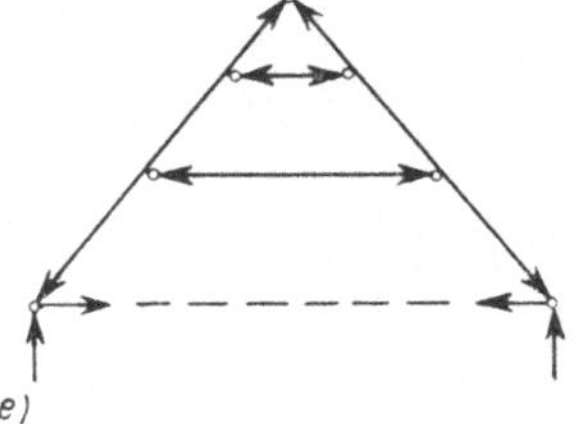
e)

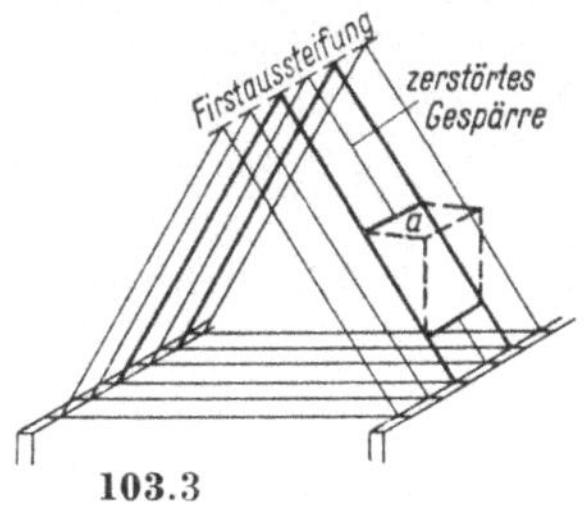

103.3
Dachausbau mit Wechsel

103.2
Varianten des Kehlbalkendaches
a) einfaches Kehlbalkendach
b) Kehlbalkendach mit Rähm. Rähme dienen zur Aufnahme der Kehlbalkenlast und zur Längsaussteifung
c) Sparrendach mit lotrechten Stielen
d) 3fach ausgesteiftes Sparrendach
e) Kehlbalkendach mit 2 Riegeln[1])

[1]) Berechnung des verschieblichen, doppelten Kehlbalkendaches unter Zuhilfenahme des Cross-Verfahrens. Der Deutsche Baumeister (1963) H. 6, S. 525 bis 526
[2]) Sonnenschein, H.: Berechnung verschieblich einhüftiger Kehlbalkendächer. Bauen mit Holz (1964) H. 2

Die Holzersparnis beim Sparrendach im Vergleich zum Pfettendach ist groß[1]). Dazu kommt als weiterer Vorteil, daß die obere Geschoßdecke durch das Dach im allgemeinen nicht belastet wird. Eine Ausnahme stellen nur die Dachformen nach Bild **103.2** b, c und d dar.

6.2.2 Das einfache Sparrendach

Zur Berechnung der Tragwerke werden zweckmäßig die Dachlasten in Lastanteile senkrecht zum Sparren und in Sparrenrichtung zerlegt, da sich dabei leicht in einem Rechengang die maximalen Biegemomente mit den Durchbiegungen sowie die Normal- und Querkräfte ermitteln lassen. Es ist (**104.1** a)

$$\tan \alpha = 2\,f/l \qquad \sin \alpha = f/s \qquad \cos \alpha = l/2\,s$$

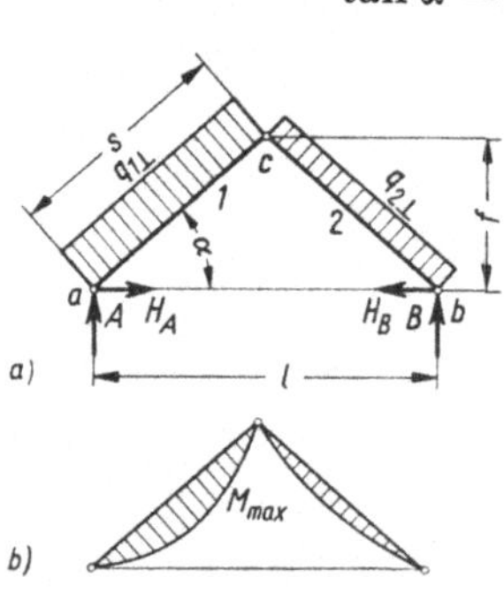

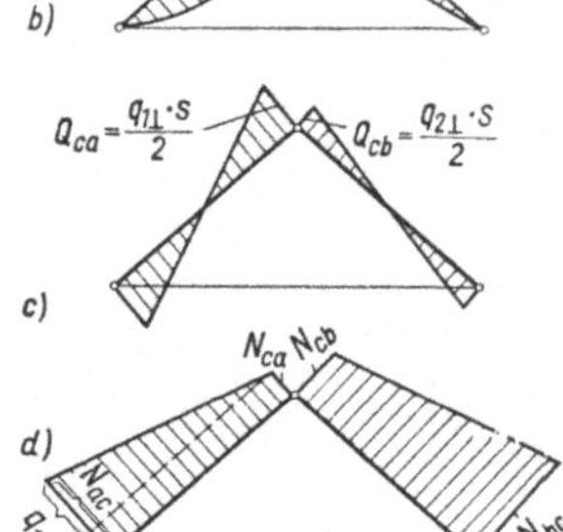

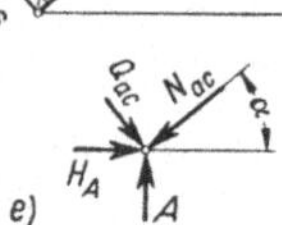

104.1
Berechnung des Sparrendaches

a) System und Belastung
b) Momentenfläche
c) Querkraftfläche
d) Normalkraftfläche
   (Längskräfte)
e) Berechnung der Auflagerkräfte

Belastung (vgl. Abschn. 2.1) je m Sparren

  aus Dachhaut und Sparrengewicht g N/m Dfl.
  Schnee $\bar{s}$ N/m Gfl.

Wind (Sonderverfahren)

$$w_D = (1{,}2 \sin \alpha - 0{,}4)\,q \quad \text{N/m Dfl.}$$
$$w_S = -0{,}4\,q \qquad\qquad \text{N/m Dfl.}$$

Belastung links

$$q_{1\perp} = g \cdot \cos \alpha + \bar{s} \cdot \cos^2 \alpha + w_D \ \text{N/m} \quad (104.1)$$
$$q_{1\parallel} = g \cdot \sin \alpha + \bar{s} \cdot \sin \alpha \cdot \cos \alpha \ \text{N/m} \quad (104.2)$$

Belastung rechts

$$q_{2\perp} = g \cdot \cos \alpha + s \cdot \cos^2 \alpha - w_S \ \text{N/m} \quad (104.3)$$
$$q_{2\parallel} = q_{1\parallel} = q_{\parallel}$$
$$\mathbf{max\ M_1 = 0{,}125\ q_{1\perp} \cdot s^2}\ \text{Nm} \qquad (104.4)$$
$$\max M_2 = 0{,}125\ q_{2\perp} \cdot s^2\ \text{Nm} \qquad (104.5)$$

M-Fläche s. (**104.1** b).

Da zul $f = s/200$ **erf $J = 26\ q_{\perp} \cdot s^3$** cm² (104.6)

mit $q_{\perp}$ in kN/m und s in m.

Diese Gleichung reicht für eine überschlägliche Bemessung des Sparrens aus.

Längskräfte (**104.1** d):

bei A $N_{ac} = N_{ca} - q_{\parallel} \cdot s$ N (104.7)

bei B $N_{bc} = N_{cb} - q_{\parallel} \cdot s$ N (104.8)

---

[1]) Triebel, W.: Die Entwicklung zu rationellen Bauarten. Der Bau (1957) H. 15 und [29]

Die Ermittlung von N_{ca} und N_{cb} kann aus Q_{ca} und Q_{cb} graphisch (**106**.1) oder rechnerisch [7 und 29] erfolgen.

Bei $\qquad\alpha = 45°\qquad$ wird $\quad Q_{ca} = N_{cb}\quad$ und $\quad Q_{cb} = N_{ca}$

Auflagerkräfte (**104**.1 e)

$$A = N_{ac} \cdot \sin\alpha + Q_{ac} \cdot \cos\alpha \ \text{N} \qquad\qquad (105.1)$$

$$H_A = N_{ac} \cdot \cos\alpha - Q_{ac} \cdot \sin\alpha \ \text{N} \qquad\qquad (105.2)$$

$$B = N_{bc} \cdot \sin\alpha + Q_{bc} \cdot \cos\alpha \ \text{N} \qquad\qquad (105.3)$$

$$H_B = N_{bc} \cdot \cos\alpha - Q_{bc} \cdot \sin\alpha \ \text{N} \qquad\qquad (105.4)$$

Muß nach DIN 1055 Bl. 3 Abschn. 6.21 die Untersuchung auch für g und eine mittige Einzellast von $P = 1{,}0$ kN durchgeführt werden, so wird

$$A = g \cdot s + 0{,}75\, P \ \text{N}$$

$$B = g \cdot s + 0{,}25\, P \ \text{N}$$

$$\max M_1 = 0{,}125\, g_\perp \cdot s^2 + 0{,}25\, P \cdot \cos\alpha \cdot s \ \text{Nm}$$

$$\max M_2 = 0{,}125\, g_\perp \cdot s^2 \ \text{N}$$

$$\text{erf}\, J = 26\, g_\perp \cdot s^3 + 41{,}7\, P \cdot \cos\alpha \cdot s^2 \ \text{cm}^4 \ \text{mit}\ P = 1 \ \text{kN}$$

$$N_{ac} = N_{ca} - g_\parallel \cdot s - P \cdot \sin\alpha \ \text{N} \qquad\qquad N_{bc} = N_{cb} - g_\parallel \cdot s \ \text{N}$$

Beispiel (105.1): $l = 6{,}40$ m $\quad \alpha = 40°\quad \sin\alpha = 0{,}643\quad \cos\alpha = 0{,}766\ \tan\alpha = 0{,}839$

$\qquad\qquad f = 0{,}5 \cdot 6{,}40 \cdot 0{,}839 = 2{,}69$ m $\quad s = 0{,}5 \cdot 6{,}40/0{,}766 = 4{,}18$ m

Dacheindeckung
Falzziegel $\qquad\qquad\qquad\quad$ 550 N/m² Dfl.
Zuschlag für Sparren $\qquad\quad$ 100 N/m² Dfl.
$\qquad\qquad\quad g = \overline{\text{650 N/m² Dfl.}}$

Schnee

$\quad s = 550$ N/m² Gfl.

Wind

Dachhöhe über 8,0 m

$w_D = (1{,}2 \cdot 0{,}643 - 0{,}4)\ 800$

$\quad = 297$ N/m² Dfl.

$w_S = -\,0{,}4 \cdot 800$

$\quad = -\,320$ N/m² Dfl.

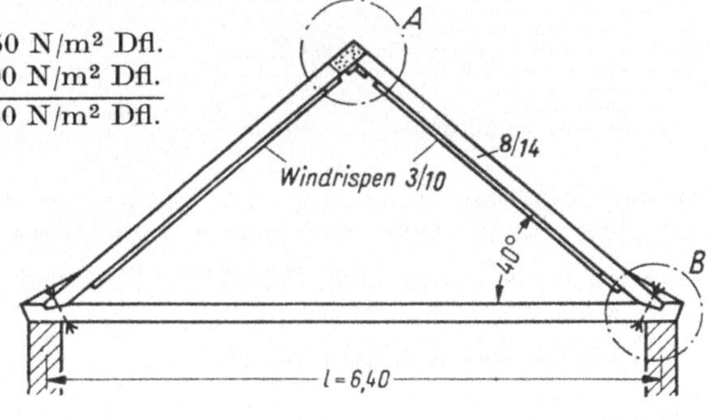

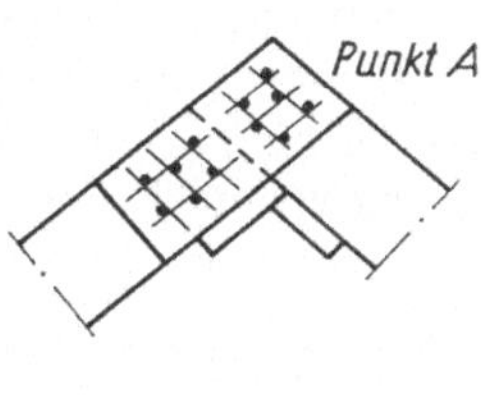

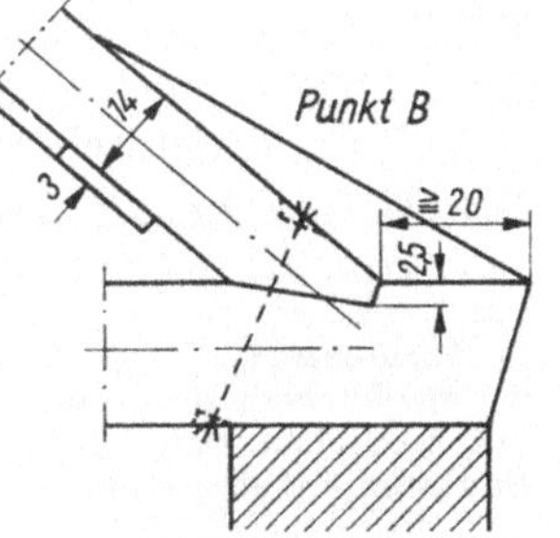

105.1 Sparrendach

Sparrenabstand 0,80 m

$$q_{1\perp} = 0,80\,(650 \cdot 0,766 + 550 \cdot 0,766^2 + 297\,) = 894\ \text{N/m}$$
$$q_{2\perp} = 0,80\,(650 \cdot 0,766 + 550 \cdot 0,766^2 - 320) = 400\ \text{N/m}$$
$$q_{\parallel} = 0,80\,(650 \cdot 0,643 + 550 \cdot 0,643 \cdot 0,766) = 551\ \text{N/m}$$
$$\max M_1 = 0,125 \cdot 894 \cdot 4,18^2 = 1953\ \text{Nm} \qquad \text{erf}\,J = 26 \cdot 0,894 \cdot 4,18^3 = 1698\ \text{cm}^4$$
$$Q_{ca} = 0,5 \cdot 894 \cdot 4,18 = 1868\ \text{N} \qquad Q_{cb} = 0,5 \cdot 400 \cdot 4,18 = 836\ \text{N}$$

Nach Bild **106**.1 ist

$$N_{ca} = -\,1150\ \text{N}$$
$$N_{cb} = -\,2000\ \text{N}$$
$$N_{ac} = -\,1150 - 551 \cdot 4,18$$
$$\qquad = -\,1150 - 2303 = -\,3453\ \text{N}$$
$$N_{bc} = -\,2000 - 2303 = -\,4303\ \text{N}$$
$$A = 3453 \cdot 0,643 + 1868 \cdot 0,766 = 3651\ \text{N}$$
$$H_A = 3453 \cdot 0,766 - 1868 \cdot 0,643 = 1444\ \text{N}$$
$$B = 4303 \cdot 0,643 + 836 \cdot 0,766 = 3407\ \text{N}$$
$$H_B = 4303 \cdot 0,766 - 836 \cdot 0,643 = 2758\ \text{N}$$

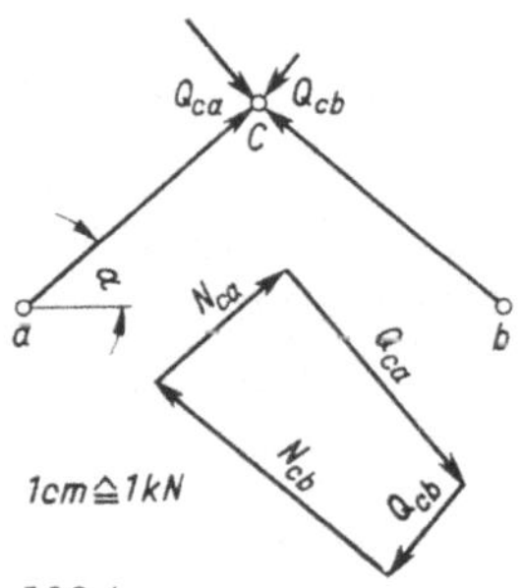

106.1
Zeichnerische Ermittlung
von N_{ca} und N_{cb}

Bemessung

Gewählt: Sparren 8/14 cm mit $J_x = 1829\ \text{cm}^4$

$$i = 4,05\ \text{cm} \qquad \lambda = 418/4,05 = 103 \qquad \omega = 3,18$$
$$\sigma = 3,18 \cdot 3453/112 + 0,85 \cdot 195300/261 = 98 + 636 = 734\ \text{N/cm}^2$$

Der Fußpunkt ist aus den angreifenden Stabkräften zu bemessen.

Bei einer Versatztiefe von 2,5 cm wird

$$\sigma_{D\alpha/2} = \frac{4303 \cdot \cos^2 \alpha/2}{8 \cdot 2,5} = 190\ \text{N/cm}^2$$

bei $\qquad l_v = 8\ t_v = 20\ \text{cm} \qquad\qquad \tau = \frac{4303 \cdot \cos \alpha}{20 \cdot 8} = 20,6 < 90\ \text{N/cm}^2$

Eine andere Fußausbildung zeigt Bild **108**.1 c. Am First werden zur Längsaussteifung Firstbohlen oder Gelenkpfetten angeordnet.

Vereinfachte Berechnung nach Tabellen s. [15] und [17].

6.2.3 Das Kehlbalkendach

Allgemeines

Kehlbalkendächer sind Sparrendächer mit einfacher waagerechter Aussteifung. Auch hier ist jeder Binder ein Tragwerk für sich. Für die Berechnung stehen Tabellen und Formeln zur Verfügung[1] [7; 15; 17; 29; 31].

Bei der Berechnung und Ausführung unterscheidet man Kehlbalkendächer mit verschieblicher und solche mit unverschieblicher Kehlbalkenlage.

---

[1] Heimeshoff, B., u. Krabbe, E.: Zur statischen Berechnung des Kehlbalkendaches mit verschieblichem Kehlbalken. Die Bautechnik (1963) H. 1, S. 13 bis 18 – Heimeshoff, B.: Zur statischen Berechnung des Kehlbalkendaches mit unverschieblichen Kehlbalken. Die Bautechnik (1969) H. 6, S. 197 bis 210.

Erstere sind nur für symmetrische Belastung steif, während bei unsymmetrischer Last eine Verschiebung des Kehlbalkens eintritt, so daß der Sparren auf seine ganze Länge auf Biegung beansprucht wird (**107.**1).

Die konstruktive Festlegung des Kehlbalkens führt zur Holzersparnis, besonders dann, wenn die Kehlbalkendecke an sich als raumabschließende Decke ausgebildet werden soll. Sie kann dann als verankerte Scheibe angesehen werden, wenn die Entfernung der sie unterstützenden Querwände $\leqq 2\,k$ oder $\leqq 1{,}5\,l$ (**107.**1) beträgt. Andernfalls müssen die Kehlbalken durch besondere Verbände gehalten werden.

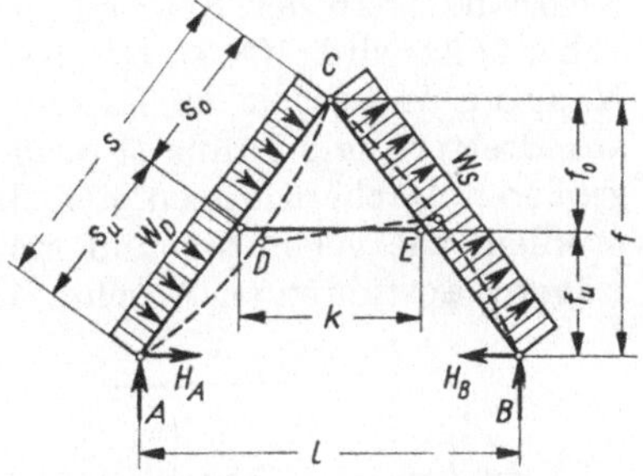

107.1 Kehlbalkendach mit verschiebbarem Kehlbalken bei Wind von links

Rechengang

Die Lastermittlung und Aufteilung erfolgt wie beim Sparrendach.

Bei symmetrischer Belastung, beim unverschieblichen Kehlbalkendach auch für die unsymmetrische Last, kann der Sparren als Durchlaufträger, evtl. sogar bei Dachüberstand mit Kragarm, leicht berechnet werden. Für gleichlaufende Last ist

$$M_D = -\,q_\perp \cdot \frac{s_o{}^3 + s_u{}^3}{8\,s} \qquad (107.1)$$

Die Normal- und Querkräfte, die Kehlbalkendruckkraft und die Auflagerkräfte werden ähnlich wie beim Sparrendach ermittelt.

Eine Belastung des Kehlbalkens selbst ergibt nur im Kehlbalken ein Biegemoment und eine Druckbeanspruchung sowie für die Sparren im unteren Teil Normalkräfte. Die unsymmetrische Belastung beim Kehlbalkendach mit verschieblichen Kehlbalken wird zweckmäßig in einen symmetrischen und einen antimetrischen Lastfall zerlegt (**107.**2). Hier ist die Durchbiegung des Sparrens in bezug auf seine ganze Länge s zu untersuchen.

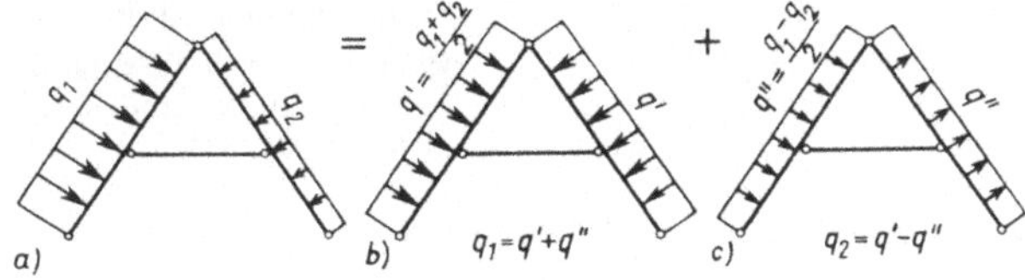

107.2 Zerlegung der unsymmetrischen Belastung bei

a) unsymmetrischem Lastfall in
b) symmetrischen Lastfall und
c) antimetrischen Lastfall

Nach Wickop und Braun[1]) ist für Hohlpfannendächer bei 80 cm Gespärreabstand und einer

Bautiefe	$l = 5$	5,5	6	6,5	7	7,5	8 m
der Sparrenschub	$H = 6$	7	8	9	10	11	12 mal 1 kN

---

¹) Wickop und Braun: Holzsparende Dächer für ländliche Wohn- und Betriebsgebäude. Der Zimmermeister (1949) H. 1, 2 und **3**

Ausführung

Die Ausbildung der Fuß- und Firstpunkte zeigt Bild **108.1**. Beim Anschluß des Kehlbalkens an den Sparren ist darauf zu achten, daß der Sparren **nicht geschwächt** wird (**108.2**). Der Kehlbalken wird entweder als einteiliger Stab mit Knaggen und seitlichen Laschen angeschlossen oder als zweiteiliger Knickstab aus Brettern mit Füllbrett ausgeführt und direkt angenagelt (s. auch [15]). Bei größeren Dächern lassen sich die Sparren und Kehlbalken leicht aus Sonderprofilen, wie geleimten und genagelten Querschnitten, Wellsteg- oder Gitterträgern, ausführen (s. Abschn. 4.3 und 7.4).

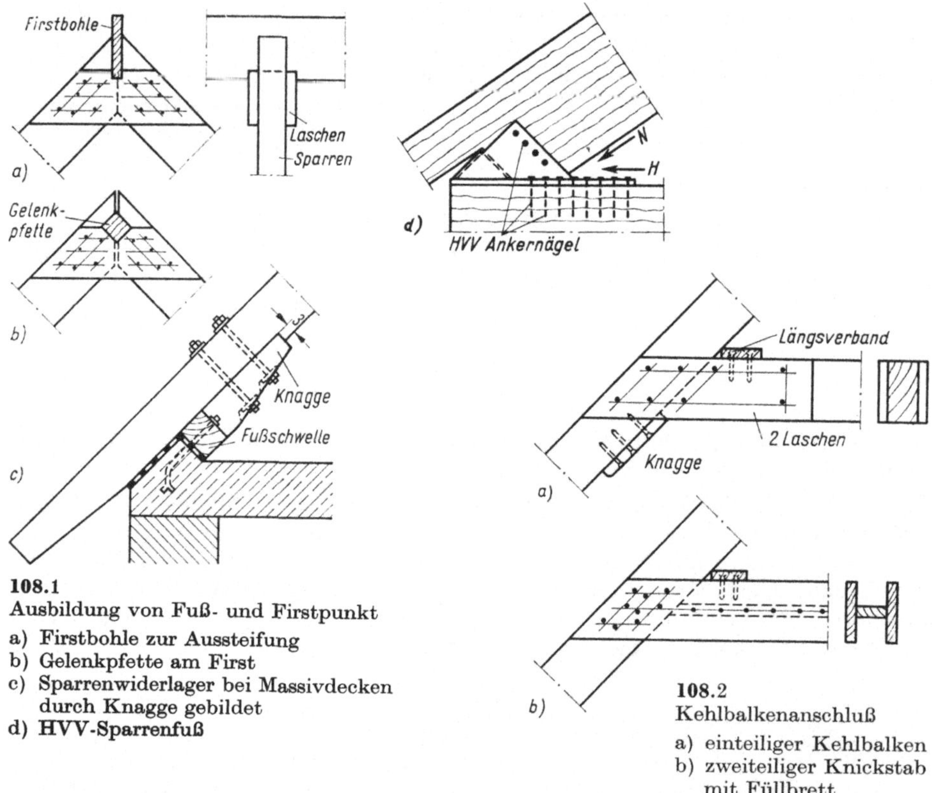

108.1
Ausbildung von Fuß- und Firstpunkt

a) Firstbohle zur Aussteifung
b) Gelenkpfette am First
c) Sparrenwiderlager bei Massivdecken durch Knagge gebildet
d) HVV-Sparrenfuß

108.2
Kehlbalkenanschluß

a) einteiliger Kehlbalken
b) zweiteiliger Knickstab mit Füllbrett

6.2.4 Das Sparrendach mit lotrechter Aussteifung

Lotrecht ausgesteifte Dächer (**103.2**c) sind steif und wirtschaftlich anwendbar bei Dachneigungen unter 45°. Sie belasten die Decke. Die Sparren können gelenkig gestoßen oder durchlaufend ausgebildet werden. Die Stiele müssen in der Decke verankert werden, da sie auch Zugkräfte erhalten. Ein Ersatz der Stiele durch Rähme ist möglich (Übergang zum Pfettendach).

Das lotrecht ausgesteifte Sparrendach mit Gelenksparren ist statisch bestimmt. Der obere Teil ist ein Dreigelenktragwerk, das auf den seitlichen Stützböcken ruht (**109.**1). Die Stabkräfte können rechnerisch oder graphisch ermittelt werden (s. Abschn. 6.2.2). Das Belastungsschema für die Stützböcke zeigt Bild **109.**2. Die Ausbildung der Gelenke erfolgt nach Bild **109.**3. Der Vorteil dieser Ausführungsart liegt in den kurzen Holzlängen für die Sparren.

Beim lotrecht ausgesteiften Sparrendach mit Durchlaufsparren sind die Sparren einfach statisch unbestimmt [15]. Berechnung ähnlich wie beim Kehlbalkendach (s. Abschn. 6.2.3). Größte Beanspruchung in beiden Fällen bei voller Schneelast und Wind.

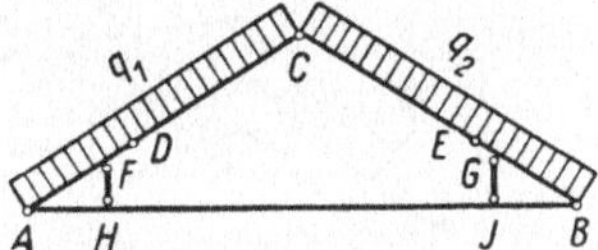

109.1 Sparrendach mit lotrechter Aussteifung und Gelenksparren

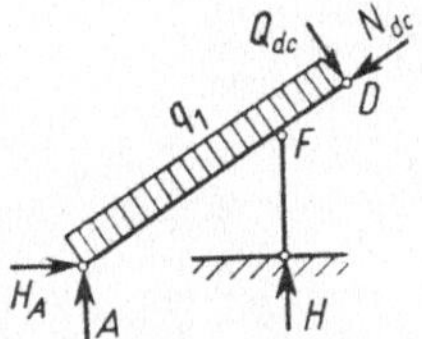

109.2 Belastungsschema für den Stützbock

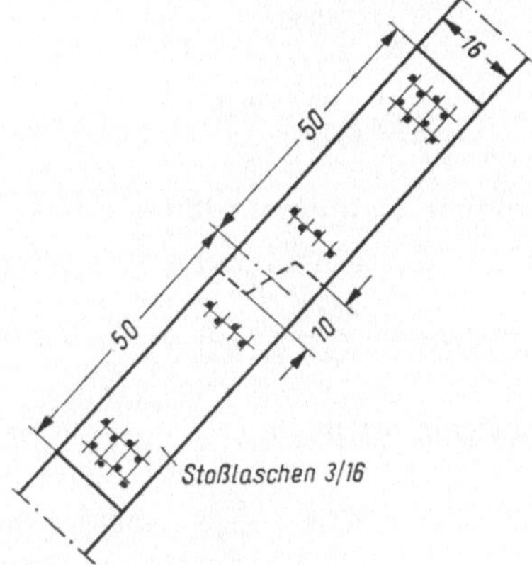

109.3 Gelenkartiger Sparrenstoß

6.2.5 Das dreifach ausgesteifte Sparrendach

Mit lotrechten Stielen und Riegel stellt es eine Kombination von Kehlbalkendach und Sparrendach mit lotrechter Aussteifung dar. Auch hier können die Sparren durchlaufend oder gelenkig sowie die Kehlbalken verschieblich oder unverschieblich sein. Die Berechnung ist umfangreich. Typendächer sollen die Anwendung erleichtern. Auch hier müssen die Stiele zugfest angeschlossen werden und belasten die Decke. Der Vorteil liegt in den geringen Holzdicken, doch ist der Aufbau schwieriger (**103.**2 d).

6.2.6 Aussteifungen und Windverbände in Dachstühlen

Sie dienen der Standsicherheit der Dächer. Aussteifungen verlaufen gleichlaufend zum First und werden durch Bohlen oder Kanthölzer 8/8 bis 10/10 cm gebildet. Dachschalungen können diese Aussteifungen ersetzen. Rähme (**103.**2 b) steifen ebenfalls das Dach aus und erleichtern den Aufbau.

Als Windverbände dienen Windrispen, die als Druckstäbe einzusetzen und mit den Sparren durch kräftige Nägel oder Holzschrauben zu verbinden sind. Sie sollen neben dem Winddruck auf die Giebel (DIN 1055 Bl. 4) und Walme auch die seitlichen Knickkräfte der Sparren nach DIN 1052 Abschn. 8.4 aufnehmen (s. Abschn. 7.1.5).

Beispiel

Berechnung der Windrispen für ein Kehlbalkendach. Belastungsflächen nach Bild **110.1**.

$$W_1 = 0,5 \cdot 2,30 \cdot 0,5 \cdot 1,93 \cdot 960 = 1065 \text{ N}$$
$$W_2 = 0,5 \, (1,15 + 3,55) \cdot 0,5 \, (2,10 + 1,93) \, 960 = 4546 \text{ N}$$

Im oberen Sparrenfeld ist $l = 4,39$ m und $l_1 = 1,10$ m.

Gewählt: 3/10 mit $\lambda = \dfrac{110}{0,87} = 126 \qquad \omega = 4,76$

$$S_1 = \frac{1065}{2 \cdot 0,8} \cdot 1,10 = 732 \text{ N}$$

$$\sigma = 4,76 \cdot \frac{732}{30} = 116 < 850 \text{ N/cm}^2$$

Im unteren Sparrenfeld ist

$$l = 4,56 \text{ m und } l_1 = 1,19 \text{ m.}$$

$$S_2 = \frac{4546}{0,80} \cdot 1,19 + S_1 = 6762 + 732 = 7494 \text{ N}$$

Gewählt: 4/10 mit $\lambda = \dfrac{119}{1,16} = 103 \qquad \omega = 3,18$

$$\sigma = 3,18 \cdot \frac{7494}{40} = 596 < 850 \text{ N/cm}^2$$

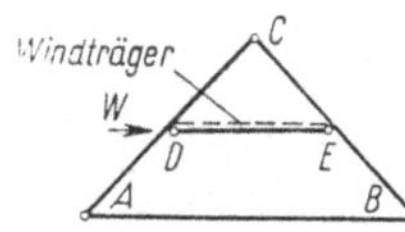

110.1 Windrispen (M 1:200)

An allen Kreuzungspunkten sind die Windrispen mit mind. 2 Nägeln 46/130 an die Sparren anzuschließen.

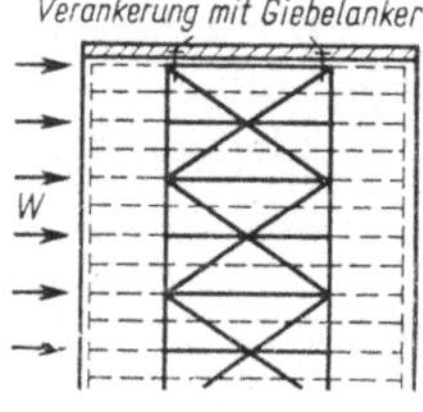

Die Windrispen können gleichzeitig zur Aussteifung der gedrückten Sparren herangezogen werden, wenn die nach Gl. (119.1) zu berechnende Seitenlast q_s kleiner als die halbe anfallende Windlast ist (DIN 1052 Bl. 1 Abschn. 8.4.1).

Beim Kehlbalkendach mit unverschieblicher Kehlbalkenlage und nichtausgebautem Dachgeschoß müssen waagerechte Windträger (**110.2**) angeordnet werden, die sich als Fachwerkträger leicht berechnen lassen. Diese Windträger müssen jedoch beim Aufstellen des Daches sofort miteingebaut werden.

110.2 Waagerechter Windträger in Höhe der Kehlbalkenlage

7 Binder

7.1 Allgemeines

Mit Binder bezeichnet man allgemein die Tragkonstruktion freitragender Dächer für Gebäude verschiedenster Größe, vom Lagerschuppen über Hallen für Industrie-, Ausstellungs- und Sportzwecke bis zu Festhallen und Kirchen.

7.1.1 Form und System

Die Binder werden in der Regel der äußeren Form des Daches und der inneren Raumgestaltung angepaßt. Die äußere Form ist dabei besonders abhängig von der Dachdeckung und damit von der Dachneigung, die den architektonischen Anforderungen entsprechen muß. Die innere (untere) Begrenzung wird durch die Ausbildung der Decke, horizontal, geneigt oder gewölbt, bzw. durch sonstige Einbauten, wie Aufzüge und Kranbahnen, bestimmt.

Die in ihrer Umgrenzung nunmehr gegebenen Binderscheiben können entweder als Fachwerk oder vollwandig genagelt bzw. verleimt ausgeführt werden. Die größten Schwierigkeiten des konstruktiven Holzbaus liegen, wie bereits betont, in der Verbindung der einzelnen Bauelemente miteinander. Um die jeweils auftretenden Kräfte und Spannungen einigermaßen der Wirklichkeit entsprechend erfassen zu können, sollten möglichst einfache statisch bestimmte Systeme oder höchstens statisch unbestimmte Systeme mit klaren Verhältnissen gewählt werden.

Am geeignetsten sind der freiaufliegende Träger und der Dreigelenkbogen bzw. -rahmen. Gut verwendbar sind noch Zweigelenkrahmen und -bogen sowie Durchlaufträger, bei denen allerdings der Aufwand an Verbindungsmitteln bisweilen ziemlich hoch wird. Rahmen mit steifen Ecken sind erst durch die Nagel- und Leimbauweise wirtschaftlich möglich geworden. Hier wurden besonders durch die neuesten Leimverfahren beachtliche Fortschritte und Erfolge erzielt.

Die höchste Wandelbarkeit und Anpassungsfähigkeit bieten auch heute noch die Fachwerke. Sie werden in gleicher Weise für Einfeld- und Durchlaufträger wie für Zwei- und Dreigelenkrahmen und -bogen verwendet. Es ist schwer, von vornherein festzulegen, welches System das statisch beste und zugleich wirtschaftlichste ist, denn die verschiedenen Bedingungen beeinflussen sich wechselseitig (z. B. Querschnitt, Anschluß und Arbeitsaufwand). Bei der konstruktiven Durchbildung ist noch besonders darauf zu achten, daß die Ausführung den bei der Berechnung gemachten Annahmen auch wirklich entspricht, z. B. daß Gelenke gelenkig und steife Ecken steif ausgebildet werden.

Die wichtigste Voraussetzung für die Berechnung der Fachwerke ist die gelenkige Verbindung der einzelnen Stäbe. Sie ist nur bei Verwendung eines Dübelpaares vollkommen und beim Versatzanschluß einigermaßen vorhanden. Bei allen anderen Verbindungen, wie mehreren Dübeln, Nägeln und besonders beim Leimen, ist dies eigentlich nicht mehr eindeutig der Fall (s. Abschn. 5.5). Trotz der mitunter beträchtlichen Einspannung darf mit der Annahme der gelenkigen Knotenverbindung gerechnet werden. Sogar durchgehende Stäbe können als gelenkig angeschlossen aufgefaßt werden (Ober- und Untergurt).

Als das verbreitetste und wirtschaftlichste System dürfte der Dreiecksbinder gelten. Er besteht aus dem Obergurt, der parallel zur Dachhaut liegt, dem Untergurt, der am einfachsten in der Verbindungslinie der Auflager angeordnet wird oder aber eine Überhöhung erhalten kann, und den Füllstäben. Durch diese werden die Ober- und Untergurte in Mehrfeldträger unterteilt. In der Binderebene beträgt die Knicklänge für die gedrückten Gurtstäbe s_K = Systemlänge und für gedrückte Füllstäbe s_K = 0,8 · Systemlänge, sofern sie nicht gelenkig — etwa durch Vorsatz oder ein Dübelpaar — angeschlossen sind. Bei Knicken aus der Binderebene gilt für s_K der Gurtstäbe immer der Abstand der Queraussteifungen (Lattung allein reicht nicht aus) und für Füllstäbe die volle Länge der Netzlinien = Systemlängen s (s. Abschn. 4.2). Nur bei Brettbindern mit Schalung werden die Obergurte auf ihre ganze Länge aus der Binderebene gehalten, so daß sich ein Nachweis erübrigt. Da für die Berechnung der Fachwerke die gesamten Lasten in die Knotenpunkte eingeleitet werden, sind sie dementsprechend auszubilden. Es werden deshalb die Pfetten stets und die Deckenbalken möglichst in den Knotenpunkten angeschlossen. Da für die Pfetten bestimmte Grundregeln gelten (s. Abschn. 5.3), ergibt sich daraus zwangsläufig die Unterteilung der Obergurte. Nur bei Pfettensparren oder direkt aufliegender Dachhaut erhalten die Obergurte zusätzliche Biegung. Sie werden als Durchlaufträger gerechnet. In ähnlicher Weise wird der Untergurt durch eine angehängte Decke auf Biegung beansprucht.

7.1.2 Binderarten

Nach der Anordung der Füllstäbe können wir mehrere Binderarten unterscheiden:

Deutscher Dachbinder (113.1 a). Alle Füllstäbe laufen im Mittelpunkt des Untergurts zusammen. Da bei Stützweiten > 10,00 m eine häufigere Unterteilung der Obergurte erforderlich wird, würde dieser Mittelknoten äußerst klobig und schwer werden (**113.**1 b). Daraus folgt die wirtschaftliche Verwendbarkeit nur bis zu 10,00 m Stützweite.

Englischer Dachbinder. Die Fachwerkpfosten stehen senkrecht zur Grundrißebene. Werden die Diagonalen zur Mitte fallend angeordnet (**113.**1 c und d), erhalten sie Druck und die Vertikalstäbe Zug. Dieses System wird trotz der größeren Knicklänge der Diagonalen bevorzugt für Kantholzbinder verwendet, da die Druckstäbe aus Vollhölzern ausgeführt und mit Versatz angeschlossen werden können. Es besteht außerdem die Möglichkeit, die V-Stäbe aus Rundstahl oder Brettern herzustellen. Werden dagegen die Diagonalen zur Mitte steigend angeordnet (**113.**1 e und f), erhalten sie Zug und die kürzeren V-Stäbe Druck. Diese Anordnung ist für genagelte Brettbinder zu empfehlen, da hier die Druckstäbe besonders auf Knickung aus der Binderebene empfindlich sind und somit jede Verkürzung der Knicklänge erwünscht ist.

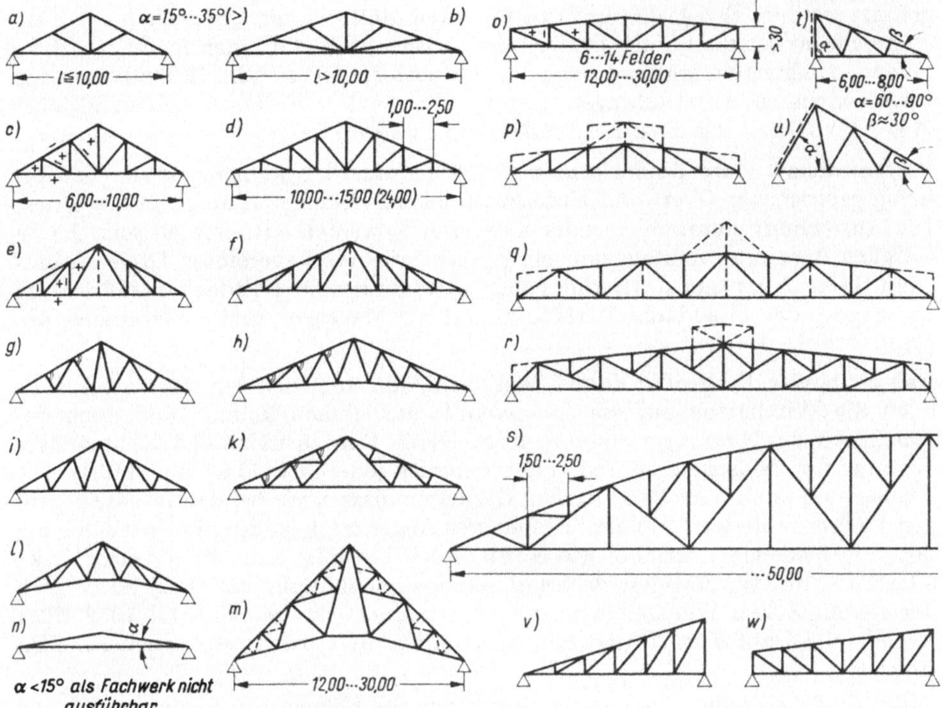

113.1 Dachbinderformen (Fachwerkbinder)

Belgischer Dachbinder (113.1 g, h und l). Die Druckstäbe, die die Pfettenlasten
aufnehmen, liegen senkrecht zur Dachhaut. Die übrigen Diagonalen verlaufen
steigend zur Mitte und erhalten Zug. Wird auch der Untergurt in gleiche Teile
aufgeteilt, dann geht der rechte Winkel am Obergurt fast ausnahmslos verloren.
Das so entstehende System (**113.**1 i) mit fallenden und steigenden Diagonalen ist
beliebt und wirkt sehr harmonisch. Es eignet sich besonders für genagelte
Sparrenbinder.

Wiegmann-Dachbinder oder **Französischer** bzw. **Polonceau-Binder.** Die Pfettenlasten werden wie beim Belgischen Dachbinder von senkrecht zur Dachebene
stehenden Stäben weitergeleitet. Der Binder selbst besteht aus zwei symmetrischen Fachwerkscheiben, die durch einen Untergurt-Zugstab in der Mitte miteinander verbunden sind (**113.**1 k und l). Diese Form eignet sich besonders dann,
wenn der Untergurt z. B. einer gewölbten Decke angepaßt werden muß (**113.**1 m).
Der Polonceau-Binder ist vor allem im Stahlbau verbreitet.

Dreieckbinder mit tiefliegendem Untergurt (Dreieckbinder mit angehobener
Traufe oder **Trapezbinder**). Bei zu kleinen Dachneigungen würde einerseits die
Binderhöhe zu klein und damit die Durchbiegung zu groß, und andererseits
wären die Traufknoten bei Verwendung der üblichen Verbindungsmittel kaum
ausführbar (**113.**1 n). Daher wird der Untergurt um mindestens 30 cm tiefer
gelegt (**113.**1 o). Die Ausfachung kann nach jeder oben beschriebenen Art aus-

geführt werden. Es ist allerdings zu beachten, daß sich die Vorzeichen der Füllstäbe gegenüber denen der Dreieckbinder vertauschen können (z. B. zur Mitte fallende Diagonalen erhalten Zug). Die Trapezform hat sich im Hallenbau in den verschiedensten Abwandlungen sehr gut bewährt und eignet sich in gleicher Weise für Nagel- wie Kantholzbinder (**113.**1 p, q und r).

Verschiedene andere Binderformen. Selbstverständlich können Binder mit beliebig gebrochener Ober- und Untergurtlinie entwickelt und ausgeführt werden. Die Ausfachung kann einem oder mehreren Systemen entnommen sein. Es ist lediglich darauf zu achten, daß ein System aneinandergereihter Dreiecke entsteht (**113.**1 p, q, r und s). Hierher gehören die Binder für Pultdächer (**113.**1 v und w), Säge- oder Sheddächer[1]) (**113.**1 t und u), Mansard- und vollkommen unsymmetrische Dächer.

Rahmenbinder. Ihr großer Vorteil liegt darin, daß sie neben den Dachlasten auch noch die Windlasten auf die Längswände aufnehmen können und doch der Innenraum zur Nutzung vollkommen frei bleibt. Daraus ergibt sich die besondere Eignung für Feldscheunen und Industriehallen jeder Art (**114.**1 und **115.**1). Die Ausfachung kann nach den gleichen Gesichtspunkten wie bei den frei aufliegenden Fachwerkbindern erfolgen. Besonderes Augenmerk ist auf die Untersuchung der verschiedenen Lastfälle, wie Schnee halbseitig und Wind von links oder von rechts, zu legen, da bei diesen Systemen häufig vor allem im Bereich der steifen Ecken Wechselstäbe auftreten können, die gemäß DIN 1052 Bl. 1 Abschn. 4.4.1 auf max N' und min N' nach Gl. (91.1) bzw. (91.2) anzuschließen sind.

Sollen die Binder gleichzeitig als architektonische Elemente zur Raumgestaltung herangezogen werden, dann eignen sich Vollwandsysteme besser. Sie erlauben geringere Konstruktionsstärken bzw. -höhen und wirken in ihren geschlossenen Flächen ruhiger (**115.**1). Weitere Formen und Beispiele s. Informationsdienst Holz (1964) H. 4 und 5, Entwurfsblätter der Studiengemeinschaft Holzleimbau sowie Firmenprospekte.

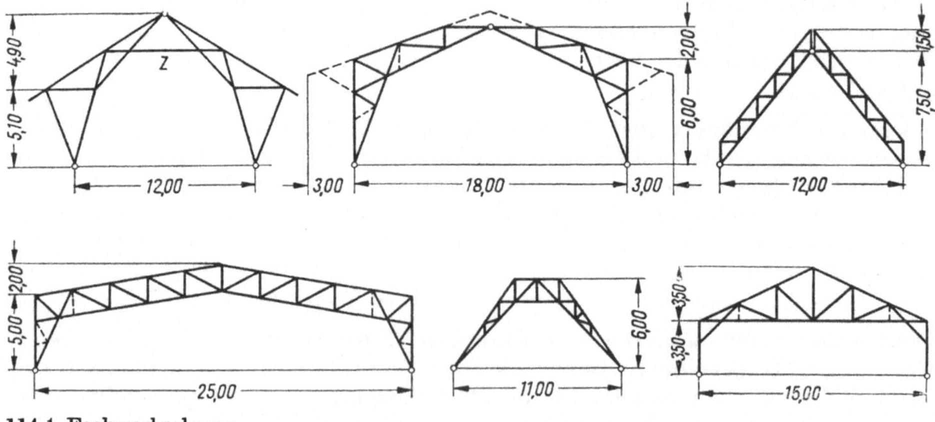

114.1 Fachwerkrahmen

---

[1]) Beer, H.: Sheddächer in Holzbauweise. VDI-Zeitschrift (1965) H. 17

Genagelte Dreieck-Brettbinder eignen sich für Stützweiten von 6···24 m. Bei Kantholzbindern (**114**.1) und geleimten Konstruktionen[1]) (**115**.1) sind größere Stützweiten möglich. Die wirtschaftlich günstigste Dachneigung liegt für Dreiecksbinder bei 15°···35°. Als Eindeckungsmaterial können alle in Abschn. 5.1 genannten Stoffe, der jeweiligen Neigung entsprechend, verwendet werden. Die Binderentfernung richtet sich nach der Dachhaut. Bei Brettbindern, die in der Regel als Sparrenbinder verlegt werden, gelten die Regeln der Sparrenabstände (Abschn. 5.2).

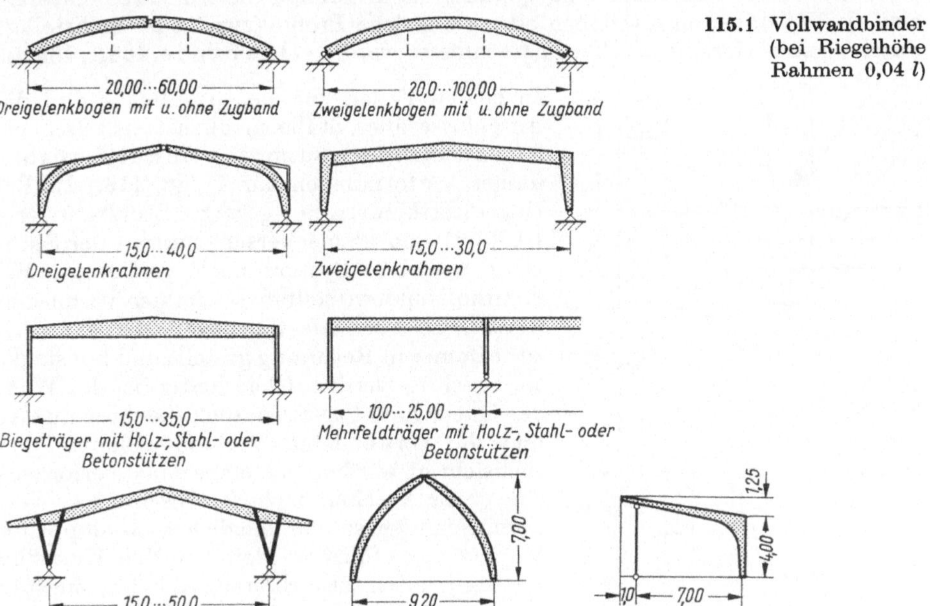

115.1 Vollwandbinder (bei Riegelhöhe Rahmen 0,04 l)

Bei Kantholzbindern sind die Stützweite und das Eigengewicht der Dachdeckung im wesentlichen ausschlaggebend. Binder mit leichter Deckung und kleinerer Stützweite können in größeren Abständen angeordnet werden, wobei außerdem die Art der gewählten Pfettenausführung maßgebend ist. Die Binderentfernung beträgt bei einfachen Pfetten höchstens 4,00 m, bei Pfetten mit Kopfbändern höchstens 4,50 m und bei Fachwerk-(Gitter-) oder Vollwandpfetten bis 8,00 m. Bei größeren Stützweiten (über 20,00 m) würde bei zu großen Binderabständen die Belastung der einzelnen Binder zu groß. Die Folge wären zu dicke Profile, und vor allem würde es unmöglich sein, die Knoten noch wirtschaftlich auszubilden. Hier gilt als äußerstes Maß 5,00 m. Bei Leimkonstruktionen liegt der günstige Binderabstand bei 5,00···7,50 m.

7.1.3 Allgemeine Konstruktionsgrundsätze

Schon bei der Bemessung bzw. Querschnittswahl der Fachwerkstäbe muß auf die konstruktive Ausbildung der Stäbe wie der Knoten Rücksicht genommen werden. Die Stäbe sollen mit ihrer Schwerachse symmetrisch zur Stabachse

---

[1]) Schmidt, W.: Größte Messehalle Europas aus Holz. Der Deutsche Baumeister (1967) H. 3

liegen, die in die Systemachse fallen soll. Bei Druckstäben wird durch ein infolge Exzentrizität auftretendes Moment die Knickgefahr erhöht. Ferner müssen die Stabprofile aufeinander abgestimmt sein, damit die Anschlüsse räumlich möglich werden (DIN 1052 Bl. 1 Abschn. 4.5).

Es ergeben sich daraus 2 Haupttypen: 1. Werden die Gurte einteilig ausgeführt, dann können einteilige Druck-Füllstäbe durch Versatz und Zugstäbe in Zangenform, beide mittig und symmetrisch, angeschlossen werden (**116.**1 a). 2. Werden die Gurte zwei- oder mehrteilig gewählt, dann können die Füllstäbe einteilig, also als Vollstäbe, eingeschoben oder als gleiche Profile (zwei- oder mehrteilig) durch Versatz oder mit Laschen angeschlossen werden (**116.**1 b und c, **138.**1, **189.**3).

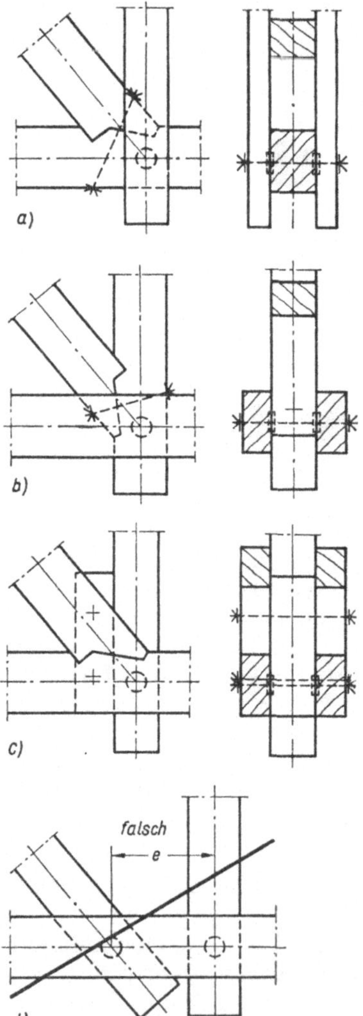

In beiden Fällen gilt die Grundregel, daß die Anschlüsse aller Stäbe möglichst zentrisch erfolgen sollen, denn ausmittige Anschlüsse haben immer Verformungen zur Folge (**116.**1 d). Bei Nagelbrettbindern mit geringer Stützweite (bis 10,00 m) sind kleine Verschiebungen der Stabachse aus dem System noch vertretbar. Bei Kantholzbindern sollten sie immer vermieden werden. In Ausnahmefällen muß die Exzentrizität immer in Rechnung gestellt und konstruktiv beachtet werden. Gleichzeitig bei der Wahl der Querschnitte müssen auch die Anschlußart und die verwendeten Verbindungsmittel berücksichtigt werden. Nagelanschlüsse erfordern eine große Anschlußfläche (s. Abschn. 3.4). Versatzanschlüsse sollten möglichst als doppelter Versatz ausgeführt werden, um den Kraftfluß im Stab mittig zu erhalten und den Zugstab wenig zu schwächen (s. Abschn. 3.1). Dübelanschlüsse sind nach Abschn. 3.2 an eine Mindestholzdicke nach DIN 1052 Bl. 2 Tab. 1 und [30] gebunden. Sie verlangen je nach der Dübelart und -größe eine bestimmte Holzbreite, die auch noch von dem Winkel zwischen Kraft- und Faserrichtung abhängt. Da auch der gegenseitige Dübelabstand an die Vorschriften gebunden ist, empfiehlt es sich, beim Anschluß größerer Kräfte die größtmöglichen Dübel zu verwenden, um kleinste Anschlußlängen zu erhalten. Ob es günstiger ist, viele verschiedene Dübelgrößen in einem Anschluß zu verwenden, d. h. die Tragfähigkeit der Dübel genau auf die Stabkraft abzustimmen, ist eine Frage der Wirtschaftlichkeit, da für das Umsetzen der Fräser eine längere Arbeitszeit eingesetzt werden muß (s. Abschn. 12).

116.1 Knotenausbildungen

Eine gleichzeitige Verwendung verschiedener Verbindungsmittel in einem Anschluß ist, selbst soweit erlaubt, möglichst zu vermeiden, denn durch den Anschluß auf die 1,5fache Restkraft für das zweite Verbindungsmittel (s. Abschn. 3.8) werden die Knoten zu schwer und unwirtschaftlich (z. B. ist ein doppelter Versatz besser als ein Stirnversatz mit zusätzlichen genagelten oder gar verdübelten Laschen).

Im allgemeinen wird man also bestrebt sein, die Stäbe direkt aneinander anzuschließen. Erst wenn die Anschlußflächen nicht mehr ausreichen, greift man zu indirekten Stabanschlüssen mit Laschen, die allerdings immer mehr Baustoff und Zeit erfordern. Die Stabkräfte werden dann teilweise oder mitunter auch ganz durch Knaggen, Sattelhölzer, Laschen und Füllhölzer, Knotenplatten und -bleche u. a. übertragen. Bei jeder Knotenpunktgestaltung sind mehrere Lösungen einander gegenüberzustellen, und daraus ist erst die statisch und wirtschaftlich günstigste auszuwählen. Beispiele verschiedener Lösungsmöglichkeiten siehe auch [3; 5; 7; 9 u. 10].

Bei großen Bindern werden die Gurtstäbe stets länger sein als die lieferbaren Hölzer. Sie müssen also gestoßen werden. Erhält der Gurt nur Zug, wird man den Stoß in einem Stab mit ausreichenden Querschnittsreserven, der vorhandenen Holzlänge angepaßt, beliebig anordnen. Hat der Stab jedoch gleichzeitig Biegespannungen aufzunehmen, legt man den Stoß nach Möglichkeit besser in den Bereich der Momentennullstelle (**117.1**).

Bei Druckgurten ohne und mit Moment soll der Stoß in das äußere Drittel, also in den weniger knickgefährdeten Bereich des Stabes, der annähernd mit der Momentennullstelle zusammenfällt, verlegt werden (**117.1**). Berechnung und Ausführung des Stoßes selbst s. Abschn. 3.9. Mehrteilige Stäbe können auch versetzt gestoßen werden.

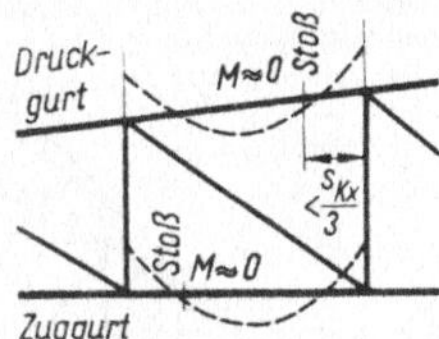

117.1 Anordnung der Gurtstöße

7.1.4 Überhöhung

Freitragende Holzbinder weisen immer eine starke **Durchbiegung** auf, die im wesentlichen drei Ursachen hat. Die Durchbiegung infolge der **elastischen Formänderung** darf die Werte nach DIN 1052 Bl. 1 Abschn. 10 und Tab. 9 nicht überschreiten (s. Abschn. 4.5). Die Durchbiegung infolge der **Nachgiebigkeit der Verbindungsmittel** läßt sich unter der Annahme der entsprechenden Verschieblichkeit jedes Verbindungsmittels berechnen. Diese Durchbiegung wird in der Regel, außer bei Leimkonstruktionen, das 2- bis 3fache der elastischen Durchbiegung betragen. Schließlich tritt noch eine Durchbiegung infolge **Schwindens des Holzes** ein. Sie kann nicht berechnet werden, da sie vom Feuchtigkeitsgehalt zur Zeit des Einbaus und dem verschieden großen Schwindmaß des Holzes in den verschiedenen Richtungen sowie der jeweiligen Luftfeuchtigkeit abhängt (Abschn. 2.2.1). Genaue Berechnung siehe [7].

In der Regel genügt eine Näherungsberechnung, bei der nur die elastische Verformung der Gurtstabe berücksichtigt wird. Meistens gibt man dem Binder konstruktiv eine parabelförmige Überhöhung, die in jedem Fall größer ist als die rechnerische Durchbiegung. Dadurch erreicht man, daß der Untergurt und damit die angehängte Decke nie durchhängt. Eine sichtbare Überhöhung ist sogar rein optisch erwünscht.

Schlanke genagelte Vollwand- oder Fachwerkbinder mit $h = l/10 \cdots l/15$ erhalten eine Überhöhung von $l/200 \cdots l/150$, höhere Fachwerkbinder mit $h = l/6 \cdots l/10$ eine von $l/300 \cdots l/200$.

7.1.5 Wind-, Aussteifungs- und Längsverbände

Auf richtige Aufnahme und Ableitung der Windkräfte ist ganz besonders zu achten; von ihnen hängt die Standsicherheit des Bauwerkes ab. Besondere Windverbände sind erforderlich, um Horizontalkräfte auf Dach und Wände ohne Schaden für das Bauwerk sicher in die Fundamente leiten zu können. Nur vollkommen eingespannte Stützen können ihre Funktion gleichwertig übernehmen. Die Binder sind nur imstande, neben den senkrechten Lasten aus Eigengewicht und Schnee, die Windlasten senkrecht zur Dachhaut aufzunehmen und in die Auflager abzugeben. In der Regel werden nur die senkrechten Komponenten von den Stützen oder Wänden aufgenommen, und die waagerechten müssen über einen Windverband in die Eckpfeiler oder bei Fachwerkbauten durch weitere besondere Windverbände in den Wänden abgeleitet werden (**118.1** c, rechts).

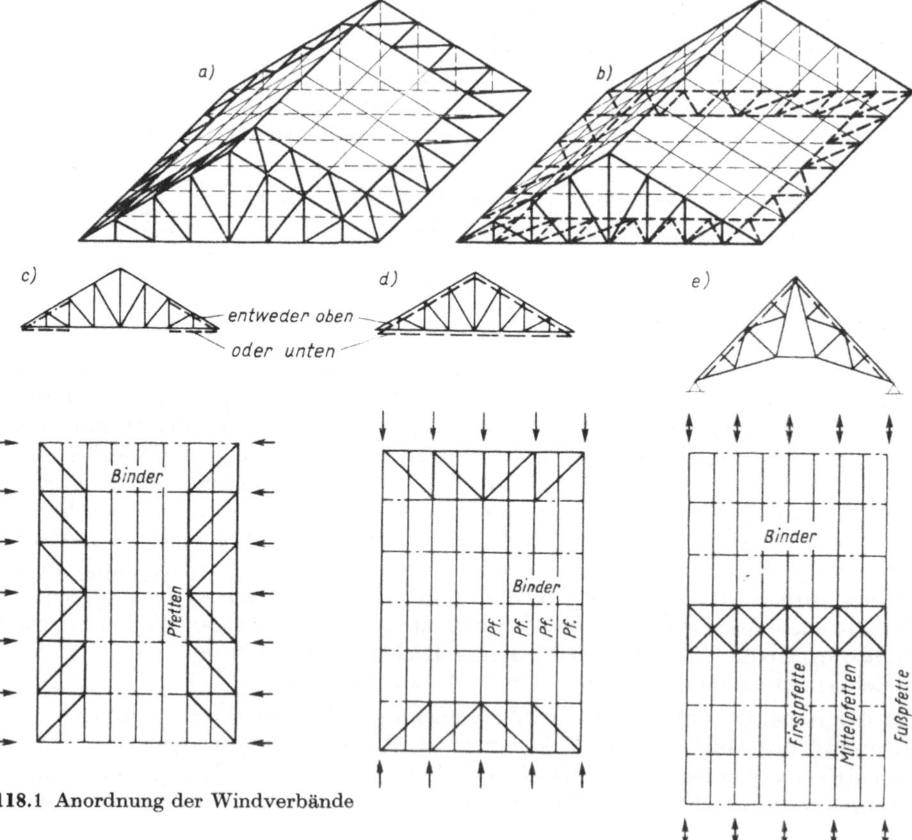

118.1 Anordnung der Windverbände

Der Windverband wird in der Obergurtebene, d.h. parallel zur Dachebene
(**118.1**a), oder ausnahmsweise in der Untergurtebene (**118.1**b) angeordnet werden. Bei Wind auf die Längsseiten bilden die Fuß- und eine Zwischenpfette die
Gurtungen und die Binderobergurte die V-Stäbe. Die Diagonalen werden so
angeordnet, daß sie nur Zug erhalten können, da sie als Knickstäbe zu schlank
wären. (**118.1**c). Sie sind an die Sparren bzw. Sparrenpfetten anzuhängen. Der
Windträger liegt also in der Dachebene. Bei Anordnung in der Binderunter-
gurtebene tritt für den zweiten Gurt an die Stelle der Mittelpfette ein Deckenträger, soweit solche vorhanden sind, oder es muß ein besonderer Träger verlegt
werden. Die V-Stäbe bilden die Binderuntergurte, und die Diagonalen werden
wie in der Dachebene zusätzlich erforderlich. Damit die Diagonalen jeweils nur
Zug erhalten, wird auf beiden Seiten des Daches ein Verband erforderlich. Bei
großen Flugzeughallen wird er zweckmäßig nur auf der Torseite angeordnet und
erhält dann gekreuzte Diagonalen. Durch diese Windverbände wird meistens
auch der halbe Wind auf die Längswand mit übernommen.

Die Windlasten auf die Giebelwände müssen durch getrennt davon angelegte
Windverbände aufgenommen werden (**118.1**d und e). Sie werden in ähnlicher
Weise in der Ober- oder seltener in der Untergurtebene zwischen zwei Bindern
verlegt. Hier bilden die Bindergurte die Verbandsgurte und die Pfetten bzw.
Deckenträger oder besondere Stäbe die Pfosten. Die Diagonalen werden wie
oben zusätzlich erforderlich und an die Sparren angehängt. Die Anordnung erfolgt jeweils in den Giebelfeldern oder sozusagen zusammengeschoben in einem
Mittelfeld, also mit gekreuzten Diagonalen, so daß wiederum in den Diagonalen
je nach der Windrichtung nur Zugkräfte auftreten. Diese Windverbände in der
Dachebene dienen gleichzeitig für alle Binder als Aussteifungsverbände zur
Sicherung der Binderobergurte gegen Ausknicken aus der Binderebene, wenn
die Pfettenstränge von einem Verband zum anderen zug- und druckfest miteinander verbunden und wirksam in den Verbandsknoten angeschlossen sind.

Ab 12 m Gebäudelänge sind mindestens 2 Wind- oder Aussteifungsverbände
anzuordnen; bei längeren Gebäuden dürfen sie nicht weiter als 25 m auseinander
liegen, wenn kein genauerer Nachweis geführt wird.

Zur Bemessung der Windverbände sind i. allg. die anteiligen Windlasten w auf
die Giebelfläche maßgebend.

Für die Bemessung der Aussteifungsverbände wird eine gleichförmige Belastung
q_s aus dem arithmetischen Mittel der Obergurtkräfte ermittelt.

$$q_s = \frac{m \cdot N_{\text{Gurt}}}{30\,l} \qquad\qquad (119.1)$$

Hierin bedeuten m die Anzahl der auszusteifenden Druckgurte, $N_{\text{Gurt}} = \dfrac{1}{n} \cdot \sum_{1}^{n} O_i$

die mittlere Gurtkraft in N aus dem ungünstigsten Lastfall und l die Gesamt-
länge des Druckgurtes.

In der Regel wird der Verband zur gleichzeitigen Aufnahme der Wind- und
Aussteifungslasten berechnet, so daß eine bessere Ausnützung möglich wird. Ist
$q_s \leq w/2$, dann wird der Wind- und Aussteifungsverband nur für die Windbelastung w bemessen. Wird $q_s > w/2$, so ist die Belastung mit $w/2 + q_s$ anzusetzen.

Zur Aussteifung der Druckgurte von Vollwandbindern wird der Wind- und Aussteifungsverband in gleicher Weise nach Gl. (119.1) berechnet. Die Größe N_{Gurt} ergibt sich aus den jeweiligen Querschnittswerten für Vollwandträger (s. S. 50) mit

$$N_{\text{Gurt}} = \frac{2\,M}{3\,J_w} \cdot \gamma \cdot a_1 \cdot F_1 \tag{120.1}$$

und für Brettschichtträger mit Rechteckquerschnitt mit

$$N_{\text{Gurt}} = \frac{\max M}{h} \tag{120.2}$$

Beispiel

Für die Eisbahnhalle nach Beispiel 2 auf Seite 137 und Bild **138**.1 wurden die Windverbände nach Bild **120**.2 in die Dachebene gelegt. Für die Bemessung des Fachwerkträgers werden die Windlasten nur in den Knotenpunkten eingeleitet, und die Ermittlung der Stabkräfte erfolgt in üblicher Weise durch Cremonapläne. Die Binderobergurte sind die Gurte des Windverbandträgers, die Pfetten, die zwar in einer Ebene über den Gurten liegen, bilden die V-Stäbe, und die Diagnonalen sind zusätzlich anzuordnen und an jede Pfette mit Bolzen oder Nägeln anzuschließen. Die Hauptschwierigkeit liegt in der Ausgestaltung der Anschlußpunkte der Diagonalen, da die vorhandenen Gurtstäbe möglichst nicht geschwächt werden sollen. Die besten Lösungen ergeben Anschlüsse über Knaggen mit Versatz und Zugbolzen oder Dübelanschlüsse mit Stahllaschen sowie Nagelanschlüsse mit Brettlaschen (**120**.2, Punkt 1···4).

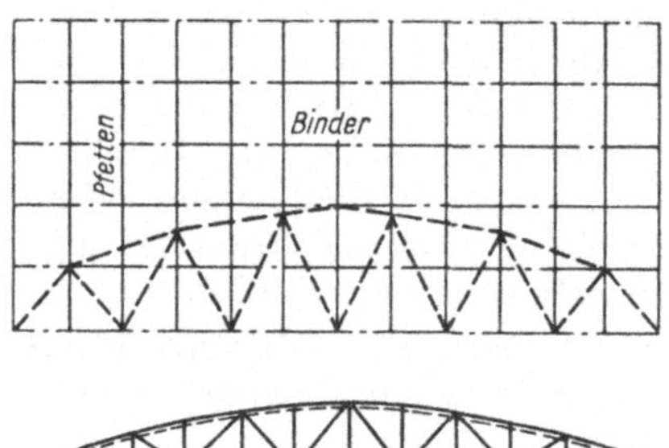

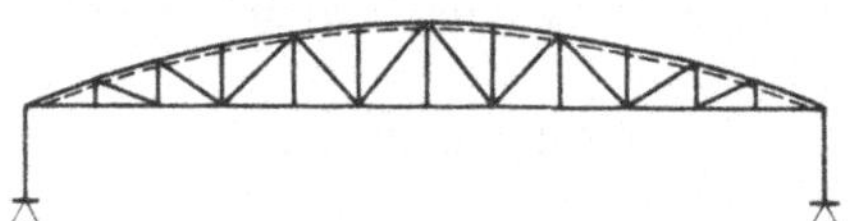

120.1 Parabelförmiger Windverbandsträger

Bei größeren Hallen sind Parabelträger als Windträger sehr beliebt, wobei der Parabelgurt auf Zug beansprucht wird und aus Rundstahl ausgeführt werden kann, der ein Nachspannen erlaubt (**120**.1).

Bei Dachkonstruktionen für kleine Stützweiten und gespundeter Dachschalung kann auf einen besonderen Windverband verzichtet werden. Die Verbandwirkung der Schalung kann noch dadurch erhöht werden, daß man sie in den

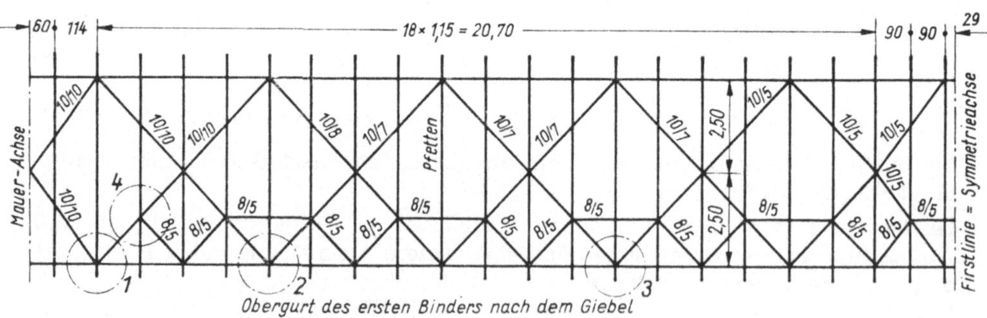

120.2 Windverband (System) (M 1:200)

Fortsetzung Bild **120**.2

Punkt 1:
Knoten mit Knaggen
und Zugankern (M 1:20)

Punkt 2:
Knoten mit Stahllaschen
und Dübeln (M 1:20)

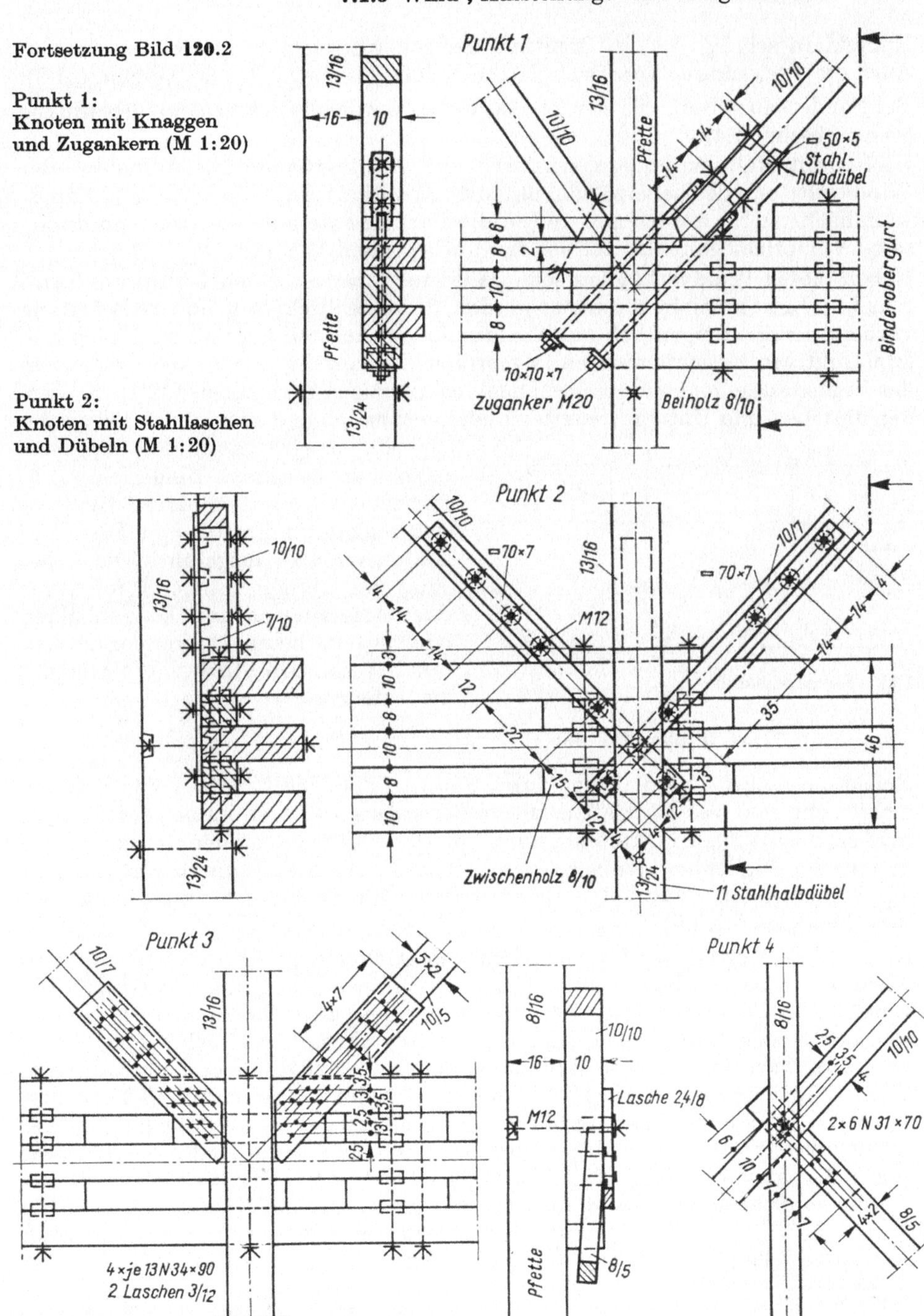

Punkt 3 und 4: Knoten mit Brettlaschen (M 1:20)

Endfeldern schräg, d.h. in Richtung der sonst nötigen Diagonalen aufnagelt. Auch die Verwendung von Dachplatten V 100 G ist möglich[1] (s. Abschn. 5.1.3).

Bei Sonderbauweisen, wie der Zollbauweise, werden Windverbände überflüssig (siehe Abschn. 7.4).

Hallen mit Rahmenbindern erfordern nur Windverbände zur Aufnahme der Windkräfte auf die Giebelwände, da sie die Windkräfte auf die Dach- und Längswandfläche selbst aufnehmen und in die Fundamente ableiten. Die Anordnung selbst entspricht ganz der bei den frei aufliegenden Bindern.

Neben diesen Windverbänden sollen alle Hallenbauten einen **Längsverband** erhalten. Er kann nicht berechnet werden, da keine direkt benennbare Belastung vorliegt. Er dient eigentlich nur zur räumlichen Aussteifung und wird nach rein konstruktiven Gesichtspunkten angeordnet. Er besteht je nach der Stützweite der Binder aus einem oder mehreren fachwerkartigen Stabzügen (**122.1**). Es werden die Ober- und Untergurte miteinander verbunden und ausgesteift. Bei größeren Hallen wird häufig der Längsverband nur in einem Binderfeld, d.h. zwischen zwei benachbarten Bindern, voll und dafür kräftiger in Form des Andreaskreuzes ausgeführt. Die Sicherung der übrigen Binder erfolgt nur durch die Pfetten und Deckenbalken oder, wenn keine Decke vorhanden, durch besondere Stäbe von Untergurt zu Untergurt.

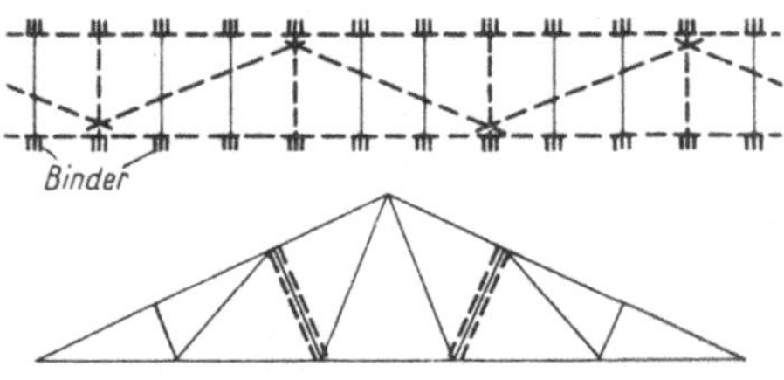

122.1 Längsverband

7.1.6 Dachaufbauten

Reicht die seitliche Beleuchtung durch Fenster oder Lichtbänder in den Wänden nicht mehr aus, was bei Hallen mit größeren Grundflächen immer der Fall ist, muß ein zusätzlicher Lichteinfall durch die Dachfläche geschaffen werden. Heute besteht die Möglichkeit, einfach einen Teil der Dachhaut aus durchsichtigen oder durchscheinenden Baustoffen herzustellen (Glasdachziegel, Well-Drahtglas, Well-Plexiglas u.a.m.).

Eine andere Möglichkeit besteht darin, die Dachhaut in Abständen, etwa zwischen jedem oder jedem zweiten Binder, zu unterbrechen und mit Glasflächen versehene Aufbauten aufzusetzen. Sie laufen quer zum First und werden auch Oberlichte oder **Lichtraupen** genannt. Die Ausführung kann sehr verschiedenartig sein (**123.1** a). Soll eine Halle besonders in der Mitte mehr Licht erhalten, dann wählt man ein am First verlaufendes Oberlicht, eine **Laterne** (**123.1** b und **113.1** p, q, r). Für besonders großräumige Industriehallen, die gleichmäßig ausgeleuchtet werden sollen (z.B. Webereien und Spinnereien), wählt man besser eine vollkommen andere Binderform: das Shed- oder **Sägedach**, beliebig oft hintereinandergesetzt (**113.1** t und u). Bei mehrschiffigen Hallen erhalten die Seitenschiffe gewöhnlich Oberlichte senkrecht zum First und das Mittelschiff eine Laterne längs des Firstes; außerdem wird das Dach des Mittelschiffes höher

---

[1] Krohn, H.: Scheiben aus TRIAPHEN-Dachplatten V 100 G zur Gebäudeaussteifung gegen Winddruck. Bauen mit Holz (1972) H. 4, S. 164ff. — Krohn, H.: Aussteifung eines Pavillons durch starre Scheiben aus Holzspanplatten V 100 G. Bauen mit Holz (1973) H. 3, S. 118ff.

gelegt, so daß seitlich Lichtbänder untergebracht werden können (**123.**1 c). Die Dachaufbauten hauptsächlich in der Firstlinie können statt der Glasfläche auch Entlüftungseinrichtungen erhalten. Diese Abzugsaufbauten sind bei verschiedenen Industriebauten mit **Gas-, Rauch-** oder **Dampfentwicklung** erforderlich.

Konstruktiv werden diese Aufbauten sowohl als kleine Dreigelenk- oder Zweigelenkrahmen aufgesetzt oder einfach in das Fachwerk als solches eingebunden (**113.**1 p, q, r). Die **Hauptschwierigkeiten** bestehen nicht so sehr in der Konstruktion als vielmehr in einer einwandfreien **Abdichtung**.

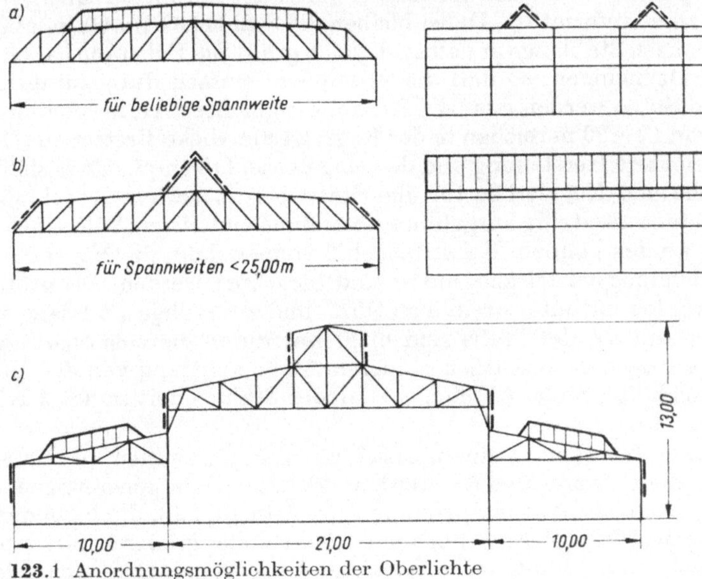

123.1 Anordnungsmöglichkeiten der Oberlichte

7.1.7 Unterbau

Frei aufliegende Binder können auf jeder Art von Unterbau, wie Holzfachwerk, Holzstützen, Mauerwerkswänden oder -pfeilern, Stein-, Beton-, Stahlbeton- und Stahlstützen, aufgelegt werden. Maßgebend und nachzuweisen ist die Pressung zwischen Binder und Unterbau.

Holzfachwerkwände kommen gewöhnlich nur für leichtere Schuppen mit und ohne Verkleidung in Frage. Massive Stützen oder Wände werden immer dann gewählt, wenn erhöhter Wärme- und Feuerschutz verlangt wird, weil hier entsprechende Wände eingezogen werden können und die leicht brennbaren Binder dem direkten Zugriff der Flammen entzogen sind. Die horizontale Verankerung der Binder erfolgt durch Ankerschrauben. Bei schweren Rahmenbindern besteht der Unterbau aus Einzelfundamenten oder Fundamentstreifen, die auf Kippen untersucht werden müssen. Zur Kraftübertragung dienen in der Regel besondere Stahlschuhe.

Für alle Arten des Unterbaues ist ein Standsicherheitsnachweis zu führen, wobei jeweils gesondert zu überprüfen ist, wieweit der Binder selbst bzw. vorhandene Verbände die Standsicherheit beeinträchtigen, gefährden oder fördern.

7.2 Nagelbinder

7.2.1 Allgemeine Grundsätze

Genagelte Brettbinder werden meist dreieck- oder trapezförmig nach Bild **113**.1 ausgeführt. Parallelgurtige Fachwerke kommen für Pfetten zwischen Kantholzbindern oder Rahmentragwerken in Frage (**130**.1). Statisch und in der Ausführung günstig sind Fachwerkbinder mit bogenförmigem Obergurt, der nach der Stützlinie geformt ist. Dabei bleiben die Stabkräfte im Ober- und Untergurt auf der ganzen Stablänge annähernd gleich groß. Die Füllstäbe haben nur geringe Kräfte aufzunehmen, so daß die Anschlüsse einfach durchzuführen sind. Die einzelnen Stäbe werden aus 24···30 mm dicken Brettern hergestellt. Bei Stützweiten von 12···20 m reichen in der Regel 24 mm dicke Bretter aus. Im Hinblick auf die leichtere Herstellung und den Nagelanschluß empfiehlt es sich, die gleiche Brettdicke und Nagelgröße für alle Stäbe beizubehalten. Zweckmäßig werden die Gurtstäbe zweiteilig ausgeführt, so daß die einteiligen Füllstäbe dazwischengesteckt werden können. Beim Anschluß können dann die Nägel als zweischnittige Verbindungsmittel ausgenutzt und berechnet werden. Bei größeren Stützweiten werden mitunter dreiteilige Gurt- und zweiteilige Füllstäbe erforderlich. Die Abmessungen der Stäbe sind nicht nur durch die zulässige Stabspannung bedingt, sondern in wesentlich größerem Maße abhängig von der erforderlichen Nagelanschlußfläche (s. Abschn. 3.4). Jeder Stab ist mit mind. 4 Nägeln anzuschließen.

Stoßen zwei Füllstäbe an einem Anschlußpunkt zusammen, so müssen sie meist nebeneinander angeschlossen werden (**127**.1). Diese ausmittigen Anschlüsse bringen jedoch zusätzliche Spannungen (s. Abschn. 5.5), die besonders im ersten Felde beträchtliche Werte annehmen können. Bei größeren Stützweiten sollen daher das erste Feld voll verbrettert und die V-Stäbe, auch wenn sie Nullstäbe sind, mit mind. 6 Nägeln angeschlossen werden. Der genaue Kraftfluß muß jedoch untersucht werden.

Im Obergurt muß zur besseren Befestigung der Dachhaut eine Fülleiste zwischen den mehrteiligen Stäben (Heftnägelabstände < 40 d) angeordnet werden. Vielfach kann diese Verstärkung auch statisch zur Aufnahme der Biegespannung infolge der unmittelbar aufliegenden Dachhaut ausgenutzt werden. Preislich und stabilitätsmäßig günstiger sind dann jedoch Gurte aus Kanthölzern, bei denen sich zudem mittige Anschlüsse ergeben (**124**.1 und **137**.1). Die Überhöhung ($\approx l/200$ in der Mitte) soll in den einzelnen Stoßpunkten des Unter- und Obergurts nach einer Parabel erfolgen.

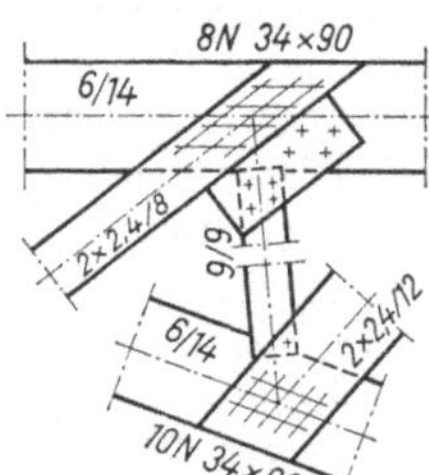

124.1 Knotenpunkte eines Nagelbinders mit Gurten aus Kanthölzern

Nagelbrettbinder werden mit Rücksicht auf die Dachschalung oder Latten (s. Abschn. 5.1) etwa alle 1,00 m verlegt. So ergibt sich eine große Binderzahl. Aber durch den meist völligen Wegfall jeder Tragkonstruktion für die Dachhaut, die unmittelbar aufgelegt werden kann, und zum Teil auch für die untergehängte Decke ergeben sich doch mitunter erhebliche Kostenersparnisse.

Infolge der geringen Seitensteifigkeit der Brettbinder ist eine gute Aussteifung durch Verbände unbedingt erforderlich (s. Abschn. 7.1.5). Die Dachschalung aus Einzelbrettern darf nur bei Beachtung der konstruktiven Forderungen nach DIN 1052 Bl. 1 Abschn. 8.5 zur seitlichen Abstützung der Binderobergurte herangezogen werden. Stoßlaschen sind um $\geqq$ 2 cm breiter als die Gurte auszuführen.

7.2.2 Ausführungsbeispiele

Nagelbrettbinder über einer Werkhalle für eine Stützweite $l = 15{,}40$ m nach Bild **125.1**. Dacheindeckung: doppelte Papplage auf gespundeter Schalung. Systemhöhe $h = 2{,}72$ m; Binderabstand 2,50 m, Dachneigung $\alpha = 19{,}4°$ mit $\sin \alpha = 0{,}332$ $\cos \alpha = 0{,}943$ $\tan \alpha = 0{,}352$

Belastung

doppelte Papplage		150 N/m² Dfl.
24 mm Schalung		150 N/m² Dfl.
	zus.	300 N/m² Dfl.
$\dfrac{300}{0{,}943} =$		318 N/m² Gfl.
Zuschlag für Pfetten	$\approx$	82 N/m² Gfl.
	$g =$	400 N/m² Gfl.
	$s =$	750 N/m² Gfl.
	zus.	1150 N/m² Gfl.
Zuschlag für Dachbinder		150 N/m² Gfl.
Gesamtlast		1300 N/m² Gfl.

Nach Abschn. 2.1.3 ergibt sich keine Windbelastung.

Stabkräfte in N

Stab	Zug	Druck
O_1	—	66 000
O_2	—	63 300
O_3	—	52 500
O_4	—	42 000
U_1	62 200	—
U_2	53 200	—
U_3	44 600	—
U_4	35 600	—
D_1	—	6100
D_2	9050	—
D_3	—	8500
D_4	9850	—
D_5	—	11 200
D_6	11 200	—

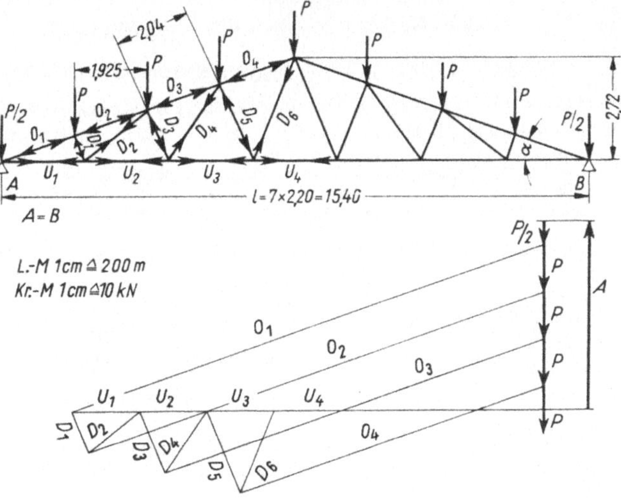

125.1 Fachwerkbinder. System, Cremonaplan und Stabkrafttabelle

Pos. 1 Sparrenpfetten

$$q_x = q_\perp = 1150 \cdot 0,96 \cdot 0,943 = 1041 \, \text{N/m} \qquad q_y = q_\parallel = 1150 \cdot 0,96 \cdot 0,332 = 366,5 \, \text{N/m}$$

$$M_x = 0,125 \cdot 1041 \cdot 2,5^2 = 813 \, \text{Nm} \qquad M_y = 0,125 \cdot 366,5 \cdot 2,5^2 = 286 \, \text{Nm}$$

Gewählt: 8/10 cm

$$\sigma = \frac{81\,300}{133} + \frac{28\,600}{107} = 611 + 267 = 878 < 1000 \, \text{N/cm}^2$$

Durchbiegung nach Gl. (76.2)

$$f_x = 2,08 \cdot \frac{0,611 \cdot 2,5^2}{10} = 0,794 \, \text{cm} \qquad f_y = 2,08 \cdot \frac{0,267 \cdot 2,5^2}{8} = 0,434 \, \text{cm}$$

$$\max f = \sqrt{0,794^2 + 0,434^2} = 0,905 < l/200 = 1,25 \, \text{cm}$$

Pos. 2 Binder

Knotenpunktslasten $P = 1300 \cdot 1,925 \cdot 2,5 = 6256 \, \text{N}$

Auflagerdrücke $A = B = 4 \cdot 6256 = 25024 \, \text{N}$ (ohne Dachüberstand)

Ermittlung der Stabkräfte mit Cremonaplan und Zusammenstellung in der Stabkraft-tabelle Bild **125**.1.

Bemessung

Obergurt $\max O = 66\,000 \, \text{N}$ Druck $s_K = 2,04 \, \text{m}$

Zusatzmoment aus den Pfettensparren in Feldmitte

$$M \approx 0,21 \cdot 0,5 \cdot 6256 \cdot 1,925 = 1264 \, \text{Nm}$$

Gewählt: 10/16 cm $i_x = 4,62 \, \text{cm}$ $\lambda = \frac{204}{4,62} = 44$ $\omega = 1,32$

$$\sigma = -\frac{1,32 \cdot 66\,000}{160} - 0,85 \cdot \frac{126\,400}{427} = -545 - 252 = -797 < -850 \, \text{N/cm}^2$$
$$\text{nach Gl. (73.1)}$$

Untergurt $\max U = 62\,200 \, \text{N}$ Zug   Gewählt: 10/14 cm

$$\sigma = \frac{62\,200}{0,8 \cdot 140} = 555 < 850 \, \text{N/cm}^2 \quad \text{gemäß DIN 1052 Abschn. 9.1.9}$$

Stoß in U_4 2 Laschen 2,4/16 cm $\sigma = \dfrac{1,5 \cdot 35\,600}{2 \cdot 2,4 \cdot 16} = 695 \, \text{N/cm}^2$

Nägel 34 × 90 mit $N_1 = 540 \, \text{N}$ (vorgebohrt) $n = \dfrac{35\,600}{540} = 66$ Stück (2 × 33)

Anschluß O_1 an U_1 mit 2 Furnierplatten $n = \dfrac{66\,000}{540} = 122$ Stück (2 × 61)

Oder: Anschluß O_1 an U_1 mit doppeltem Versatz

$$t_{v1} = 2,0 \, \text{cm} \qquad S_1 = 2,0 \cdot 763 \cdot 10,0 = 15\,260 \, \text{N}$$
$$t_{v2} = 3,0 \, \text{cm} \qquad S_2 = 3,0 \cdot 673 \cdot 10,0 = 20\,190 \, \text{N}$$
$$\max S = 35\,450 \, \text{N}$$

Die Restkraft wird durch Nägel 34 × 90 (vorgebohrt) angeschlossen.

$$R = (66\,000 - 35\,450) \, 1,5 = 45\,825 \, \text{N}$$
$$\text{erf } n = 45\,825 : 540 = 85 \, \text{Stück, gewählt } 2 \times 44 \text{ Stück}$$

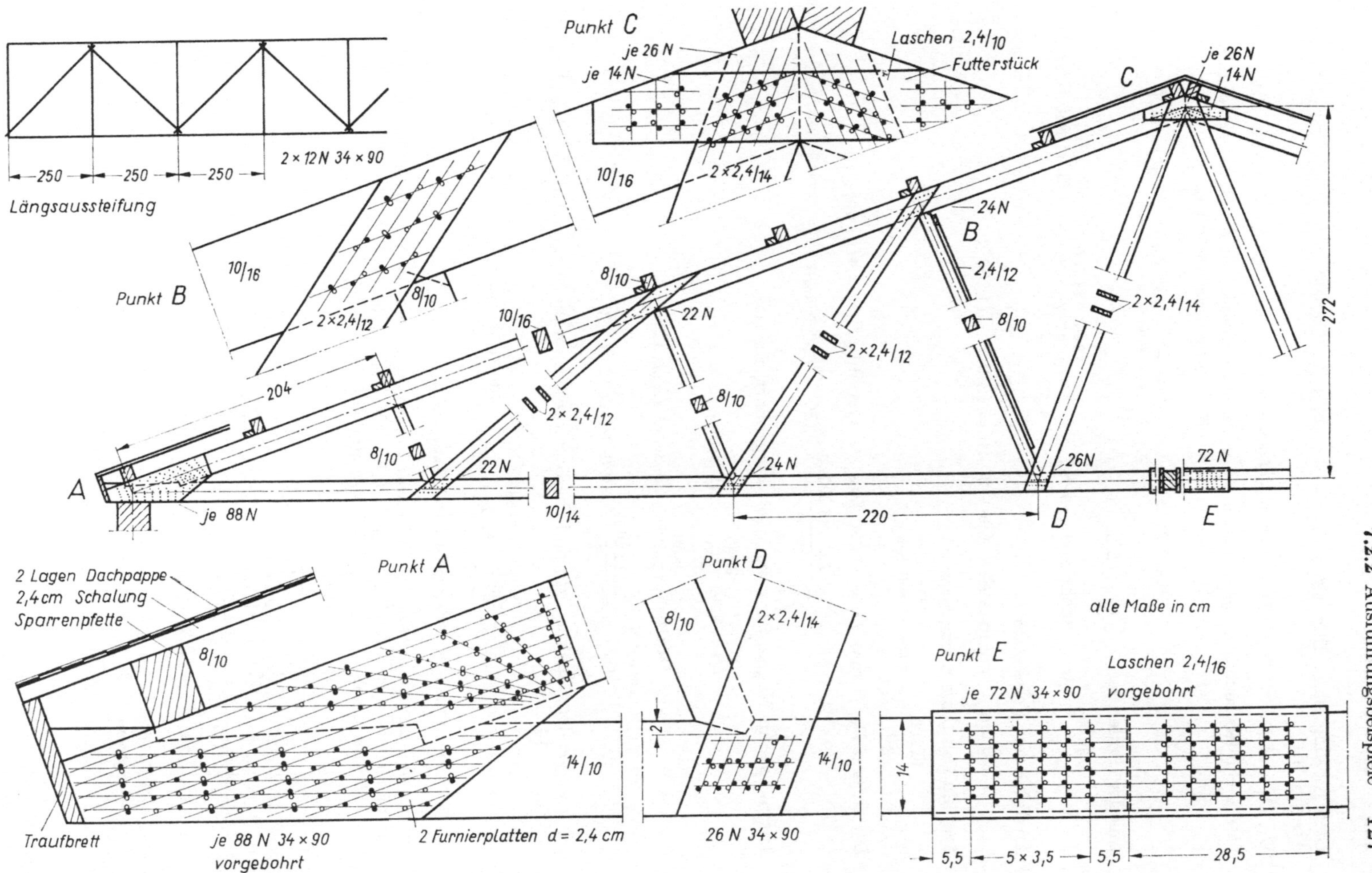

127.1 Fachwerkbinder, Konstruktion und Längsverband

Diese Lösung ist in Bild **127**.1 dargestellt. Andere Möglichkeiten s. die Beispiele in Abschn. 3.1.

D_1, D_3 und D_5 max $D = 11\,200$ N Druck $s = 2,30$ m   Gewählt: 8/10 cm

In der Binderebene $s_K = 2,30$ m — volle Systemlänge, da durch Versatze keine Einspannung vorhanden ist.

$$i = 2,31 \text{ cm} \qquad \lambda = \frac{230}{2,31} = 100 \qquad \omega = 3,00$$

Aus der Binderebene $s_K = 2,30$ m $i = 2,89$ cm

$$\lambda = \frac{230}{2,89} = 80 \quad \text{nicht maßgebend} \qquad \sigma = \frac{3,00 \cdot 11\,200}{80} = 420 < 850 \text{ N/cm}^2$$

Anschluß mit Versatz an U

$t_v = 2,0$ cm   zul max $S = 699 \cdot 2 \cdot 10 = 13\,980 > 11\,200$ N

Anschluß an O als Stumpfstoß

$$\sigma_D = \frac{11\,200}{80} = 140 < 200 \text{ N/cm}^2$$

D_2, D_4 und D_6 max $D = 11\,200$ Zug   Gewählt: $2 \times 2,4/10$ cm

$$\sigma = \frac{1,5 \cdot 11\,200}{48} = 350 < 850 \text{ N/cm}^2$$

Anschlüsse mit Nägeln 34×90 (nicht vorgebohrt) für

$$D_2 \cdots n = \frac{9050}{430} = 21 \text{ Stück } (2 \times 11)$$

$$D_4 \cdots n = \frac{9850}{430} = 23 \text{ Stück } (2 \times 12)$$

$$D_6 \cdots n = \frac{11\,200}{430} = 26 \text{ Stück } (2 \times 13)$$

daher wegen der Nagelung erforderliche Brettbreiten für die Diagonalen $D_2 \cdots D_4$ 12 cm und für D_6 14 cm.

$$\text{Überhöhung } \frac{1540}{200} = 7,7 \text{ cm in der Mitte}$$

Pos. 3 Wind- und Aussteifungsverband (128.1 und 2)

Aus der Windbelastung auf die Giebelwand ergibt sich bei einer Traufhöhe von 3,60 m eine näherungsweise Gleichlast $w_D = 0,8 \cdot 500 \cdot (\approx 2,50) = 1000$ N/m bzw. $w_S = 0,4 \cdot 500 \cdot (\approx 2,50) = 500$ N/m. Der Verband soll gleichzeitig 5 Obergurte aussteifen.

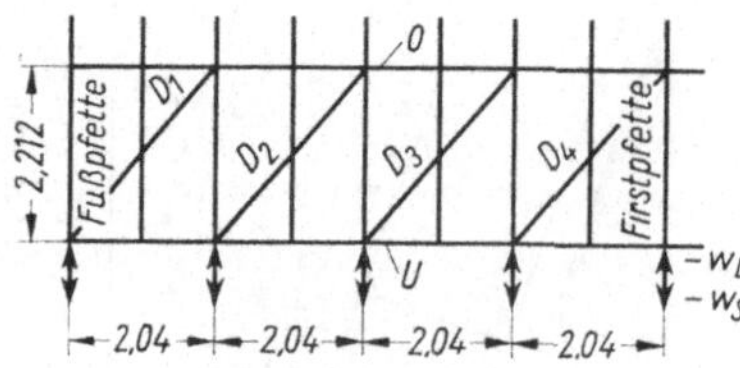

128.1 Wind- und Aussteifungsverband
— System

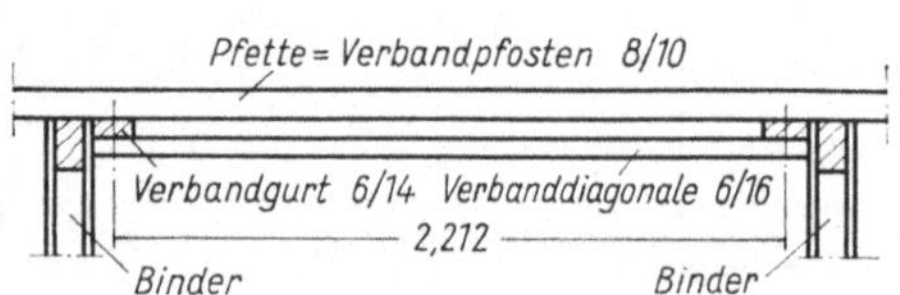

128.2 Wind- und Aussteifungsverband
— Querschnitt

Damit wird nach Abschn. 7.1.5

$$N_{\text{Gurt}} = \frac{1}{4}(66\,000 + 63\,300 + 52\,500 + 42\,000) = 55\,950 \text{ N}$$

$$q_s = \frac{5 \cdot 55\,950}{30 \cdot 15,40} = 605,5 \text{ N/m} > \frac{w}{2}$$

Die Belastung des Wind- und Aussteifungsverbandes beträgt somit

$$q_D = w_D/2 + q_s = 500 + 605,5 = 1105,5 \text{ N/m}$$
$$q_S = w_S/2 + q_s = 250 + 605,5 = 855,5 \text{ N/m}$$

Bemessung

$$\max M = 0,125 \cdot 1105,5 \cdot 16,32^2 = 36\,805 \text{ Nm}$$

$$\max O = \max U = \pm \frac{36\,805}{2,212} = \pm 16\,639 \text{ N}$$

gewählt: 6/14 cm $\qquad i_y = 1,73$ cm $\qquad s_{Ky} = 2,04$ m

$$\lambda_y = \frac{204}{1,73} = 118 \qquad \omega = 4,18$$

$$\sigma_D = \frac{4,18 \cdot 16\,639}{6 \cdot 14} = 828 < 850 \text{ N/cm}^2 \qquad \text{Anschluß mit Geka } \varnothing\, 65,$$

$$\sigma_Z = \frac{16\,639}{(14 - 1,7)\,6 - 3,6} = 237 < 850 \text{ N/cm}^2 \text{ nicht maßgebend}$$

bei Winddruck $\qquad \max D_{1Z} = \dfrac{(16,32 - 2,04)\,1105,5}{2 \cdot \sin 47,3°} = 10\,741 \text{ N}$

bei Windsog $\qquad \max D_{1D} = \dfrac{(16,32 - 2,04) \cdot 855,5}{2 \cdot \sin 47,3°} = -\,8311 \text{ N}$

gewählt: 6/16 cm $\qquad i_y = 1,73$ cm $\qquad s_{Ky} = 3,01$ m

$$\lambda_y = \frac{301}{1,73} = 174 < 200 \qquad \omega = 9,08$$

$$\sigma_D = \frac{9,08 \cdot 8311}{6 \cdot 16} = 786 < 850 \text{ N/cm}^2 \qquad \sigma_Z = \text{gering, daher nicht maßgebend}$$

$$\max D_{2D} = \frac{Q_2}{\sin 47,3°} = -\,5930 \text{ N}$$

gewählt: 6/12 cm

$$\sigma_D = \frac{9,08 \cdot 5930}{6 \cdot 12} = 748 < 850 \text{ N/cm}^2 \qquad \max D_{3D} = -\frac{Q_3}{\sin 47,3°} = -\,3550 \text{ N}$$

gewählt: 6/10 cm

$$\sigma_D = \frac{9,08 \cdot 3550}{6 \cdot 10} = 537 < 850 \text{ N/cm}^2$$

D_4 wie D_3 konstruktiv 6/10 cm $\qquad \max V = \pm\, 6105 \text{ N} \qquad s_K = 2,212$ m

vorhandene Sparrenpfetten 8/10 cm nach S. 126

$$\min i = 2,31 \text{ cm} \qquad \lambda = \frac{221,2}{2,31} = 95,8 \qquad \omega = 2,81$$

$$\sigma_D = \frac{2,81 \cdot 6105}{10 \cdot 8} = 214 \text{ N/cm}^2$$

Gesamtspannung infolge HZ

$$\sigma = 0{,}85 \cdot 878 + 214 = 960{,}3 < 850 \cdot 1{,}15 = 977{,}5 \ \text{N/cm}^2$$

Ausführung der Anschlüsse mit Geka-Holzverbindern:

D_1 und D_2 mit je 1 ⌀ 65 (11 kN)

alle übrigen Diagonalen und V-Stäbe (Pfetten) mit je 1 ⌀ 50 (7 kN)

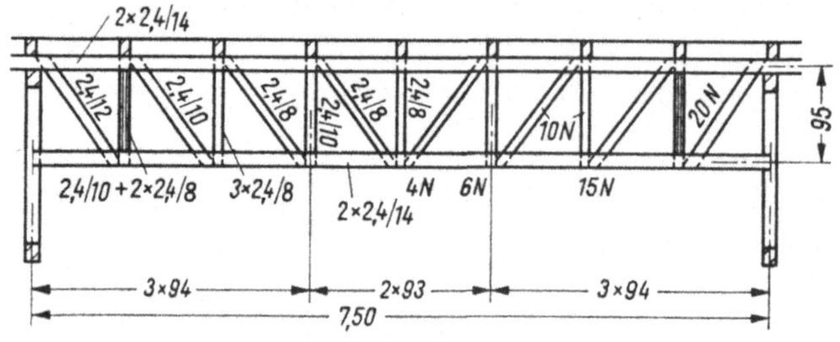

Die Ausführung einer genagelten Gitterpfette, wie sie bei Hallenbauten mit größeren Binderabständen vorkommt, zeigt Bild **130.1**.

130.1 Gitterpfette

7.2.3 Varianten

Bei einer Ausführung von Dreiecksbindern bereitet häufig der Anschluß des Obergurtstabes an den Untergurt Schwierigkeiten. Eine Vergrößerung der Nagelanschlußfläche läßt sich leicht erreichen, wenn man die Lasche verbreitert (**130.**2a). Knotenlaschen aus hochwertigem kreuzverleimtem Sperrholz[1]), Hartfaserplatten oder Stahlblech (**130.**3) haben sich bewährt. Hier reichen jedoch die Tabellen für die Berechnung von Nagelverbindungen nicht mehr aus, zumal sich auch die Verwendung von Nägeln aus hochwertigem Stahl empfiehlt. Bei dieser Ausführung sind die Löcher zweckmäßig vorzubohren.

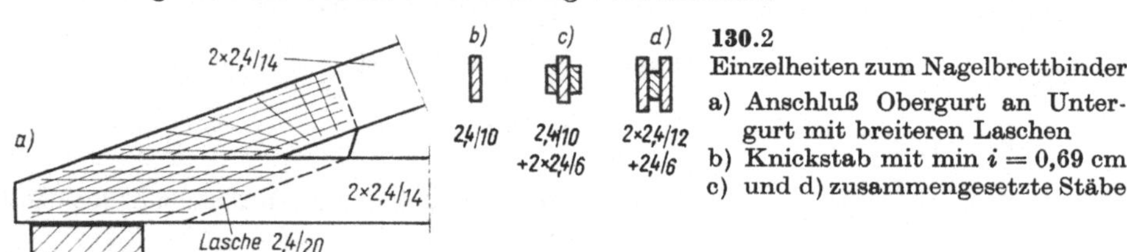

130.2
Einzelheiten zum Nagelbrettbinder
a) Anschluß Obergurt an Untergurt mit breiteren Laschen
b) Knickstab mit min $i = 0{,}69$ cm
c) und d) zusammengesetzte Stäbe

Einteilige Druckstäbe aus Brettern sind im Hinblick auf den zulässigen Schlankheitsgrad von 150 nur für kurze Längen ausführbar, und zwar bei 24 mm Brettern für $s_K = 150 \cdot 0{,}69 = 103{,}5$ cm (**130.**2b). Bei größeren Längen müssen Kanthölzer, wie in Bild **127.**1 gezeigt, oder nach (**130.**2c und d) zusammengesetzte Stäbe[2]) verwendet werden. Bei der Ausführung nach (**130.**2d) ist eine direkte Druckübertragung auf den zweiteiligen Gurtstab durch Stumpfstoß möglich.

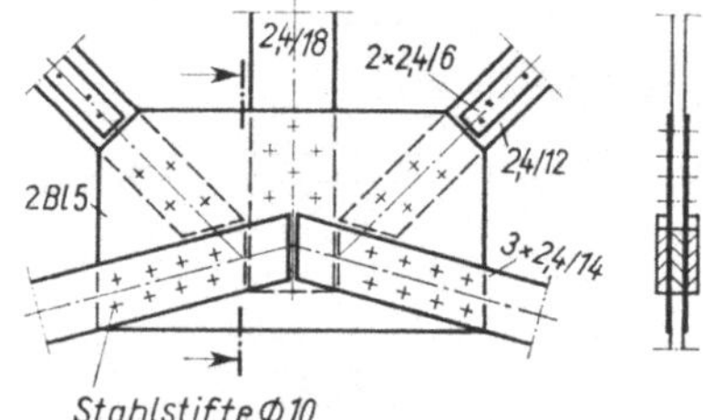

130.3
Knotenpunktsausbildung mit Stahlblechlaschen und Stahlstiften

---

[1]) S. Fußnote 2 S. 10 und Fußnote 1 S. 11
[2]) Metzler, M.: Bemessungstabellen für Druckstäbe bei Nagelbrettbindern in Bauen mit Holz (1971) H. 7

7.3 Kantholzbinder

7.3.1 Allgemeine Grundsätze

Nach der Wahl des Bindersystems entsprechend Abschn. 7.1 und der Ermittlung der maximalen Stabkräfte erfolgt die Querschnittswahl der Stäbe unter Berücksichtigung der vorgesehenen Verbindungsmittel. Die Stabdicken sollen so aufeinander abgestimmt sein, daß möglichst wenig Bearbeitung und damit kleinste Querschnittsschwächungen erforderlich werden. Es sind also An- und Überblattungen, die nicht zur Kraftübertragung dienen, zu vermeiden. Die Holzdicke muß für die kleinsten Dübel mindestens 4 cm betragen (s. Abschn. 3.2). Die Verbindungsmittel sollen nicht nur in ihrer Art, sondern auch möglichst in der Größe einheitlich gewählt werden (z. B. 3 Geka ⌀ 95 statt 2 Geka ⌀ 95 und 1 Geka ⌀ 80), weil die Mehrarbeit mit verschiedenen Fräsern teuerer kommen kann als die Anordnung der größeren, aber gleichen Dübel.

7.3.2 Beispiele

Beispiel 1 (132.1): Für einen Versammlungsraum ist eine Überdachung mit 35° Neigung bei ebener Untersicht mit guten akustischen Eigenschaften zu erstellen. Der Bodenraum wird nicht genutzt. Gewählt wird ein Kantholz-Dreieckbinder aus Nadelholz der Güteklasse II. Als Dachdeckung werden Falzziegel nach DIN 1055 Bl. 1 Abschn. 3.11 auf Sparren und Pfetten mit Kopfbändern verlangt.

Grunddaten Stützweite $l = 16,20$ m   Binderabstand $a = 4,00$ m

Binderhöhe $h = 5,67$ m   Sparrenteilung $e = 0,80$ m

Dachneigung $\alpha = 35°$ $\sin \alpha = 0,574$ $\cos \alpha = 0,819$ $\tan \alpha = 0,700$

Belastungsannahme

Dach   Falzziegeldach einschl. Lattung   550 N/m² Dfl.

Sparreneigengewicht   100 N/m² Dfl.

$g =$ 650 N/m² Dfl.

$\bar{g}_1 = \dfrac{g}{\cos \alpha} = \dfrac{650}{0,819} =$ 794 N/m² Gfl.

Pfetteneigengewicht $\approx$ 56 N/m² Gfl.

$\bar{g}_2 =$ 850 N/m² Gfl.

Bindereigengewicht nach Tab. in [9]   200 N/m² Gfl.

$\bar{g}_3 =$ 1050 N/m² Gfl.

Schneelast $\bar{s} = (95 - \alpha) \cdot 10 = 600$ N/m² Gfl.

Windlast nach dem Sonderverfahren bei $q = 800$ N/m²

$w_D = (1,2 \sin \alpha - 0,4) q = + 231$ N/m²

$w_S = - 0,4 q = - 320$ N/m²

Decke   Deckenbalken, Trägerrost mit Leichtbauplatten $\bar{g}_4 = 400$ N/m²

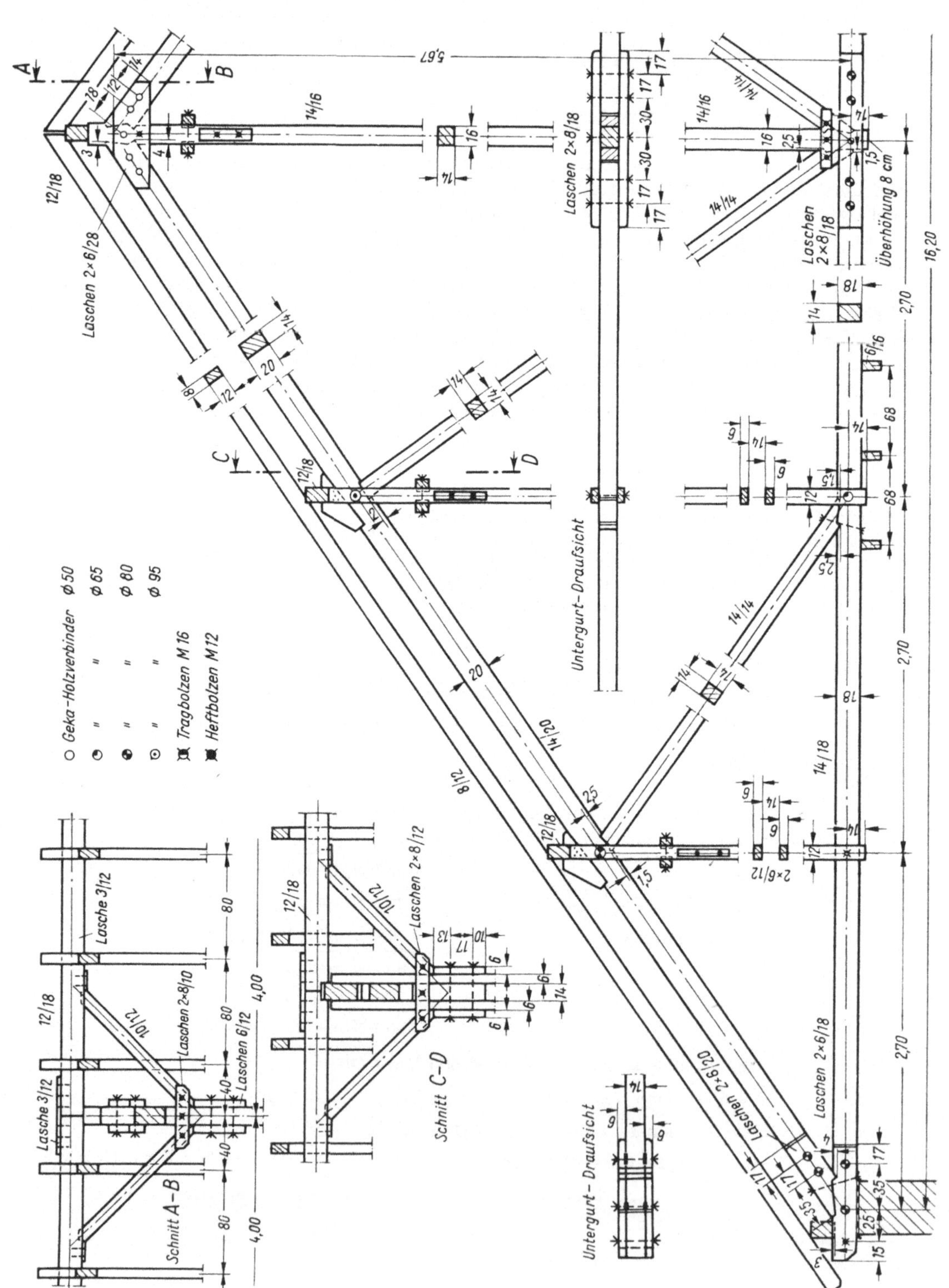

132.1 Kantholzbinder

Bemessung

Pos. 1. Sparren, nach Abschn. 5.2, gewählt 8/12 cm

Pos. 2. Pfetten, nach Abschn. 5.3, gewählt 12/18 cm

Pos. 3. Kopfbänder, nach Abschn. 5.3, gewählt 10/12 cm

Pos. 4. Deckenbalken, als Einfeldträger, gewählt 6/16 cm

Pos. 5. Fachwerkbinder

$l = 16{,}20$ m, $h = 5{,}67$ m $a = 4{,}00$ m   Dachüberstand $= 0{,}65$ m

Graphische Stabkraft mit Cremonaplänen s. Bild **133**.1.

Knotenpunktlasten

1. Lastfall Schnee links (halbseitig), $s = 600$ N/m² Gfl.

$$P_1 = (1{,}35 + 0{,}65)\ 4{,}00 \cdot 600 = 4800\ \text{N}$$
$$P_{2,3} = 2{,}70 \cdot 4{,}00 \cdot 600 = 6480\ \text{N}$$
$$P_4 = 1{,}35 \cdot 4{,}00 \cdot 600 = 3240\ \text{N}$$
$$\Sigma P = 4800 + 2 \cdot 6480 + 3240 = 21\,000\ \text{N}$$
$$A_v = \frac{1}{16{,}20}\,[4800 \cdot 16{,}20 + 6480\,(13{,}50 + 10{,}80) + 3240 \cdot 8{,}10] = 16\,140\ \text{N}$$
$$B_v = 21\,000 - 16\,140 = 4860\ \text{N}$$

2. Lastfall Schnee rechts; symmetrisch zu Lastfall Schnee links, da das System vollkommen symmetrisch ist.

3. Lastfall Schnee voll. Die Stabkräfte werden aus der Überlagerung von Schnee links und Schnee rechts errechnet.

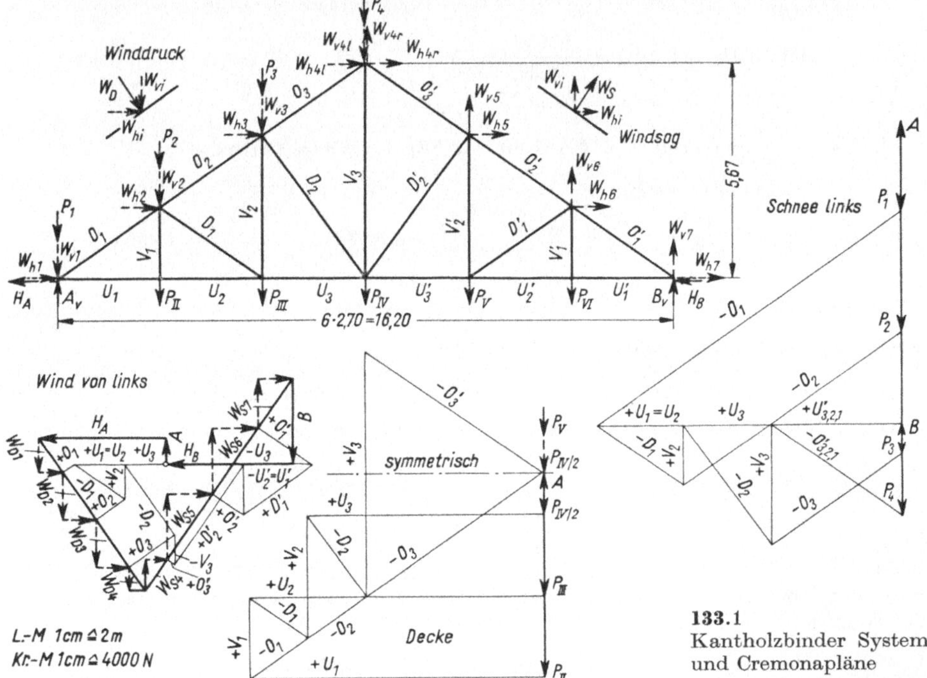

133.1
Kantholzbinder System
und Cremonapläne

4. Lastfall Eigengewicht des Daches ohne Decke ($\bar{g}_3 = 1050$ N/m²). Die Stabkräfte werden durch Umrechnung aus den Stabkräften für **S c h n e e   v o l l** errechnet.

Umrechnungsfaktor $c = \dfrac{\bar{g}_3}{s} = \dfrac{1050}{600} = 1{,}75$

5. Lastfall Eigengewicht der Decke

$P_\mathrm{I} = P_\mathrm{VII} = 0 \qquad P_{\mathrm{II}\cdots\mathrm{VI}} = 2{,}70 \cdot 4{,}00 \cdot 400 = 4320$ N

$A_v = B_v = 2{,}5 \cdot 4320 = 10\,800$ N

6. Lastfall Wind von links (Sonderverfahren) $w_D = 230$ N/m² $w_S = -\,320$ N/m²

a) Vertikalkomponenten

$W_{v1} = 2{,}00 \cdot 4{,}00 \cdot 231 \qquad\;\; = \quad 1848$ N

$W_{v2} = 2{,}70 \cdot 4{,}00 \cdot 231 \qquad\;\; = \quad 2495$ N

$W_{v3} = W_{v2} \qquad\qquad\qquad\;\;\; = \quad 2495$ N

$W_{v4l} = 0{,}5\,W_{v2} \qquad\qquad\quad\; = \quad 1248$ N

$W_{v4r} = 1{,}35 \cdot 4{,}00\,(-320) = -1728$ N

$W_{v5} = 2\,W_{v4r} \qquad\qquad\;\; = -3456$ N

$W_{v6} = W_{v5} \qquad\qquad\qquad\; = -3456$ N

$W_{v7} = 2{,}00 \cdot 4{,}00\,(-320) = -2560$ N

$\varSigma\,W_v \qquad\qquad\qquad\qquad\;\; = -3114$ N

b) Horizontalkomponenten

$W_{h1} = \left(\dfrac{1{,}89}{2} + 0{,}155\right) 4{,}00 \cdot 231 = \quad 1294$ N

$W_{h2} = 1{,}89 \cdot 4{,}00 \cdot 231 \qquad\qquad = \quad 1746$ N

$W_{h3} = W_{h2} \qquad\qquad\qquad\qquad = \quad 1746$ N

$W_{h4l} = 0{,}5\,W_{h2} \qquad\qquad\qquad = \quad\; 873$ N

$W_{h4r} = 0{,}5 \cdot 1{,}89 \cdot 4{,}00 \cdot 320 = \quad 1210$ N

$W_{h5} = 2\,W_{h4r} \qquad\qquad\qquad = \quad 2420$ N

$W_{h6} = W_{h5} \qquad\qquad\qquad\qquad = \quad 2420$ N

$W_{h7} = 1{,}40 \cdot 4{,}00 \cdot 320 \qquad\quad = \quad 1792$ N

$\varSigma\,W_h \qquad\qquad\qquad\qquad\qquad = 13\,501$ N

$A_{vv} = \dfrac{1}{16{,}20}\,[1840 \cdot 16{,}20 + 2495\,(13{,}5 + 10{,}8) + (1248 - 1728)\,8{,}10 -$

$\qquad\quad 3456\,(5{,}40 + 2{,}70)] = \dfrac{58\,555}{16{,}20} = 3615$ N

$B_{vv} = -\,3114 - 3615 = -\,6729$ N

$A_{vh} = -\,\dfrac{1}{16{,}20}\,[(1746 + 2420)\,(1{,}89 + 3{,}78) + (873 + 1210)\,5{,}67]$

$\qquad\; = -\,2187\ \mathrm{N} = -\,B_{vh}$

$H_{Ah} = H_{Bh} = \dfrac{13\,501}{2} = 6750$ N $\qquad\qquad A_v = 3615 - 2187 = 1428$ N

$\qquad B_v = -\,6729 + 2187 = -\,4542$ N $\qquad H_A = H_B = 6750$ N

Bemessung der Fachwerkstäbe nach Tafel 135.1

Obergurt: $O_1 \cdots O_3$ durchgehend $\qquad$ max $S = -\,96\,300$ N aus H $\qquad s_K = 3{,}30$ m

Gewählt: 14/20 cm mit $F = 280$ cm² $\qquad i_y = 4{,}04$ cm

$\lambda = \dfrac{330}{4{,}04} = 81{,}6 \qquad\quad \omega = 2{,}25 \qquad\qquad \sigma = \dfrac{2{,}25 \cdot 96\,300}{280} = 774 < 850$ N/cm²

Untergurt: $U_1 \cdots U_1'$ durchgehend $\qquad$ max $S = +\,84\,900$ N

Zusätzliches Moment durch Deckenlast und Einzellast nach DIN 1055 Abschn. 6.21. Maßgebend ist das Stützmoment des Untergurt-Durchlaufträgers im geschwächten Querschnitt am Knoten.

$M = 0{,}1 \cdot 400 \cdot 4{,}00 \cdot 2{,}7^2 + 0{,}175 \cdot 1000 \cdot 2{,}70 = 1639$ Nm

Tafel **135**.1 Stabkräfte aus Cremonaplänen

Stab	Länge	Schnee			Eigengewicht		Wind von		max. Stabkraft	Querschnitt
		links	rechts	voll	Dach	Decke	links	rechts		
	m	N	N	N	N	N	N	N	N	cm/cm
O_1	3,30	—19750	—8400	—28150	—49250	—18900	+ 750	+ 550	—96300	14/20
O_2	3,29	—14050	—8400	—22450	—39300	—15150	+1900	+2200	—76900	
O_3	3,29	— 8400	—8400	—16800	—29400	—11300	+3000	+3400	—57500	
U_1	2,70	+16100	+6950	+23050	+40350	+16700	+4800	—7750	+84900	14/18
U_2	2,70	+16100	+6950	+23050	+40350	+16700	+4800	—7750	+84900	
U_3	2,70	+11500	+6950	+18450	+32300	+12400	+2200	—4200	+65350	
D_1	3,29	— 5550	0	— 5550	— 9700	— 3800	—3200	+4400	—22250	14/14
D_2	4,64	— 7950	0	— 7950	—13900	— 5300	—4550	+8450	—31700	
V_1	1,89	0	0	0	0	+ 4320	0	0	+ 4320	2 × 6/12
V_2	3,78	+ 3150	0	+ 3150	+ 5500	+ 6480	+1800	—2700	+16930	2 × 6/12
V_3	5,67	+ 6400	+6400	+12800	+22400	+12960	—1600	—1600	+48160	14/16

Gewählt: 14/18 cm mit $F = 252$ cm^2

am Auflager: $F_n = 14\,(18 - 4) = 196$ cm^2 (4 cm Versatztiefe)

$$\sigma = \frac{84900}{196} = 433 < 850 \text{ N/cm}^2$$

im Knoten bei V_1: $F_n = 14\,(18 - 1,7) - 2 \cdot 3,6 = 221$ cm^2 (Abzug 2 Geka $\varnothing$ 65)

$$W_{xn} \approx \frac{14 \cdot 18^2}{6} = 756 \text{ cm}^3 \qquad \sigma = \frac{84900}{221} + 0,77 \cdot \frac{163900}{756} = 551 < 850 \text{ N/cm}^2$$

Stoß in $U_3 \cdots U_3$ max $S = +\ 65350$ N aus HZ

Stützmoment max $M = 0,08 \cdot 400 \cdot 4,00 \cdot 2,70^2 + 0,175 \cdot 1000 \cdot 2,70 = 1406$ Nm

Gewählt: 2 Laschen 8/18 cm mit $F = 288$ cm^2 (Geka-Dübel $\varnothing$ 80)

$$F_n = 2 \cdot 8\,(18 - 2,1) - 2 \cdot 4,6 = 245,2 \text{ cm}^2 \qquad W_{xn} = \frac{2 \cdot 8 \cdot 18^2}{6} = 864 \text{ cm}^3$$

$$\sigma = \frac{1,5 \cdot 65350}{245,2} + 0,77 \cdot \frac{140600}{864} = 525 < \cdot 850 + 15\% = 977,5 \text{ N/cm}^2$$

Anschluß der Stoßlaschen an U_3 und U_3' mit je 2 Paar Geka-Holzverbindern $\varnothing$ 80

Anschlußkraft $4 \cdot 17000 = 68000 > 65350$ N

Diagonalstäbe

D_1 mit max $S = -\ 22250$ N aus HZ $s_K = 3,29$ m

Gewählt: 14/14 cm mit $F = 196$ cm^2 $i = 4,04$ cm

$$\lambda = \frac{329}{4,04} = 81,5 \qquad \omega = 2,25 \qquad \sigma = \frac{2,25 \cdot 22250}{196} = 255 < 977,5 \text{ N/cm}^2$$

D_2 mit max $S = 31700$ N aus HZ $s_K = 4,64$ m

Gewählt: 14/14 cm, wie D_1

$$\lambda = \frac{464}{4,04} = 115 \qquad \omega = 3,97 \qquad \sigma = \frac{3,97 \cdot 31\,700}{196} = 642 < 977,5 \text{ N/cm}^2$$

Vertikalstäbe

V_1 und V_2 mit max $S = 16\,930 + 2 \cdot 9380$ (Belastung aus den Kopfbändern) $= 35\,690$ N
(HZ)

Gewählt: $2 \times 6/12$ cm mit $F = 144$ cm² $\quad F_n = 2 \cdot 6\,(12 - 1,7) - 2 \cdot 3,6 = 116,4$ cm²

$$\sigma = \frac{35\,690}{116,4} = 306,6 < 977,5 \text{ N/cm}^2$$

V_3 mit max $S = 48\,160 + 2 \cdot 9380 = 66\,920$ N (HZ)

Gewählt: 14/16 cm mit $F = 224$ cm

$$F_n = 14\,(16 - 2 \cdot 1,5 - 1,7) - 2 \cdot 3,6 = 151 \text{ cm}^2$$

$$\sigma = \frac{66\,920}{151} = 443 < 977,5 \text{ N/cm}^2$$

Anschlüsse (Versatze nach Tafel **20.1** und Geka-Holzverbinder)

O_1 an U_1 mit doppeltem Versatz bei 2 Laschen 6/20 cm und 2 Laschen 6/18 cm

$\quad t_{v1} = 3$ cm $\quad t_{v2} = 4$ cm $\quad \alpha = 35°$

$\quad S_1 + S_2 = (30721 + 40583)\, 26 = 116\,870 > 96\,300$ N

Obergurtlaschen: $\quad$ Kraftanteil $\dfrac{96\,300 \cdot 12}{26} = 44\,446$ N

Untergurtlaschen: $\quad$ Kraftanteil $\dfrac{84\,900 \cdot 12}{26} = 39\,184$ N

Anschluß mit je 2 Paar Geka $\varnothing$ 80

Tragfähigkeit $4 \cdot 17\,000 = 68\,000$ N $> 1,5 \cdot 44\,446 = 66\,669$ N

V_1 an U mit 2 Geka-Dübel $\varnothing$ 50 $\quad \alpha = 90°$ $\quad$ Tragfähigkeit $2 \cdot 7,0 = 14,0 > 4,32$ kN

V_1 an O, Stabkraft $+$ Kopfbandlast $= 4320 + 18\,760 = 23\,080$ N $\quad \alpha = 55°$

$\quad$ Anschluß mit 2 Geka $\varnothing$ 80 mit $2 \cdot 16\,000 = 32\,000 > 23\,080$ N

D_1 an O mit doppeltem Versatz $\quad t_{v1} = 1,5$ cm $\quad t_{v2} = 2,5$ cm $\quad \alpha = 70°$

$$S_1 + S_2 = \frac{1,5}{\cos^2 35°} \cdot 14 \cdot 480 + \frac{2,5}{\cos 70°} \cdot 14 \cdot 240 = 39\,584 > 22\,250 \text{ N}$$

D_1 an U mit doppeltem Versatz wie oben, $\alpha = 35°$

$\quad S_1 + S_2 = (1082 + 1458)\, 14 = 35\,560 > 22\,250$ N

V_2 an U mit 2 Geka $\varnothing$ 65 $\quad$ Tragfähigkeit $2 \cdot 10\,000 = 20\,000 > 16\,930$ N

V_2 an O, Stabkraft $+$ Kopfbandlast $= 16\,930 + 18\,760 = 35\,690$ N $\quad \alpha = 55°$

$\quad$ Anschluß mit 2 Geka $\varnothing$ 95 $\quad$ Anschlußkraft $2 \cdot 19\,500 = 39\,000 > 35\,650$ N

D_2 an O mit Stumpfstoß, 2 cm eingelassen

$$\sigma = \frac{31\,700}{196} = 162 < 200 \text{ N/cm}^2$$

D_2 an V_3 mit doppeltem Versatz $\quad t_{v1} = 1,5$ cm $\quad t_{v2} = 2,5$ cm $\quad \alpha = 35° \, 50'$

$\quad S_1 + S_2 = (1080 + 1450)\, 14 = 35\,420 > 31\,700$ N

V_3 an U (hier Stoßlaschen von $U_3 \cdots U_3'$) mit 2 Geka ∅ 50 $\alpha = 90°$

Tragfähigkeit $2 \cdot 7000 = 14\,000 > 4320$ N (aus Deckenlast)

O_3 an V_3 mit doppeltem Versatz $t_{v1} = 3$ cm $t_{v2} = 4$ cm $\alpha = 55°$

$S_1 + S_2 = (2097 + 2224)\,14 = 60\,494 > 57\,500$ N

Vorholzlänge $l_v = 13{,}5$ cm, seitliche zusätzliche Sicherung durch 2 Laschen

Beispiel 2 (138.1): Für eine Eisbahnhalle in Paderborn wurde eine hölzerne Dachkonstruktion auf eingespannten Stahlbetonstützen als Trapezbinder mit der beachtlichen Stützweite von 47,00 m erstellt. Die Binderabstände der 65,00 m langen Halle betragen $7{,}50 + 10 \times 5{,}00 + 7{,}50$ m. Zur räumlichen Stabilisierung der 11 Binder wurden 3 Dachverbände eingebaut. Die Dachbinder wurden für Eigengewicht, Schnee und Wind nach dem Sonderverfahren bemessen. Verkehrslasten wurden nicht vorgesehen und dürfen auch später nicht aufgebracht werden. Als Baustoff wurden Nadelholz Gütekl. II und als Verbindungsmittel Hartholzdübel bzw. Stahlhalbdübel der Fa. Kübler verwendet.

Die Dachdeckung besteht aus Welleternit auf Pfettensparren, die als Gelenkträger ausgebildet sind. Als System wurde ein Trapezbinder mit einer Ausfachung in Anlehnung an das Polonceau-Dach gewählt.

Für die Dachbinder mit der Belastungsbreite $\dfrac{7{,}50 + 5{,}00}{2} = 6{,}25$ m ergaben sich

die in Tafel **139**.1 zusammengefaßten Stabkräfte, Querschnitte, Spannungen und Anschlüsse. In Bild **138**.1 ist ein Teil der konstruktiven Durchbildung wiedergegeben.

7.3.3 Varianten

Wie bereits in Abschn. 7.1 angedeutet, sind selbst in einfachsten Konstruktionen für einzelne Bauglieder oder Anschlüsse verschiedene Lösungen möglich, die nicht ohne weiteres als besser oder schlechter beurteilt werden können.

Für unser Beispiel des Kantholzbinders sollen einige derartige Lösungsmöglichkeiten aufgezeigt werden.

Variante 1 (137.1 a): Die Vertikalstäbe V_1 und V_2 können durch Rundstahlstangen ersetzt werden. Da hier die Kopfbänder der Pfetten nicht gegen einen Vertikalstab gestoßen werden können, müssen sie als frei aufliegende Träger oder als unterspannte Pfetten behandelt und bemessen werden.

$$\max V = +\,16\,930 \text{ N}$$

Gewählt: 1 M 20 mit $F_k = 2{,}20$ cm²

$$\sigma = \frac{16\,930}{2{,}20} = 7700 < 8500 \text{ N/cm}^2$$

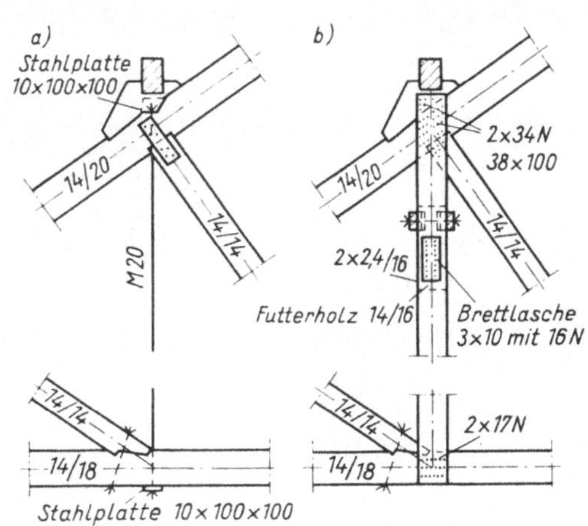

137.1
Varianten zum Kantholzbinder
a) Vertikalstab aus Rundstahl
b) aus Brettern mit genageltem Anschluß

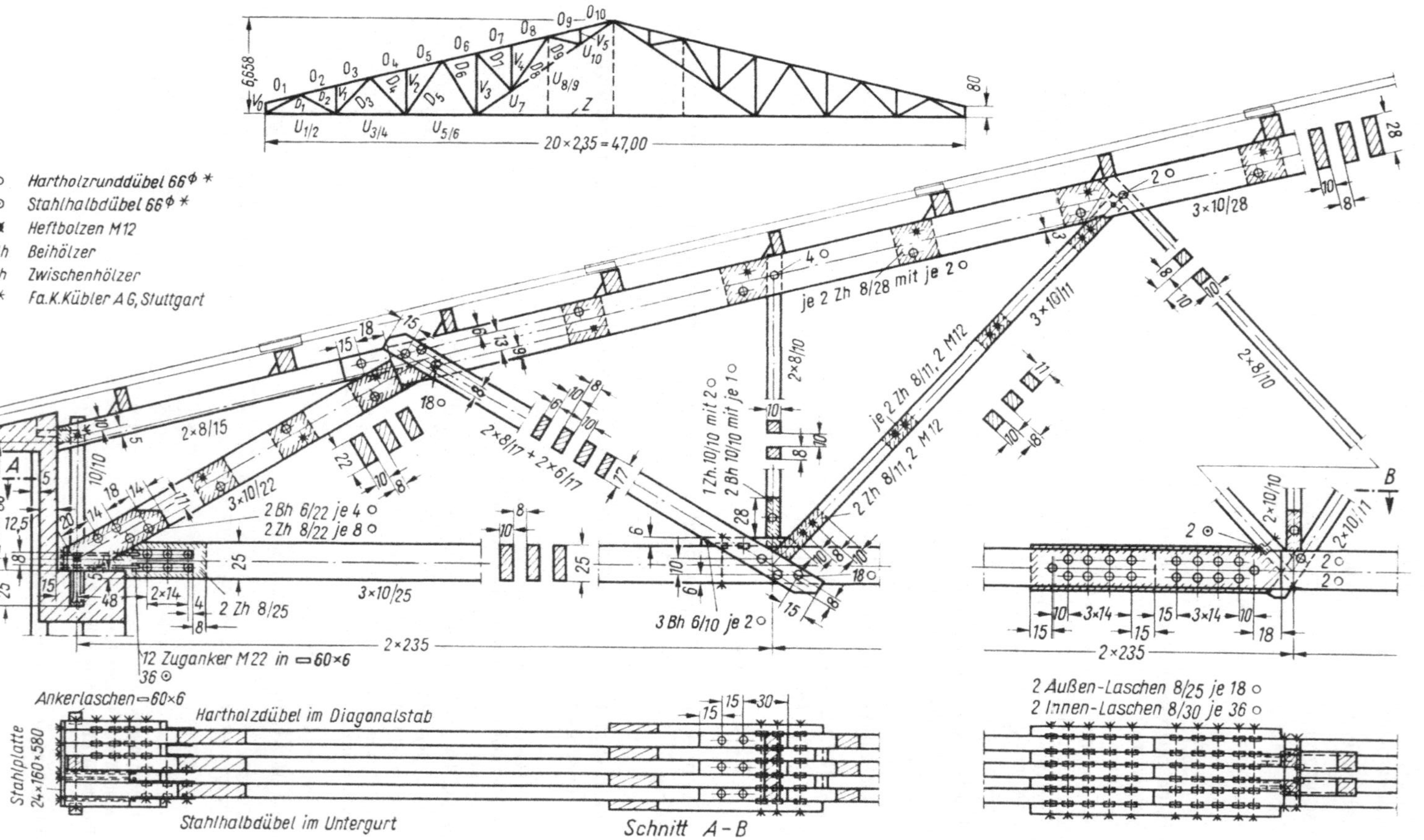

138.1 Trapezbinder. System und konstruktive Einzelheiten (Karl Kübler AG, Stuttgart)

Tafel **139**.1 Statische Werte für den Trapezbinder nach Bild **138**.1 (zu Beispiel 2)

Stab	Eigengewicht kN	Schnee in kN links	Schnee in kN rechts	Wind in kN von links	Wind in kN von rechts	max S in kN −	max S in kN +	Querschnitt cm/cm	vorh σ N/cm²
O_1	—	—		+ 0,2	+ 0,6		+ 0,6	2 × 8/15	± 760 < 1000
O_2	−207,1	−177,1	−65,0	+51,0	+ 82,8	−449,2			− 741 < 850
O_3	−207,1	−177,1	−65,0	+51,3	+ 84,1	−449,2		3 × 10/28 mit $a = 8$ cm	− 741
O_4	−230,9	−187,8	−82,3	+60,4	+ 90,4	−501,0			− 817
O_5	−230,9	−187,8	−82,3	+60,8	+ 91,6	−501,0			− 817
O_6	−220,9	−167,9	−90,3	+62,0	+ 83,9	−479,0			− 785
O_7	−232,2	−180,3	−90,3	+63,9	+ 90,7	−502,8			− 821
O_8	−232,2	−180,3	−90,3	+64,3	+ 91,9	−502,8			− 821
O_9	−256,8	−204,7	−90,3	+67,8	+104,1	−551,8		3 × 10/28 + 2 × 8/10	− 772
O_{10}	−256,8	−204,7	−90,3	+68,1	+105,3	−551,8		3 × 10/28 + 2 × 8/10	− 772
$U_{1,2}$	+150,4	+131,3	+44,1	−34,8	− 67,4		+325,8	3 × 10/25	+ 572
$U_{3,4}$	+219,3	+183,4	+73,5	−54,0	− 91,4		+476,2		+ 835
$U_{5,6}$	+221,2	+174,4	+84,5	−57,6	− 85,6		+480,1		+ 843
U_7	+ 60,9	+ 79,0	−10,0	− 5,8	− 35,4		+139,9	3 × 10/12	+ 518
$U_{8,9}$	+ 88,5	+108,1	−10,0	− 9,6	− 48,7		+196,6		+ 728
U_{10}	+103,1	+122,8	−10,0	−11,5	− 55,4		+225,9		+ 837
D_1	−175,0	−152,5	−51,6	+41,6	+ 69,6	−379,1		3 × 10/22	− 804
D_2	+ 58,5	+ 46,6	+22,5	−15,6	− 21,5		+127,6	2 × 8/17 + 2 × 6/17	+ 423
D_3	− 27,2	− 17,2	−15,4	+ 8,8	+ 8,0	− 59,8		3 × 10/11	− 825
D_4	+ 7,0	− 1,6	+ 9,6	− 3,9	+ 0,5		+ 17,1	2 × 8/10	+ 163
D_5	+ 5,4	+ 14,1	− 8,5	+ 1,8	− 6,2	− 9,4	+ 21,3	2 × 10/11	− 272 + 178
D_6	− 12,9	− 21,6	+ 6,2	+ 0,1	+ 9,7	− 34,5	+ 3,1	2 × 12/12	− 626
D_7	+ 17,1	+ 18,1	0	− 2,3	− 8,2		+ 35,2	2 × 8/9	+ 392
D_8	− 22,0	− 22,4	0	+ 2,9	+ 10,1	− 44,4		3 × 10/12	− 676
D_9	+ 12,1	+ 12,5	0	− 1,6	− 5,6		+ 24,6	2 × 8/12	+ 178
V_0	− 4,7	− 5,5	0	+ 0,7	+ 2,5	− 10,2		10/10	− 127
V_1	− 9,3	− 11,0	0	+ 1,4	+ 5,0	− 20,3		2 × 8/10	− 296
V_2	− 9,3	− 11,0	0	+ 1,4	+ 5,0	− 20,3		2 × 10/10	− 370
V_3	− 24,2	− 27,2	0	+ 3,5	+ 12,3	− 51,4		2 × 12/13	− 825
V_4	− 9,3	− 11,0	0	+ 1,4	+ 5,0	− 20,3		2 × 10/10	− 391
V_5	− 9,3	− 11,0	0	+ 1,4	+ 5,0	− 20,3		2 × 8/10	− 192
Z	+164,8	+ 97,3	+97,4	−53,2	− 53,2		+359,5	3 × 10/21	+ 800
A	+ 93,4	+ 82,7	+27,6	−22,4	− 37,9		+203,7		
H_A				− 0,9	− 7,5				

Anschluß: Der Rundstahlstab wird durch den Ober- und Untergurt geführt und erhält je eine Verteilungsplatte, die die Zugkraft auf die Gurthölzer mit maximal zul $\sigma = 200$ N/cm² übertragen.

$$\text{erf } F = \frac{16\,930}{200} = 84{,}6 \text{ cm}^2$$

Gewählt: Bl $10 \times 100 \times 100$ $\qquad\qquad \sigma = \dfrac{16\,930}{100 - 4} = 176 < 200 \text{ N/cm}^2$

Variante 2 (137.1 b): Die Vertikalstäbe werden als Bretter an die Gurte genagelt. Bei dieser Lösung können die Kopfband-Pfetten in gewohnter Weise ausgeführt werden, indem man die Vertikalstäbe an der betreffenden Stelle durch Zwischenhölzer ausfuttert.

$$\text{max } V = 35\,700 \text{ N (Stabkraft + Kopfbandlast)}$$

Gewählt: $2 \times 2{,}4/16$ cm   mit $F = 76{,}8$ cm²

$$\sigma = \frac{1{,}5 \cdot 35\,700}{76{,}8} = 697 < 850 \text{ N/cm}^2$$

Für die Anschlüsse werden einschnittige Nägel 38×100 gewählt. Erforderlich sind am

Obergurt $n = \dfrac{35\,700}{2 \cdot 525} = 34$ Stück/Seite $\qquad\qquad$ Untergurt $n = \dfrac{16\,930}{2 \cdot 525} = 17$ Stück/Seite

Variante 3: Nach der Greim-Bauweise (**35**.1) werden die Knoten einfacher und übersichtlicher; alle Laschen und Bolzen fallen weg, und alle Stäbe sind einheitlich durch Nägel angeschlossen.

Weitere Varianten, bei denen z.B. die Diagonalen als Zangen und die Vertikalen als Vollstäbe oder sogar die Gurte mehrteilig ausgeführt werden, sind möglich. Sie würden aber die Anschlüsse derart erschweren, daß sie nicht erst erörtert werden.

7.4 Sonderbauweisen

In letzter Zeit haben sich verschiedene **patentierte Bauweisen** bewährt und teilweise bereits erhebliche Verbreitung gefunden, vor allen Dingen dort, wo fabrikmäßig hergestellte Einzelteile vom örtlichen Zimmereigeschäft bezogen und verarbeitet werden können.

So ist das Zollbau-Lamellendach[1]) seit über 40 Jahren bekannt und auch heute noch für Spannweiten von $10 \cdots 30$ m vorteilhaft. Das Dach besteht aus einem biegesteifen, rautenförmigen Netzwerk in Form des Segment- oder Spitzbogens. Die kurzen, gleichartigen Lamellen aus $30 \cdots 50$ mm dicken Bohlen laufen immer über 2 Felder durch und werden an den Knotenpunkten jeweils durch 2 Bolzen zusammengefaßt (**141**.1). Der statische Aufbau des Daches mit dem rechnungsmäßigen Belastungsstreifen ist aus Bild **141**.2 zu ersehen. Das Dach hat eine gute Längssteifigkeit. Die Ausführung als Walmdach ist möglich. Der Horizontalschub des Bogens muß bei offenen Hallen durch Zugbänder aufgenommen werden, sofern nicht die Wände biegesteif ausgebildet werden sollen. Der besondere Vorteil des Daches liegt in der Verwendung von Bohlenstücken und dem absolut freien Dachraum.

---

[1]) Erfinder: Baurat Zollinger. Patentinhaber: Ob.-Ing. Schweiger, München

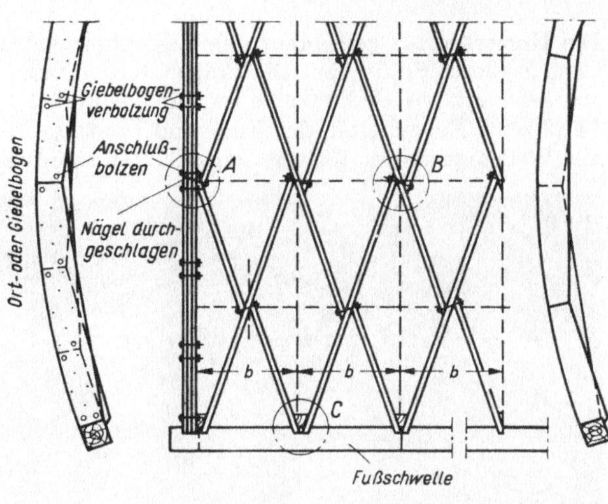

141.1 Zollbau-Lamellendach
  b = Belastungsbreite

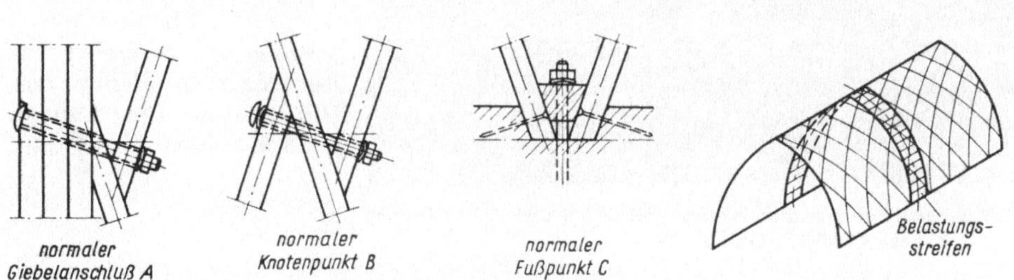

141.2 Statischer Aufbau des Zollbau-Lamellendaches

Für die Herstellung von Sparren- und Kehlbalkendächern hat sich der **Wellstegträger**[1]) bewährt. Das ist ein I-Träger mit Kantholz-Gurten und einem Steg aus kochfest verleimtem Sperrholz von 4···7 mm Dicke. Der Steg ist in wellenförmige Nuten der Gurte mittels kontinuierlich arbeitender Spezialmaschinen eingepreßt und witterungsbeständig verleimt. Die Wellenform gibt dem Steg eine große Beulfestigkeit, macht den Träger weitgehend verwindungsfrei und ermöglicht eine wirksame Aufnahme der Schubkräfte.

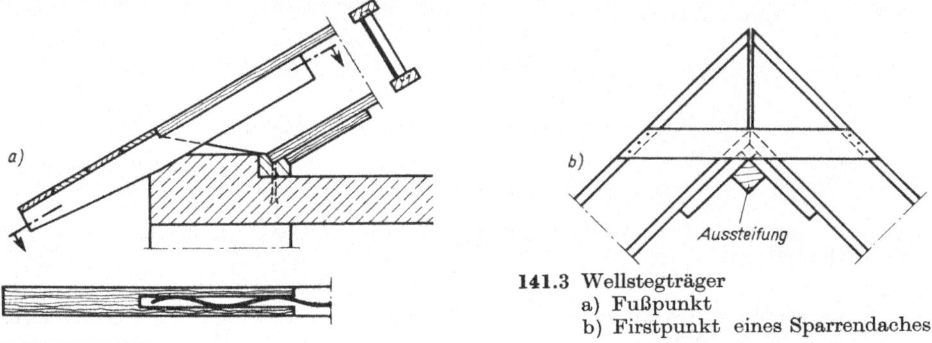

141.3 Wellstegträger
  a) Fußpunkt
  b) Firstpunkt eines Sparrendaches

---

[1]) Erfinder und Patentinhaber: Architekt Hanns Hess, Grafrath/Obb.

Die Holzersparnis gegenüber einem Vollholz beträgt 50···60% bei nur geringfügig größerer Profilhöhe. Die Träger werden in Spezialwerken in endlosen Längen gefertigt, wobei die Gurte im Längsstoß keilverzinkt verleimt werden. Bild **141.3** zeigt Einzelheiten der Fuß- und Firstpunkte, Bild **142.1** ein Sparrendach aus Wellstegträgern. Weitere Einzelheiten siehe Wellsteg-Handbuch.

Die Herstellerfirmen[1]) stellen Bemessungstabellen, die nach dem neuesten Stand der Normung geprüft sind, für alle von ihnen hergestellten Profilarten und -größen zur Verfügung. Der Träger kann mit einem Steg in Höhen von 18···50 cm für eine Länge $\leqq$ 12 m und mit 2 Stegen als Wellsteg-Kastenträger in Höhen von 46···60 cm für Längen $\leqq$ 15 m hergestellt werden.

142.1 Sparrendach aus Wellstegträgern (Architekt Hanns Hess, Grafrath/Obb.)

Beispiel 1: Deckenbalken von Beisp. 1, S. 58. Ausführung als Wellstegträger nach Tabelle „Wellsteg-Holzleimbauträger"

$$\max M = 8,464 \text{ kNm} \qquad A = B = 7,36 \text{ kN}$$

gewähltes Profil 39/5/12/0,8 nach Bild **142.2**

$$J_x = 29\,108 \text{ cm}^4 \qquad W_x = 1492 \text{ cm}^3$$

$$\text{zul } Q = 7470 > 7360 \text{ N}$$

$$\sigma_s = \frac{846\,400}{1492} = 567 < 1000 \text{ N/cm}^2$$

$$f_B = \frac{0,104 \cdot 8464 \cdot 4,6^2}{29\,108} = 0,64 \text{ cm}$$

$$f_\tau = \frac{846,4}{50 \cdot 0,8 \cdot 29} = 0,73 \text{ cm}$$

$$\Sigma f = 0,64 + 0,73 = 1,37 < \frac{l}{300}$$

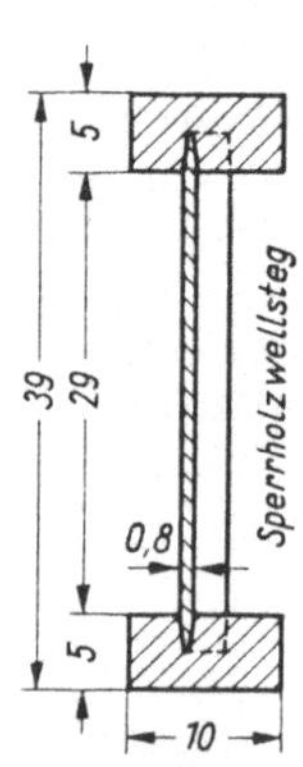

142.2 Wellstegträger

Beim Träger in Dreieck-Streben-Bauweise (DSB)[2]) handelt es sich um einen Gitterträger.

---

[1]) Zulassungsinhaber: Gerco Industriebüro GmbH, München — Wellsteggesellschaft m.b.H & Co., Miltenberg/M.
[2]) Erfinder: Architekt Hanns Hess, Grafrath/Obb.

Die Gurte bestehen aus Kanthölzern. Die unter $45 \cdots 60°$ geneigten Streben (**143**.1) sind durch verleimte Zapfenverbindungen angeschlossen. Je nach den auftretenden Kräften können zwei oder drei Zapfen und eine oder zwei Streben angeordnet werden. Die zul. Scherspannung der Leimfuge ist zu 60 N/cm² festgelegt. Die Leimfläche einer Strebe ist auf 120 cm² begrenzt. Die maximale Trägerhöhe beträgt 60 cm. Die Querschnittsschwächungen der Gurthölzer durch die Einfräsungen müssen berücksichtigt werden. Die Holzersparnis gegenüber Vollholz beträgt bis zu 50 %. DSB-Träger lassen sich gut als Balken, Sparren und Pfetten bei Stützweiten bis zu 8 m, als Dachtragwerke, bei Sparrendächern für $10,0 \cdots 15,0$ m Spannweite und bei Kehlbalkendächern mit und ohne Ausbau für Spannweiten von $10,0 \cdots 20,0$ m verwenden. Die Ausführung mit geneigten Obergurten ist für Spannweiten $\leqq 12,50$ m möglich.

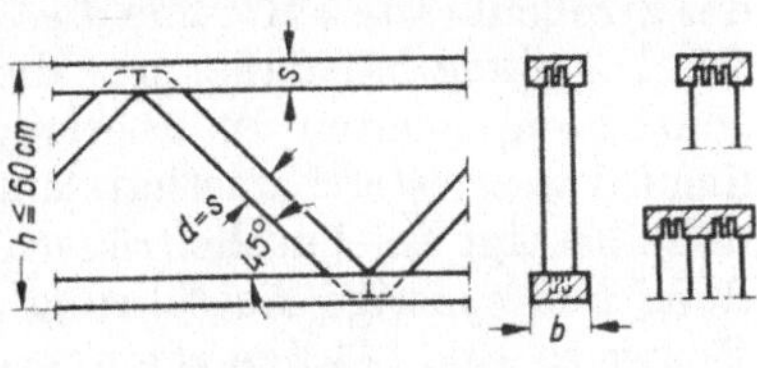

143.1 DSB-Träger

Beispiel 2: Deckenbalken von Beisp. 1, S. 58. Ausführung als DSB-Träger $\left(\text{zul } f = \dfrac{l}{400}\right)$.

$$\max M = 8{,}464 \text{ kNm} \qquad A = B = 7{,}36 \text{ kN}$$

gewähltes Profil nach Bild **143**.2

$$\text{erf } J = 417\, M \cdot l = 417 \cdot 8{,}464 \cdot 4{,}6 = 16\,236 \text{ cm}^4$$

$$\text{erf } F_{\text{Leim}} = \frac{A}{\text{zul } \tau \cdot \cos \alpha} = \frac{7360}{90 \cdot 0{,}766} = 107 \text{ cm}^2$$

$$J_x = 8\,(43^3 - 33^3)\,/\,12 = 29\,047 \text{ cm}^4$$

$$W_{xn} = \frac{(8 - 2{,}4)\,(43^3 - 33^3)}{12 \cdot 21{,}5} = 946 \text{ cm}^3$$

$$F_{Zi} = 3 \cdot 5 \cdot 0{,}8 = 12{,}0 \text{ cm}^2 \quad (\textbf{143}.3)$$

$$F_{Gu} = 5 \cdot 8 = 40 \text{ cm}^2$$

$$F_{nGu} = 5 \cdot (8 - 3 \cdot 0{,}8) = 28 \text{ cm}^2$$

$$\sigma_s = \frac{846\,400}{38 \cdot 28} = 795 < 850 \text{ N/cm}^2$$

$$F_L = 6 \left[\frac{(1 + 5)\,5}{2} + \frac{3{,}3 \cdot 3{,}8}{2} \right] = 127{,}6 \text{ cm}^2$$

$$\max \sigma_L = \frac{7360}{127{,}6 \cdot 0{,}766} = 75{,}3 < 90\,\text{N/cm}^2 \qquad \sigma_{Zi} = \frac{7360}{12{,}0 \cdot 0{,}766} = 801 < 850\,\text{N/cm}^2$$

143.2 DSB-Träger

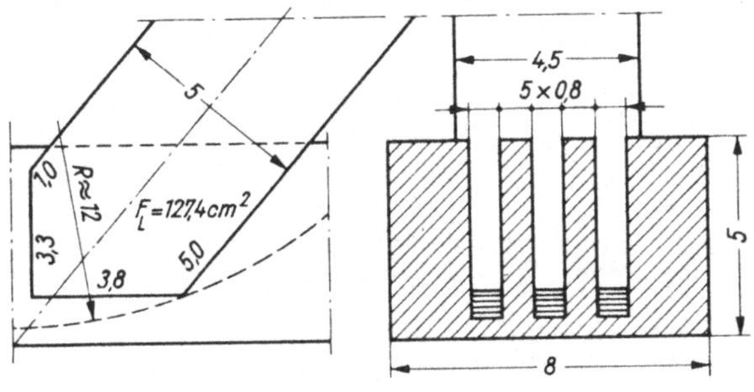

143.3 Leimfugenflächen des DSB-Trägers

Beim **Trigonit-Träger**[1]) handelt es sich um eine kombinierte Leim-Nagel-Konstruktion (**144**.1). Bei diesem Gitterträger bestehen die Gurte aus 2 oder 3 Bohlen von 24···60 mm Dicke und 50···120 mm Breite und in Keilzinkung miteinander verleimten Diagonalen aus 20···30 mm dicken und 70···150 mm breiten Brettabschnitten, auf die die Gurthölzer genagelt sind. Ein Zusammenwirken von Leim und Nagel als Verbindungsmittel, das nach DIN 1052 Abschn. 4.7.5 nicht in Rechnung gesetzt werden darf, ist hier nicht vorhanden. Durch den zentrischen und unmittelbaren Anschluß heben sich die Vertikalkomponenten der Strebenkräfte auf, ohne die Gurte zu beeinflussen.

Die Nagelung hat daher nur die Differenz der Horizontalkomponenten zu übertragen. Zum Verleimen dient wasserfester Kunstharzleim. Die größte Trägerhöhe beträgt bei Parallelträgern 60 cm. Die Verwendung und sonstige Ausführung entspricht der DSB-Bauweise. Bild **144**.2 zeigt ein Sparrendach mit 21,50 m Stützweite und angehängter Decke.

144.1 Trigonit-Träger
 a) Einfachträger b) Zwillingsträger
 c) Keilzinkung der Diagonalen

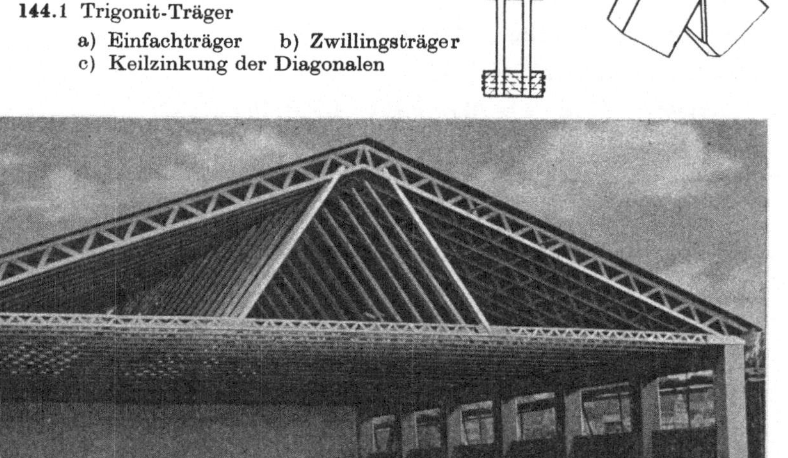

144.2 Sparrendach aus Trigonit-Trägern (Trigonit-Holzsparkonstruktionen, München)

Die **HB-Konstruktion**[2]) stellt eine Sonderkonstruktion der genagelten Vollwandbinder dar. Die Gurte bestehen aus je drei miteinander verleimten Brettern beidseitig des Steges (**145**.1). Die Gurte und die unter 45° geneigten Stegbretter

---

[1]) Erfinder: Dipl.-Zimmermeister Gottfried **Kämpf**, Rupperswil/Aargau-Schweiz. Die Auswertungsrechte für Deutschland hat die Firma Trigonit-Holzsparkonstruktionen Horst Gerlach, München.
[2]) Erfinder: Dipl.-Ing. Hilding **Broselius**, Stockholm. Lit.: **Clemens**, HB-Konstruktion als neue Methode des Ingenieurholzbaus. In: Der Bau und die Bauindustrie (1956) H. 3

werden mit Spezialnägeln von meist quadratischem Querschnitt aus hochwertigem Stahl verbunden. Gurt- und Stegbretter sind in der Regel 24 mm dick. Zur besseren Aufnahme der Querkraft werden die Stege am Auflager ausgesteift. Auch im Feld sind Aussteifungen, die hier meist waagerecht liegen, zweckmäßig. Die Gurte können in der Gegend der Größtmomente verstärkt werden. Die Stege dürfen auch bei der HB-Konstruktion, wie bei allen anderen genagelten Vollwandträgern, nicht in Rechnung gesetzt werden.

Bei der vielfältig verwendbaren Kämpf-Steg-Bauweise[1]) handelt es sich um einen verleimten Vollwandträger mit I- oder Kastenquerschnitt. Die Stege bestehen aus zwei oder drei Lagen verleimter Bretter, die sich unter kleinem Winkel kreuzen. Die Neigung der einzelnen Bretter gegen die Trägerachse beträgt bei zwei Tafeln 4···6°. Bei drei Tafeln ist die mittlere Lage um 10° geneigt, während die Fasern der äußeren Tafeln parallel zur Trägerachse liegen. Das Trägheitsmoment dieser Stege darf voll in Rechnung gesetzt werden. Die zul. Scherspannung beträgt lt. Zulassungsbescheid 180 N/cm². Die größte zulässige Trägerhöhe ist mit 120 cm begrenzt. Die Breite des Gurtquerschnittes darf auf jeder Seite 10 cm nicht überschreiten. Die Stegbretter werden mit Keilzinkung gestoßen. Die Gurte werden aufgeleimt. Stegaussteifungen und Verstärkungen am Auflager sind erforderlich (**145.2**). Die Kämpf-Steg-Träger zeichnen sich durch hohe Torsionssteifigkeit aus.

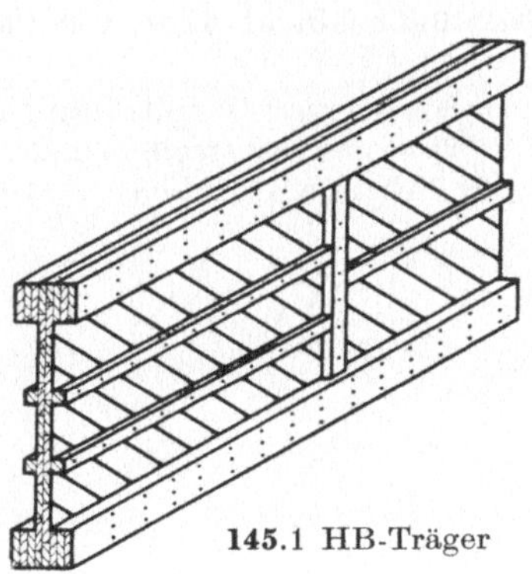

145.1 HB-Träger

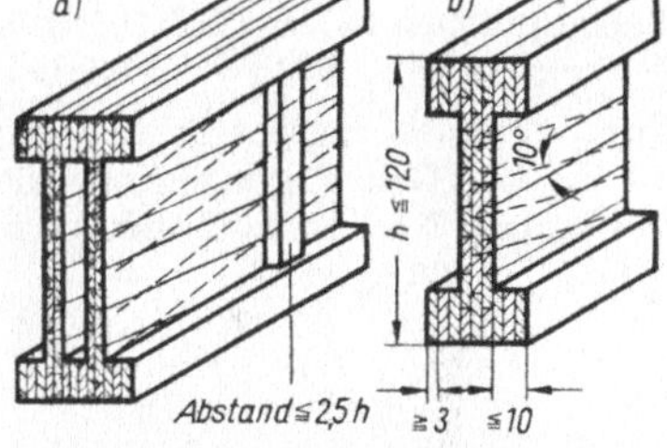

145.2 Kämpf-Steg-Träger
a) Zwillingsträger mit Stegen aus je zwei Brettafeln
b) Einfachträger mit Steg aus drei Brettafeln

Beim Wolff-Steg-Träger (**145.3**) der Fa. Wolff-Hallenbau, Ottbergen, ist der Steg aus horizontalen und stehenden Brettlagen verleimt. Auflagerverstärkungen und Stegaussteifungen sind erforderlich.

Eine Weiterentwicklung stellt der Wolff-Klemmbinder dar (**145.4**). Der Steg greift mit einer leicht konischen Nut in den Gurt ein[2]).

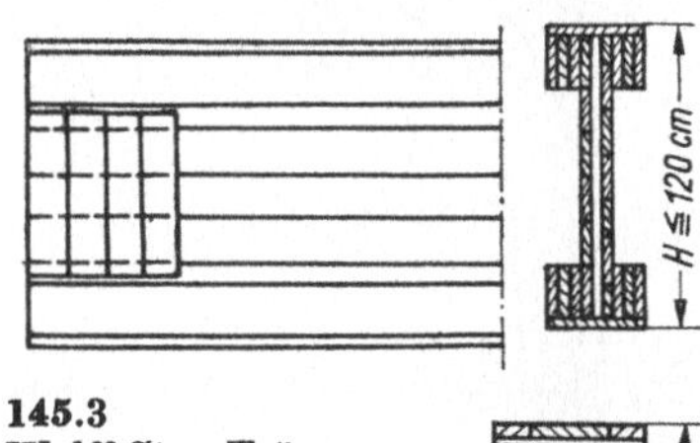

145.3
Wolff-Steg-Träger

145.4
Wolff-Klemmbinder

---

[1]) Erfinder: Dipl.-Zimmermeister Gottfried Kämpf, Rupperswil/Aargau-Schweiz
[2]) Klemmbinder System Wolff. Bauen mit Holz (1962) H. 10, S. 466 bis 469

7.5 Rahmenbinder

7.5.1 Vollwandrahmen

Im Holzbau eignen sich am besten Drei- und Zweigelenkrahmen für Hallenbauten (s. Abschn. 7.1). Eingespannte Rahmen kommen nur als einstielige Bahn-
steig-Dachrahmen zur Anwendung (s. Abschn. 8.1). Für die Bemessung werden
die Hauptschnittkräfte und maximalen Momente benötigt, die für die einzelnen
Belastungsfälle nach den verschiedenen Methoden der Statik ermittelt werden
können und entsprechend überlagert werden. Als Grundlage für die statische
Berechnung muß zur Ermittlung der Trägheitsmomente von Stielen und Riegeln
ein Querschnitt gewählt werden, der der geforderten Steifigkeit und der zulässigen Durchbiegung gerecht wird. Damit ist eigentlich bereits die wichtigste Arbeit getan, denn die weiteren Berechnungen sind nur noch Spannungsnachweise.
Es ist also wichtig, auch konstruktive Einzelheiten von vornherein zu erfassen
und durchzudenken. Besonderes Augenmerk ist auf die Ausbildung der steifen
Rahmenecken zu richten[1]).

Beispiel 1 (146.1): Dreigelenkrahmen in H e t z e r - Bauweise für eine Werkhalle 20 × 79 m.
Stützweite 18,60 m, Gelenkhöhe 7,30 m, Dachneigung 20°, Binderabstand 6,05 m.
Gelenkpfetten 13/18 und 10/18 cm aus Nadelholz Gütekl. II und Montageverbände
7/10 cm je im 2. Feld vom Giebel.

Für die Bemessung des Dreigelenkrahmens stehen die max. Schnittkräfte und Momente
für die Lastfälle Eigengewicht, Schnee und Wind aus der statischen Berechnung zur
Verfügung. Nadelholz Gütekl. I mit zul σ_B = 140 kp/cm², zul $\sigma_{D\|}$ = 110 kp/cm² und
zul $\sigma_{D\perp}$ = 20 kp/cm².

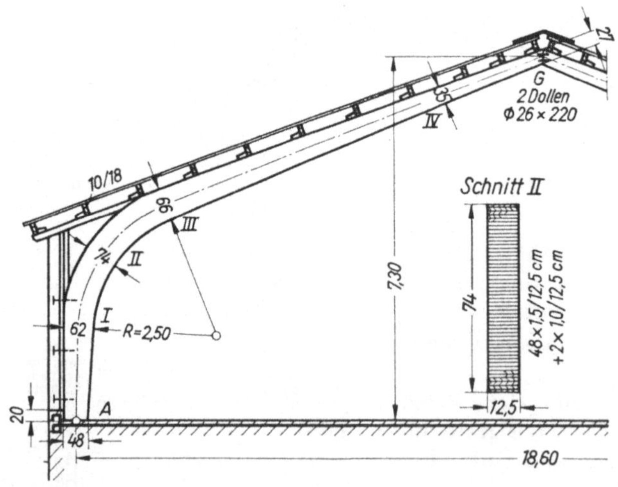

146.1 Dreigelenkrahmen in
Hetzer-Bauweise

---

[1]) H e m p e l, G.: Rahmenecken mit Dübelanschluß. Bauen mit Holz (1967) H. 2 – S c h e l l i n g,
W.: Berechnung gekrümmter Brettschichtträger mit Biegebeanspruchung. Bauen mit Holz
(1967) H. 4

Fußpunkt A

$\max A_V = 67\,600$ N $\max A_H = 47\,400$ N   Querschnitt 12,5/48 cm

$$\tau = \frac{1,5 \cdot 47\,400}{12,5 \cdot 48} = 118,5 < 120 \text{ N/cm}^2 \qquad \text{Schub aus Querkraft}$$

$$\sigma = \frac{67\,600}{12,5 \cdot 48} = 112,7 < \frac{\beta_R}{\nu} = \frac{1050}{2,1} = 500 \text{ N/cm}^2$$

Pressung am Sockel (B_n 150)

$$\sigma = \frac{47\,400}{12,5 \cdot 20} = 190 < 200 \text{ N/cm}^2 \qquad \text{Pressung in der Aufkantung}$$

Schnitt I

$N_I = -62$ kN $Q_I = 47,4$ kN $M_I = -87,8$ kNm

Nach DIN 1052 Bl. 1 Abschn. 7.1.6 ist

$h = 3,55$ m

$J = 273\,075$ cm^4 bei 0,65 s von der Mitte $J_o = 203\,248$ cm^4 bei 0,65 h

$$c = \frac{J \cdot 2s}{J_o \cdot h} = \frac{273\,075 \cdot 990}{203\,248 \cdot 355} = 3,75$$

$s_{Kx} = h \sqrt{4 + 1,6\,c} = 3,55 \sqrt{4 + 1,6 \cdot 3,75} = 11.2$ m

$s_{Ky} = 0$ (durch Verankerung im Mauerwerk gehalten)

Querschnitt 12,5/62 cm $F = 775$ cm^2 $W_x = 8000$ cm^3 $i_x = 17,91$ cm

$$\lambda = \frac{1122}{17,91} = 63 \qquad \omega = 1,69$$

$$\sigma = -\frac{1,69 \cdot 62\,000}{775} \pm \frac{110}{140} \cdot \frac{8\,780\,000}{8000} = -998 < 1100 \text{ N/cm}^2$$

Schnitt II

$\min M_{II} = -127,7$ kNm   Querschnitt 12,5/74 cm $W_n = 11\,400$ cm^3

Nach DIN 1052 Bl. 1 Abschn. 11.5.7 ist

$R = 2,50 + 0,37 = 2,87$ m $h_{II} = 74$ cm

$$\beta = \frac{R}{h_{II}} = \frac{2,87}{0,74} = 3,88 > 2$$

$$\sigma_B = \frac{M}{W_n}\left(1 + \frac{1}{2\beta}\right) = \frac{12\,770\,000}{11\,400}\left(1 + \frac{1}{2 \cdot 3,88}\right) = 1264,5 < 1400 \text{ N/cm}^2$$

Schnitt III

$N_{III} = -57,5$ kN $Q_{III} = 32,5$ kN $M_{III} = -100,1$ kNm

Querschnitt 12,5/66 cm $\sigma = -\dfrac{1,60 \cdot 57\,500}{825} \pm \dfrac{110}{140} \cdot \dfrac{10\,010\,000}{9060} = -979 < 1100 \text{ N/cm}^2$

Schnitt IV

$N_{IV} = -23,40$ kN $Q_{IV} = -9,07$ kN $M_{IV} = +17,95$ kN

Querschnitt 12,5/35 cm $\sigma = -\dfrac{3,76 \cdot 23\,400}{438} \pm \dfrac{110}{140} \cdot \dfrac{1\,795\,000}{2560} = -752 < 1100 \text{ N/cm}^2$

Gelenk G

$$Q_G = 24{,}1 \text{ kN} \qquad V_G = -16{,}14 \text{ kN} \qquad N_G = 25{,}2 \text{ kN}$$

Querschnitt 12,5/27 cm $\qquad \tau = \dfrac{1{,}5 \cdot 24\,100}{338} = 107 < 120 \text{ N/cm}^2$ (Schub aus Querkraft)

Die Vertikalkräfte werden von 2 Dollen $\varnothing$ 26 $\times$ 220 mm mit $2 \times 8600 = 17\,200 > 16\,140$ N aufgenommen.

$$\sigma = -\frac{25\,200 \cdot 0{,}934}{12{,}5 \cdot 27} = -70 < 1100 \text{ N/cm}^2 \text{ (Pressung durch Kontakt)}$$

Für die Ausbildung der Rahmenecke gibt es noch andere Lösungsmöglichkeiten. Bild **148.**1 zeigt die voll verleimte Binderecke. Statisch dürfen jedoch nur die durchgehenden Lamellen in Rechnung gestellt werden. Bei der geknickten Rahmenecke (**148.**2) ist in der Ecke ein Mittelstück vorhanden, an das Stiel und Riegel mit Keilzinkung angeleimt sind. Durch das Mittelstück wird eine gute Kraftumleitung erreicht. Die Lösung eignet sich nicht für große Stützweiten.

Da der Transport sperriger gebogener Rahmenteile häufig Schwierigkeiten bereitet, empfiehlt es sich, Stiel und Rahmenriegel erst auf der Baustelle miteinander durch Verdübeln zu verbinden. Der Stiel kann als Gabelstütze (**148.**3a) oder einteilig als Kastenquerschnitt (**148.**3b) ausgeführt werden. Wegen der großen Querkräfte ist in der Regel an dieser Stelle ein höherer Riegelquerschnitt erforderlich.

Einige Möglichkeiten der Fußausbildung zeigt Bild **148.**4 für kleine und Bild **149.**1 für große Stützweiten.

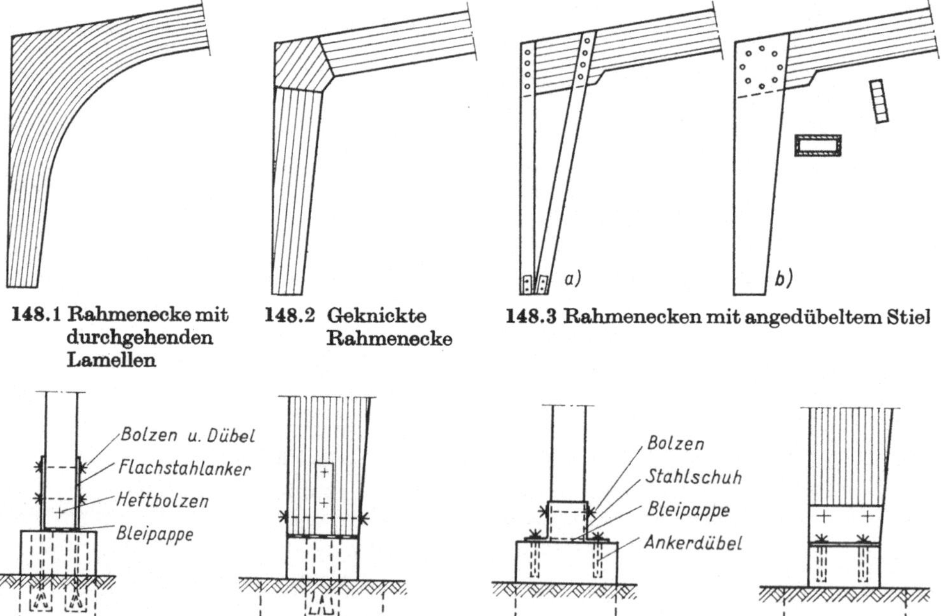

148.1 Rahmenecke mit durchgehenden Lamellen

148.2 Geknickte Rahmenecke

148.3 Rahmenecken mit angedübeltem Stiel

148.4 Fußpunkte von Rahmenbindern

Am Firstpunkt von Dreigelenkbindern muß
die Beweglichkeit gewährleistet sein; das Gelenk muß die Querkräfte übertragen können.
Bei kleinen Stützweiten verwendet man
Hartholzgelenke (**149.**2a) oder baut ein I-
Profil ein (**149.**2b). Die Bolzen an den Riegel-
enden sollen ein Aufplatzen verhindern. Bei
großen Stützweiten werden echte Gelenke
eingebaut (**149.**2c).

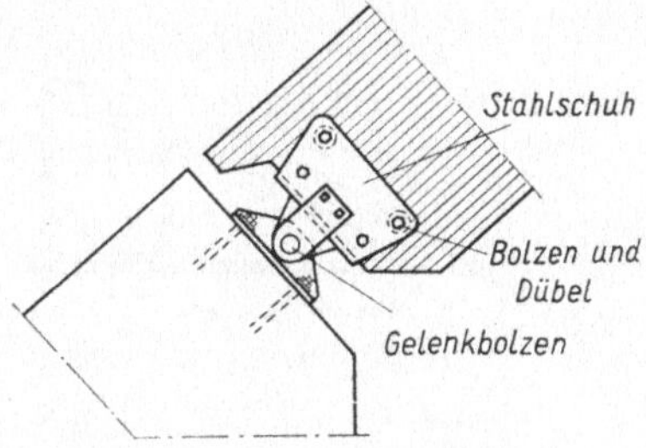

149.1 Fußpunkt mit Stahlgelenk

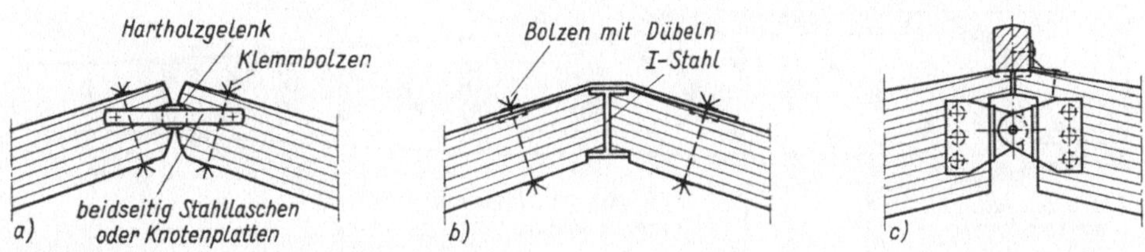

149.2 Firstgelenke von Dreigelenkbögen

Beispiel 2 (150.1): Dreigelenkbogen in Hetzer-Bauweise mit Zugband für eine Dünge-
mittel-Lagerhalle 19×58 m. Stützweite 28,80 m, Pfeilhöhe 4,50 m, Binderabstand
5,80 m. Dachhaut aus 3 Lagen Pappe auf Schalung und Gerberpfetten im Abstand von
90 cm.

Die maximalen Schnittkräfte und Momente wurden aus der ungünstigsten Überlagerung
der Belastungsfälle Eigengewicht, Schnee, Wind und 2 Förderbandlasten tabellarisch
ermittelt. Der Querschnitt wurde mit 22/70 cm gewählt und besteht aus 25 Lagen
2,8 cm dicken Brettern. Die einzelnen Bretter wurden durch Keilzinkung miteinander
zu den Lamellen verleimt. Die Verbolzung erfolgt mit Lignostone-Bolzen M 16. Somit
genügt ein einziger Nachweis an der gefährdetsten Stelle. NG II und Resorcin-Formal-
dehydleim.

$$\max M = + 110,3 \text{ kNm} \qquad \max N = 152,1 \text{ kN}$$

$$b_n = 22 - 1,7 = 20,3 \text{ cm (M 16)} \qquad J_{xn} = 20,3 \cdot 70^3/12 = 580\,242 \text{ cm}^4$$

$$W_{xn} = 580\,242/35 = 16\,578 \text{ cm}^3 \qquad S/2 = 20,3 \cdot 35 \cdot 17,5 = 12\,434 \text{ cm}^3$$

$$F_n = 20,3 \cdot 70 = 1421 \text{ cm}^2 \qquad i_x = \sqrt{\frac{580\,242}{1421}} = 20,2 \text{ cm} \qquad i_y = 6,36 \text{ cm}$$

$$S_{Kx} = 1,25 \cdot 30,6/2 = 19,13 \text{ m (halbe Bogenlänge)} \qquad \lambda_x = \frac{1913}{20,2} = 94,7 \qquad \omega_x = 2,77$$

$$s_{Ky} = 5,24 \text{ m (durch den K-Windverband)} \qquad \lambda_y = \frac{524}{6,36} = 82,4 \qquad \omega_y = 2,29$$

$$\sigma_x = -\frac{2,77 \cdot 152\,100}{1421} \pm \frac{85}{110} \cdot \frac{11\,030\,000}{16\,578} = -296,5 - 514,1 = -810,6 < 850 \text{ N/cm}^2$$

$$\sigma_y = -\frac{2,29 \cdot 152\,100}{1421} = -245 \text{ N/cm}^2$$

Nachweis der Schubspannungen infolge $\max Q = 23780$ kN

$$\tau = \frac{Q \cdot S/2}{J \cdot b} = \frac{23\,780 \cdot 12\,434}{580\,242 \cdot 20,3} = 25,1 < 120 \text{ N/cm}^2$$

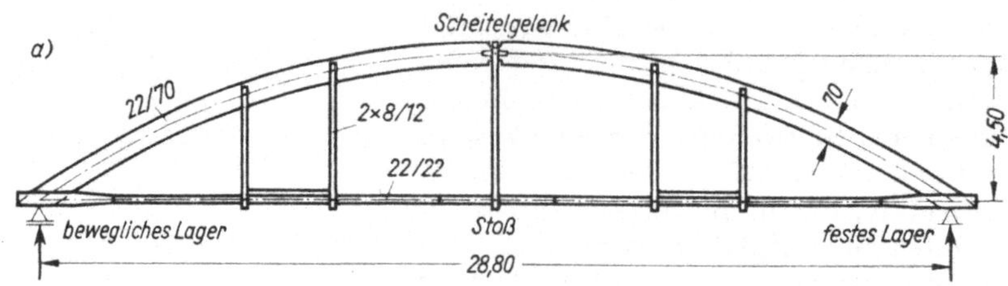

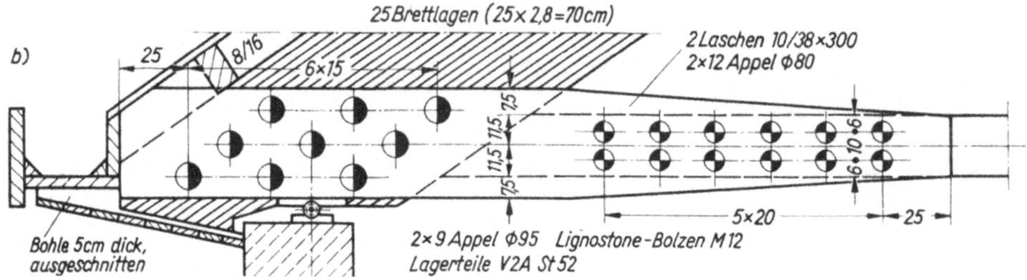

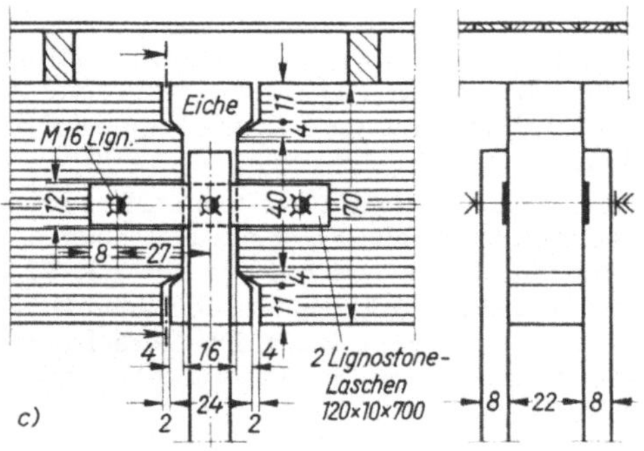

Da Metallteile möglichst zu vermeiden sind, werden das **Zugband als Vollholz 22/22 cm** ($Z = 242{,}12$ kN) und die **Hängestangen aus $2 \times 8/12$ cm** ($Z = 17{,}00$ kN) gewählt. Die Anschlüsse und Stöße erfolgen mit Appel-Dübeln und Lignostone-Bolzen.

Das Scheitelgelenk wird für max $N = 242{,}12$ kN aus einem Hartholz-Zwischenstück gefertigt.

$$\sigma = \frac{242\,120}{40 \cdot 22} = 275 < 300 \ \text{N/cm}^2$$

Die Sicherung erfolgt mit Laschen $120 \times 10 \times 700$ und Bolzen M 16, beide aus Lignostone.

150.1 Dreigelenkbogen mit Zugband
   a) System
   b) Fußpunkt mit beweglichem Rollenlager
   c) Scheitelgelenk

Die Binder erhalten je 1 festes und ein bewegliches Rollenlager. Die Lagerteile bestehen aus V2A-Stahl St 52. Die Lagerplatten wurden an den Bogenbinder mit K r a u t o x i n , einem Sonderleim für Stahl-Holzverbindungen, angeleimt.

Häufig wird der Riegel als Einfeld- oder Gelenkträger auf Stützen aus Holz, Stahl oder Stahlbeton aufgelegt. Sie werden zur Aufnahme der Horizontalkräfte auf beiden oder nur auf einer Gebäudeseite eingespannt.

Beispiel 3 (151.1): Statische Berechnung zu einer Lagerhalle $\approx 20 \times 40$ m. Dachkonstruktion: Wellasbestzementplatten auf Koppelpfetten, Dachneigung 7°, Pfettenabstände $e = 1{,}15$ m. Tragkonstruktion als freiaufliegende Brettschichtträger, Windlastaufnahme durch eingespannte Stützen in einer Längswand und Aussteifung durch 2 Verbände in den Endfeldern.

Ausführung:

Kantholz NG II, Brettschichtträger NG I.

Berechnungsgrundlagen DIN 1052 und 1055.

Belastungsannahmen:

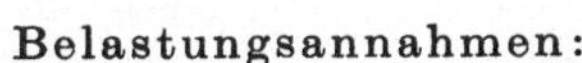

151.1 Hallenbinder

Dachhaut	250 N/m² Dachfläche
Pfetten-Eigengewicht	100 N/m² „

$$g = 350 \text{ N/m}^2 \text{ Dachfläche} (\approx \text{Grundfläche})$$

Schneelast $s = 750$ N/m²   „   „

Vergrößerung der Schneelast nach Gl. (7.3)

$$k = 1{,}24 - 0{,}6 \left(1 - \frac{s}{g}\right) = 1{,}24 - 0{,}6 \left(1 - \frac{750}{1100}\right) = 1{,}05$$

$$s' = 1{,}05 \cdot 750 = 787{,}5 \text{ N/m}^2 \qquad g + s' = 350 + 787{,}5 = 1137{,}5 \text{ N/m}^2$$

Windlast $q = 500$ N/m² $W_D = -130$ N/m² $W_s = -200$ N/m²

Eigengewicht des Binders $g_B \approx 800$ N/m

Pos. 1 **Koppelpfetten** mit $l = 5{,}00$ m

$$q_x = (g + s) \cos \alpha \cdot e = 1137{,}5 \cdot 0{,}993 \cdot 1{,}15 = 1298 \text{ N/m}$$
$$q_y = (g + s) \sin \alpha \cdot e = 1137{,}5 \cdot 0{,}122 \cdot 1{,}15 = 159{,}5 \text{ N/m}$$

a) **Endfelder:**

$$M_x = 0{,}08 \, q_x \cdot l^2 = 0{,}08 \cdot 1298 \cdot 5{,}0^2 = 2596 \text{ Nm}$$
$$M_y = 0{,}08 \, q_y \cdot l^2 = 0{,}08 \cdot 159{,}5 \cdot 5{,}0^2 = 319 \text{ Nm}$$

gewählt 8/16 cm

$$\sigma_B = \frac{259\,600}{341} + \frac{31\,900}{171} = 761{,}3 + 186{,}5 = 947{,}8 < 1000 \text{ N/cm}^2$$

b) **Mittelfelder**

$$M_x = 0{,}046 \, q_x \cdot l^2 = 0{,}046 \cdot 1298 \cdot 5{,}0^2 = 1493 \text{ Nm}$$
$$M_y = 0{,}046 \, q_y \cdot l^2 = 0{,}046 \cdot 159{,}5 \cdot 5{,}0^2 = 183{,}4 \text{ Nm}$$

gewählt 6/14 cm

$$\sigma_B = \frac{149\,300}{196} + \frac{18\,340}{84} = 761{,}7 + 218{,}3 = 980 < 1000 \text{ N/cm}^2$$

Überkoppelungskräfte

$$P_x \approx 0{,}42 \, q_x \cdot l = 0{,}42 \cdot 1298 \cdot 5{,}0 = 2725{,}8 \text{ N}$$
$$P_y \approx 0{,}42 \, q_y \cdot l = 0{,}42 \cdot 159{,}5 \cdot 5{,}0 = 335 \text{ N}$$

gewählt 4 Nägel 46×130 mit $4 \cdot 725 = 2900 > 2725{,}8$ N
und $\approx 4 \cdot 6{,}0 \cdot 60 = 1440 > 335$ N

Überkoppelungslänge

für die Mittelfelder $l_m = 0{,}125 \cdot 5{,}0 = 0{,}625$ m

für die Endfelder $l_e = 1{,}5 \, l_m \approx 0{,}940$ m

Anschluß an die Binder der Pos. 2 mit L $60 \times 6 \times 100$ und 2 Schrauben M 6×60

Pos. 2 Brettschichtträger

$l = 20{,}35$ m $\alpha = 7°$

$l' = 20{,}35/\cos \alpha = 20{,}50$ m (als angenäherte Stützweite für die Durchbiegung)

Binderabstand $a = 5{,}00$ m

Belastung aus Pos. 1 $1137{,}5 \cdot 5{,}0$ $= 5688$ N/m

$+$ Trägereigengewicht $\approx 0{,}14 \cdot 0{,}95 \cdot 6000 = \underline{798}$ N/m

$$g + s = 6486 \text{ N/m}$$

$\max M = 0{,}125 \, (g + s) \, l^2 = 0{,}125 \cdot 6{,}486 \cdot 20{,}35^2 = 335{,}543$ kNm

$\mathrm{erf} \, J = 208 \cdot 335{,}543 \cdot 20{,}5 = 1\,430\,755$ cm^4

Berechnung unter Benutzung der Tabellen von Heimeshoff-Bauler[1]).

Nach Tabelle 1 ist für $\dfrac{h_F}{h_T} = \dfrac{119}{85} = 1{,}4$ $a_1 = 0{,}8356$

mittleres Widerstandsmoment:

$$W_m = \left[a_1 + (1 - a_1) \frac{W_T}{W_F} \right] W_F =$$

$$= \left[0{,}8356 + (1 - 0{,}8356) \frac{85^2 \cdot 14 \cdot 6}{6 \cdot 119^2 \cdot 14} \right] \cdot \frac{119^2 \cdot 14}{6} = 0{,}919 \cdot 33\,042 = 30\,366 \text{ cm}^3$$

$$\max \sigma = \frac{33\,554\,300}{30\,366} = 1105 < 1400 \text{ N/cm}^2$$

Durchbiegung

Nach Tabelle 2 ist $b_1 = 0{,}1552$

mittleres Trägheitsmoment:

$$J_m = \left[b_1 + (1 - b_1) \sqrt[3]{\frac{J_T}{J_F}} \right] J_F$$

$$= \left[0{,}1552 + (1 - 0{,}1552) \sqrt[3]{\frac{85^3 \cdot 14 \cdot 12}{12 \cdot 119^3 \cdot 14}} \right] \frac{119^3 \cdot 14}{12} = 0{,}7586 \cdot 1\,966\,019$$

$$= 1\,491\,478 \text{ cm}^4$$

$$\max f_\sigma = \frac{5 \cdot 64{,}82 \cdot 2050^4}{384 \cdot 1\,100\,000 \cdot 1\,491\,478} = 9{,}09 \text{ cm}$$

nach Tabelle 3 ist $k = 0{,}8892$

$$\max f_\tau = 1{,}2 \cdot \frac{\max M}{8 \cdot G \cdot F} \cdot k = 1{,}2 \cdot \frac{33\,554\,300}{8 \cdot 50\,000 \cdot 14 \cdot 85} \cdot 0{,}8892 = 0{,}08 \text{ cm}$$

$$\max f = \max f_\sigma + \max f_\tau = 9{,}09 + 0{,}08 = 9{,}17 \leqq \frac{l}{200} = \frac{2050}{200} = 10{,}25 \text{ cm}$$

Schubkraftnachweis am Auflager:

Querschnitt 14/85 cm $Q_A = 6486 \cdot 20{,}35/2 = 65\,995$ N

$$J_A = \frac{14 \cdot 85^3}{12} = 716\,479 \text{ cm}^4 \qquad\qquad S_0 = 14 \cdot 42{,}5 \cdot 20 = 11\,900 \text{ cm}^3$$

$$\tau = \frac{Q_A \cdot S_0}{J_A \cdot b} = \frac{65\,995 \cdot 11\,900}{716\,479 \cdot 14} = 78{,}29 < 120 \text{ N/cm}^2$$

---

[1]) Heimeshoff, B. und Bauler, H.: Praktische Bemessung von Trägern mit veränderlicher Trägerhöhe und doppeltsymmetrischem Querschnitt bei gleichmäßig verteilter Belastung. Bauen mit Holz (1973) H. 6, S. 326–329

Nachweis gegen seitliches Ausweichen des Druckgurtes nach DIN 1052 Abschn. 8.2:

$$i_{14} = 4{,}04 \text{ cm}$$

$$a = 3 \cdot 119 = 357 > 40\,i = 40 \cdot 4{,}05 = 162 \text{ cm}$$

$$a_1 = \frac{h}{4} = \frac{119}{4} = 29{,}75 \text{ cm} \qquad\qquad J_x = \frac{14 \cdot 119^3}{12} = 1\,966\,019 \text{ cm}^4$$

$$\sigma_{a1} = \frac{M}{J_x} \cdot a_1 = \frac{33\,554\,300 \cdot 29{,}75}{1\,966\,019} = 508 \text{ N/cm}^2$$

$$\lambda = \frac{345}{4{,}04} = 85{,}4 \qquad \omega = 2{,}40$$

$$\text{zul } \sigma_D = 1{,}26 \cdot \frac{\text{zul } \sigma_{D\parallel}}{\omega} = 1{,}26 \cdot \frac{1100}{2{,}40} = 577 > 508 \text{ N/cm}^2$$

Konstruktiv werden zur Knickaussteifung und gleichzeitiger Kippsicherung der Binderriegel in jedem 3. bis 4. Pfettenstrang Knickaussteifungen nach **153**.1 angeordnet.

Nachweis der Querzugspannungen im gekrümmten Binderteil am First nach DIN 1052 Abschn. 11.5.7:

Krümmungsradius $R = 15{,}0$ m

Binderhöhe im Scheitel
$h = 1{,}19$ m

$$\beta = \frac{R}{h} = \frac{15{,}0}{1{,}19} = 12{,}605$$

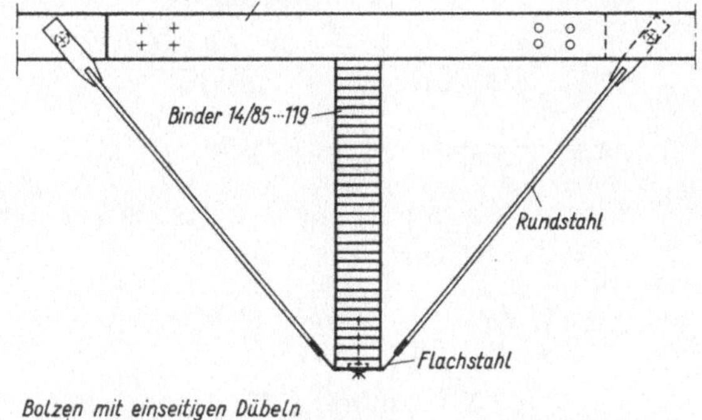

153.1 Knickaussteifung von Binderriegeln

$$\sigma_B = \frac{M}{W_n}\left(1 + \frac{1}{2\,\beta}\right) = \frac{33\,554\,300}{30\,366}\left(1 + \frac{1}{25{,}21}\right) = 1149 < 1400 \text{ N/cm}^2$$

$$\max \sigma_{Z\perp} = \frac{M}{W} \cdot \frac{1}{4\,\beta} = \frac{33\,554\,300}{30\,366} \cdot \frac{1}{4 \cdot 12{,}605} = 21{,}9 < 25{,}0 \text{ N/cm}^2$$

Pos. 3 Eingespannte Stützen zur Aufnahme der Windlasten auf die Längsseite

Stützenhöhe $= 3{,}90$ m   Gesamt-Firsthöhe 6,0 m   Traufenhöhe 4,70 m

Wind am Stützenkopf infolge Wind von links bzw. rechts ($q = 500$ N/m²)

$$W_D = \left[(0{,}8 + 0{,}4)\left(\frac{3{,}90}{2} + 0{,}80\right) + (1{,}2 \cdot \sin\alpha - 0{,}4 + 0{,}4)\,1{,}30\right] \cdot 500 \cdot 5{,}0$$

$$= [1{,}2 \cdot 2{,}75 + 0{,}146 \cdot 1{,}30]\,2500 = 3{,}45 \cdot 2500 = \pm 8630 \text{ N } (\leftarrow\rightarrow)$$

Auflast aus Binder + Dachüberstand + Stützeneigengewicht

$$\max N = 65\,995 + 1\,105 + 2\,000 = 69\,100 \text{ N}$$

Moment aus Wind $M_H = 8625 \cdot 3{,}90 = 33\,637$ Nm

Querkraft am Stützenfuß $Q = 8625 + 0,8 \dfrac{3,90}{2} 500 \cdot 5,0 = 12\,525$ N

gewählter Querschnitt $2 \times 14/25$ cm verdübelt mit Geka-Dübeln $\varnothing$ 95 nach Bild **136**.2

$F_1 = 14 \cdot 25 = 350$ cm² $\quad F = 2 \cdot F_1 = 700$ cm² $\quad F_{1n} = 11,7 \cdot 25 - 5,6 = 286,9$ cm²

$$J_{1n} = \frac{11,7 \cdot 25^3}{12} - 5,6 \cdot 12,0^2 = 15\,234 - 806 = 14\,428 \text{ cm}^4$$

$$J_1 = \frac{14 \cdot 25^3}{12} = 18\,229 \text{ cm}^4$$

$$S_1 = F \cdot \frac{h}{2} = 350 \cdot 12,5 = 4375 \text{ cm}^3$$

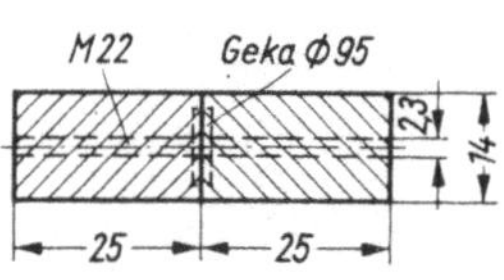

154.1 Stützenquerschnitt
$2 \times 14/25$ cm

Dübelabstand $e' = 30$ cm

$$s_K = 2\,l = 2 \cdot 3,90 = 7,80 \text{ m} \qquad C = 225 \text{ kN/cm (DIN 1052 Tab. 3)}$$

$$k = \frac{\pi^2 \cdot E \cdot F_1 \cdot e'}{l^2 \cdot 2\,C} = \frac{\pi^2 \cdot 10^3 \cdot 350 \cdot 30}{780^2 \cdot 2 \cdot 225} = 0,379$$

$$\gamma = \frac{1}{1 + k} = \frac{1}{1,379} = 0,725$$

$$J_w = 2\,J_1 + 2\,\gamma\,F_1 \cdot a_1^2 = 2 \cdot 18\,229 + 2 \cdot 0,725 \cdot 350 \cdot 12,5^2 = 36\,458 + 79\,297$$
$$= 115\,755 \text{ cm}^4$$

$$i_w = \sqrt{\frac{J_w}{F}} = \sqrt{\frac{115\,755}{700}} = 12,86 \text{ cm} \qquad \lambda_w = \frac{780}{12,86} = 60,7 \qquad \rightarrow \omega_w = 1,63$$

$$\sigma_1 = \frac{\omega_w \cdot N}{F} + \frac{\text{zul}\,\sigma_{D\|}}{\text{zul}\,\sigma_B}\left[\frac{M}{J_w}\left(\gamma \cdot a_1 \cdot \frac{F_1}{F_{1n}} + a_1 \cdot \frac{J_1}{J_{1n}}\right)\right]$$

$$= \frac{1,63 \cdot 69\,100}{700} + 0,85\left[\frac{3\,363\,700}{115\,755}\left(0,725 \cdot 12,5 \cdot \frac{350}{286,9} + 12,5 \cdot \frac{18\,229}{14\,428}\right)\right]$$

$$= 161 + 0,85 \cdot 780 = 824 < 1,15 \cdot 850 \text{ N/cm}^2$$

Verdübelungsnachweis:

$$Q_i = \frac{\omega_w \cdot N}{60} = \frac{1,63 \cdot 69\,100}{60} = 1824 \text{ N}$$

$$\Sigma\,Q = Q + Q_i = 12\,525 + 1877 = 14\,402 \text{ N}$$

$$\max t_w = \frac{\Sigma\,Q \cdot \gamma \cdot S_1}{J_w} = \frac{14\,402 \cdot 0,725 \cdot 4375}{115\,755} = 395 \text{ N/cm}$$

$$\max e' = \frac{n \cdot N_D}{\max t_w} = \frac{21\,000}{395} = 53,2 > 30 \text{ cm}$$

Um die y-Achse besteht keine Knickgefahr, da die Stützen durch Riegel und Verbände in den Drittelspunkten gesichert sind.

Beispiel 4: Brettschichtträger für eine Lagerhalle, NG I, System nach Bild **155**.1, Binderabstand 6,0 m, Dachneigung 2,9°.

Dacheindeckung: Spanplatten V 100 G mit Papplage auf Koppelpfetten. Gesamtgewicht 500 N/m².

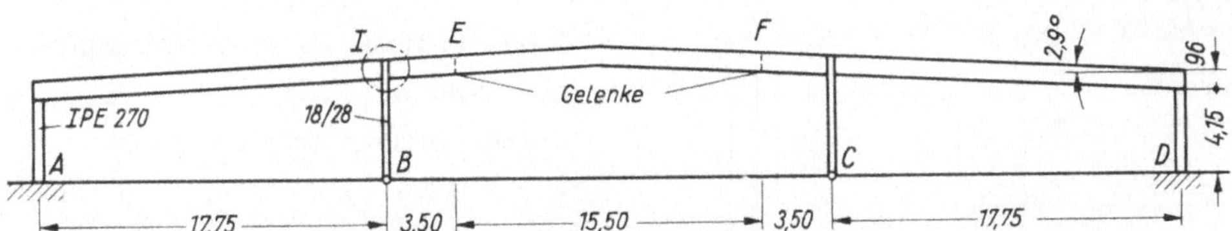

155.1 Gelenkträger für eine 3schiffige Halle

Belastungs- annahme	Dacheindeckung $0,5 \cdot 6,0$	$= 3,0$ kN/m
	Eigengewicht	$\underline{1,0 \text{ kN/m}}$
	g	$= 4,0$ kN/m
	Schnee $0,75 \cdot 6,0$	$= \underline{4,5 \text{ kN/m}}$
	q	$= 8,5$ kN/m

$$E = F = 0,5 \cdot 15,5 \cdot 8,5 = 65,875 \text{ kN}$$

$$M_2 = 0,125 \cdot 8,5 \cdot 15,5^2 = 255,266 \text{ kNm}$$

$$M_B = M_C = -65,875 \cdot 3,5 - 0,5 \cdot 8,5 \cdot 3,5^2 = 282,625 \text{ kNm}$$

$$A = D = \frac{8,5 \cdot 21,25 \cdot 7,125 - 65,875 \cdot 3,5}{17,75} = 59,515 \text{ kN}$$

$$B = C = \frac{65,875 \cdot 21,25 + 8,5 \cdot 21,25 \cdot 10,625}{17,75} = 186,985 \text{ kN}$$

$$M_1 = \frac{59,515^2}{2 \cdot 8,5} = 208,355 \text{ kNm}$$

$$Q_{Br} = 65,875 + 8,5 \cdot 3,5 = 95,625 \text{ kN}$$

in Feldmitte erf $J = \dfrac{208 \cdot 255,266 \cdot 15,5}{1,1} = 748\,161 \text{ cm}^4$

gewählt: $b = 14$ cm, $h = 96$ cm

$$J_x = \frac{14 \cdot 96^3}{12} = 1\,032\,192 > 748\,161 \text{ cm}^4 \qquad\qquad W_x = \frac{14 \cdot 96^2}{6} = 21\,504 \text{ cm}^3$$

bei B: $\sigma = \pm \dfrac{28\,262\,500}{21\,504} = \pm 1314 < 1400 \text{ N/cm}^2$

im Mittelfeld

$$\sigma = \pm \frac{25\,526\,600}{21\,504} = \pm 1187 < 1400 \text{ N/cm}^2$$

Durchbiegung

$$f = 2,08 \cdot \frac{1,187 \cdot 15,5^2}{96} = 6,18 < \frac{1550}{200} = 7,75 \text{ cm}$$

Schubspannung am Stützenauflager B

$$\tau = \frac{1,5 \cdot 95\,625}{14 \cdot 96} = 107 < 120 \text{ N/cm}^2$$

Gelenkausbildung nach Bild **156.1**

Schweißnähte 6 mm   Auflagerkraft 65,875 kN

$$F_n = (14 - 1,4)\,26 = 327,6 \text{ cm}^2 \qquad\qquad \sigma = \frac{65\,875}{327,6} = 201 \text{ N/cm}^2$$

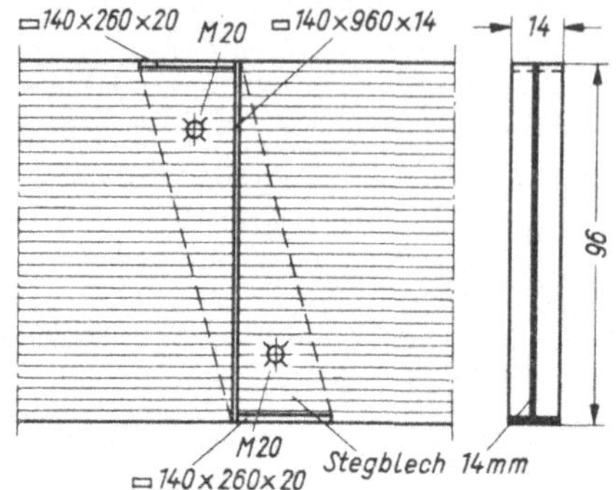

156.1 Gelenkpunkt „E"

Mittelstütze als Holzpendelstütze

$s_K = 4{,}60$ m

gewählt Brettschichtträger 18/28

$F = 504$ cm²   min $i = 5{,}2$ cm

$$\lambda = \frac{460}{5{,}2} = 88{,}5 \qquad \omega = 2{,}52$$

$$\sigma = -\,2{,}52 \cdot \frac{186\,985}{504} =$$

$$-\,935 < 1100\ \text{N/cm}^2$$

Übertragung der Kräfte in den Pfosten
durch 8 Geka-Dübel ⌀ 115 (**156.2**)
zul $P = 8 \cdot 21{,}5 = 172$ kN
unmittelbar zu übertragen sind mithin

$1{,}5\,(186{,}985 - 172) = 22{,}478$ kN

$$\sigma = \frac{22478}{18 \cdot 14} = 89 < 200\ \text{N/cm}^2$$

Spannung in der Stützengabel

Je Gabel $0{,}5 \cdot 172 = 86$ kN

$F_n = 7 \cdot 18 - 7{,}0 \cdot 2{,}5 - 7{,}0 = 101{,}5$ cm²

$$\sigma = \frac{86\,000}{101{,}5} = 847 < 1100\ \text{N/cm}^2$$

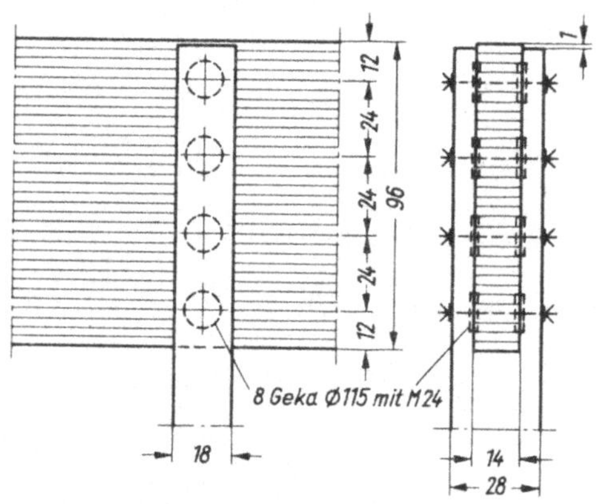

156.2 Anschlußpunkt „I"

Die Stützen der Außenseiten werden zur Aufnahme des Winddruckes als eingespannte
Stahlstützen ausgeführt. Aussteifungsverband analog Beispiel in Abschn. 7.2.2.

7.5.2 Fachwerkrahmen

Für Bauwerke, deren Aussehen nur eine untergeordnete Rolle spielt, werden
auch heute noch vorteilhaft die Fachwerkrahmen angewendet. Besonders geeignet sind sie, wenn die Konstruktion in möglichst vollkommen zerlegtem
Zustand transportiert werden muß. Der wichtigste Faktor aber bleibt ihre
Wirtschaftlichkeit.

Beispiel: Für eine Lagerhalle von $24{,}00$ m × $36{,}00$ m sind Dreigelenkrahmen vorgesehen. Als Dachdeckung kommen Wellasbestplatten auf Pfettensparren 8/12 cm in
Frage. Die Seitenwände werden vollkommen abgeschlossen. Der Berechnung wird das
in Bild **158.1** dargestellte System zugrunde gelegt, für das folgende Grundwerte gelten:

Binderstützweite	24,00 m	Dachneigung	$\alpha = 11°$
äußere Eckhöhe	4,00 m		$\sin\alpha = 0{,}191$
Gelenkhöhe	6,33 m		$\cos\alpha = 0{,}982$
Binderabstand	4,50 m		$\tan\alpha = 0{,}194$

Belastungsannahme

Eigengewicht der Dachdeckung $\dfrac{250}{0,982} = 255$ N/m² Gfl.

Pfettensparren (im Abstand von 1,40 m)   75 N/m² Gfl.

Bindereigengewicht (geschätzt)   200 N/m² Gfl.

$$\overline{g} = 530 \text{ N/m}^2 \text{ Gfl.}$$

Schneelast $\overline{s} = 750$ N/m² Gfl.

Windlasten für Wind von links bei einem Staudruck von $q = 500$ N/m² nach dem Sonderverfahren auf die

Längswand links	$w_\mathrm{I} = + 0,8\, q = 400$ N/m²	
Dachfläche links	$w_\mathrm{II} = (1,2 \cdot \sin \alpha - 0,4)\, q = - 85$ N/m²	
Dachfläche rechts	$w_\mathrm{III} = - 0,4\, q = - 200$ N/m²	
Längswand rechts	$w_\mathrm{IV} = - 0,4\, q = - 200$ N/m²	

Der Binder wird auf die Lastfälle aus Eigengewicht, Schnee halb, Schnee voll und Wind von links und rechts sowie auf die Durchbiegung im Gelenk untersucht. Die Stabkräfte wurden mit der graphischen Methode (Cremonaplan) ermittelt und sind in Tafel **157.1** zusammengestellt.

Tafel **157.1** Statische Werte für den Binder nach Bild **158.1**

Stab	l	max. Stabkräfte kN		Stabquerschnitte cm/cm		s inf. Schnee kN	S_1 inf. $P=1$ im Scheitel	für Lösung 1	
	m	—	+	Lösung 1	Lösung 2			F cm²	$\dfrac{S \cdot S_1 \cdot l}{F}$
V_1	2,40	—	50,6	$2 \times 6/12$	14/16	$+29,0$	$+1,46$	144	$+\ 70,6$
V_2	1,60	—	50,0	$2 \times 6/12$	14/16	$+29,0$	$+1,46$	144	$+\ 47,0$
S	3,31	136,8	—	$2 \times 6/18 + 10/18$	16/20	$-80,5$	$-1,97$	396	$+132,6$
O_1	2,44	—	66,9	$2 \times 6/20$	16/20	$+37,5$	$+1,41$	240	$+\ 53,8$
O_2	2,44	22,0	57,8	$2 \times 6/20$	16/20	$+12,0$	$+1,41$	240	$+\ 17,2$
O_3	2,44	69,9	33,0	$2 \times 6/20$	16/20	$-18,0$	$+1,41$	240	$-\ 25,8$
O_4	2,44	116,7	20,4	$2 \times 6/20$	16/20	$-44,6$	$+1,41$	240	$-\ 63,9$
O_5	2,44	149,5	11,8	$2 \times 6/20 + 10/20$	16/20	$-64,5$	$+1,41$	440	$-\ 50,4$
U_1	2,12	114,0	—	$2 \times 6/18$	16/16	$-66,5$	$-2,47$	216	$+161,2$
U_2	2,53	80,5	2,9	$2 \times 6/18$	16/16	$-34,5$	$-2,47$	216	$+\ 99,8$
U_3	2,53	66,5	54,1	$2 \times 6/18$	16/16	$+\ 3,0$	$-2,47$	216	$+\ 8,7$
U_4	3,79	52,1	106,0	$2 \times 6/18$	16/16	$+25,0$	$-2,47$	216	$-112,7$
D_1	1,66	3,8	1,9	10/10	10/16	0	0	100	—
D_2	1,92	79,7	—	$2 \times 6/12 + 10/12$	16/16	$-46,0$	$-1,69$	264	$+\ 56,5$
D_3	1,76	44,4	—	$2 \times 6/18$	16/20	$-25,5$	0	216	—
D_4	1,49	—	28,7	10/12	12/16	$+15,0$	0	120	—
D_5	1,81	45,6	—	$2 \times 6/16$	14/16	$-26,5$	0	192	—
D_6	1,66	—	23,0	10/12	10/16	$+13,3$	0	120	—
D_7	1,58	41,7	—	$2 \times 6/12$	12/16	$-23,6$	0	144	—
D_8	1,23	—	18,4	10/10	10/16	$+\ 9,0$	0	100	—
D_9	1,39	41,0	—	$2 \times 6/12$	10/16	$-22,0$	0	144	—
A		↑72,7				$\displaystyle\sum \dfrac{S \cdot S_1 \cdot l}{F} = + 394,6$			
H_A		→65,5							

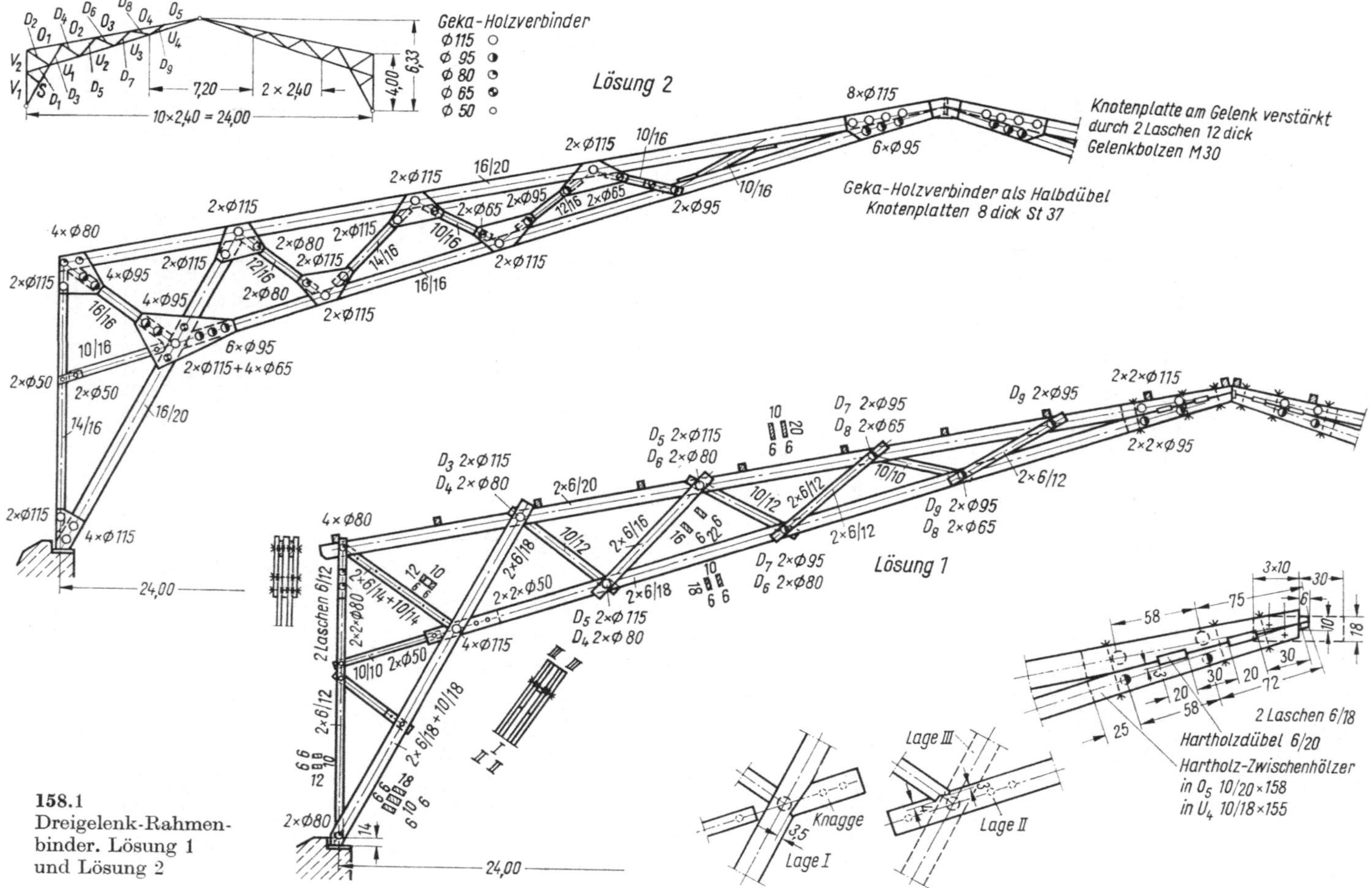

158.1
Dreigelenk-Rahmen-
binder. Lösung 1
und Lösung 2

Die Bemessung der Stäbe und Anschlüsse erfolgte nach den behandelten Methoden. Die Durchbiegung am Scheitel (Gelenkpunkt) beträgt inf. Schnee voll nach Gl. (91.3) für die Lösung 1

$$f = \Sigma \frac{S \cdot S_1 \cdot l}{E \cdot F} = 2 \cdot \frac{394,6}{1000} = 0,79 \text{ cm} < \frac{2400}{700} = 3,43 \text{ cm}$$

Für die Lösung 2 wird die Durchbiegung wesentlich kleiner, da die Stabquerschnitte durchweg größer sind.

Lösung 1 (158.1 unten)

Es wurde davon ausgegangen, daß die Anschlüsse ohne Laschen und ohne Anblattungen ausgeführt werden sollen, damit möglichst an Arbeitszeit gespart wird. Diese Forderung bedingt, daß die Stäbe ineinandergesteckt, also Ober- und Untergurt zweiteilig gewählt werden. Man arbeitet in mehreren Lagen, wie dies hauptsächlich bei der Strebe S deutlich sichtbar wird. Reichen Dübelanschlüsse nicht aus, müssen Versatze oder Laschen unter Berücksichtigung der Vorschrift für das Zusammenwirken verschiedener Verbindungsmittel (s. Abschn. 3.8) zu Hilfe genommen werden. Diese Binderausführung ist sparsam im Verbrauch von Verbindungsmitteln, und auch der Holzverbrauch ist mäßig. Die Holzquerschnitte sind sehr klein, nur die Anzahl der Hölzer ist bezüglich der Gurthölzer und der Hälfte der Diagonalen doppelt so groß wie bei Lösung 2. Geeignet ist der Binder vor allem für Lagerhallen, bei denen die vorspringenden Enden der einzelnen Stäbe nicht stören.

Lösung 2 (158.1 oben)

Derselbe Binder ist hier durchweg mit Vollhölzern bemessen. Dadurch nimmt er weniger Raum in Anspruch; er wird schmäler. Es stehen keine Stabenden über die Gurte hinaus, so daß der Gesamteindruck ruhiger wird. Wegen der Vorholzlängen an jedem einzelnen Stab werden dafür große Knotenplatten notwendig, die bei den flachen Winkeln wie bei D_9 besonders lang werden. Der große Vorteil wird vor allem beim inneren Eckknoten sichtbar, wo alle Stabanschlüsse deutlich erkennbar in einer Ebene liegen. Dieser Vorteil wird bei schwereren Bindern noch deutlicher. Die Knotenplatten können entweder aus Stahlblech oder aus Sperrholzplatten von $5 \cdots 6$ cm Dicke hergestellt werden. Dabei werden die Sperrholzplatten noch größer ausfallen müssen, weil hier der Randabstand den Dübelrandabständen entsprechen muß, wogegen er sich bei den Stahlplatten nach den Bolzen richten kann. Die langen Knotenplatten können teilweise vermieden werden, wenn man Druckstäbe mit Versatzen, wie bei D_9 gezeigt, anschließt oder Zugstäbe in Zangenform ausbildet, wodurch allerdings bereits der Übergang zur ersten Lösung entsteht. Diese Variante könnte auf den ganzen Binder ausgedehnt werden, was eine vollkommen neue Lösung, Gurte und Druckdiagonalen aus Vollstäben und Zugdiagonalen aus Doppelhölzern, ohne Knotenplatten ergäbe. Eine weitere Vereinfachung ergibt die Greimbauweise (s. S. 35).

7.6 Scheunenbinder

In letzter Zeit werden ausgesprochene Scheunenbinder nach alter Art immer seltener gebaut, da die Anforderungen an Scheunen höher sind, die Lebensdauer verlängert werden soll und nicht zuletzt das Aussehen eine größere Rolle spielt als früher. So werden die in Abschn. 7.5 besprochenen Dreigelenkbinder in allen Formen, wie Kantholz-, genagelte und verleimte Vollwandbinder, verwendet (**114.1, 115.1** und **160.1**).

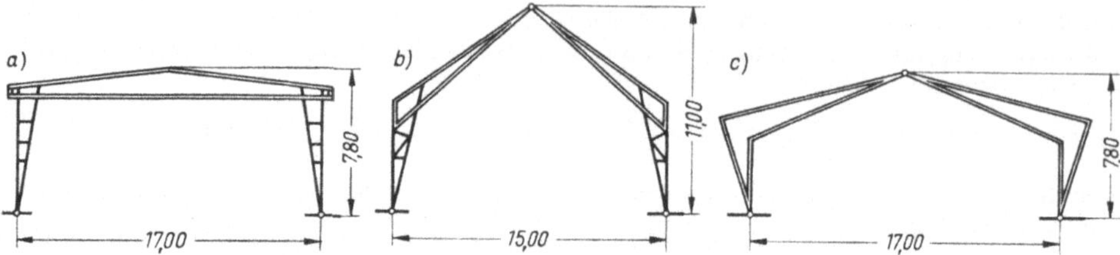

160.1 Scheunenbinder-Formen

Die verschiedenen Länder sind bemüht, einheitliche Binderformen mit Regel-
abmessungen zu entwickeln und somit durch Vereinheitlichung die Fertigung zu
erleichtern und zu verbilligen.

In diesem Bestreben wurden bereits vom Ministerium für Arbeit, Soziales und
Wiederaufbau des Landes Nordrhein-Westfalen Bindertypen entwickelt und als
Dachbinder für landwirtschaftliche Bauten veröffentlicht. (In dieser Reihe ist
neben anderen auch ein ausgesprochener Scheunenbinder mit der Bezeichnung
SCH I enthalten.)

Für die Lastannahmen gelten die Angaben des Abschn. 2.1. Im besonderen gilt,
daß bei Scheunenbindern größtes Augenmerk auf die Windlasten zu legen ist
(s. Abschn. 2.1.3). Es ist genau festzulegen, ob die Scheune ständig offen ist,
somit Wind von unten erhält, oder nur von bestimmten Seiten offen sein kann
und von dort Wind innen erhält. Die Windlast wird am besten nach DIN 1055
Bl. 4 Abschn. 4.5 ,,Nicht geschlossene Baukörper" bestimmt.

Einfache Feldscheunen werden auch heute noch mit Rundholzbindern nach dem
in Bild **114.**1 gezeigten System hergestellt. Da als Verbindungsmittel in der
Regel einfache Bolzen verwendet werden, ist auf eine saubere zimmermannsmäßige Verarbeitung der Anblattungen zu achten (s. Abschn. 3.1 und [9]). Neben
den am häufigsten angewandten Kantholzrahmen nach Bild **114.**1 werden mehr
und mehr genagelte Dreigelenkrahmen nach Bild **115.**1 gewählt, da sie den
Innenraum weniger einengen.

In neuester Zeit fanden schließlich auch geleimte Rahmenbinder Anwendung im
landwirtschaftlichen Bauen, da die wetterbeständigen Leime keine Schwierigkeiten mehr bereiten. Hier werden die Formen nach Bild **115.**1 und **160.**1a, b, c
bevorzugt. Eine große Erleichterung für den Entwurf bieten die von der technischen Beratungsstelle des Zimmerhandwerks (Bruderverlag Karlsruhe) herausgegebenen Hefte ,,Vorgefertigte Bauteile aus Holz für landwirtschaftliche Typen-
gehöfte", die Hefte des Informationsdienstes Holz (z. B. 3–4/1957, 1/1958, 5/1964
und A 43) sowie Bauen mit Holz (1962) H. 10 und (1963) H. 12.

8 Sonderdachkonstruktionen

8.1 Frei vorstehende Kragdächer

Auskragende Dächer können für die verschiedensten Zwecke erforderlich werden. Als Vordächer lassen sie sich am einfachsten in Verbindung mit einem Dachbinder ausführen. Auch bei Rahmenbindern, wie sie in der Landwirtschaft und für Lagerhallen gebaut werden, sind auskragende Dächer leicht anzuordnen (**114.1** und **115.1**). Liegt das Vordach tiefer, muß es als Dreiecksbinder (**161.1**) ausgebildet und mit der Außenwand des Gebäudes verankert werden. Dabei ist zu beachten, daß jetzt der Untergurt auf Druck beansprucht wird und deshalb die Knotenpunkte des U-Stabes gegen seitliches Ausweichen durch Verbände und Abstrebungen zu sichern sind. Außerdem ist der Winddruck auf die Seitenflächen des Binders konstruktiv abzuleiten.

Bei **freistehenden Kragdächern**, wie Bahnsteige[1]), Tankstellen, Tribünen, Fahrradschuppen, Schutzdächer[2]) usw., muß das nur auf einem Stiel ruhende Dachtragwerk mit diesem biegesteif verbunden und der Stiel selbst im Fundament eingespannt werden (**161.2a**). Bei längerem Kragarm auf der einen Seite kann durch eine Pendelstütze ein Ausgleich im Einspannmoment geschaffen werden (**161.2b**).

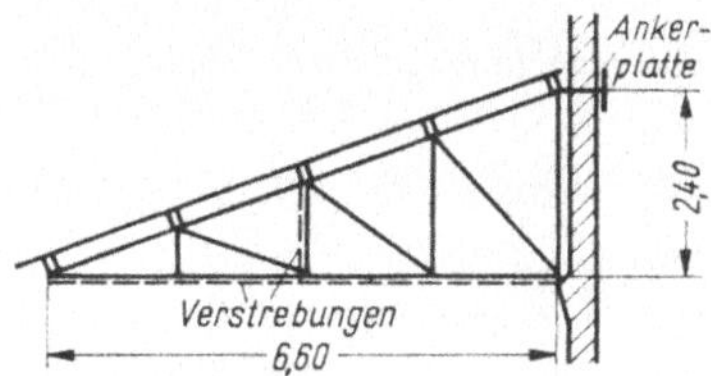

161.1 Vordachbinder

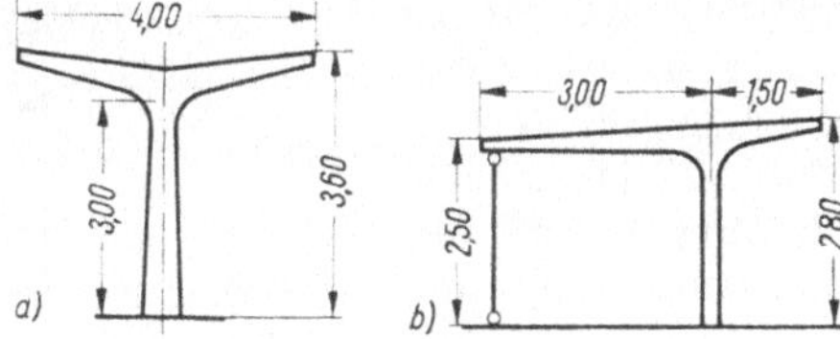

161.2 Freistehende Kragdächer

Bei einseitigen Kragdächern (**162.1a**) treten große Einspannmomente auf. Für die Dächer von Zuschauertribünen baut man daher Zwischenstützen[3]) (**162.1b**) oder bildet den Dachträger als Balken auf zwei Stützen[4]) aus, wobei die äußere Stütze vorwiegend Zugkräfte aufzunehmen hat (**162.1c**). Beim Olympia-Radstadion[5]) wurde eine scherenartige Konstruktion gewählt, bei der der untere

---

[1]) Erdmann, W.: Kunstharzverleimte Holzkonstruktionen für Bahnsteig- und Rampendächer. ETR, Eisenbahntechn. Rundschau (1959) H. 7, S. 212 bis 309
[2]) Hempel, G.: Wartehäuschen und Schutzdächer. Deutscher Zimmermeister (1957) H. 7
[3]) Krabbe, E. u. Kintrup, H.: Eine Sporttribüne in der Reiterstadt Warendorf/Westfalen. Bauen mit Holz (1971) H. 11, S. 519
[4]) Tribüne Olympia-Reitstadion. Bauen mit Holz (1972) H. 8, S. 424 ff.
[5]) Olympia-Radstadion. Bauen mit Holz (1972) H. 8, S. 416 ff.

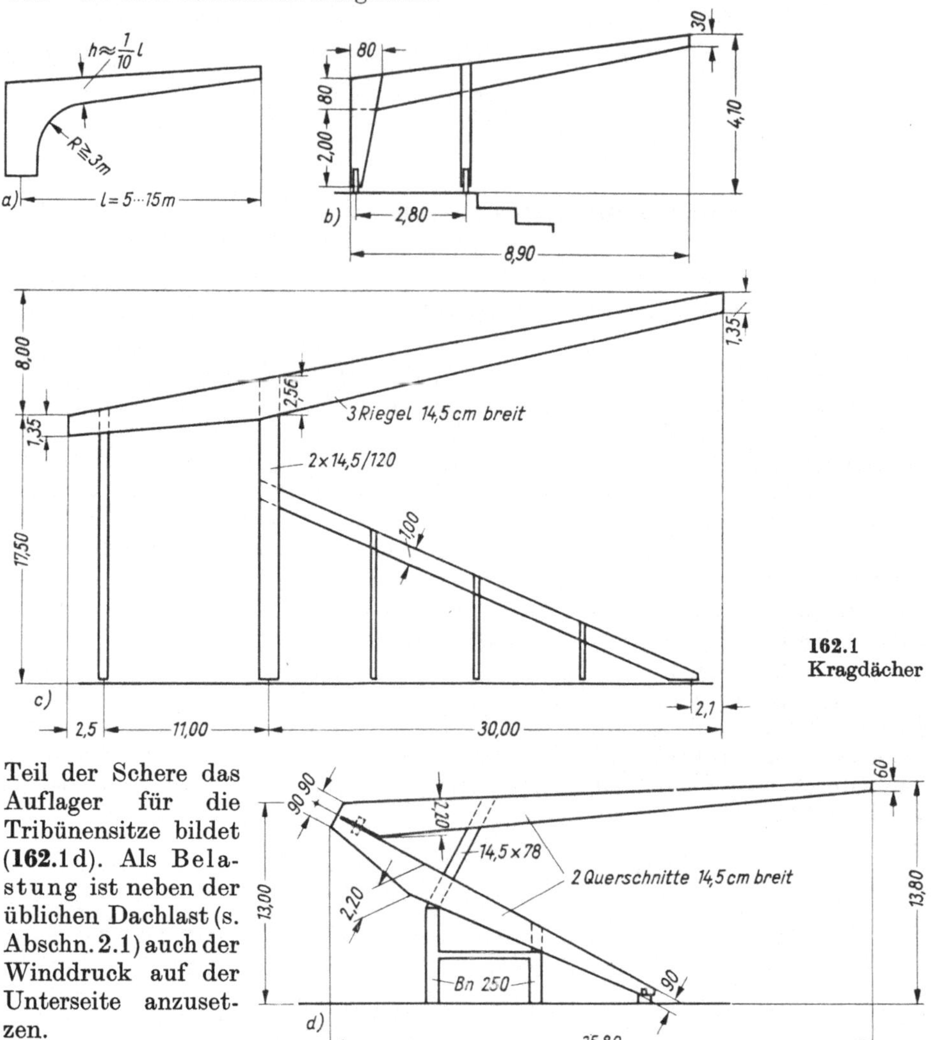

162.1
Kragdächer

Teil der Schere das Auflager für die Tribünensitze bildet (**162.1**d). Als Belastung ist neben der üblichen Dachlast (s. Abschn. 2.1) auch der Winddruck auf der Unterseite anzusetzen.

8.2 Geschlossene Sonderdachkonstruktionen

Turmhelme[1]) werden heute vielfach in Leimbauweise hergestellt. Das Turmgerüst wird aus lamellenverleimten Gratsparren gebildet (**163.1**), die durch Aussteifungsringe gehalten werden. Die Schalenplatten bestehen aus Kämpfsteg- oder Wolffstegplatten. Der fertige Turmhelm läßt sich mit einem Kran leicht montieren. Die Ausführung fachwerkartiger Konstruktionen ist jedoch weiter üblich[2]). Da bei Dübelkonstruktionen die Knoten durch die erforderlichen La-

---

[1]) Verleimte Turmhelme. Bauen mit Holz (1964) H. 1 – Die Kirchturmspitze der Kirche St. Matthäus in Minden/Westf. Bauen mit Holz (1964) H. 8
[2]) Kirchturm Erwitte. Bauen mit Holz (1974) H. 2, S. 58 ff. – Glockenturm Lübbecke. Bauen mit Holz (1974) H. 2, S. 62 ff.

schen zu dick werden, eignet sich für spitze **Türme** besonders die **Greim**-Bauweise[1]).

Falt- und Schalendächer lassen sich in Holzbauweise gut herstellen.

Faltdächer haben entweder eine über ein Traggerüst aus Kehlsparren[2]) oder aus Fachwerkbindern[3]) gelegte Dachhaut oder es werden die Dachflächen selbst mit Hilfe von verleimten Stegplatten als tragende Elemente ausgebildet. Es entsteht dann ein räumliches Tragwerk[4]), das auf den Wänden aufliegt (**163.2**).

Schalendächer werden in der Form eines hyperbolischen Paraboloids gebaut[5]). Hier treten in der einen Richtung nur Zug-, in der anderen nur Druckkräfte auf (**163.3**). Die Normalkräfte in den Rändern sind von den Randbalken aufzunehmen. Die Auflager haben erhebliche Horizontalkräfte zu übernehmen. Die Stützen müssen daher entsprechend biegesteif ausgeführt werden. Bei Auflagerung an den unteren Ecken können die Horizontalkräfte durch ein Zugband aufgefangen werden. Die Steifigkeit der Schale hängt vom Höhenunterschied der

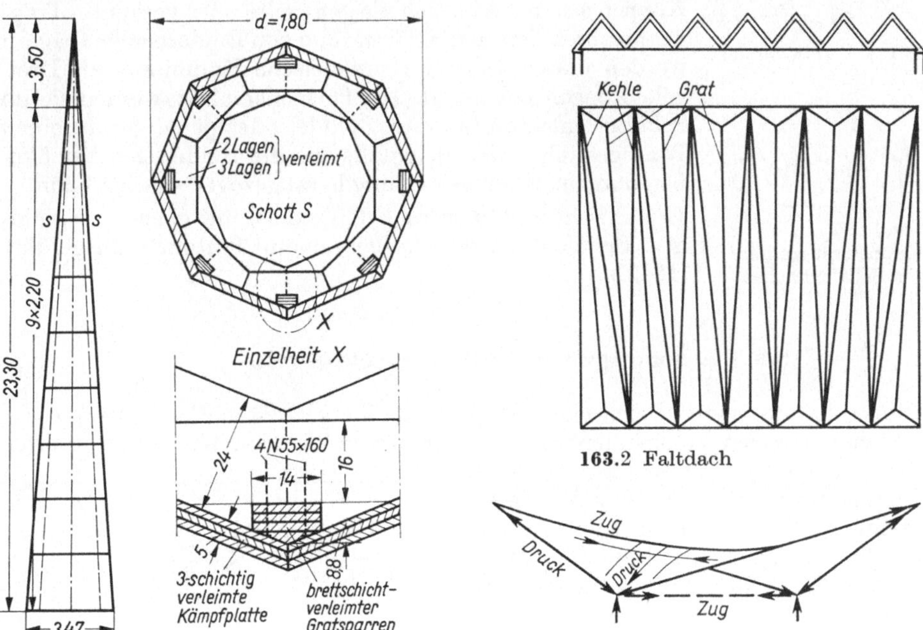

163.1 Verleimte Kirchturmspitze

163.2 Faltdach

163.3 Kräfteverlauf im hyperbolischen Paraboloid

---

[1]) Turmkonstruktion in Greim-Bauweise. Bauen mit Holz (1972) H. 3, S. 109ff. – Kirchturm Süderstapel. Bauen mit Holz (1974) H. 1, S. 14ff. – Turmhelm Barbelroth. Bauen mit Holz (1974) H. 2, S. 63
[2]) Ein Faltdach für eine kleine Kapelle. Bauen mit Holz (1963) H. 11
[3]) Ein Faltdach über kreisrundem Grundriß. Bauen mit Holz (1964) H. 6
[4]) Ein Faltdach aus verleimten Stegplatten. Bauen mit Holz (1963) H. 2
[5]) Hempel, G.: Hyperbolische Paraboloid-Schalendächer. Bauen mit Holz (1967) H. 10 und Fußnote 1 auf S. 1 – Die größte Rippenschale, die je gebaut wurde. Bauen mit Holz (1969) H. 6 – Informationsdienst Holz, A 51, Holzflächentragwerke

Ecken ab, der sehr unterschiedlich sein kann. Die Auflagerung erfolgt immer an zwei gegenüberliegenden Eckpunkten. Die Schale selbst besteht aus zwei oder drei Brettlagen, die an jedem Kreuzungspunkt zu vernageln sind. Zur Berechnung sind Modellversuche erforderlich. (Schalen- und Faltdächer. Informationsdienst Holz [1962] Heft 4).

Eine Sonderform stellt das Dach aus verleimten Bögen mit Seilnetz dar[1]).

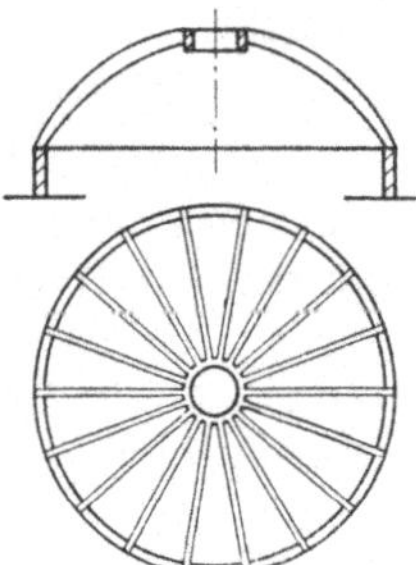

Hängedächer[2]) lassen sich ebenfalls aus Holz herstellen. Die Tragkonstruktion besteht aus parallel zu einander verlaufenden Zuggliedern, die an den Giebelseiten über Parabelträger ihre Lasten an die Stützböcke abgeben. Diagonalstäbe steifen die Dachfläche aus.

Sheddächer[3]) lassen sich mit geraden und gebogenen Dachflächen herstellen. Die tragenden Unterzüge liegen dabei unter der Fensterfläche.

164.1 Kuppelbinder

Kuppelbauten lassen sich als genagelte oder verleimte Tragwerke herstellen. Bei Verwendung von Bindern oder Trägern werden jeweils je zwei symmetrische Halbbinder als Dreigelenkbogen behandelt (**164.1**). Konstruktiv werden sie im Scheitel entweder an eine Spindel oder günstiger an einen Ring gestoßen, der gleichfalls wie die Binder sichtbar bleiben und zur Raumgestaltung herangezogen werden kann.

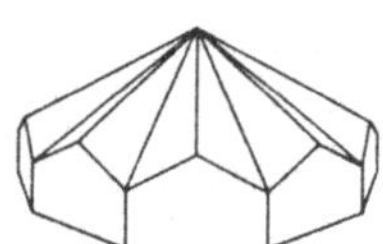

164.2
Kuppel mit tragfähigen Schalenflächen

In der letzten Zeit werden Kuppeln[4]) mit ebenen tragfähigen Schalenflächen wie bei einem Faltdach ausgeführt (**164.2**).

8.3 Flächentragwerke in Brettstapelbauweise

Die in der statischen Form eines Trägerrostes hergestellten Flächentragwerke bestehen aus sich kreuzenden Brettschichtträgern. An den Kreuzungspunkten zweier Träger wird jeweils eine Lamelle durchgeführt und die darauffolgende gestoßen. Die Kreuzungswinkel können 90° betragen (Quadrat- oder Diagonalrost) (**164.3**a und b) oder einen Winkel von etwa 30° einschließen (Rautenrost) (**164.3**c). Es lassen sich ebene Flächentragwerke und einfach oder doppelt gekrümmte Rostkuppeln herstellen[5]).

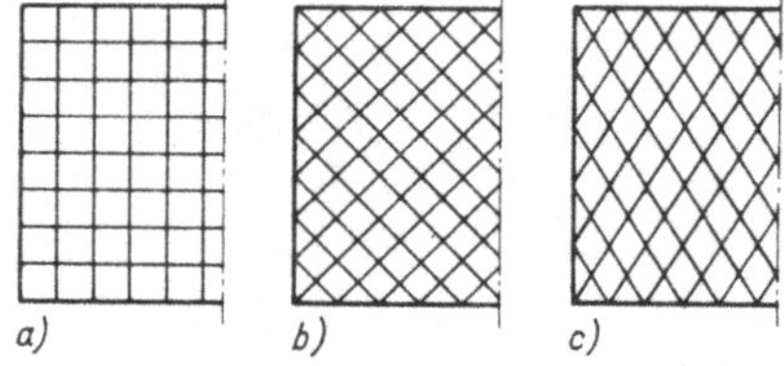

164.3 Flächentragwerke
a) **Quadratrost**   b) **Diagonalrost**
c) **Rautenrost**

---

[1]) Ein Dach aus verleimten Bögen und Seilnetzen. Bauen mit Holz (1963) H. 12 und Hempel, G.: Holzkonstruktionen mit Seilnetzen. Bauen mit Holz (1967) H. 1
[2]) Hängedach Lensterstrand. Bauen mit Holz (1973) H. 1, S. 10ff.
[3]) S. Fußnote S. 100
[4]) Kirche zu den Heiligen Engeln, Landsberg am Lech. Bauen mit Holz (1972) H. 7, S. 368ff.
[5]) Natterer, J.: Flächentragwerke in Brettstapelbauweise. Bauen mit Holz (1972) H. 12, S. 688 bis 693.

9 Andere Bauaufgaben

9.1 Arbeitsgerüste

Maßgebend ist DIN 4420[1]) Gerüstordnung mit Beibl. 1 Gerüstketten und Beibl. 2 Stangengerüste besonderer Bauart sowie DIN 4411 Gerüstleitern und Einzelteile. Die Gerüstordnung unterscheidet die Gerüste nach der Verwendungsart, nach der Bauart und nach dem Baustoff (s. [5 und 17]). Als Trag- und Fördergerüste sowie als Arbeitsgerüste bei größeren Lasten oder schwierigeren Grundrissen werden **abgebundene Gerüste** verwendet, bei denen die Hölzer handwerksmäßig verzimmert oder ingenieurmäßig verbunden und aufgestellt werden. Für diese Gerüste ist stets eine statische Berechnung aufzustellen. Außerdem muß die Baugenehmigung eingeholt werden.

Die **Regellasten** sind in DIN 4420 Abschn. 26 festgelegt. Bei Traggerüsten ist das Gewicht der abzustützenden Bauteile sowie der aufzubringenden Baustoffe und der übrigen Lasten, wie der Fördergeräte, in ungünstigster Laststellung zu berücksichtigen. Ferner sind außer der Windlast, für deren Berechnung die vollen Ansichtsflächen ohne Abzug der Zwischenräume einzusetzen sind, auch die waagerechten Kräfte besonders anzusetzen, die aus dem Seilzug von Hebezeugen oder dem Schub von Schrägstützen herrühren können. Für diesen Schub ist mind. 1/100 der lotrechten Lasten als Horizontalkraft an ungünstigster Stelle als Belastung anzunehmen. Die Gerüste haben nicht nur die lotrechten Verkehrslasten abzuleiten, sondern sind auch zur Aufnahme der genannten seitlichen Kräfte in der Längs- und Querrichtung durch Verstrebungen gut auszusteifen.

Der Belag von Arbeitsgerüsten soll nicht unter 30 mm dick sein. Das verwendete Gerüstholz muß den Anforderungen der DIN 4074 entsprechen.

Beim Bau von Brücken und Talsperren können Hilfsgerüste zum Befördern der Baustoffe (Betonierbrücken) oder Montagegerüste notwendig werden. Aufbau und Berechnung dieser Gerüste erfolgen unter Beachtung der DIN 4420 und der Grundsätze für den Bau von Holzbrücken (s. Abschn. 10).

Bei allen Gerüsten ist darauf zu achten, daß die Unterlage unnachgiebig ist.

9.2 Lehrgerüste

Sie werden zum Einschalen bei allen größeren Stahlbetonarbeiten[2]) benötigt und haben als Hauptlasten das Gewicht des frischen Betons einschl. der Armierung und das Gewicht der Transportanlagen aufzunehmen. Seitenschalungen und Lehrgerüste von Bögen werden auch durch Seitendruck des noch nicht abgebun-

---

[1]) Einschließlich Ergänzende Bestimmungen, Fassung März 1969
[2]) K o c h , W.: Brückenbau, Teil 1, 4. Aufl. Düsseldorf 1969 – K i r c h n e r , H., und M ü l l e n -
hoff, A.: Rüstungsbau, 2. Aufl. Berlin 1951 – B ö h m , F., und L a b u t i n , N.: Schalung und
Rüstung, 4. Aufl. Berlin 1957 [17]

denen Betons beansprucht, der besonders bei großen Schütthöhen und bei Verwendung von Innenrüttlern erhebliche Werte erreichen kann. In DIN 4420 Abschn. 26 sind genaue Zahlenangaben über die sonstigen Lasten enthalten. Neben den oben erwähnten Vorschriften – DIN 4420 mit Beiblättern und DIN 4411 – sind hier noch besonders DIN 1045 Bauwerke aus Stahlbeton mit dem Abschn. 12, DIN 1074 Holzbrücken, Berechnung und Ausführung und DIN 1054 Richtlinien für die zulässige Belastung des Baugrundes zu beachten.

Bei allen Schalungs- und Lehrgerüsten ist darauf zu achten, daß die Gerüste ihre Form halten, also Setzungen und sonstige Verformungen unbedingt vermieden werden. Das bedeutet für die Konstruktion neben der Forderung auf sichere unnachgiebige Unterlage über Schwellstapel, Betonfundamente oder Rammpfähle eine möglichst direkte Ableitung der Lasten durch Stützen und Streben und eine gute Verstrebung in allen Richtungen. Müssen Öffnungen freigehalten werden, so daß Biegeträger notwendig werden, sind zweckmäßig dafür Stahlträger zu nehmen. Auch Kämpf-Steg-Träger lassen sich wegen ihrer hohen Biegesteifigkeit gut verwenden. Eine Druckbeanspruchung quer zur Faser ist möglichst zu vermeiden oder durch entsprechende durckverteilende Schwellen zu verringern, um die Summe der Zusammendrückungen klein zu halten (vgl. Bild **43.**3 u. **75.**1). Die Gerüste müssen zur Erleichterung des Ausschalens absenkbar sein. Als Absenkvorrichtungen kommen Hartholzkeile (**166.**1), Sandtöpfe, Schraubspindeln (**166.**2) und hydraulische Pressen in Frage. Diese Absenkvorrichtungen werden über dem Fundament oder zwischen dem Ober- und dem Untergerüst angeordnet. Bei geringen Höhen kann das Untergerüst wegfallen (**167.**1). Die Tragwerke des Gerüstes stehen im allgemeinen parallel zur Brückenachse. Ihr Abstand beträgt 1,00 ··· 1,50 m, kann jedoch zur Kostenersparnis größer werden. Doch müssen dann besondere Schalungsträger aus Stahl oder Holz[1]) angeordnet werden. Nach Bild **166.**3 lassen sich mit einfachen Mitteln solche Träger aus Schalbrettern und Rundstahl als unterspannte

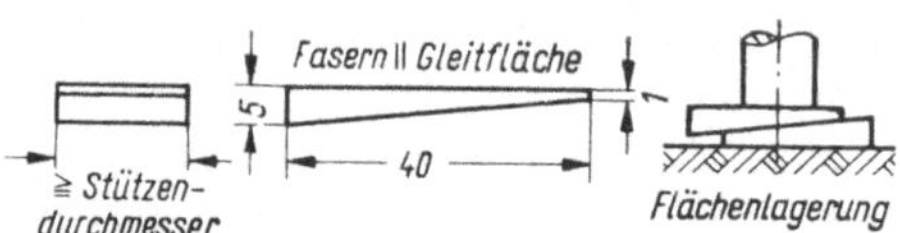

166.1 Hartholzkeile

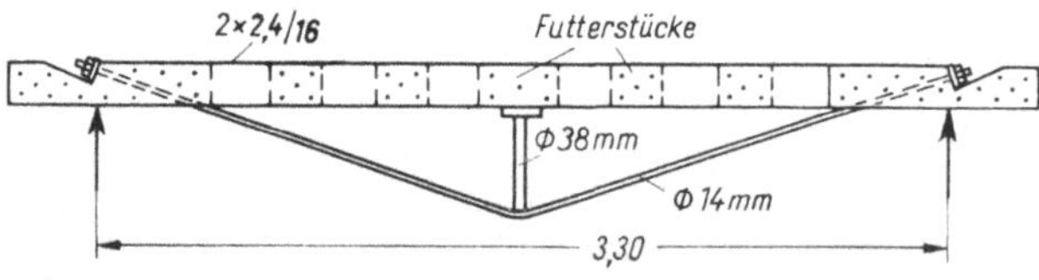

166.3 Schalungsträger aus Schalungsbrettern und Rundstahl

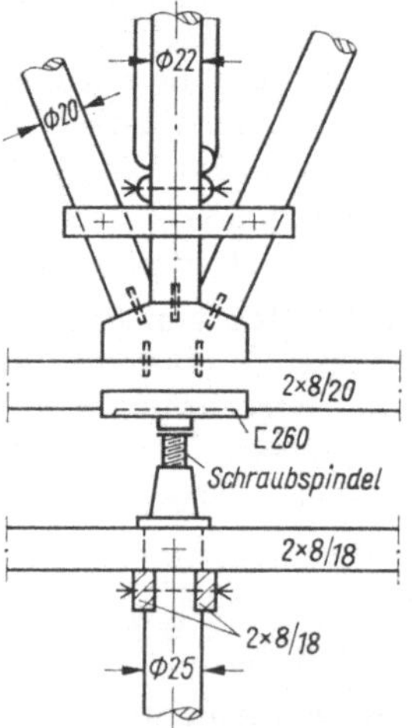

166.2 Absenkvorrichtung zwischen Ober- und Untergerüst

---

[1]) Steidle-Schalungsträger, E. Steidle, Holzindustrie, Sigmaringen – PERI-Schalungsträger, PERI-Werk, Ulm – DOKA-Holzschalungsträger, Deutsche DOKA, Schalungs- und Gerüsttechnik, München 19

Balken herstellen. Die Brettschalung wird heute meist durch Schalungstafeln und Hohlkastenschalungen[1]) ersetzt.

Lehrgerüste werden dem Aufbau nach unterschieden.

Beim **Ständergerüst** (**167.**1) werden die Lasten durch Ständer direkt abgeleitet. Bei größeren Höhen müssen die Pfosten aus Holz oder Stahl gestoßen werden. Bei Verwendung von Schalungsträgern werden die Pfosten zu Türmen zusammengefaßt.

Beim heute kaum noch verwendeten **Strebengerüst** (**167.**2) werden im Obergerüst die meist einen Bogen unterstützenden Streben in einzelnen Punkten zusammengefaßt und vom Untergerüst aufgenommen. Eine Abart stellen die Fächergerüste dar, bei denen das hohe Untergerüst wegfällt.

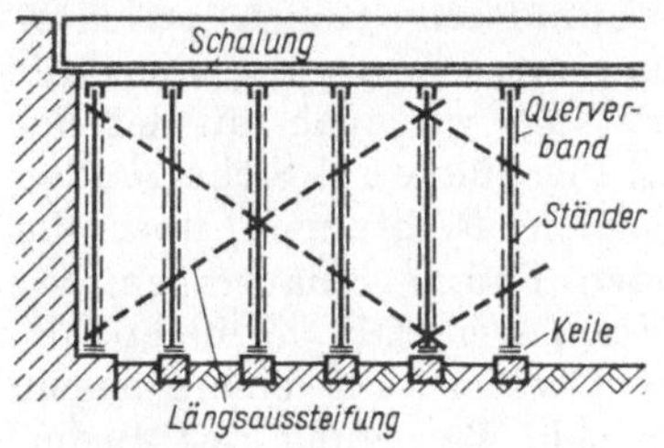

167.1 Ständergerüst   **167.**2 Strebengerüst

Freitragende Gerüste werden ingenieurmäßig konstruiert und hergestellt. Bei geringen Stützweiten lassen sich Sprengwerke ausführen, während bei allen Bogenbrücken meist Dreigelenkbögen in Fachwerkbauart gewählt werden. Je nach den Holzdicken und Lasten können Nägel oder Stahldübel als Verbindungsmittel der Stäbe verwendet werden. Die Montage dieser Bögen von beiden Seiten aus ist einfach durchzuführen. Bei Viadukten mit gleich großen Öffnungen lassen sich die Gerüstbinder immer wieder verwenden.

Für größere Bögen hat sich das aus Bohlen zusammengesetzte Cruciani-Lehrgerüst[2]) bewährt.

9.3 Türme

Aussichts- und Beobachtungstürme sowie Vermessungstürme und Seilbahnstützen wurden und werden auch heute noch fast ausschließlich aus Holz gebaut, und zwar unter weitgehender Verwendung von Rundholz, da sie so leicht und preisgünstig herzustellen sind. Auch zum Bau der großen Funktürme[3]) mit Höhen über 100 m wurde in früheren Jahren nur Holz genommen, weil sich so elektromagnetische Verluste am leichtesten vermeiden ließen.

Der Grundriß der **Beobachtungstürme** ist meist quadratisch oder höchstens rechteckig, da sich dabei die Verbände am leichtesten anschließen lassen. Auch

---

[1]) DONAU-Brücke, Nötzel KG. Kreßbronn
[2]) **Aigner, F.**: Das Cruciani-Lehrgerüst der zweiten Nößlachbrücke, Beton- und Stahlbetonbau (1968) H. 2, S. 25 und [17]
[3]) Sendetürme aus Holz in den USA. Bauen mit Holz (1965) H. 3

der dreieckige Grundriß (**168.**1) ist statisch günstig und wirtschaftlich. Zur Aufnahme der großen Windbeanspruchung werden die Stiele entweder mit Stahllaschen im Fundament eingespannt, oder der Turm muß mit Drahtseilen abgespannt werden. Bei der Ausbildung der Knotenpunkte ist darauf zu achten, daß sich nirgends Schmutz und Feuchtigkeit ansammeln kann und alle Teile wieder vom Wind ausgetrocknet werden können. In statischer Hinsicht bilden die Seitenflächen Fachwerke.

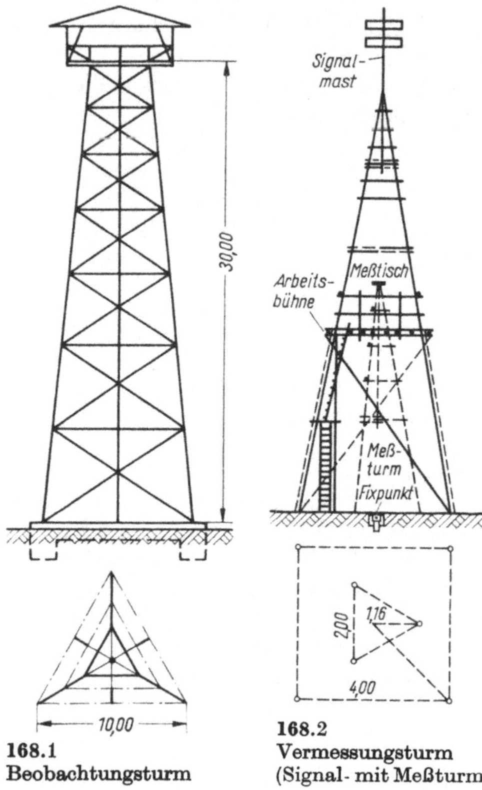

168.1
Beobachtungsturm

168.2
Vermessungsturm
(Signal- mit Meßturm)

Im Vermessungswesen werden Signalanlagen vom Standsignal über Pyramiden bis zu Signaltürmen mit 30 m Höhe und mehr erforderlich. Vermessungstürme, die auf bewaldeten Höhen errichtet werden, müssen sowohl mit ihrer Signalstange wie auch mit der Beobachtungsbühne aus Sichtgründen nach allen Richtungen über die höchsten Bäume hinausragen. Da ein Vermessen mit hochempfindlichen Geräten auf einem leicht durch jede Bewegung der Bedienungsmannschaft erschütterten Turm unmöglich wäre, müssen hier 2 ineinandergeschobene Türme, die aber einander nirgends berühren dürfen, gebaut werden (**168.**2). Der höhere Signalturm mit viereckigem Grundriß trägt, außer den eigentlichen Signaltafeln an der Spitze, Steigleiter, Podeste und Arbeitsbühne. Der Meßturm mit dreieckigem Grundriß ragt frei durch die Arbeitsbühne hindurch und trägt lediglich den Instrumententisch, der somit keinen Erschütterungen, außer denen durch Wind, ausgesetzt ist. Die gesamte Konstruktion beider Türme einschließlich der Versteifungen, Leitern und Bühnen wird aus Rundholz hergestellt. Als Verbindungsmittel werden in der Regel nur Nägel oder Bolzen verwendet. Für außergewöhnlich hohe Türme werden andere Systeme mit größerer Grundfläche herangezogen, die den früheren Aussichtstürmen ähneln.

Vorschläge und Beispiele finden sich in der Vermessungs-Spezialliteratur wie in den „Anlagen zur Dienstanweisung für Triangulierung und Polygonierung in Bayern" oder in Jordan-Eggert, Handbuch der Vermessungskunde, Bd. IV.

In gleicher Weise werden Seilbahn-Stützen für Förderbahnen aller Art, gleich ob leicht zugänglich im Flachland oder an steilen Wänden im Hochgebirge, ausgeführt. Für ihre Berechnung kommen neben Eigengewicht und Wind hauptsächlich die Nutzlast und der Seilzug in Frage (**169.**1).

Die Einspannung der Stützen wird bei
den Vermessungstürmen und Seilbahn-
stützen häufig einfach durch 1 m tiefes
Eingraben in ausreichender Weise erreicht. In ungeeignetem Boden werden
Betonfundamente notwendig, auf denen die Streben und Stützen verankert
werden.

Der Bau von Sprungschanzen stellt heute
eine besonders interessante Aufgabe für
den Ingenieur dar[1]).

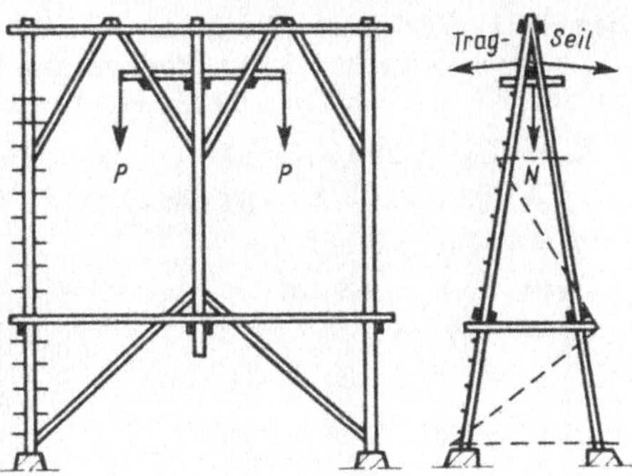

169.1 Seilbahnstütze

9.4 Holzhäuser in Tafelbauart

Für die Bemessung und Ausführung von Holzhäusern in Tafelbauart gelten
neben DIN 1052 besondere Richtlinien[2]). Bei den Wand- oder Deckentafeln
werden auf die Rippen beidseitig Beplankungen aus Holz oder Holzwerkstoffen
aufgeleimt oder aufgenagelt (**169**.2). Die Anforderungen an die Werkstoffe, ihre
Mindestdicken und die zulässigen Spannungen regeln im einzelnen die Abschn. 4,
5 und 6 der als Ergänzung zu DIN 1052 herausgegebenen Bestimmung „Holzhäuser in Tafelbauart, Bemessung und Ausführung". Es dürfen für Wand- und
Deckentafeln nur gut lufttrockenes Holz und Holzwerkstoffe mit einem Feuchtigkeitsgehalt, der etwa dem
im Einbauzustand zu erwar-
tenden mittleren Wert entspricht, verarbeitet werden.

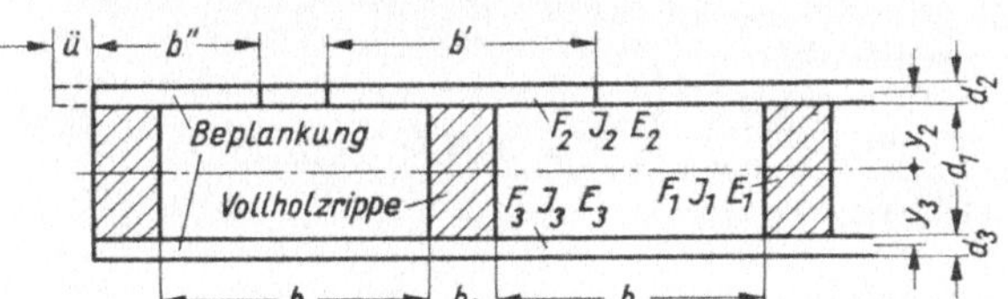

169.2 Tafelelement

Bei Verbundkonstruktionen dürfen je Rippe die Beplankungen nur bis zu einer
Breite von $b' \leqq 0,15\ l + b_1$, aber höchstens mit $b' \leqq 0,8\ b + b_1$, bei Randrippen
mit einer Breite $b'' \leqq 0,4\ b + b_1 + ü$, aber höchstens mit $b'' \leqq 0,6\ b$ in Rechnung
gestellt werden. Bei der Berechnung von J_t ist das Verhältnis der Elastizitäts-
modulen der Rippen und der Beplankungen zu berücksichtigen. Im übrigen gelten
sinngemäß die Formeln der DIN 1052 (s. Abschn. 4.2.2 und 4.3.2). Beplankungen
von Wand- und Deckentafeln, die als mittragend gerechnet werden, sind durch
Längsrippen in Abständen von

$$b \leqq 1,8\ d_{2,3} \sqrt{\frac{E_v}{v_K \cdot \text{vorh } \sigma_D}} \tag{169.1}$$

jedoch höchstens 50 $d_{2,3}$ auszusteifen. Dieser Wert ist bei Tafeln mit nur aus-
steifender Beplankung allein maßgebend. In Gl. 169.1 sind als E_v der E-Modul
der Beplankungen und die Beulsicherheit v_K mit 2,0 für Holz und Furnierplatten
und mit 3,5 für Holzspan- und Holzfaserhartplatten einzusetzen.

---

[1]) Eine Sprungschanze mit verleimten Stützen und Fachwerkträgern. Bauen mit Holz (1965)
H. 3   [2]) s. Fußnote 4 S. 80

Beispiel 1: Verleimte Wandtafel von 125 cm Breite (**170.1**) Wandhöhe 2,50 m. Mittel-rippen aus Vollholz 6/8 cm. Beplankung beidseitig aus $d_{2;3} = 1$ cm dicken Holzspan-platten FP/Y nach DIN 69761 Bl. 1 mit

$$E_2 = E_3 = 200 \text{ kN/cm}^2 \qquad b = 35 \text{ cm}$$

$$b' = 0,8 \cdot 35 + 6 = 34 \text{ cm} < 0,15 \cdot 250 + 6 = 43,5 \text{ cm}$$

$$y_2 = y_3 = 4,5 \text{ cm}$$

$$F_1 = 6 \cdot 8 = 48 \text{ cm}^2$$

$$J_1 = 256 \text{ cm}^4$$

$$F_2 = F_3 = 1 \cdot 34 = 34 \text{ cm}^2$$

$$J_2 = J_3 = \frac{34 \cdot 1^3}{12} = 2,83 \text{ cm}^4$$

$$\frac{E_{2,3}}{E_1} = \frac{200}{1000} = 0,2$$

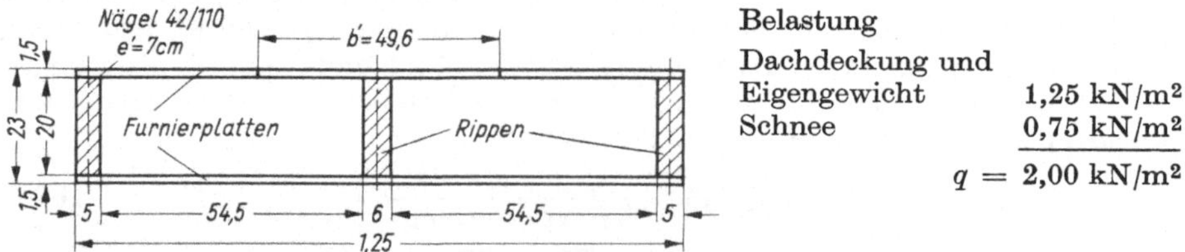

170.1 Verleimte Wandtafel

$$J_i = 256 + 0,2 \cdot 2\,(2,83 + 34 \cdot 4,5^2) = 532,5 \text{ cm}^4$$

$$F_i = 48 + 0,2 \cdot 34 \cdot 2 = 61,6 \text{ cm}^2$$

$$i_i = \sqrt{\frac{532,5}{61,6}} = 2,94 \text{ cm} \qquad \lambda = \frac{250}{2,94} = 85 \qquad \omega = 2,38$$

In der Rippe bei einer Auflast von 8,0 kN je Rippe

$$\sigma_1 = \frac{2,38 \cdot 8000}{61,6} = 309 < 850 \text{ N/cm}^2$$

In der Beplankung

$$\sigma_{2;3} = \frac{2,38 \cdot 8000}{61,6} \cdot 0,2 = 61,8 < 200 \text{ N/cm}^2$$

In der Leimfuge ist $Q_i = \dfrac{2,38 \cdot 8000}{60} = 317,3$ N

$$S_{2;3} = 0,2 \cdot 34 \cdot 4,5 = 30,6 \text{ cm}^3 \qquad \tau = \frac{317,3 \cdot 30,6}{532,5 \cdot 6} = 3,04 < 50 \text{ N/cm}^2$$

Höchstabstand der Rippen nach Gl. (169.1)

$$b = 1,8 \cdot 1,0 \sqrt{\frac{200\,000}{3,5 \cdot 61,8}} = 55 \text{ cm} > 35 \text{ cm}$$

Beispiel 2: Genagelte Dachtafel von 125 cm Breite. (**170.2**) Rippen aus Nadelholz G II, Beplankung aus 1,5 cm dicken Furnierplatten nach DIN 68705 Bl. 3, Verleimung AW 100, Nägel 42×110 mit $e' = 7$ cm. $l = 5,40$ m.

170.2 Genagelte Dachtafel

Belastung

Dachdeckung und Eigengewicht	1,25 kN/m²
Schnee	0,75 kN/m²
q =	2,00 kN/m²

Für die Mittelrippe ist bei einer Belastungsbreite von $54,5 + 6 = 60,5$ cm

$$A = 0,605 \cdot 2,0 \cdot 2,7 = 3,267 \text{ kN}$$

$$\max M = 0,125 \cdot 0,605 \cdot 2,0 \cdot 5,4^2 = 4,41 \text{ kNm}$$

$$\text{erf } J = 313 \cdot 4,41 \cdot 5,4 = 7454 \text{ cm}^4$$

$$E_2 = E_3 = 700 \ \text{N/cm}^2 \qquad \frac{E_{2;3}}{E_1} = \frac{700}{1000} = 0,7$$

$$b' = 0,8 \cdot 54,5 + 6 = 49,6 < 0,15 \cdot 540 + 6 = 87 \ \text{cm}$$

$$b_w = b' \cdot 0,7 = 49,6 \cdot 0,7 = 34,7 \ \text{cm}$$

$$F_2 = 1,5 \cdot 34,7 = 52 \ \text{cm}^2$$

$$k = \frac{\pi^2 \cdot E \cdot F_1 \cdot e'}{l^2 \cdot C} = \frac{\pi^2 \cdot 1000 \cdot 52 \cdot 7}{540^2 \cdot 6} = 2,053$$

$$\gamma = \frac{1}{1 + 2,053} = 0,327$$

$$J_i = \frac{6 \cdot 20^3}{12} + 2 \cdot \frac{34,7 \cdot 1,5^3}{12} + 2 \cdot 0,327 \cdot 52 \cdot 10,75^2 = 7949,5 > 7454 \ \text{cm}^4$$

Biegerandspannung in der Rippe nach Gl. (63.1)

$$\sigma_s = \frac{441\,000}{2 \cdot 7949,5} \cdot 20 = 555 < 1000 \ \text{N/cm}^2$$

Biegerandspannung in der Beplankung nach Gl. (63.2)

$$\sigma_1 = \frac{441\,000}{7949,5} (0,327 \cdot 10,75 + 0,75) \, 0,7 = 165,6 < 1300 \ \text{N/cm}^2$$

Schwerpunktsspannung in der Beplankung nach Gl. (63.3)

$$\sigma_{a1} = \frac{441\,000}{7949,5} \cdot 0,327 \cdot 10,75 \cdot 0,7 = 136,5 < 800 \ \text{N/cm}^2$$

Scherspannung in der Mittelrippe

$$S = 52 \cdot 0,327 \cdot 10,75 + 6 \cdot 10 \cdot 3 = 362,8 \ \text{cm}^3$$

$$\tau = \frac{3267 \cdot 362,8}{7949,5 \cdot 6} = 24,85 < 90 \ \text{N/cm}^2$$

Anschluß der Beplankung

$$S_2 = 52 \cdot 0,327 \cdot 10,75 = 182,8 \ \text{cm}^3 \qquad\qquad T = \frac{3267 \cdot 182,8}{7949,5} = 75,13 \ \text{N/cm}$$

$$\text{Nägel } 42 \times 110 \text{ mit } N = 625 \ \text{N} \qquad\qquad \text{erf } e' = \frac{625}{75,13} = 8,32 > 7 \ \text{cm}$$

Für Außenwände, Wohnungstrennwände und Decken ist der Nachweis der ausreichenden Wärmedämmung nach DIN 4108, Wärmeschutz im Hochbau, zu erbringen. Die Wärmedämmstoffe müssen dabei DIN 18165 bzw. 18164 entsprechen. DIN 4117, Abdichtung von Hochbauten gegen Feuchtigkeit, und DIN 68800, Holzschutz im Hochbau, sind besonders zu beachten, um Feuchtigkeitsschäden zu vermeiden. Die Fugen in den Außenwänden sind sorgfältig auszubilden, damit einmal Längenänderungen ohne Schaden aufgenommen werden können, zum anderen aber kein Wasser durch die Fugen eindringen kann.

Die Gefahr einer Tauwasserbildung, die zu einer stärkeren Korrosion der Wandbaustoffe führen kann, ist durch eine Diffusionsberechnung[1] zu überprüfen. Die Außenwände sind mit dem Fundament, besonders im Bereich der Gebäudeecken, kraftschlüssig zu verbinden. Die Aufnahme und Ableitung der horizontalen Windlasten ist nachzuweisen (s. Abschn. 3 der „Richtlinien").

---

[1] Caemmerer, W.: Berechnung der Wasserdampfdurchlässigkeit und Bemessung des Feuchtigkeitsschutzes von Bauteilen. Berichte aus der Bauforschung. H. 51 u. a.

10 Brückenbau

10.1 Lasten und zulässige Spannungen

Eigengewichte werden in N/m² Brückenfahrbahn angegeben. Als Grundlage dienen am besten Vergleichswerte. Für die Brückenfahrbahn, d. i. Fahrbahntafel oder Fahrbahnplatte + Fahrbahndecke, können zunächst näherungsweise angenommen werden bei

einfachem Bohlenbelag	1,3 kN/m²	Schwarzdecke	2,6 kN/m²
doppeltem Bohlenbelag	1,7 kN/m²	Steinpflaster	7,0 kN/m²
Holzpflaster	3,0 kN/m²	Gehbahnen	1,5 kN/m²

Für genauere Aufstellungen werden die Raumgewichte der DIN 1055 Bl. 1 und DIN 1072 entnommen. Setzt man für nasses Nadelholz, Fichte oder Tanne 7,0 kN/m³, Kiefer oder Lärche 7,5 kN/m³, und für Laubholz, Eiche oder Buche 10,0 kN/m³ ein, so braucht man für Kleineisenteile (Nägel und Schrauben), Dübel, Tränkung und Anstriche keinen Zuschlag mehr zu machen.

Wenn die zulässigen Spannungen infolge unrichtiger Gewichtsannahme um mehr als 3% überschritten werden, so ist nach DIN 1072 Abschn. 5.1.1 die Festigkeitsberechnung mit den berichtigten Gewichten zu wiederholen.

Für die **Verkehrslasten** sind die DIN 1072 (Straßen- und Wegbrücken, Lastannahmen), die Berechnungsgrundlagen für stählerne Eisenbahnbrücken (BE) – DV 804 für Brücken unter Eisenbahngleisen und die Vorschriften der Länderbehörden für die Berechnung der Brücken der Kleinbahnen und Privatanschlußbahnen für Brücken unter Straßen- und Kleinbahnen maßgebend.

Besonders hervorzuheben und abweichend von den ruhenden Verkehrslasten des Hochbaues ist der Einfluß der bewegten Lasten[1]. Die Momente, Längs- und Querkräfte, die von Verkehrslasten der Hauptspur herrühren, müssen nach DIN 1072 Abschn. 5.3.6 mit einem Schwingbeiwert φ (Stoßzahl) multipliziert werden. Der Schwingbeiwert beträgt bei Bauwerken ohne Überschüttung (für Holzbrücken immer zutreffend)

$$\varphi = 1{,}4 - 0{,}008\, l_\varphi \geq 1{,}0$$

mit l_φ als maßgebende Länge = Stützweite. Die Spannungen in den Pfeilern und Widerlagern sowie die Bodenpressungen werden ohne Schwingbeiwerte ermittelt.

Größe und Anordnung der Verkehrslasten (Regelfahrzeuge und ihre Ersatzlasten) sind in DIN 1072 Tab. 2 geregelt. Wesentlich ist die Unterteilung in

1. Geh- und Radwegbrücken
2. Straßen- und Wegbrücken
3. Eisenbahnbrücken

---

[1] S. Koch, W.: Brückenbau, Teil 1, 4. Aufl. Düsseldorf 1969 und [26]

Für 1. wird eine gleichmäßig verteilte Streckenlast von 5,0 kN/m² verlangt. Bei Traggliedern mit mehr als 10 m Stützweite kann für $p = 5,5 - 0,05\,l \geqq 4,0\,\text{kN/m}^2$ (l in m) gesetzt werden. Für 2. gibt es 3 Brückenklassen, die nach dem größten zulässigen Fahrzeug, dem Regelfahrzeug in Kl 60, 30 und 12 unterteilt sind. Zwischenklassen sind zulässig, müssen aber besonders gekennzeichnet werden. Für 3. sind die genannten Vorschriften der Deutschen Bundesbahn (BE) maßgebend.

In der Hauptspur erfolgt die Belastung durch das entsprechende Regelfahrzeug und davor und dahinter durch die dazugehörige Regellast. Die Fläche neben der Hauptspur wird mit der entsprechend niedrigeren Regellast besetzt. Für diese Lasten werden am vorteilhaftesten die Momente, Längs- und Querkräfte mit Hilfe der Einflußlinien ermittelt [26].

Schneelasten kommen nur für überdachte Brücken nach DIN 1055 Bl. 5 in Frage.

Die Windbelastung spielt eine ganz besondere Rolle. Der Winddruck ist waagerecht und rechtwinklig zur Brückenachse anzusetzen. Er beträgt bei

unbelasteten Brücken	$w = 2{,}50\,\text{kN/m}^2$	belasteten Brücken $\quad w = 1{,}25\,\text{kN/m}^2$
im Bauzustand	$w = 1{,}25\,\text{kN/m}^2$	belasteten Rad- und
		Gehwegbrücken $\quad w = 0{,}75\,\text{kN/m}^2$

Als Angriffsfläche für den Wind gilt bei unbelasteten Brücken der Vollwandhauptträger mit dem überstehenden Fahrbahnband. Bei Fachwerkbrücken zählt zusätzlich zur Fläche des Fahrbahnbandes die Fläche der über und unter dem Fahrbahnband liegenden Teile der Fachwerkstäbe beider Hauptträger, soweit die Summe der maßgebenden Flächen aus sämtlichen Hauptträgern nicht größer ist als die Umrißfläche eines Hauptträgers, die über und unter das Fahrbahnband hinausragt. Bei belasteten Brücken kommt zur vorgenannten Fläche das Verkehrsband dazu, soweit es sich nicht mit der Konstruktionsfläche überschneidet. Als Höhe des Verkehrsbandes sind für Straßenbrücken 2,00 m und für Fußgängerbrücken 1,80 m einzusetzen.

Als Bremslast von Kraftfahrzeugen ist 1/20 der Vollbelastung der Fahrbahn mit gleichmäßig verteilter Last nach DIN 1072 Tab. 2 Spalte 6 ohne φ in Höhe der Straßenoberkante anzunehmen. Mindestens sind aber als Bremslast 30% des Gewichtes der aufgestellten Regelfahrzeuge anzusetzen.

Für die Berechnung der Geländer ist eine Streckenlast von 800 N/m in Höhe des Holmes vorgeschrieben.

Außer diesen Belastungen werden von Fall zu Fall noch Überprüfungen für **Sonderlasten** erforderlich. Hierzu gehören:

1. der Anprall von Fahrzeugen an über die Fahrbahn hinausragende tragende Konstruktionsteile (z.B. Endstäbe von Fachwerkträgern), der mit 1000 kN parallel zur Fahrbahn und mit 500 kN senkrecht dazu in 1,20 m Höhe angesetzt werden muß.
2. Ungewollte Änderungen in den Stützbedingungen
3. Einflüsse aus besonderen Bauzuständen (Montage)
4. Untersuchung der Standsicherheit gegen Umkippen
5. Abheben der Träger von den Lagern bei Belastung durch Eigengewicht und

abhebende Verkehrslasten, letztere mit 50 % Aufschlag, aber ohne φ. Die Sicherheit muß hier mindestens 1 sein.

6. Schwinden und Quellen[1])

Die zulässigen Spannungen nach DIN 1052 Bl. 1 Tab. 6 gelten auch für Holzbrücken, jedoch nur unter der Voraussetzung, daß Holz der Güteklassen II und I in mindestens halbtrockenem Zustand zum Einbau kommt. Das Holz muß auch weiterhin im Bauwerk austrocknen können. Besonders zu beachten sind die Spannungsermäßigungen auf 2/3 bzw. 5/6 zul σ (s. Abschn. 2.2) nach DIN 1052 Bl. 1 Abschn. 9.4, die nur bei Sondervorkehrungen, wie Überdachungen und seitlicher Verschalung, entfallen können.

Stahlteile, deren Werkstoffgüte nicht nach DIN 17100 nachgewiesen ist, dürfen wie im Holz-Hochbau nur mit 11,0 kN/cm², Zugstangen, Anker und Bolzen nur mit 10,0 kN/cm² beansprucht werden (s. Abschn. 2.2.3).

Da Brücken als Bauwerke im Freien immer der Witterung ausgesetzt sind, ist besonders auf einen guten Holzschutz (s. Abschn. 2.3) zu achten. Aber auch die Metallteile müssen vor Korrosion geschützt werden. So werden Nägel verzinkt, Dübel in Öl getaucht und andere Metallteile gestrichen.

10.2 Fahrbahn

10.2.1 Gehweg mit Geländer

Von einem eigenen Gehweg kann man nur dann sprechen, wenn er deutlich sichtbar von der übrigen Fahrbahn getrennt und möglichst so angelegt ist, daß er von anderen Verkehrslasten (Fahrzeugen) nicht benutzt werden kann.

Dies wird am besten durch eine verschiedene Höhenlage erreicht. Bei doppeltem Belag auf der Fahrbahn kann der Verschleißbelag im Bereich des Gehweges wegbleiben, so daß dieser um die Bohlendicke tiefer liegt. Diese Ausführung ist zwar einfach und billig, aber nur für Wegbrücken mit geringstem Verkehr geeignet, da keine Sicherheit gegen Befahren des Gehweges gegeben ist. Der Tragbelag der Fahrbahn ist hier gleichzeitig Verschleißbelag des Gehweges.

Die bessere Ausführung ist der höhergelegte Gehweg. Der Höhenunterschied soll wie bei Bordsteinen 10···20 cm betragen. Der Belag wird für die Verkehrslast von 5,0 kN/m² ohne Schwingbeiwert bemessen und möglichst senkrecht zur Brückenachse verlegt, damit die Rutschgefahr am kleinsten wird. Der Höhenunterschied wird am einfachsten dadurch erzielt, daß in Abständen einzelne Tragbohlen der Fahrbahn vorgezogen werden, auf die sekundäre Längsträger aufgelegt werden, die den Gehwegbelag tragen (**181.**1 und **184.**1). Der innere Gehwegträger wird damit gleichzeitig Schrammbord.

Das Geländer muß so ausgeführt werden, daß auch für Kinder volle Sicherheit gegen Hindurchfallen gegeben ist. Es müssen also Zwischenholme oder senkrechte Füllstäbe eingebaut werden. Der obere Hauptholm, der in einer Höhe von 0,90···1,20 m liegen muß, wird auf Biegung in horizontaler Richtung infolge 800 N/m bemessen.

---

[1]) S. Fußnote 1 S. 77

Die horizontale Auflagerkraft der Holme wird in Abständen von 1,50···2,50 m entweder durch Streben mit einer Neigung von $\approx 60°$ in vorgezogene Bohlen oder durch Einspannung der Pfosten in die Längs- und Hauptträger eingeleitet (**180.1, 181.1** und **184.1**). Bei der Befestigung der Bohlen und der Geländer dürfen die Verbindungsmittel nicht störend in die Gehbahn hineinragen. Daher werden Schraubenbolzen mit Linsensenkköpfen verwendet.

Beispiel: Bemessung des Bohlenbelages für eine Fußgängerbrücke (**180.1**)

Belastung: Verkehrslast (Eigengewicht vernachlässigt) $p = 5$ kN/m²

Spannungsnachweis für eine Bohle 4/20 cm bei 2 cm lichtem Bohlenabstand. Kiefernholz mit zul $\sigma_B = \dfrac{5}{6} \cdot 1000 = 833$ N/cm².

Die größte lichte Weite der Hauptträger beträgt $w = 0,85 - 0,14 - 0,13 = 0,58$ m

Nach Gl. (176.1) ist $l = 0,58 + 0,10 = 0,68$ m

$$\max M = 0,22 \cdot \frac{5000 \cdot 0,68^2}{8} = 63,58 \text{ Nm} \qquad \text{vorh } W = \frac{20\,(4-2)^2}{6} = 13,3 \text{ cm}^3$$

(bei 2 cm Verschleißschicht, s. Abschn. 10.2.2)

$$\sigma = \frac{6358}{13,3} = 478 < 833 \text{ N/cm}^2$$

10.2.2 Fahrbahntafel

Wir unterscheiden die eigentliche **Fahrbahndecke** (**Verschleißschicht**) und den tragenden Teil, die Fahrbahnplatte oder den **Tragbelag** zur Aufnahme der Lasten. Je nach dem Zweck und der Verkehrsstärke kann die Fahrbahn verschieden ausgebildet werden.

Der einfache Bohlenbelag (**175.1**) ist nur für schwach befahrene Wegbrücken verwendbar. Der Tragbelag ist gleichzeitig Verschleißbelag bei 10···18 cm Dicke und 10···30 cm Breite. Zur Bemessung müssen nach DIN 1074 §5 Abschn. 3 zwei Zentimeter für den Verschleiß in Abzug gebracht werden. Konstruktiv werden die Bohlen in Fugenabständen von 1···2 cm verlegt, damit das Regenwasser abfließen und die Luft trocknend hindurchstreichen kann. Als Belastung ist die der Brückenklasse entsprechende Radlast an ungünstigster Stelle einzusetzen. Dabei wird die lastverteilende Wirkung der Radaufstandsfläche in Rechnung gestellt. Sie beträgt nach DIN 1072 in Fahrtrichtung immer 20 cm, und senkrecht dazu gilt der in DIN 1072 Tafel II angegebene Wert b für das in Frage kommende Regelfahrzeug. Daraus ergibt sich eine Lastverteilungsbreite

$$t = b + s \qquad (175.1)$$

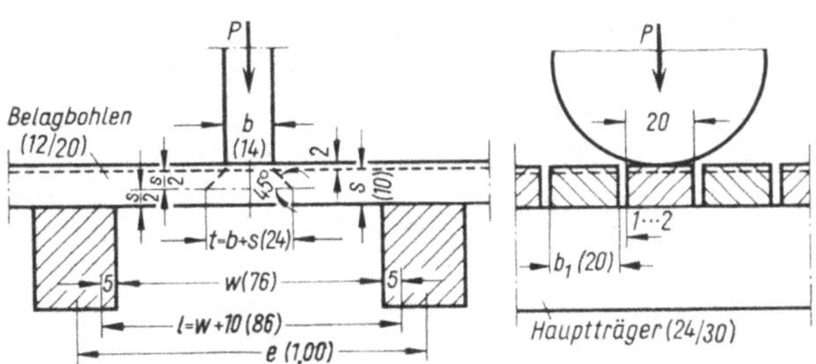

175.1 Der einfache Bohlenbelag (Klammerwerte zu Beisp. 2, S. 177)

Da der einfache Bohlenbelag in der Regel senkrecht zur Brückenachse verlegt wird (sonst Rutschgefahr beim Bremsen), muß jeweils eine Bohle allein die ganze Radlast aufnehmen, denn eine Lastverteilung ist in Brückenachsrichtung nicht wirksam. Die Stützweite ist nach DIN 1074 § 5 Abschn. 3

$$l = w + 0{,}10 \tag{176.1}$$

Das max. Moment errechnet sich zu

$$M_P = \varphi \cdot \frac{P}{2}\left(\frac{l}{2} - \frac{i}{4}\right) \tag{176.2}$$

Beispiel 1: Einfacher Belag für eine Brücke der Zwischenklasse (3) mit Hauptträgern 24/30 cm im Abstand $e = 1{,}00$ m (**175.1**).

Das Regelfahrzeug nach DIN 1072 Tab. 1 hat eine maximale Radbreite von $b = 0{,}14$ m, $P = 10$ kN.

Die theoretische Stützweite der Bohlen ist nach Gl. (**176.1**)

$$l = 0{,}76 + 0{,}10 = 0{,}86 \text{ m}$$

Gewählt werden Bohlen 12/20 cm mit einer nutzbaren Dicke

$$s = 12 - 2 = 10 \text{ cm} \quad \text{und} \quad W_{xn} = \frac{20 \cdot 10^2}{6} = 333 \text{ cm}^3$$

Die Verteilungsbreite senkrecht zur Brückenachse beträgt

$$t = 14 + 10 = 24 \text{ cm}$$

Das größte Feldmoment des frei aufliegenden Trägers ist

$$M_P = 1{,}4 \cdot \frac{10}{2}\left(\frac{0{,}86}{2} - \frac{0{,}24}{4}\right) = 2{,}59 \text{ kNm}$$

Das Moment aus dem Eigengewicht der Bohlen kann vernachlässigt werden.

$$\sigma = \frac{259\,000}{333} = 778 < 5/6 \text{ zul } \sigma = 833 \text{ N/cm}^2$$

Der doppelte Bohlenbelag bildet die gebräuchlichste Fahrbahn hölzerner Brücken. Die untere Lage, der Tragbelag, wird entweder direkt auf die Längsträger, also senkrecht zur Brückenachse (**176.1**), oder auf zwischengeschobene Querträger, dann also parallel zur Brückenachse, mit Zwischenräumen von 1···2 cm (**177.1**) verlegt. Die obere Lage bildet den Verschleißbelag, der nicht mittragend gerechnet werden darf, aber eine Lastverteilung

$$t = b + 2\,s_1 + s_2 \tag{176.3}$$

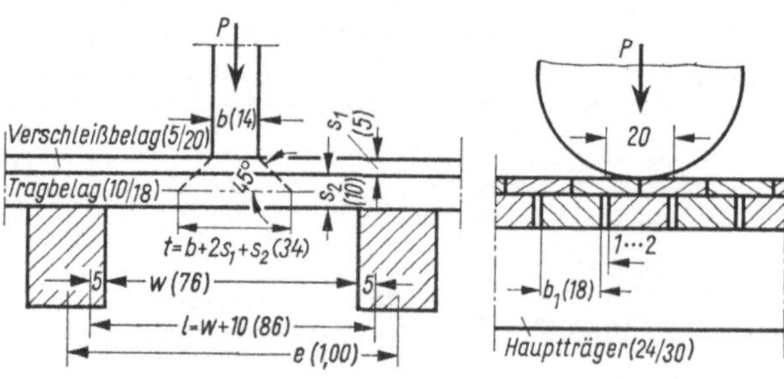

ermöglicht. Er wird in der Regel senkrecht zur Fahrbahnachse verlegt, kann aber auch diagonal angeordnet werden, was die Sicherheit noch erhöht, allerdings durch größeren

176.1 Der doppelte Bohlenbelag (Klammerwerte zu Beisp. 2, S. 177)

Verschnitt teurer kommt. Ein in Brückenlängsrichtung verlegter Verschleißbelag wird stärker abgenützt. Er wird gern bei querverlaufendem Tragbelag
angewendet, weil dann mit einer Lastverteilung in beiden Richtungen gerechnet
werden kann (**177.1**).

Wegen der höheren
Verschleißfestigkeit
verwendet man fer-
ner gern Eichen-
oder Buchenbohlen
in Dicken von 4⋯
7 cm.

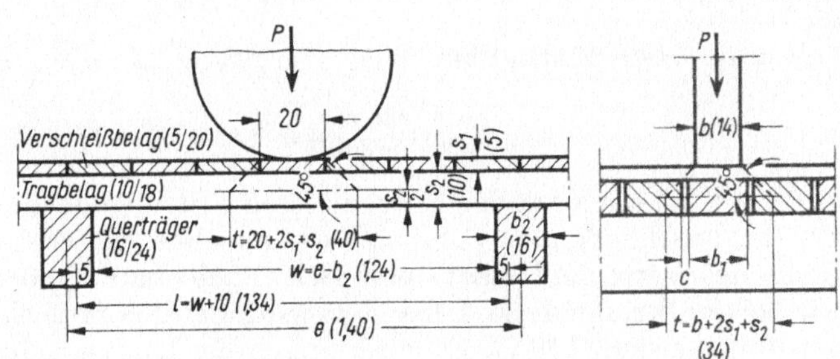

177.1 Der doppelte Bohlenbelag (Klammerwerte
zu Beisp. 3, S. 155)

Beispiel 2: Annahmen wie bei Beispiel 1. Tragbohlen und Verschleißbohlen senkrecht
zur Brückenachse (**176.1**).

Gewählt: Tragbohlen 10/18 cm mit 2 cm Abstand aus Nadelholz Gütekl. II und Verschleißbohlen 5/20 cm dicht verlegt aus Eiche Gütekl. II.

Es sind $l = 1,00 - 0,24 + 0,10 = 0,86$ m $t = 14 + 2 \cdot 5 + 10 = 34$ cm

Da der Verschleißbelag die Lastverteilung nicht in beiden Richtungen wirksam machen
kann, muß die gesamte Radlast von **einer** Bohle aufgenommen werden. Es ist nach
Gl. (176.2)

$$M_P = 1,4 \cdot \frac{10}{2} \left(\frac{0,86}{2} - \frac{0,34}{4} \right) = 2,415 \text{ kNm} \qquad W_x = \frac{18 \cdot 10^2}{6} = 300 \text{ cm}^3$$

$$\sigma = \frac{241\,500}{300} = 805 < 833 \text{ N/cm}^2$$

Werden die Tragbohlen über Querträger parallel zur Brückenachse verlegt, dann
tritt durch die senkrecht dazu liegenden Verschleißbohlen auch in der anderen
Richtung eine Lastverteilung ein. Sie erfolgt senkrecht zur Brückenachse nach
Gl. (176.3), und parallel zur Brückenachse tritt an die Stelle von b der nach
DIN 1072 konstante Wert von 20 cm für alle Regelfahrzeuge. Es ist

$$t' = 20 + 2\,s_1 + s_2 \qquad\qquad (177.1)$$

Demnach entfällt auf eine Bohle mit der Breite b_1 eine Last von

$$P' = P\frac{b_1 + c}{t} \qquad\qquad (177.2)$$

wobei der Belastungsanteil über den Fugen mit $c = 1 \cdots 3$ cm berücksichtigt ist.
Durch die lastverteilende Wirkung nach beiden Seiten kann bei gleicher Trag-
bohlendicke die Stützweite vergrößert werden, was eine wesentliche Ersparnis an
Querträgern bringt.

Beispiel 3 (**177.1**): Annahmen wie bei Beispiel 1. Tragbohlen 10/18 cm mit 2 cm Zwi-
schenraum auf Querträgern 16/24 cm im Abstand $e = 1,40$ m; Verschleißbelag 5/20 cm
aus Eiche. senkrecht zum Tragbelag dicht verlegt. Es wird

Tragbohlenstützweite $l = 1,40 - 0,16 + 0,10 = 1,34$ m

Verteilungsbreite senkrecht zur Fahrtrichtung $t = 14 + 2 \cdot 5 + 10 = 34$ cm

Daraus die Belastung einer Bohle $\qquad P' = 10 \cdot \dfrac{18 + 2}{34} = 5{,}88$ kN

Verteilungsbreite parallel zur Fahrtrichtung $t' = 20 + 2 \cdot 5 + 10 = 40$ cm

Daraus das max. Moment infolge P' $\qquad M_{P'} = 1{,}4 \cdot \dfrac{5{,}88}{2} \left(\dfrac{1{,}34}{2} - \dfrac{0{,}40}{4} \right) = 2{,}35$ kNm

$$\sigma = \frac{235\,000}{300} = 783 < 833 \ \text{N/cm}^2$$

Mitunter soll auch auf der Brücke dieselbe Straßendecke ausgeführt werden wie auf der anschließenden Straße. Es kann ohne weiteres auf dem Tragbelag an Stelle des Verschleißbelages eine Schwarzdecke aufgebracht werden, die dann wie bei der Straßendecke behandelt wird. Seitlich muß sie durch Saumschwellen gehalten werden (**178.1**). Es wird eine große Lastverteilung erreicht (**178.2**), die die Tragbohlen günstig entlastet. Allerdings darf jetzt das Eigengewicht der Fahrbahn nicht mehr vernachlässigt werden. Es kommt also bei einem Eigengewicht von g in kN/m² und einer Bohlenbreite von b_1 in m ein Moment mit

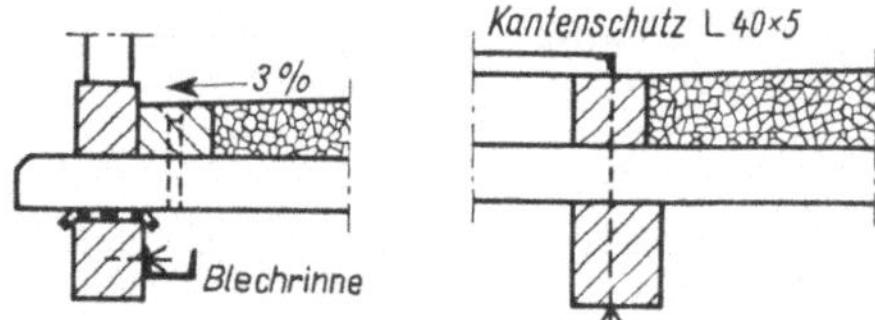

$$M_g = \frac{b_1 \cdot g \cdot l^2}{8} \ \text{in kNm} \qquad (178.1)$$

hinzu.

Die Berechnung und Bemessung erfolgt im übrigen wie beim doppelten Bohlenbelag nach Beispiel 3 bzw. Bild **178.2**.

178.1 Seitliche Begrenzung der Fahrbahndecke

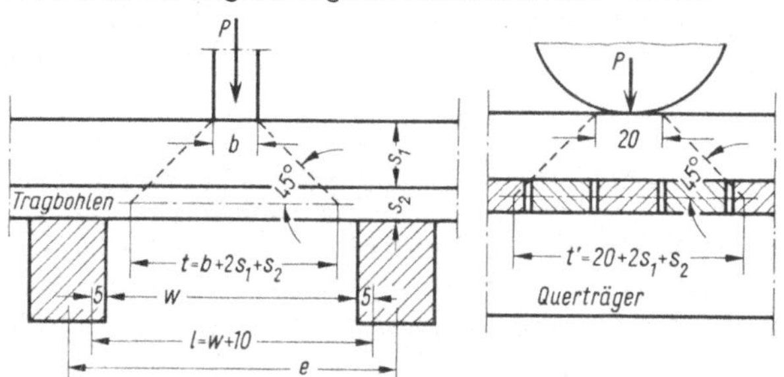

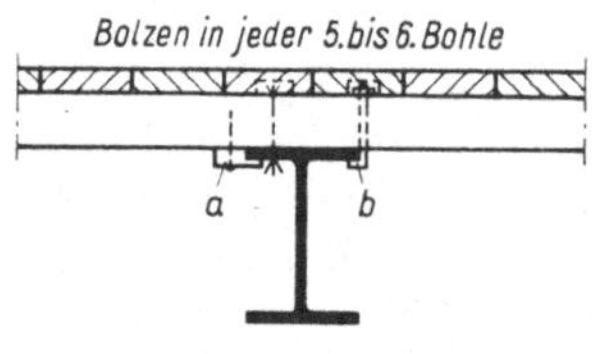

178.3 Befestigung der Tragbohlen an Stahlträgern

178.2 Einfacher Bohlenbelag mit Fahrbahndecke

Auch jede andere Straßendecke ist möglich, so z. B. Steinpflaster auf Sandbettung oder Holzpflaster auf 5 cm Sand bzw. direkt auf den Tragbohlen verlegt. Verwendet werden Pflasterklötze mit $b/h/l = 8 \cdots 10/8 \cdots 15/15 \cdots 20$ cm aus Kiefer oder Eiche, mit Kreosotöl getränkt. Die Fugen werden mit Asphaltmasse vergossen. Bei Fußgängerbrücken verwendet man Sperrholztafeln oder Brettschichtträger (**184.2**), auf die nach Aufkleben einer Sperrschicht Hartgußasphalt als Verschleißschicht aufgebracht werden kann [17].

Not- und Arbeitsbrücken, für die heute häufig Stahlträger verwendet werden, weil damit größere Öffnungen überbrückt werden können, erhalten einen rasch montierbaren Fahrbahnbelag nach der Art des einfachen oder doppelten Bohlenbelages, der nach Bild **178.3** a oder b befestigt wird.

10.3 Das Tragwerk

Es überträgt die Verkehrslasten von der Fahrbahn auf den Unterbau. Je nach Belastung und Stützweite kann es als einfacher oder zusammengesetzter Balken, als Hänge- oder Sprengwerk oder als Fachwerkträger ausgeführt werden. Zur Aufnahme und Ableitung der seitlichen Windbelastung sind entsprechende Verbände erforderlich. Nach DIN 1074 § 5,3 sind alle Fahrbahnträger als frei drehbar gelagerte Träger auf 2 Stützen zu berechnen, auch wenn sie als durchlaufende Balken ausgeführt werden.

10.3.1 Balkenbrücken

Von der Lage der Fahrbahn her unterscheidet man Brücken mit obenliegender Fahrbahn (**181.**1 und **184.**1) und Brücken mit unterliegender Fahrbahn (**184.**2, **186.**1 und **189.**2). Aussteifungsverbände in Form von Querrahmen, die als Brettschichtträger (**184.**2) oder aus Stahl ausgeführt werden können, Querverbände **184.**1 und **190.**1) oder Abstrebungen (**186.**1 und **189.**2) dienen zur Sicherung gegen Umkippen und zugleich zur Ableitung der Windlasten in den horizontalen Windverband. Sie sollen zugleich bei untenliegender Fahrbahn die Druckgurte der Hauptträger gegen seitliches Ausweichen sichern (DIN 1052 Bl. 1 Abschn. 8.2). Die Windverbände werden meist als Fachwerkträger aus Holz oder Stahl ausgebildet. Bei Fußgängerbrücken wird heute auch die Fahrbahntafel aus Sperrholz oder Brettschichtträgern (**184.**2) als Flächentragwerk dazu herangezogen [17].

10.3.1.1 Einfache Balkenbrücken

Ihre Ausführung ist mit Rücksicht auf die handelsüblichen Kantholz-Profile für leichte Straßen- und Feldwegbrücken (6 Mp) bis etwa 5,0 m Stützweite und für Fußgänger- und Radwegbrücken bis etwa 7,50 m Stützweite bei einem Tragbalkenabstand von 0,80 bis 1,00 m möglich. Die Auflagerung der Balken erfolgt nach Bild **179.**1 über eine Auflagerschwelle, die zweckmäßig aus Hartholz besteht und mit einer Auflagerbank verankert wird. Fußgängerbrücken mit verleimten Brettschichtträgern werden bereits bis zu Stützweiten von 30 m ausgeführt.

Tragbalken und Schwelle sind miteinander zu verblatten, um ein Verschieben zu verhindern. Das Balkenende soll dabei überstehen. Erdberührte Flächen sind möglichst zu vermeiden. Zum Schutz gegen Wassereintritt ist der Schlitz zwischen Brückendende und Widerlager gut mit Bohlen oder einem Schleppblech abzudichten.

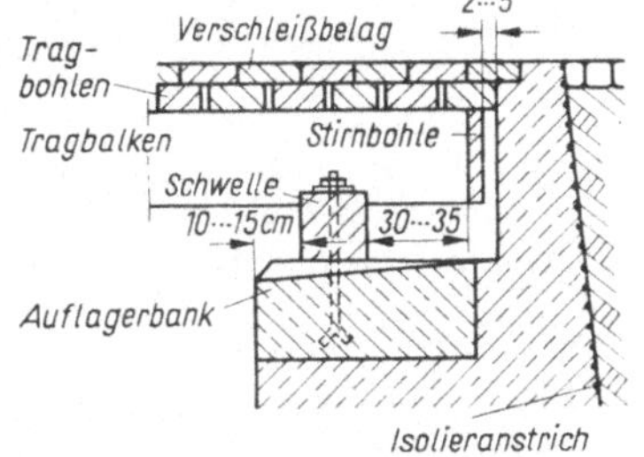

179.1 Auflagerung der Tragbalken

Beispiel 1: Es sind die Tragbalken einer Fußgängerbrücke für eine Stützweite $l = 6{,}00$ m mit einer Nutzbreite von 3,90 m zu berechnen (**180.**1). Der Tragbalkenabstand wird zu 0,80 m gewählt.

Belastung: Eigengewicht von Fahrbahn und Balken geschätzt   0,8 kN/m
              Verkehrslast $0,80 \cdot 500$ 4,0 kN/m
              $$q = 4,8 \text{ kN/m}$$

$$M = 0,125 \cdot 4,8 \cdot 6,00^2 = 21,6 \text{ kNm}$$

Für   zul $\sigma = \dfrac{5}{6} \cdot 1000 = 833 \text{ N/cm}^2$ ist   erf $W = \dfrac{2\,160\,000}{833} = 2593 \text{ cm}^3$

für   zul $f = \dfrac{1}{400} l$ aus der Verkehrslast nach Gl. (64.2c)

erf $J = 52\,p \cdot l^3 = 52 \cdot 4,0 \cdot 6,0^3 = 44\,928 \text{ cm}^4$

Gewählt wird ein Balken 26/28 cm

mit $J_x = 47\,563 \text{ cm}^4$ $W_x = 3397 \text{ cm}^3$ $\sigma = \dfrac{2\,160\,000}{3397} = 636 < 833 = \text{N/cm}^2$

Auflagerdruck $A = 0,5 \cdot 6,0 \cdot 4,8 = 14,4 \text{ kN}$

Die Auflagerschwelle ist 16 cm breit, so daß die Druckbeanspruchung beträgt:

$$\sigma_{D\perp} = \frac{14\,400}{26 \cdot 16} = 34,6 < \frac{5}{6} \cdot 200 = 166,7 \text{ N/cm}^2$$

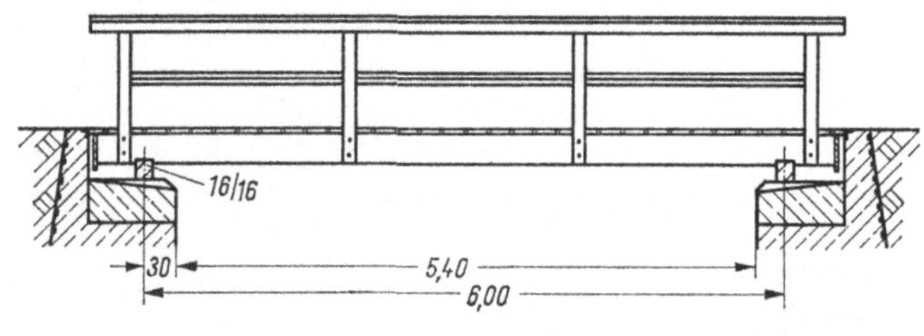

Der Randbalken erhält ungefähr die halbe Last und kann mit 14/28 cm bemessen werden.

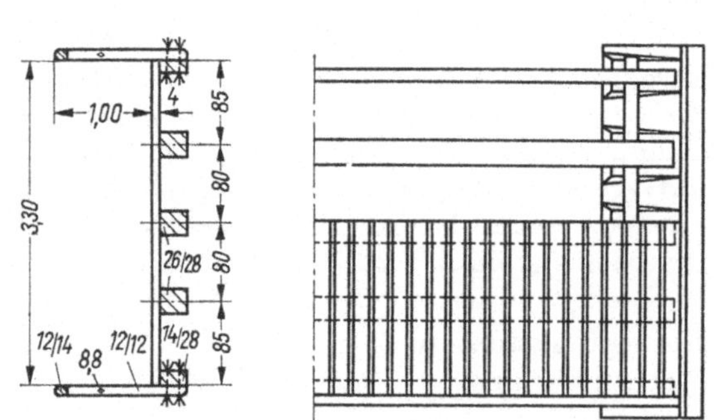

180.1 Fußgängerbrücke

Beispiel 2: Es ist die Tragkonstruktion einer Wirtschaftswegbrücke für leichten Verkehr nach Brückenklasse 12 (DIN 1072) mit einer Stützweite $l = 3,50$ m und dem Querschnitt nach **181.1** zu berechnen.

Pos. 1 Tragbelag

$$l = 0,70 - 0,26 + 0,10 = 0,54 \text{ m} \qquad t = 30 + 2 \cdot 5 + 12 = 52 \text{ cm}$$

$$P = 40 \text{ kN} \qquad M_P = 1,4 \cdot \frac{40}{2} \left(\frac{0,54}{2} - \frac{0,52}{4} \right) = 3,92 \text{ kNm}$$

gewählt 12/20 cm $W_x = 480 \text{ cm}^3$ $\sigma = \dfrac{392\,000}{480} = 817 < 833 \text{ N/cm}^2$

Pos. 2 Hauptträger

Belastung: Belag $(0{,}12 + 0{,}05)\ 7{,}0 \cdot 0{,}7 = 0{,}833\ \text{kN/m}$
Tragbalken $\qquad\qquad\qquad = 0{,}667\ \text{kN/m}$

$$g = 1{,}500\ \text{kN/m}$$

Radlast 120 kN-LKW $\quad P = 40\ \text{kN} \qquad \varphi = 1{,}4$

Ersatzlast: $q = 6{,}7 \cdot 0{,}7 \quad = 4{,}69\ \text{kN/m}$

$$\max M_g = 0{,}125 \cdot 1{,}5 \cdot 3{,}5^2 = 2{,}30\ \text{kNm}$$

$$A_{P+q} = \frac{40}{2} + \frac{4{,}69 \cdot 0{,}25^2}{2 \cdot 3{,}50} = 20{,}04\ \text{kN} \qquad M_{P+q} = 20{,}04 \cdot 1{,}75 = 35{,}07\ \text{kNm}$$

$$\max M = 2{,}30 + 1{,}4 \cdot 35{,}07 = 51{,}40\ \text{kNm}$$

gewählt 26/38 cm $\qquad W_x = \dfrac{26 \cdot 38^2}{6} = 6257\ \text{cm}^3 \qquad J_x = 118\,800\ \text{cm}^4$

$$\sigma = \frac{5\,140\,000}{6257} = 821{,}5 < 833\ \text{N/cm}^2$$

Durchbiegung unter der Verkehrslast

$$f \approx \frac{M_P \cdot l^2}{12\,E \cdot J} = \frac{3\,507 \cdot 350^2}{12 \cdot 1000 \cdot 118\,800} = 0{,}30 < \frac{}{400} = 0{,}875\ \text{cm}$$

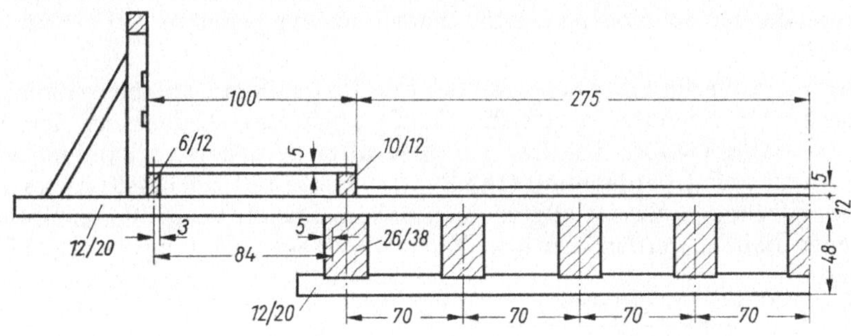

181.1 Wirtschaftswegbrücke — Querschnitt

Pos. 3 Gehweg-Kragträger

Es werden vier Tragbelagbohlen als Kragträger vorgezogen und die Gehweglängsträger darüber gelegt.

$$l_{kr} = 3{,}75 - 2{,}80 - 0{,}13 - 0{,}03 + 0{,}05 = 0{,}84\ \text{m}$$

Belastung 5,0 kN/m² (Eigengewicht vernachlässigt)

Horizontaler Geländerdruck 800 N/m

Belastungsbereich für einen Kragträger 1,06 m

$$M_{kr} = (5000 \cdot 0{,}5 \cdot 0{,}84 + 800 \cdot 0{,}90)\ 1{,}06 = 2990\ \text{Nm}$$

vorhandene Tragbohle 12/20 cm $\qquad W_x = 480\ \text{cm}^3$

$$\sigma = \frac{299\,000}{480} = 623 < 833\ \text{N/cm}^2$$

Pos. 4 Gehweglängsträger

Stützweite $l = (3,50 - 2 \cdot 0,16) : 3 = 1,06$ m

Belastung $q = 0,50 \cdot 5000 + \approx 100 = 2600$ N/m $\qquad M = 0,125 \cdot 2600 \cdot 1,06^2 = 365$ Nm

Gewählt: außen 6/12 cm, innen konstruktiv gleichzeitig als Schrammbord 10/12 cm

$$\sigma = \frac{36\,500}{144} = 253 < 833 \text{ N/cm}^2$$

Pos. 5 Auflagerschwelle 12/20 cm

$$\max A = 40 + \frac{20 \cdot 0,5}{3,5} + 1,5 \cdot 0,7 \cdot 1,75 = 44,7 \text{ kN}$$

$$\sigma_{D\perp} = \frac{44\,700}{26 \cdot 12} = 143 < 167 \text{ N/cm}^2$$

Die Geländerausbildung wird konstruktiv reichlich bemessen gewählt.

Eine Vergrößerung der zulässigen Stützweite bei Balkenbrücken ist nur bei mehrfeldrigen Brücken über Holzjoche, die mit Sattelholz und Kopfbändern (**182.1**) versehen sind, möglich. Dann kann eine Abminderung der Stützweite um $a/2$ je Sattelholz in Rechnung gesetzt werden (**182.1**). Im Vergleich zu einer normalen Unterstützung gibt das also bei gleichem Balkenquerschnitt eine Vergrößerung der Stützenentfernung. Sattelhölzer allein verändern nicht die zulässige Stützweite, da sie nachgiebig sind. Sie dienen nur zur besseren Auflagerung der Tragbalken.

Zur Vergrößerung der Lebensdauer der Tragbalken ist neben einem guten chemischen Holzschutz (s. Abschn. 2.3.3) auch eine Abdeckung der Tragbalken zweckmäßig (**182.2**). Die fast bei allen alten Brücken vorhandene völlige Verkleidung und Überdachung (**182.3**) wird heute nur noch selten ausgeführt. Bei Behelfsbrücken, die im allgemeinen höhere Lasten bei größeren Stützweiten zu tragen haben, werden heute vielfach Walzträger als Tragwerke (**178.3**) genommen.

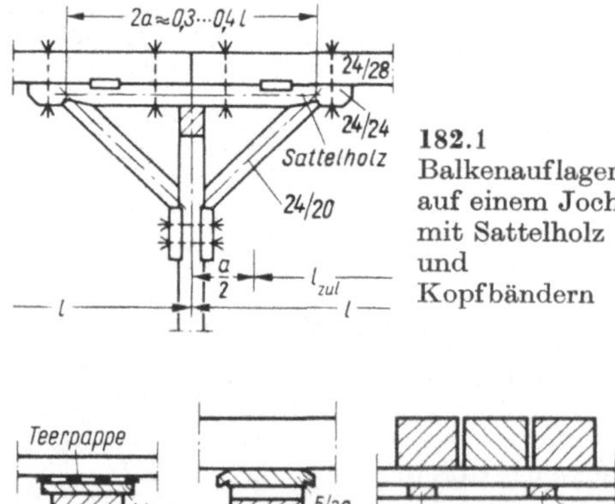

182.1
Balkenauflager
auf einem Joch
mit Sattelholz
und
Kopfbändern

182.2 Schutzabdeckung der Tragbalken

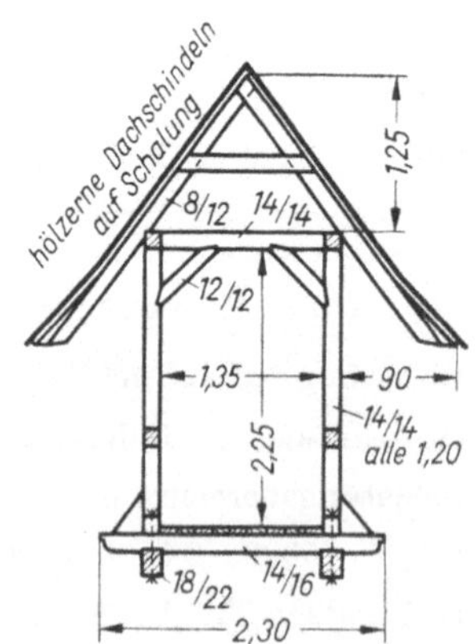

182.3
Überdachter Fußgängersteg

10.3.1.2 Zusammengesetzte Balken

Reichen einfache Balken nicht mehr aus, kann man durch Zusammenbau schwächerer Hölzer zusammengesetzte Balkentragwerke (s. Abschn. 4.3.2) herstellen. Zur ältesten Form derartiger Träger gehört der **verdübelte Balken**, der sich mit einfachen zimmermannsmäßigen Mitteln herstellen läßt. Bei der Berechnung sind die Gl. (63.1 ff.) zu benutzen. Berechnung der Holzdübel s. Abschn. 3.2.1. Der erste Dübel soll bereits vor dem Auflager liegen. Das bedeutet eine erhebliche Vorholzlänge am Auflager, so daß die Auflagerbank sehr breit wird.

Beispiel: Es ist das Haupttragwerk einer Fußgängerbrücke für $l = 8,00$ m zu berechnen. Balkenabstand 1,00 m (**183.1**).

Belastung:

Eigengewicht $g = 1,0$ kN/m

Verkehrslast $p = 5,0$ kN/m

$\overline{\qquad\qquad q = 6,0 \text{ kN/m}}$

$M = 0,125 \cdot 6,0 \cdot 8,0^2 = 48,0$ kNm

$A = 6,0 \cdot 8,00 \cdot 0,5 = 24,0$ kN

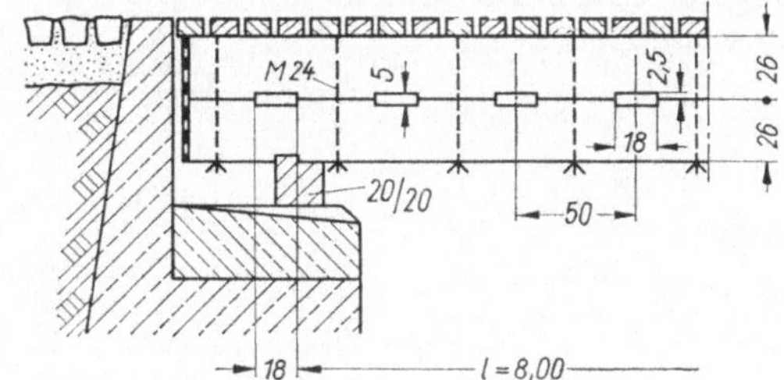

183.1 Verdübelter Tragbalken

Gewählt:

$2 \times 20/26$ cm mit Hartholzdübeln 5/18 cm bei

$$e' = 50 \text{ cm} \quad \text{und} \quad \text{zul } P = 18 \cdot 20 \cdot \frac{5}{6} \cdot 1,0 = 300 \text{ kN}$$

$$k = \frac{\pi^2 \cdot 1000 \cdot 520 \cdot 520 \cdot 50}{800^2 (520 + 520) \cdot 300} = 0,67 \qquad \gamma = \frac{1}{1 + 0,67} = 0,60$$

$$J_w = 2 \cdot 29293 + 2 \cdot 0,60 \cdot 520 \cdot 13^2 = 58586 + 105456 = 164042 \text{ cm}^4$$

$$\sigma_1 = \pm \frac{4800000}{164042} \left(0,6 \cdot 13 \cdot \frac{520}{470} \pm \frac{26 \cdot 29293}{2 \cdot 22380} \right) =$$

$$= \pm 29,26 \, (8,63 \pm 17,02) = \left\langle \begin{array}{l} 29,26 \cdot 25,65 = \pm 752 \text{ N/cm}^2 \\ 29,26 \, (- 8,39 = \mp 245 \text{ N/cm}^2 \end{array} \right\} < \frac{5}{6} \, 1000 \, \text{N/cm}^2$$

$$t_w = \frac{24000 \cdot 0,6 \cdot 520 \cdot 13}{164190} = 593 \text{ N/cm} \qquad \max e = \frac{30000}{593} = 50,6 > e' = 50 \text{ cm}$$

$$f_B = 104 \cdot \frac{5,0 \cdot 8,0^2 \cdot 8,0^2}{8 \cdot 164042} = 1,62 < \frac{l}{400} = 2,00 \text{ cm [nur infolge } p \text{ nach Gl. (75.3)]}$$

Für Behelfsbrücken lassen sich gut **genagelte Vollwandträger**[1] verwenden (s. Abschn. 4.3.3). Das Holz muß trocken sein und mind. der Gütekl. II entsprechen. Durch Überdachung oder seitliche Verbretterung ist dafür zu sorgen, daß kein Wasser zwischen die Fugen dringen kann. Die Fahrbahn liegt oben. Für gute Längs- und Queraussteifung ist zu sorgen. Bild **184.1** zeigt den Quer-

---

[1] **Möhler,** K. u. **Maier,** G.: Behelfsbrücken aus Holz auf dem Olympiagelände in München. Bauen mit Holz (1972) H. 5, S. 238 ff.

schnitt einer derartigen Ausführung. Auch geleimte **Balkenprofile**[1]) in Hetzer-, Kämpf-Steg- oder anderen Bauweisen (s. Abschn. 7.4) lassen sich heute als Tragwerke besonders dort verwenden, wo es sich um größere Stützweiten handelt. Bild **184.**2 zeigt den Querschnitt einer aus Brettschichtträgern hergestellten Fußgängerbrücke mit Querrahmen aus verleimten Brettern. Der als Brettschichtträger hergestellte Tragbelag dient zugleich als Windscheibe.

Hierbei ist besonders darauf zu achten, daß das Holz gut ausgetrocknet ist und nur wasserfeste Kunstharzleime benutzt werden. Auch gebogene Tragwerke lassen sich so ausführen.

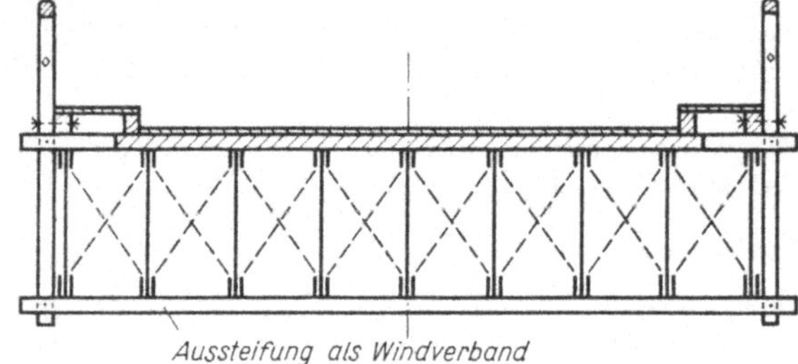

184.1 Brücke aus genagelten Vollwandträgern

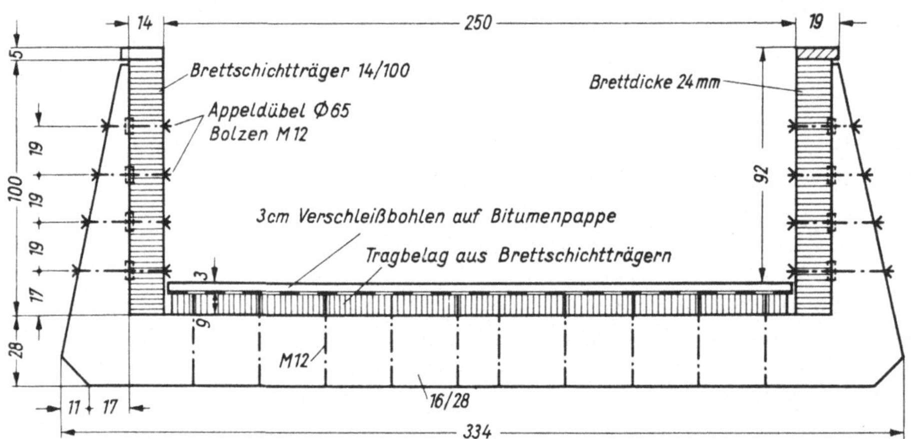

184.2 Fußgängerbrücke aus Brettschichtträgern mit Querrahmen

10.3.1.3 Der unterspannte Balken

Solche Tragbalken (**185.**1) lassen sich für Stützweiten bis zu 15 m verwenden. Das Tragwerk stellt eine Verbindung von Holz für den vorwiegend auf Biegung beanspruchten Balken mit Stahl für die Zugstreben dar. Letztere werden aus dicken Rundstählen hergestellt, die mit Spannschlössern zum Nachspannen versehen sind. Durch das Nachspannen können die Einflüsse aus dem Schwinden und dem Schlupf ausgeschaltet werden. Nachteilig ist die große Bauhöhe, vorteilhaft jedoch, daß das Tragwerk geschützt unter der Fahrbahnplatte liegt.

---

[1]) Krabbe, E., und Heimeshoff, B.: Fußgänger- und Radwegbrücke in Leimbauweise über die Bundesstraße 51. Die Bautechnik (1963) H. 6, S. 193 bis 197 – Hempel, G.: Eine Fußgängerbrücke aus Holz in wenigen Stunden montiert. Bauen mit Holz (1964) H. 8, S. 352 bis 353 – BmH (1970) S. 580ff. und (1971) S. 176ff. – BmH (1973) H. 8, S. 424 bis 434

Von den Zugstangen her wird der Balken zusätzlich auf Druck beansprucht und muß dann zweckmäßig aus einem Stück hergestellt oder bei größeren Längen biegesteif gestoßen werden.

Bei einwandfrei angezogenen Zugstreben, so daß im unbelasteten Zustand der Balken etwas nach oben überhöht ist, kann der Tragbalken als Durchlaufträger berechnet werden. Für den nur einfach unterstützten Tragbalken ist dann für Streckenlast über der Mittelstütze

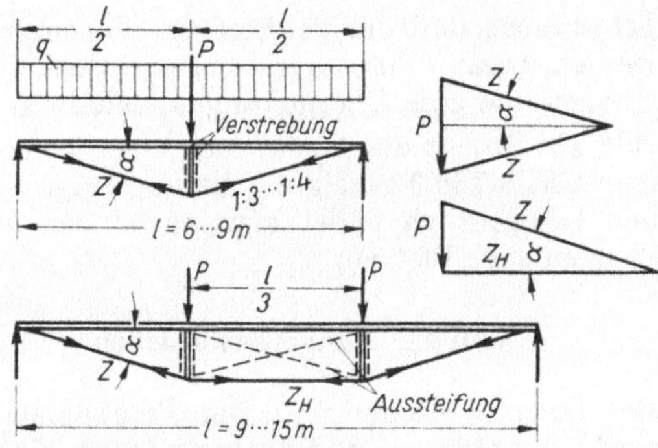

185.1 Unterspannte Balken

$$\max M = \frac{1}{8} \left(\frac{l}{2}\right)^2 q = \frac{q \cdot l^2}{32} \qquad (185.1)$$

und

$$P = 1{,}25\, q \cdot \frac{l}{2} = \frac{5}{8} \cdot q \cdot l \qquad (185.2)$$

Diese Last geht in die Druckstütze. Die Zugstrebe erhält

$$Z = \frac{P}{2 \cdot \sin \alpha} \qquad (185.3)$$

und gibt eine Druckkraft $Z \cdot \cos \alpha$ an den Balken ab.

Für den doppelt abgestrebten Balken liegen die Verhältnisse ähnlich. Hier beträgt das Stützenmoment nur

$$M_{st} = \frac{1}{10} \cdot q \left(\frac{l}{3}\right)^2 = \frac{q \cdot l^2}{90} \qquad (185.4)$$

Will man die Spannung genauer erfassen, muß die Untersuchung nach der Elastizitätstheorie durchgeführt werden. Gerechnete Beispiele zeigen jedoch, daß sich keine wesentlichen Abweichungen ergeben, sofern nicht der Einfluß des

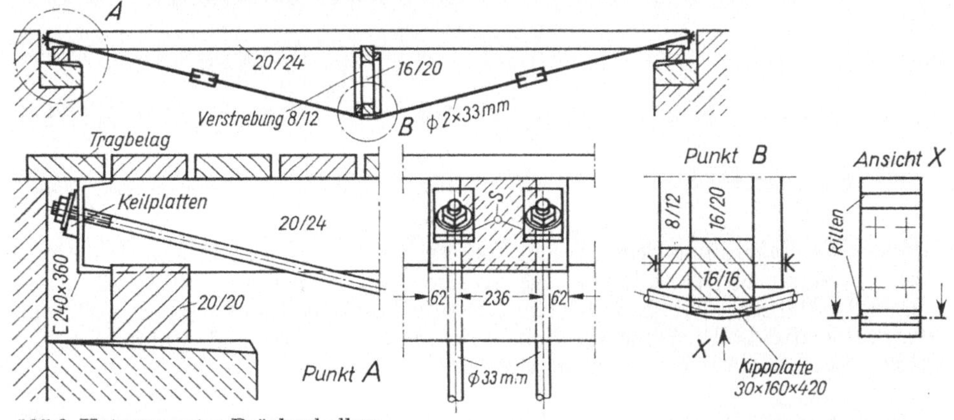

185.2 Unterspannter Brückenbalken

Schwindens und der Schlupf der Verbindungsmittel besonders berücksichtigt werden. Diese Einflüsse lassen sich jedoch vielfach durch Nachspannen der Zugstangen und eine Überhöhung ausschalten.

Bild **185.**2 zeigt die Ausführung einer Brücke mit unterspannten Balken. Auch der in Bild **166.**3 gezeigte Schalungsträger ist als unterspannter Balken berechnet. Gelegentlich findet man auch noch diese Anwendung für weitgespannte Sparren oder Pfetten.

10.3.2 Hängewerkbrücken

Bei diesen Systemen wird der Tragbalken angehängt. Man unterscheidet das einfache (**186.**1a) und das doppelte Hängewerk (**186.**1b). Das bei einigen weitergespannten Konstruktionen vorhandene dreifache Hängewerk führt zum Fachwerkträger. Der Vorteil liegt in der geringen Höhe zwischen Konstruktionsunterkante und Fahrbahnoberkante. Doch muß hier die ganze Fahrbahnplatte mit Hilfe von Querträgern von den beiden außenliegenden Hängewerken getragen werden. Statisch liegen die Verhältnisse ähnlich wie bei den unterspannten Balken. Nur erhalten jetzt Riegel und Streben Druckkräfte und sind auf Knicken zu untersuchen, während die Hängesäule auf Zug beansprucht wird und entsprechend angeschlossen werden muß.

Beim einfachen Hängewerk beträgt die Strebenkraft bei einer an der Hängesäule angreifenden Last P nach Bild **186.**1a

$$S = \frac{P}{2 \cdot \sin \alpha} \qquad (186.1)$$

und erzeugt im Streckbalken einen Zug von $S \cdot \cos \alpha$.

Beim doppelten Hängewerk ist nach Bild **186.**1b für symmetrische Belastung

$$S = \frac{P}{\sin \alpha} \qquad (186.2)$$

und $\qquad R = \frac{P}{\tan \alpha} \qquad (186.3)$

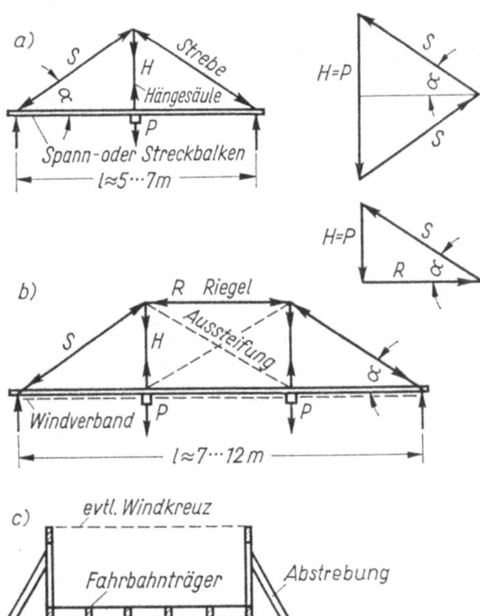

186.1 Einfaches und doppeltes Hängewerk

Da sich bei unsymmetrischer Belastung, wie sie aus der Verkehrslast herrühren kann, zusätzliche Spannungen ergeben, empfiehlt sich die in Bild **186.**1b gezeigte Aussteifung. Bei größeren Brücken und Lasten sollten bei der Berechnung der Stabkräfte die Einflüsse aus dem Schwinden des Holzes und dem Schlupf der Verbindungsmittel berücksichtigt werden[1]).

---

[1]) Rechenbeispiel s. bei [20]

Die Strebenneigung wird zweckmäßig bis etwa 25° gewählt. Die Strebenkraft wird bei der Kraftzerlegung zwar größer, doch trägt dafür der flach geneigte Versatzanschluß etwas mehr. Außerdem fällt dann meist der Riegel mit dem Geländerholm zusammen. Die Ansicht der Brücke wird gefälliger. Die Hängesäulen sind seitlich gut abzustreben, um ein Ausweichen der Druckstäbe zu verhindern (DIN 1052 Bl. 1 Abschn. 8.2). Bei höheren Hängesäulen können die Köpfe zusätzlich durch Windkreuze gegeneinander verstrebt werden, sofern die nötige lichte Höhe vorhanden ist (**186.1 c**).

Der Anschluß der Hängewerkstäbe aneinander kann mit Versatz oder Bolzen mit Stahllaschen evtl. unter zusätzlicher Anwendung von Stahldübeln (**187.1**) erfolgen. Der Querträger wird an der Hängesäule ebenfalls mit Bolzen und Stahllaschen angehängt (**187.2**). Die Strebenkraft kann in den Streckbalken mit einfachem (**22.2**) oder doppeltem (**23.2**) Versatz oder über Beihölzer (**25.1**) oder mit Hilfe von Stahlwinkeln übertragen werden (s. Abschn. 3.1).

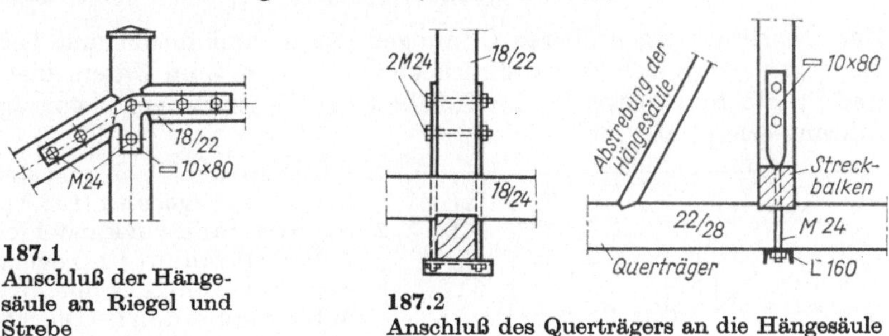

187.1
Anschluß der Hängesäule an Riegel und Strebe

187.2
Anschluß des Querträgers an die Hängesäule

10.3.3 Sprengwerkbrücken

Bei diesem System (**187.3**) wird der Trag- oder Streckbalken durch einen Bock unterstützt. Man unterscheidet das einfache und das doppelte oder trapezförmige Sprengwerk. Werden Tragbalken und Riegel miteinander verdübelt, kann das Mittelfeld größer ausgeführt und die Streben können steiler gestellt werden (**188.1**). Die Knicklänge der Streben wird damit kleiner. Eine Weiterentwicklung für größere Stützweiten stellen die zusammengesetzten Sprengwerke dar (**188.2**). Durch Doppelzangen und Verschwertung in beiden Richtungen wird die Knicklänge der Streben verkürzt.

Statisch liegen die Verhältnisse ähnlich wie beim Hängewerk. Streben und Riegel erhalten Druck. Der Tragbalken wird nur auf Biegung beansprucht. Im Hinblick auf Senkungen des Unterstützungspunktes wird er zweckmäßig als Einfeldträger berechnet und ausgeführt.

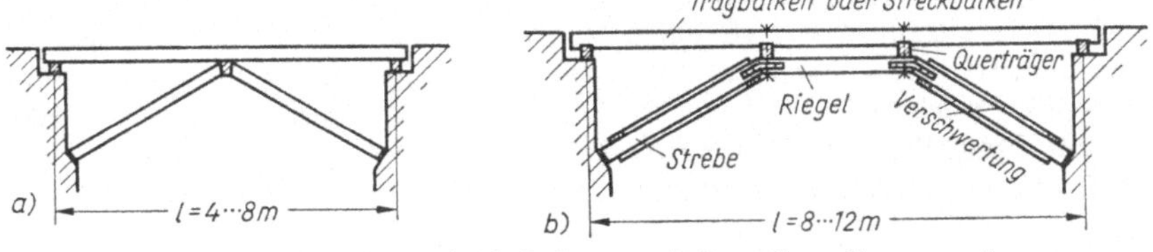

187.3 Sprengwerkbrücken mit einfachem und doppeltem Sprengwerk

Das System des doppelten Sprengwerks wird neuerdings auch bei Brücken größerer Stützweite mit verleimten Kastenträgern verwendet[1]).

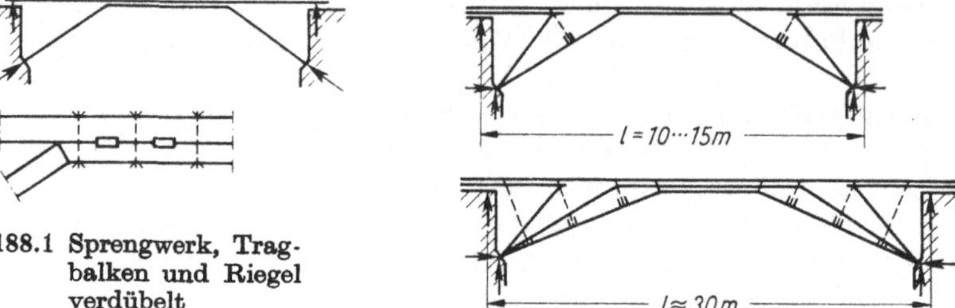

188.1 Sprengwerk, Trag-
balken und Riegel
verdübelt

188.2 Zusammengesetzte Sprengwerke

10.3.4 Fachwerkbrücken

Zur Überbrückung größerer Öffnungen (30 m und mehr) und bei hohen Belastungen eignen sich Fachwerkbrücken am besten. Zum Unterschied vom Stahl- und Stahlbetonbau werden im Holzbau Parallelgurtträger bevorzugt. Die Ausführung erfolgt als

1. Strebenfachwerk mit steigenden und fallenden Diagonalen (**188.3a**)
2. Ständerfachwerk mit Pfosten und zur Mitte fallenden (+) Diagonalen (**188.3b**)
3. Ständerfachwerk mit Pfosten und zur Mitte steigenden (−) Diagonalen (**188.3c**)
4. Gitterträger, auch Strebenfachwerk, Rautenfachwerk oder Townscher Träger genannt (**188.3d**)
5. einfacher Howescher Träger (**188.3e**)
6. doppelter Howescher Träger (**188.3f**)

188.3
Brücken-Fachwerkträger
a) Strebenfachwerk
b) Ständerfachwerk mit zur Mitte fallenden,
c) mit zur Mitte steigenden Diagonalen
d) Gitterträger
e) einfacher
f) doppelter Howescher Träger

Die Netz- oder theoretische Trägerhöhe h wird wegen der zulässigen Durchbiegung von $f = l/700$ mit $l/12 \cdots l/6$, besser mit $l/10 \cdots l/8$ angenommen.

Die Lage der Fahrbahn hängt von der zulässigen Konstruktionshöhe ab. Steht der Raum unter der Fahrbahn unbeschränkt und gefahrfrei zur Verfügung, werden die Fachwerkträger unter der Fahrbahn angeordnet, d.h. also, die obenliegende Fahrbahn wird gewählt. Die Fahrbahnplatte bietet eine ausgezeichnete Aussteifung, die den Druckgurt gegen Ausknicken sichert und gleichzeitig als Windträger aufgefaßt werden kann. Außerdem können beliebig viele Haupt-

---

[1]) Eine Fußgängerbrücke aus Sperrholzträgern. Bauen mit Holz (1971) H. 4, S. 176 ff.

träger unter der Fahrbahn angeordnet werden. Diese Ausführung ist damit besonders für breite Brücken geeignet (s. auch Sprengwerkbrücken in Abschn. 10.3.3 und Bild **184**.1).

Muß die Konstruktionshöhe, z.B. wegen einer Durchfahrt oder wegen Hochwassergefahr, möglichst gedrückt werden, können nur zwei Hauptträger an den Seiten der Fahrbahn gewählt werden. Wir haben eine untenliegende Fahrbahn, die mit ihren Querträgern auf dem Untergurt ruht. Diese Anordnung bringt aber fast nur Nachteile. Sollen die Querträger nicht zu schwer werden, darf die Brücke nicht zu breit sein. Da nur 2 Hauptträger möglich sind, fallen sie schon deshalb schwerer aus. Das unangenehmste ist aber, daß der Obergurt auf seiner ganzen Länge ausknicken kann, wenn er nicht entweder einen oberen Verband erhält oder durch Streben gehalten wird. Ein Verband in der Obergurtebene ist aber nur möglich, wenn er so hoch liegt, daß die erforderliche Durchfahrtshöhe, je nach der Brückenart bis 5,00 m (Heufuder), frei bleibt (**189**.1) und seine Auflagerkräfte in Endrahmen abgeleitet werden. Bei niedrigeren Fachwerkträgern werden Streben angeordnet, die für eine Horizontalkraft nach DIN 1052 Bl. 1 Abschn. 8.3 von

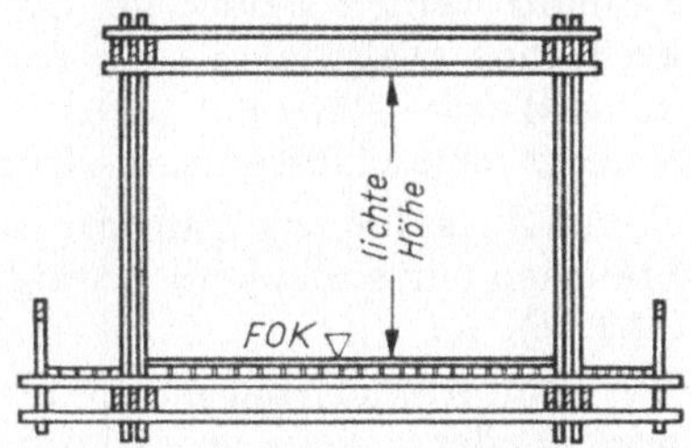

189.1 Brückenquerschnitt mit untenliegender Fahrbahn und Windverband in der Obergurtebene

$$Q_s = q_s \cdot c \qquad (189.1)$$

bemessen werden (**189**.2). Die gleichmäßig verteilt angenommene Seitenlast beträgt

$$q_s = \frac{m \cdot N_{\text{Gurt}}}{30 \cdot l} \qquad (189.2)$$

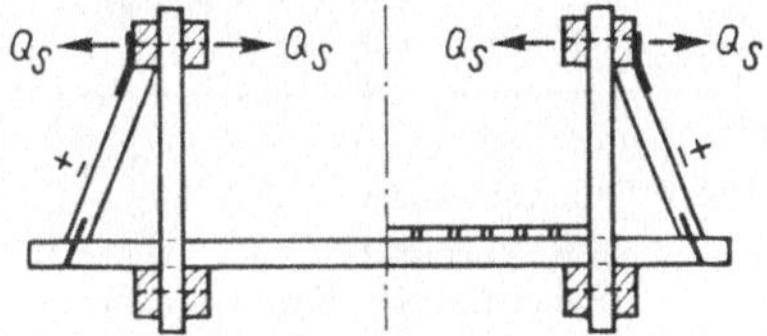

189.2 Untenliegende Fahrbahn. Sicherung des Druckgurtes durch Streben

mit m Anzahl der auszusteifenden Druckgurte
    N_{Gurt} mittlere Gurtkraft aus dem ungünstigsten Lastfall
    l Gesamtlänge des Druckteils
    c Abstand der Queraussteifungen

Die Gurtungen werden 2- oder 3teilig gewählt (**189**.3), so daß Zug- oder Wechselstäbe 1- oder 2teilig hindurchgesteckt und reine Druckstäbe ebenfalls 2- oder

189.3
Mehrteilige Gurte mit Anordnung der Füllstäbe
a) zweiteiliger   b) dreiteiliger
c) zweiteiliger Gurt mit Zugstab aus Rundstahl

3teilig stumpf bzw. mit Versatz angeschlossen werden können. Mehrteilige Stäbe müssen durch Futterhölzer in den Drittelpunkten, erfahrungsgemäß aber besser in Abständen der 12fachen kleinsten Holzdicke ($e = 12\,b_1$) gehalten werden, damit ein Zusammenwirken und genügende Knicksicherheit des Einzelstabes gewährleistet bleibt (Nachweis nach Abschn. 4.2.3).

Schwächungen in den Zugstäben müssen immer berücksichtigt werden, dagegen in den Druckstäben nur, wenn sie durch einen Baustoff mit geringerer

Druckfestigkeit (Holz $\perp$ zur Faser) oder nicht satt bzw. überhaupt nicht ausgefüllt sind (s. Abschn. 3.8 und 4.2).

Die Berechnung der Fachwerke erfolgt über die Querkraft und mit Hilfe der Einflußlinien. Die größten Gurtkräfte treten in der Trägermitte, die größten Füllstabkräfte an den Trägerenden auf. Durch die Verkehrslasten können die Diagonalen in der Mitte Wechsellasten erhalten, die nach DIN 1052 Abschn. 5.1.4 bzw. Gl. (91.1) und (91.2) anzuschließen sind.

Deshalb werden häufig bei Strebenfachwerken in den mittleren Feldern sich kreuzende Diagonalen angeordnet, so daß jeweils eine spannungslos wird, also keine Wechselstäbe entstehen. Das beste Beispiel sind Druckdiagonalen, die mit Versatz angeschlossen keine Zugkräfte aufnehmen können.

Reine Zugstäbe werden gern aus Rundstahl ausgeführt, da sie wenig Platz brauchen und einfach über Stahlplatten auf Druck angeschlossen werden können (**189.3c**).

Die Hauptträger sind außer durch die Fahrbahn noch durch weitere Verbände miteinander verbunden. Bei untenliegender Fahrbahn wird der gegebenenfalls in der Obergurtebene liegende Knickverband gleichzeitig als oberer Windverband verwendet. Senkrecht zur Brückenachse müssen biegesteife Rahmen über den Auflagern die Windlasten in die Auflager ableiten. Zusätzlich sollten in jedem 2. Feld ähnliche Rahmen angeordnet werden, da sie die Kippsicherheit der hohen schlanken Hauptträger vergrößern. Bei obenliegender Fahrbahn wird der Windverband in die Untergurtebene gelegt, und an die Stelle der Rahmen treten die einfacheren K- oder Kreuzverbände als Querverbände (**190.1**).

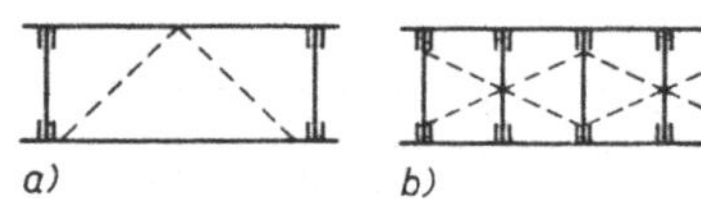

190.1 Querverbände
  a) K-Verband
  b) mehrfacher Kreuzverband

Gehwege werden oft über die Hauptträger hinausgezogen. Bei untenliegender Fahrbahn tritt dadurch eine vollkommene Trennung von der Fahrbahn ein, was verkehrstechnisch nur erwünscht sein kann.

Bei Brücken für Schienenfahrzeuge fällt in der Regel der aussteifende Belag weg, so daß ein eigener Windverband an seine Stelle treten muß, der dann gleichzeitig Brems- und Schlingerverband wird. Diese früher auf jeder Großbaustelle vorhandenen Gleisbrücken verschwinden durch den gleislosen Betrieb immer mehr.

10.4 Der Unterbau

10.4.1 Auflager und Widerlager

Die Auflagerkräfte der Brückenhauptträger werden immer über Lagerschwellen in den Pfeiler oder das Widerlager übertragen (**179.1** und **180.1** und **183.1**). Bei Balkenbrücken mit mehr als 2 Hauptträgern werden die zulässigen Pressungen in der Schwelle kaum erreicht. Bei größeren Brücken, besonders mit nur 2 Hauptträgern (Brücken mit untenliegender Fahrbahn), werden 2···3 Lagerschwellen erforderlich. Damit muß auch die Auflagerbank entsprechend breit angelegt werden (**191.1**).

Bei jedem Lager bildet das Wasser die Hauptsorge. An der Berührungsfläche zwischen Holz und Beton (oder Mauerwerk) wird immer Wasser stehenbleiben und nur langsam verdunsten. Trotz vorbeugender Behandlung mit besten Holzschutzmitteln (s. Abschn. 2.3.2) werden die Lagerschwellen die ersten Bauglieder sein, die wegen Fäulnis ausgewechselt werden müssen. Die Auflagerbank wird daher so ausgebildet, daß die Lagerschwelle unter jedem Hauptträger nur soviel aufliegt, als zu einer einwandfreien Kraftübertragung erforderlich ist. Im übrigen wird sie so abgeschrägt, daß das Wasser leicht abfließen kann und die Schwelle auch von unten stets belüftet wird (**179.1**).

Neuerdings verwendet man auch Elastomerelager[1]). Bei Bogenbrücken oder Schrägstützen empfiehlt sich der Einbau von stählernen Auflagern und Gelenken[2]).

Die Massivpfeiler (**191.2**) erhalten erfahrungsgemäß eine Breite von

$$b = 1 + 0{,}03\,l \text{ in m} \tag{191.1}$$

Die Berechnung der massiven Widerlager und Pfeiler erfolgt nach DIN 1075, massive Brücken, Berechnungsgrundlagen, und nach den Grundsätzen des Betonbaus (s. auch Koch, Brückenbau, T. 2 und [25; 26]). Außer dem Spannungsnachweis in den verschiedenen Fugen ist der Standsicherheitsnachweis unter Berücksichtigung aller äußeren Kräfte zu führen. Bei der Ausführung sind die Entwässerung und Isolierung besonders sorgfältig zu behandeln (**191.3**).

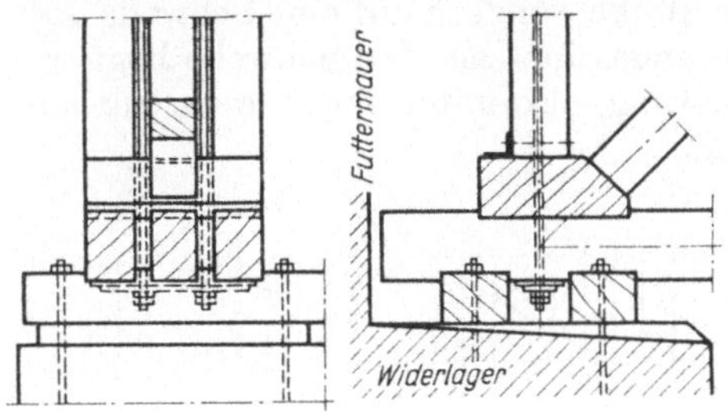

191.1
Auflagerausbildung bei großen Auflagerkräften
(breite Auflagerbank mit 2 Lagerschwellen)

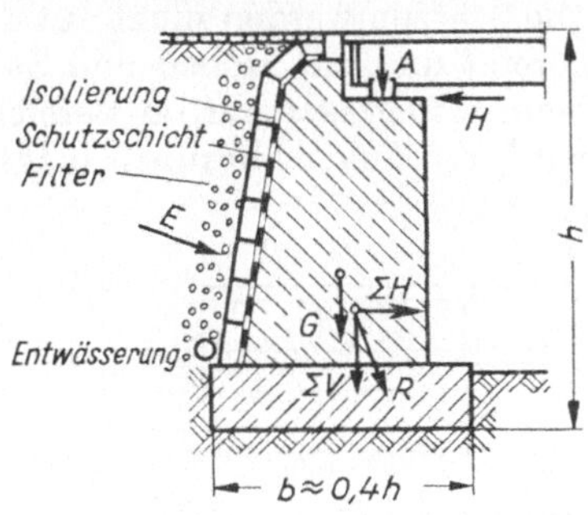

191.3 Isolierung, Entwässerung und
äußere Kräfte am Widerlager

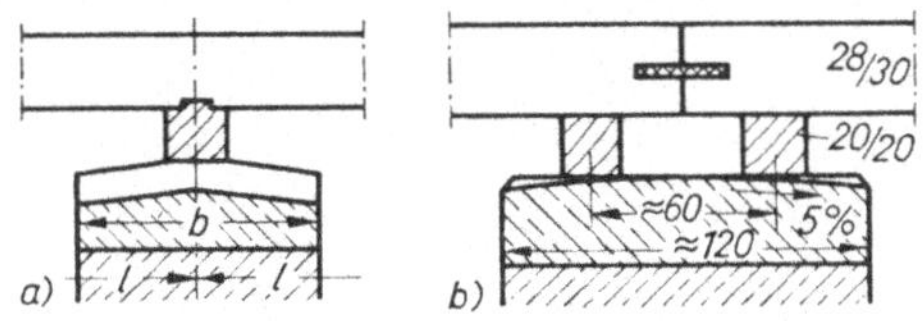

191.2
Lagerschwellen auf Massivpfeilern
a) für durchlaufenden Tragbalken
b) für getrennte Tragbalken (2 Brücken)

10.4.2 Joche

Sie treten an die Stelle der massiven Pfeiler und Widerlager und kommen hauptsächlich dann in Frage, wenn sie rasch aufgestellt (bei Notbrücken) oder nur für wenige Jahre (bei Arbeitsbrücken) gebraucht werden. Außerdem sind sie natür-

---

[1]) Fußgängerbrücke über die Leine in Greene. Bauen mit Holz (1973) H. 8, S. 430
[2]) S. Fußnote 1 S. 77 und [17]

lich wesentlich billiger in der Herstellung. Sie werden wie die Pfeiler in die Flußrichtung gestellt, damit Widerstand und Stau am kleinsten bleiben.

Nach der Gründungsart unterscheiden wir Ständerjoche und Pfahljoche.

Das Ständerjoch (192.1 und 2) wird auf einem Massivpfeiler, der 30···40 cm über die mittlere Hochwasserlinie oder 50···60 cm über das Gelände reicht, aufgestellt und verankert. Sein Vorteil liegt darin, daß es außerhalb des ständigen Wechsels von trocken und naß liegt und im Bedarfsfalle leicht ausgewechselt werden kann. Diese Jochart wird immer dann verwendet, wenn Pfeilerreste einer Massivbrücke vorhanden sind (Notbrücken nach Katastrophen). Es kann an Land abgebunden und mitunter sogar im ganzen montiert werden. Es erhält unter jedem Hauptträger einen Stiel, oben einen Holm und unten eine Schwelle. Zur seitlichen Aussteifung werden die äußeren Stiele schräg gestellt (1 : 1,5···1 : 20), zusätzliche Schrägstiele angeordnet (**192.**1) oder gekreuzte Diagonalen, die sog. Verschwertung, ausgeführt. Der Neigungswinkel der Diagonalen soll $\alpha > 30°$ sein. In der Regel werden schräge Stiele und Diagonalen verwendet (**192.**2). Wird das Joch breit, so daß die Diagonalen flacher verlaufen würden, legt man 2 Kreuze (**192.**3) an. Wenn die einzelnen Stiele zu gering belastet wären oder wenn sie zu eng stehen müßten, läßt man jeden zweiten weg. Durch die nunmehr zwischen den Stielen aufliegenden Hauptträger erhält der Holm Biegung. Er wird als Einfeldträger, nicht als Durchlaufträger behandelt.

Die Stützen werden nicht auf den Pfeiler direkt, sondern auf eine Schwelle aufgesetzt und mit Dollen und Stahllaschen angeschlossen. Die Schwelle liegt wie beim Widerlager nur im Bereich der Belastung, also unter den Stützen auf und wird mit Ankerschrauben befestigt (**192.**4).

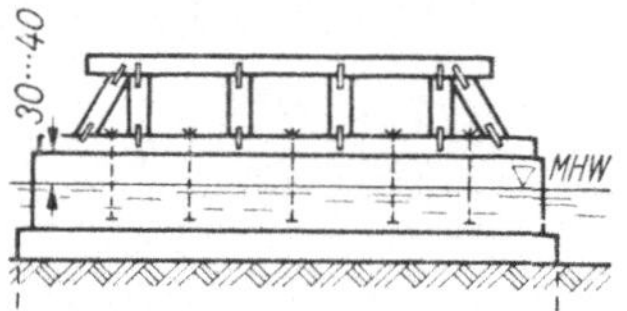

192.1
Niedriges Ständerjoch einer
Notbrücke auf Pfeilerrest

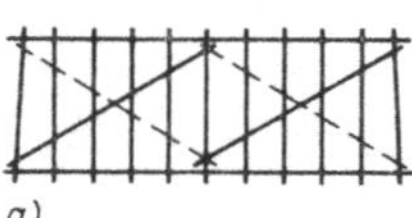
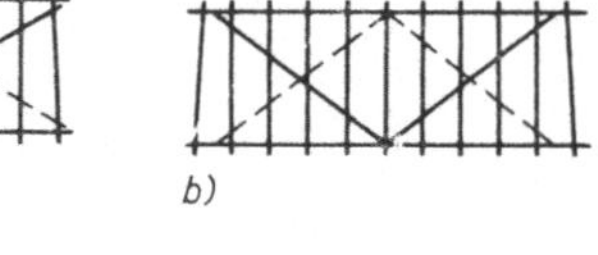

192.3
Ständerjoche
a) wechselseitige Verschwertung mit 2 Kreuzen
b) Verschwertung mit 2 K-Verbänden

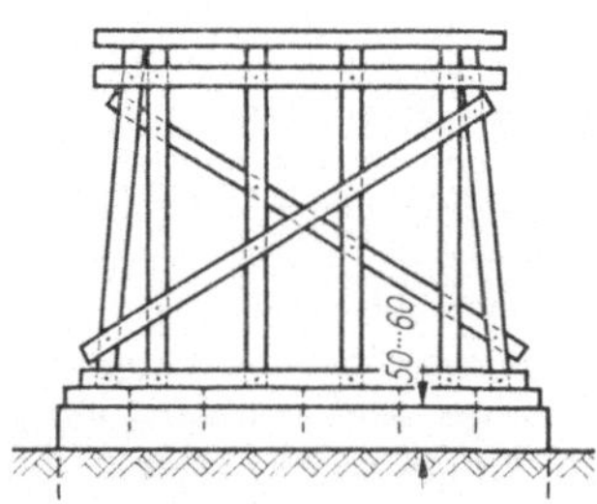

192.2
Ständerjoch an Land mit gekreuzter Diagonalaussteifung

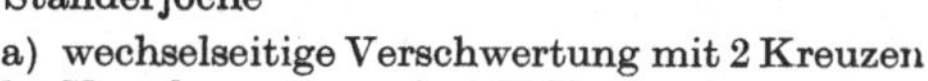
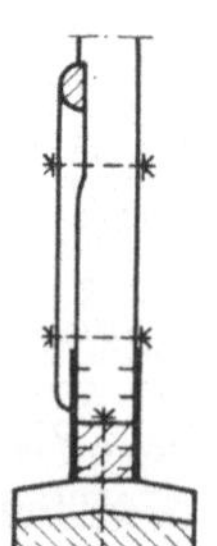
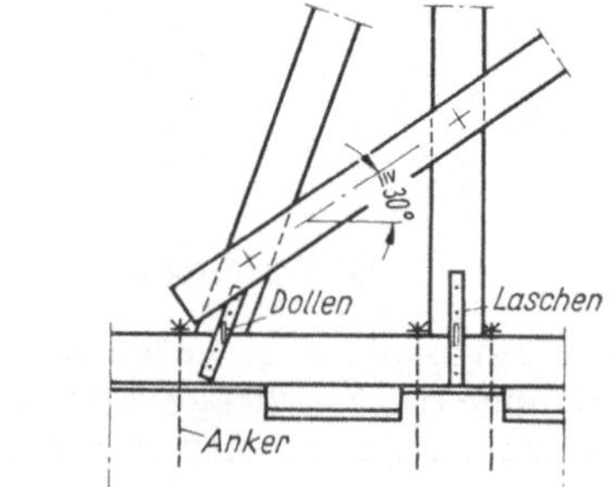

192.4
Ständerjoch. Fußausbildung auf dem Pfeiler

Das Pfahljoch wird immer bei schlechtem oder zu tiefem Baugrund angewendet. Bei nicht allzu hohen Jochen können die Pfähle so lang gewählt werden, daß sie in einem Stück bis zum Lagerholm durchreichen (**193**.1). Bei hohen Jochen, bei denen die normale Pfahllänge nicht ausreicht, oder wenn mit einer Auswechslung des Joches gerechnet werden muß, wird das Joch in der Höhe des Niedrigwassers (NW) unterteilt (**193**.2). Das Unterjoch, das aus den Rammpfählen besteht, wird entweder nur durch einen Holm oder zusätzlich durch Zangen zusammengehalten. Darauf wird ein Ständerjoch aufgesetzt. Dies hat den Vorteil, daß das Pfahljoch nahezu ständig im Wasser bleibt und somit nicht fault. Das Ständerjoch, das in der Mittelwasserlinie am stärksten leidet, kann dann leicht ganz oder teilweise, wie auf Pfeilern, ausgewechselt werden.

Für die Bemessung sollen einige Erfahrungswerte, die gleichzeitig Mindestwerte sind, angeführt werden. Die Stützen werden aus Rundhölzern mit $\varnothing$ 25···45 cm gewählt, wobei die cm-Zahl × 10 ungefähr der Tragfähigkeit in kN entspricht. Die größten verwendbaren Stammlängen liegen bei 12···15 m. Die Verschwertung besteht meistens aus Halbrundhölzern. Für Zangen kommen die Querschnitte 12/20 bis 24/30 cm in Frage. Sie werden an jeden Pfahl angeblattet und mit einem Bolzen M 24 angeschlossen.

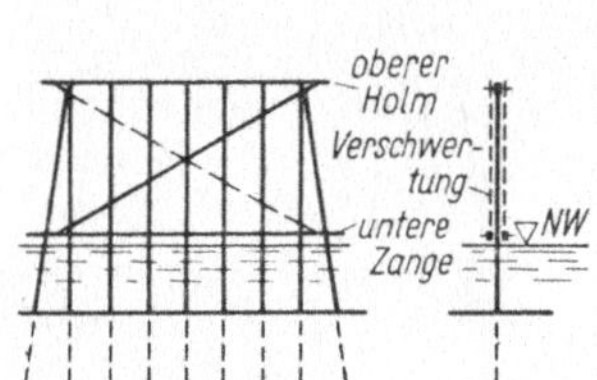

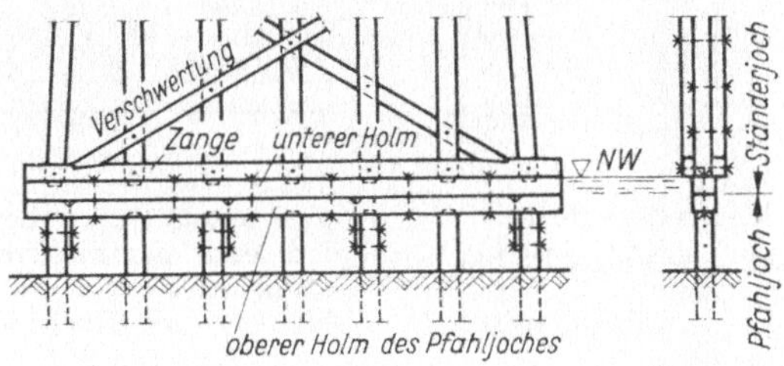

193.1 Durchgehendes Pfahljoch

193.2 Zweiteiliges Joch. Verbindung von Pfahl- und Ständerjoch

Außerdem ist die Tragfähigkeit für die Nutzlast bei der entsprechenden Knicklänge zu prüfen. Liegt die Brücke einfach auf dem Jochholm auf, dann gilt für die Knicklänge

$$s_K = 2\,l \tag{193.1}$$

wobei l gleich dem Pfahlstück bis zum Boden + 1,00 m angenommen werden kann. Wird das Joch am Holm gelenkig gehalten, dann verkürzt sich die Knicklänge auf

$$s_K = 3/4\,l \tag{193.2}$$

Wenn das Joch größere Lasten, z. B. aus 2 Brückenfeldern, oder zusätzlichen Horizontalschub in Brückenrichtung aufzunehmen hat, dann reicht das einwandige Joch nicht mehr aus. Es muß ein zwei- oder mehrwandiges Joch gewählt werden (**194**.1). Dabei empfiehlt es sich, die Außenreihen 1 : 8···1 : 20 geneigt anzuordnen. Dadurch erhalten die Pfähle jeweils nur Längskräfte (**194**.2).

Soll auch ein Widerlager als Joch ausgebildet werden, muß auf den auftretenden Horizontalschub besonders geachtet werden. Die Horizontalkräfte werden am besten als Druckkräfte durch Streben oder Böcke aufgenommen. Dies kommt bei teilweise zerstörten Widerlagern zur Anwendung.

Mitteljoche müssen im strömenden Wasser im Bereich zwischen Niedrig- und Hochwasser durch eine Verkleidung mit mindestens 5 cm dicken Leitbohlen oder Streichbalken vor Treibgut geschützt werden (**194.3**).

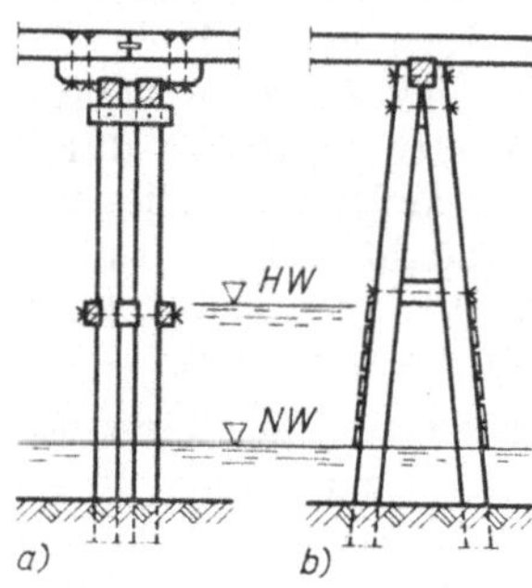

Bei Fußgängerbrücken hat man verschiedentlich Rahmenkonstruktionen in Brettschichtbauweise verwendet, wobei an den Rahmenecken Riegel und Stiel über keilverzinkte Zwischenhölzer (**148.2**) oder mit Dübeln (**148.3** b) verbunden werden, wenn man nicht die Lamellen durchgehen lassen will. Wegen des kleinen Halbmessers müssen dann aber sehr dünne Bretter genommen werden (**194.4**).

194.1 Zweireihige Joche

a) parallelreihiges Joch (Druck- u. Biegebeanspruchung)
b) Joch aus Schrägpfählen (nur Druckbeanspruchung)

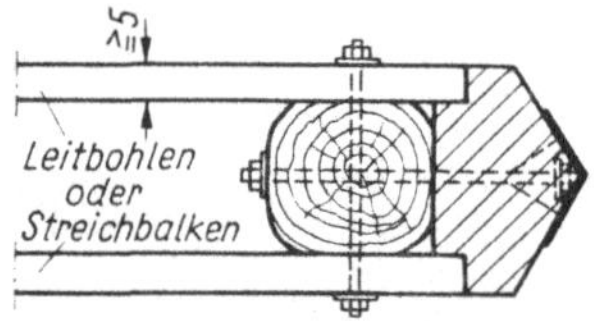

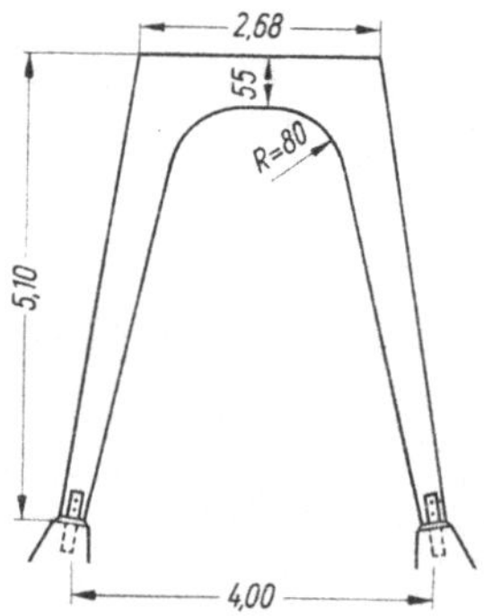

194.2
Mehrreihige Joche

a) dreireihiges Pfahljoch
b) zweireihiges Ständerjoch

194.3
Jochschutz durch Leitbohlen und Endpfahlverstärkung im Bereich zwischen Niedrig- und Hochwasser

194.4 Zwischenjoch einer Fußgängerbrücke

10.5 Eisbrecher

Der Oberstrompfahl eines jeden Joches hat außer den Brückenlasten noch in besonderem Maße die Belastung aus der Strömung und dem Anprall schwimmender Gegenstände aufzunehmen. Bei geringer Fließgeschwindigkeit und geringstem Eisgang kann eine Ummantelung mit Blech oder, bereits wirkungsvoller, eine Verstärkung durch ein vorgesetztes Profilholz mit Winkelstahl (**194.3**) genügen.

Wenn aber mit jährlichem Eisgang bei hoher Fließgeschwindigkeit zu rechnen ist, müssen besondere, im Abstand von 1,0 ··· 3,0 m vom Joch freistehende Eisbrecher vorgesehen werden. Sie haben einmal den Zweck, anschwimmende Gegenstände durch ihre Leitbohlen seitlich am Joch vorbeizulenken, und zweitens die besonders großen Eisschollen zu brechen. Die Schollen werden durch den Strom auf den dementsprechend (1 : 2 ··· 1 : 2,5) geneigten Eisbrecher hinaufgeschoben, wo sie durch ihr Eigengewicht brechen und dann rechts und links am Joch vorbeischwimmen, ohne dieses zu beschädigen. Die Stöße durch den Eisgang müssen allein vom Eisbrecher aufgenommen werden, deshalb darf keine Verbindung zum Joch bestehen. Die Eisbrecher können je nach den vorhande-

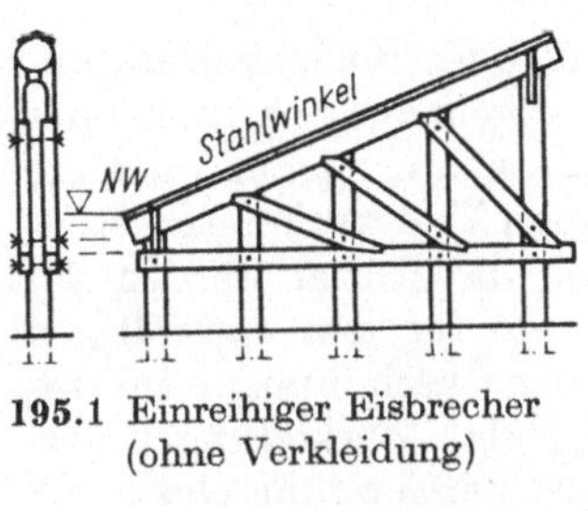

195.1 Einreihiger Eisbrecher
(ohne Verkleidung)

nen Jochen ebenfalls ein- und mehrwandig ausgeführt werden (**195.**1 und 2). Der schräg ansteigende Holm wird mit starken Stahlprofilen ($\llcorner$, $\perp$, I oder $\sqsubset$) bewehrt, und die Pfähle erhalten einen festen Verband durch Zangen und Druckstreben [20].

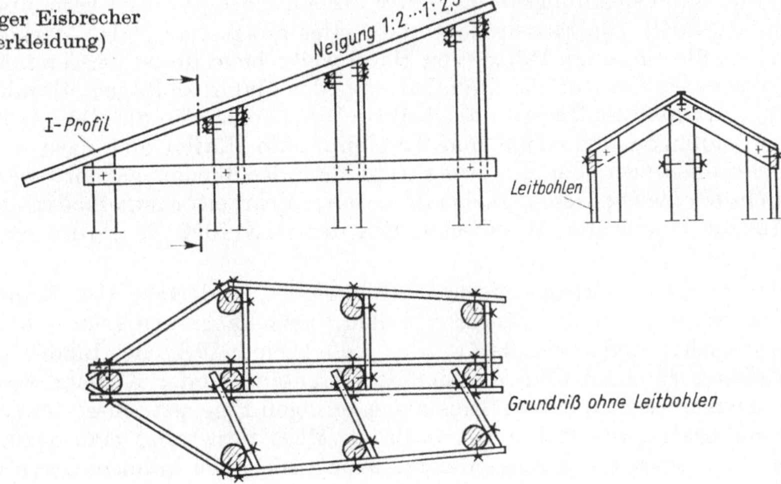

195.2
Dreireihiger
Eisbrecher

11 Abbund und Montage

Bei allen ingenieurmäßig ausgebildeten Tragwerken müssen Berechnungen und Zeichnungen besonders sorgfältig ausgearbeitet werden. Es genügt dabei nicht, nur Übersichtspläne im Maßstab 1 : 100 aufzustellen und alles andere dem Zimmermeister zu überlassen, sondern es ist unbedingt erforderlich, auch alle Einzelheiten, wie die Knotenpunkte bei Fachwerken oder Stoßanschlüsse, im kleineren Maßstab, etwa 1 : 10, herauszuzeichnen und dabei alle Maße genauestens anzugeben. Diese Konstruktionszeichnungen werden zweckmäßig durch Baustofflisten (Holzlisten, Beschlag- oder Eisenteillisten u. a.) ergänzt. Herstellung, Überwachung, Abnahme und Abrechnung werden hierdurch erleichtert.

Die Tragwerke selbst werden in der Regel vom örtlichen Zimmerhandwerk hergestellt; fabrikmäßig angefertigte Einzelteile werden dabei weiterverarbeitet. Für die Herstellung verleimter Konstruktionen und der Sonderbauweisen ist eine besondere Genehmigung erforderlich. Hier erfolgt eine fabrikmäßige Fertigung.

Der Abbund, d.h. das Anreißen, Zuschneiden und Bearbeiten einschließlich Vorbohren, Fräsen usw., erfolgt vielfach auf einem besonderen Reißboden an Hand der zeichnerischen Unterlagen. Bei Serienfertigung können Schablonen die Arbeit wesentlich erleichtern. Bei allen Nagel-, Stift- oder Bolzenverbindungen werden die Löcher zweckmäßig mit Hilfe von Schablonen aus Sperrholz oder Faserplatten angekörnt oder angezeichnet. Nur so läßt sich erreichen, daß die Anschlüsse richtig passen. Bei den zimmermannsmäßigen Tragwerken (Pfettendächern u. a.) erfolgt der Abbund durch Zulegen, d. h., die Hölzer werden auf dem Reißboden, einer unverschieblichen Unterlage, wie für den endgültigen Bauzustand spannungslos und unter Berücksichtigung der Überhöhungen zusammengebaut[1]). Die Einzelteile werden dabei mit fortlaufenden Markierungen versehen, die einzelnen Hölzer von Hand weitgehend unter Verwendung elektrisch betriebener Geräte, wie Handketten- oder Handbandsägen, Handbohrmaschinen, Handkettenfräsern, bearbeitet. Die Löcher für die Dübel- und Bolzenverbindungen der Stöße und Knotenpunkte dürfen erst nach vollständigem Zusammenfügen der Tragwerke auf dem Reißboden gebohrt werden, sofern nicht die gleiche Genauigkeit mit anderen Bearbeitungsmethoden erreicht wird. Auf die Beachtung des Abschn. 12.1 der DIN 1052 Bl. 1 wird besonders hingewiesen.

Für den Transport der einzelnen Hölzer oder Binderteile vom Zimmerplatz zur Einbaustelle sind bei längeren Teilen Spezialfahrzeuge erforderlich. Vor dem Hochziehen und Aufstellen werden die einzelnen Teile der Binder an den Stoßstellen verbunden. Zur Montage der Dachbinder oder Rahmen werden im allgemeinen wegen des verhältnismäßig geringen Eigengewichtes der Konstruktion keine besonderen Hebezeuge benötigt. Meist verwendet man dazu Autokräne. Nur bei schwereren und größeren Konstruktionen können Derrickkräne oder sogar Turmdrehkräne erforderlich werden. Besonders wichtig ist die Beachtung der Unfallverhütungsvorschriften[2]), in denen zur Sicherung der Arbeitskräfte Schutz- oder Fanggerüste verlangt werden. Auf die Standsicherheit der einzelnen Teile während der Montagearbeiten ist besonders zu achten.

„Beim Aufstellen von Dachbindern, Fachwerkbauten, Säulenhallen usw. sind außer den für ihre Standsicherheit notwendigen Vorrichtungen zum Abfangen der zuerst aufgestellten Teile sogleich auch genügend starke Verstrebungen (Sturmverbände) anzubringen; der einfache Längsverband genügt nicht." § 71 der Unfallverhütungsvorschriften.

Um ein seitliches Verbiegen zu verhindern, müssen die Binder vielfach, besonders die sehr „weichen" Nagelbinder, beim Hochziehen durch Montagehölzer verstärkt werden.

Bei Zugstäben kann ein Ausknicken durch vorübergehend angebrachte seitliche Zangen verhindert werden.

---

[1]) Über Ausführung der Schiftungen vgl. [5] und [19]
[2]) Unfallverhütungsvorschrift der Bau-Berufsgenossenschaft, § 77 bis 81, und DIN 4420 Gerüstordnung

12 Kalkulation und Abrechnung[1]

Der Ausschreibung und Abrechnung ist DIN 18334, Zimmerarbeiten, zugrunde zu legen. Dies Normblatt gehört zu Teil C „Allgemeine Technische Vorschriften" (ATV) der VOB (Verdingungsordnung für Bauleistungen). Es enthält Richtlinien für die Ausführung von Zimmerarbeiten und deren Aufmaß und Abrechnung. Im Vertrag muß ausdrücklich darauf hingewiesen werden, daß die VOB Bestandteil des Vertrages ist.

Um für die Preisermittlung klare Verhältnisse zu schaffen, sind bei der Ausschreibung unter Beachtung der DIN 18334 Abschn. 5 die einzelnen Leistungen in verschiedene Positionen aufzugliedern.

1. Lieferung des Bauholzes in m^3 unter Beachtung der Gütebedingungen der DIN 68365, getrennt nach Holzarten und u. U. getrennt in Holzdicken. Bei größeren Abmessungen und Überlängen können Preiszuschläge erforderlich werden.
2. Abbinden und Aufstellen bzw. Verlegen der Hölzer nach laufenden m. Auch hier ist bei unterschiedlichem Schwierigkeitsgrad eine Trennung zweckmäßig.
3. Liefern und Verlegen von Schalung oder Bohlenbelag in m^2.
4. Liefern der Kleineisenteile nach Stück oder nach Gewicht zusammengefaßt.
5. Spezialbinder, auch einzelne Dachteile, wie Gauben u. ä., herstellen und aufstellen einschl. Materiallieferung nach Stück.
6. Holzschutzmaßnahmen.
7. Gerüste. Für ihre Ausschreibung wird auf die „Ausschreibungsvorlagen für Bauleistungen im Hochbau, AVB, Abschnitt Gerüste" der Bau-Berufsgenossenschaft Hamburg verwiesen.

Textvorlagen für die Ausschreibung können dem „Bauleistungsbuch Zimmerarbeiten (BLB)" DIN 18334, herausgegeben vom Deutschen Architekten- und Ingenieurverband (DAI) in Verbindung mit dem Deutschen Verdingungsausschuß für Bauleistungen, entnommen werden.

Bei der Abrechnung wird das Raummaß der gelieferten Hölzer ermittelt, wobei die Länge einschließlich der Zapfen und anderer Holzverbindungen gemessen wird. Der Verschnitt bleibt unberücksichtigt und muß daher vom Unternehmer mit einkalkuliert werden.

Als Nebenleistung, die auch ohne Erwähnung in der Leistungsbeschreibung zur vertraglichen Leistung gehört, zählen u. a. die Lieferung von Nägeln und Holzschrauben sowie die Probebelastung nach DIN 1074 bei Holzbrücken. Auch die Lieferung von Kleineisen kann zu diesen Nebenleistungen gehören, wenn im Leistungsverzeichnis keine besondere Position dafür vorgesehen ist. Nicht zu den

---

[1] Wir kalkulieren. Bauen mit Holz (1967) H. 9 und 10 sowie (1968) H. 1, 2 und 6 — Typenhallen aus Holz. Informationsdienst Holz (1964) H. 5 — Hempel, G.: Die Wirtschaftlichkeit freitragender Holzkonstruktionen. Bauen mit Holz (1964) H. 7, S. 309 bis 312

Nebenleistungen gehört jedoch nach Abschn. 4.302 die Anfertigung der statischen Berechnungen.

Die **Kalkulation** von Zimmerarbeiten geschieht in der Regel nach dem Zuschlagsverfahren. Hier werden die unmittelbaren Lohn- und Stoffkosten der einzelnen Positionen (Einzelkosten der Teilleistungen) errechnet und mit einem Zuschlag für Allgemeine Geschäftskosten, Gemeinkosten der Baustelle, Gewinn und Wagnis und die Umsatzsteuer versehen. Im Zuschlag auf die Löhne müssen auch die gesetzlichen sozialen Aufwendungen in Höhe von z. Z. etwa 60 % enthalten sein.

Die Höhe dieser Zuschläge ist betriebsbedingt und wird aus der Bilanz ermittelt. Im Mittelwert beträgt der Zuschlag auf die Löhne etwa 100···150 % und der Material- oder Stoffzuschlag etwa 10···12 %. Leimbaubetriebe rechnen mit erheblich höheren Zuschlägen, da sie einen großen Maschinenpark, geschlossene Hallen und einen Trockenraum benötigen.

In die Stoffkosten sind einzurechnen der Verschnitt, der Transport und das Auf- und Abladen. Der Zeitaufwand für Abbund und Aufstellen der Hölzer und Binder hängt ab von der Schwierigkeit der Arbeit (Bohren der Bolzenlöcher, Fräsen der Dübel, u. ä.) und dem Montageaufwand[1]) (vgl. Abschn. 11). Bei Serienfertigung ergeben sich geringere Werte. Als Lohn ist der Mittellohn der Arbeitskolonne einzusetzen. Aus einem mittleren Zimmereibetrieb seien folgende Zahlenwerte angegeben, wobei der Einbau der Kleineisenteile (Nägel usw.) mit eingerechnet ist (weitere Angaben s. [8]):

leichte Brettbinder mit Spannweiten bis etwa 15 m		10···12 Min/m
normaler Dachverband		15···18 Min/m
Walmdächer und Fachwerke		18···25 Min/m
Ingenieurbauten einfacher Art mit Bolzenverbindungen		25···35 Min/m
Ingenieurbauten mit Dübelverbindungen		35···45 Min/m
verleimte Konstruktionen	i. M.	12···20 Std/m³
Einbau größerer Stahlteile		6···8 Std/kN
Sparren, Pfetten und Pfettensparren		20···30 Std/m³
einfache Binder und Verbände		35···45 Std/m³
schwierige Binder und Verbände		45···60 Std/m³
besonders schwierige Binder		70···100 Std/m³

Bei Serienfertigung können die niedrigeren Werte angesetzt werden.

Bei verleimten Holzkonstruktionen kann man heute mit einem Preis von 900,–···1300,– DM je m³ Holz bei fertig montierter Ausführung rechnen.

---

[1]) Die Montagekosten bei freitragenden Bindern. Deutscher Zimmermeister (1957) H. 8, S. 191

Anhang

DIN-Normen zum Ingenieurholzbau (Auswahl)

DIN-Nr.	Ausgabe-Datum	Titel
104	1. 52*	Bl. 1 Holzbalkendecken; Balken auf 2 Stützen, Berechnung
	3. 54	Bl. 2 –; Durchlaufbalken auf 3 Stützen
571	3. 75	Sechskant-Holzschrauben
1052	10. 69	Bl. 1 Holzbauwerke; Berechnung und Ausführung
	10. 69	Bl. 2 –; Bestimmungen für Dübelverbindungen besonderer Bauart
1055	3. 63	Bl. 1 Lastenannahmen f. Bauten; Lagerstoffe, Baustoffe u. Bauteile
	6. 63	Bl. 2 –; Bodenwerte, Berechnungsgewicht, Winkel der inneren Reibung, Kohäsion
	6. 71	Bl. 3 –; Verkehrslasten
	6. 38*	Bl. 4 Lastenannahmen im Hochbau, Verkehrslasten – Windlast
	12. 36*	Bl. 5 –; Verkehrslasten, Schneelast
	11. 64	Bl. 6 Lastannahme für Bauten; Lasten in Silozellen
1072	11. 67	Straßen- und Wegbrücken; Lastannahmen
	11. 67	Bbl. –; –, Erläuterungen
1073	7. 74	Stählerne Straßenbrücken; Berechnungsgrundlagen
	7. 74	Bbl. –; –, Erläuterungen
1074	8. 41*	Holzbrücken; Berechnung und Ausführung
1151	4. 73	Drahtstifte, rund; Flachkopf, Senkkopf
1152	4. 73	Drahtstifte, rund; Stauchkopf
1182	10. 71	Wirtschaftswegebrücken; Profilmaße
4070	1. 58	Bl. 1 Nadelholz; Querschnittsmaße und statische Werte, für Schnittholz, Vorratskantholz und Dachlatten
	10. 63	Bl. 2 –, Querschnittsmaße und statische Werte, Dimensions- und Listenware
4071	7. 70	Bl. 1 Abmessungen ungehobelter Bretter und Bohlen; aus europäischen (außer nordischen) Hölzern
	7. 70	Bl. 2 –; aus nordischen und überseeischen Hölzern
4072	8. 70	Bl. 1 Gespundete Bretter; aus europäischen (außer nordischen) Hölzern
	8. 70	Bl. 2 –; aus nordischen und überseeischen Hölzern
4073	7. 70	Bl. 1 Abmessungen gehobelter Bretter und Bohlen; aus europäischen (außer nordischen) Hölzern
	7. 70	Bl. 2 –; aus nordischen und überseeischen Hölzern
4074	12. 58	Bl. 1 Bauholz für Holzbauteile; Gütebedingungen für Bauschnittholz (Nadelholz)
	12. 58	Bl. 2 –; Gütebedingungen für Baurundholz (Nadelholz)
4076	2. 56	Holz, Holzwerkstoffe und Verbundplatten; Begriffe und Zeichen
4078	10. 65	Sperrholz; Maße
4102	2. 70	Bl. 2 Brandverhalten von Baustoffen und Bauteilen; Begriffe, Anforderungen und Prüfung von Bauteilen
	2. 70	Bl. 4 –; Einreihung in die Begriffe

DIN-Nr.	Ausgabe-Datum	Titel
4108	8. 69	Wärmeschutz im Hochbau
4109	9. 62	Bl. 1 Schallschutz im Hochbau; Begriffe
4112	3. 60	Fliegende Bauten; Richtlinien für Bemessung und Ausführung
	10. 62	Bbl. –; Bemessung und Ausführung, Erläuterungen zu den Richtlinien
4411	7. 52	Leitergerüste; Gerüstleitern und Einzelteile
	3. 62*	Bl. 2 –; zweisprossige Leiter (Süddeutsche Gerüstleiter)
	3. 62	Bl. 3 –; vollsprossige Leiter (Berliner Gerüstleiter)
4420	1. 52*	Gerüstordnung
	1. 52	Bbl. 1 Gerüstketten; Richtlinien für Anforderungen
	1. 52	Bbl. 2 Stangengerüste; besondere Bauart
7961	4. 71	Bauklammern
18334	8. 74	VOB Teil C: Allg. Techn. Vorschriften; Zimmer- und Holzbauarbeiten
48350	10. 54*	Fernmelde- und Starkstrom-Freileitungen; Holzmaste
52175	1. 75	Holzschutz; Begriff, Grundlagen
52180	6. 52	Prüfung von Holz; Allgemeine Grundsätze
52181	5. 52	–; Bestimmung der Wuchseigenschaften
52183	6. 52	–; Bestimmung des Feuchtigkeitsgehaltes
52184	4. 52	–; Schwind- und Quellversuch
52185	12. 54	Bl. 2 –; Druckversuch quer zur Faserrichtung
52186	8. 52	–; Biegeversuch
52187	11. 54	–; Scherversuch
52189	5. 39	–; Schlagbiegeversuch
68140	10. 71	Keilzinkenverbindung von Holz
68365	11. 57	Bauholz für Zimmerarbeiten; Gütebedingungen
68705	1. 68	Bl. 1 Sperrholz; Begriffe, allgemeine Anforderungen, Prüfung
	1. 68	Bl. 3 –; Bau-Furnierplatten, Gütebedingungen
	7. 68	Bl. 4 –; Bau-Tischlerplatten, Gütebedingungen
68750	4. 58	Holzfaserplatten; poröse und harte Holzfaserplatten; Gütebed.
68751	7. 68	Kunststoffbeschichtete dekorative Holzfaserplatten; Begriff, Anforderungen
68763	9. 73	Spanplatten; Flachpreßplatten für das Bauwesen; Begriffe, Eigenschaften, Prüfung, Überwachung
68800	5. 74	Bl. 1 Holzschutz im Hochbau; Allgemeines
	5. 74	Bl. 2 –; Vorbeugende bauliche Maßnahmen
	5. 74	Bl. 3 –; Vorbeugender chemischer Schutz von Vollholz
	5. 74	Bl. 4 –; Bekämpfungsmaßnahmen gegen Pilz- und Insektenbefall

Literaturverzeichnis

Werke

[1] Handbuch Holzschutz 1952 (Chem. Werke Albert, Wiesbaden)
[1a] Dutko, P.: Grundlagen des Holzleimbaus. Berlin–München 1969
[2] Egner, K., u. Sinn, H.: Einführung in die Leimung tragender Holzbauteile. Karlsruhe 1957
[3] Fonrobert, F.: Grundzüge des Holzbaues im Hochbau. 7. Aufl. Berlin 1960
[4] Fonrobert, F., und Stoy, W.: Holznagelbau. 8. Aufl. Berlin 1967

[5] Frick-Knöll-Neumann: Baukonstruktionslehre, Teil 2. 25. Aufl. Stuttg. 1975
[6] Gattnar, A.: Bemessungstafeln für Holzbauten. 5. Aufl. Berlin 1949
[7] Gattnar, A., und Trysna, F.: Hölzerne Dach- und Hallbenbauten. 7. Aufl. Berlin 1961
[8] Gerland, E., u. Plümecke, K.: Preisermittlung für Zimmerarbeiten. Köln-Braunsf. 1955
[9] Hempel, G.: Freigespannte Holzbinder. 10. Aufl. Karlsruhe 1973
[10] —: 100 Knotenpunkte für Holzbinder. 2. Aufl. Karlsruhe 1973
[11] —: 100 Statikbeispiele aus dem Holzbau. 5. Aufl. Karlsruhe 1972
[12] —: Nagelverbindungen im Holzbau. 2. Aufl. Karlsruhe 1973
[13] —: Die sparsame Balkenlage. Herrenalb 1948
[14] —: Holztabellen. 2. Aufl. Karlsruhe 1950
[15] —: Sparren- und Kehlbalkendächer. 3. Aufl. Karlsruhe 1973
[16] —: Holzkonstruktionen unserer Zeit, Karlsruhe 1961
[17] v. Halasz, R.: Holzbautaschenbuch. 7. Aufl. Berlin 1974
[18] Kollmann, F.: Technologie des Holzes und der Holzwerkstoffe, Bd. 2. 2. Aufl. Berlin 1955
[19] Kress, F.: Der Zimmerpolier. 11. Aufl. Ravensburg 1966
[20] Laskus, A., und Schröder, H.: Hölzerne Brücken. 8. Aufl. Berlin 1955
[21] Merkel, E.: Holzquerschnitte im Hochbau. Karlsruhe 1950
[22] Schmitt, H.: Hochbaukonstruktion. 5. Aufl. Ravensburg 1974
[23] Scholles: Holzschutz. DESOWAG. Solingen-Ohligs 1952
[24] Wagner/Erlhof: Praktische Baustatik. Teil 1. 16. Aufl. Stuttgart 1975
[25] Schreyer/Ramm/Wagner: Praktische Baustatik. Teil 2. 11. Aufl. 1972
[26] —, Teil 3. 5. Aufl. 1967
[27] Troche, A.: Grundlagen für den Ingenieurholzbau. Hannover 1951
[28] —: Holzbau-Bemessungstafeln. Hannover 1953
[29] Wedler, B., u. Möhler, K.: Hölzerne Hausdächer. 8. Aufl. Düsseldorf 1967
[30] Wendehorst, R., Muth, H.: Bautechnische Zahlentafeln. 17. Aufl. Stuttgart 1973
[31] Wille, F.: Holzbau Bd. 1 Die Statik der Holztragwerke. Bd. 2 Baustoffe und Bemessungen der Holztragwerke. Oldenburg 1969 und 1973

Fachzeitschriften

Bauen mit Holz (Karlsruhe), früher Deutscher Zimmermeister – Holz als Roh- und Werkstoff (Berlin) – Informationsdienst Holz

Technisch-wissenschaftliche und wirtschaftliche Organisationen für den Holzbau im Bundesgebiet

1. Bund Deutscher Zimmermeister im Zentralverband des Deutschen Baugewerbes, Bonn
2. Arbeitsgemeinschaft Holz e.V., Düsseldorf
3. Studiengemeinschaft Holzleimbau, Düsseldorf
4. Deutsche Gesellschaft für Holzforschung e.V., München 90
5. Deutscher Normenausschuß (DNA), Fachnormenausschuß Holz (FNA Holz), Köln 1
6. Prüfanstalt für das Zulassungsverfahren: Amtliche Forschungs- und Materialprüfungsanstalt für das Bauwesen, Otto-Graf-Institut an der Universität Stuttgart

Weitere Anschriften von Materialprüfungsanstalten s. „Institutsverzeichnis (Bauwesen) des Deutschen Bauzentrums e.V., Köln", und [17].

Sachverzeichnis